KB150215

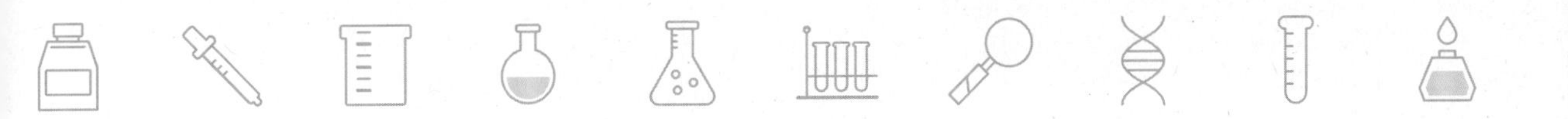

FOOD **MICROBIOLOGY**

최신 식품미생물학

개정판

김성영 · 손규목 · 조석금 · 조정일 공저

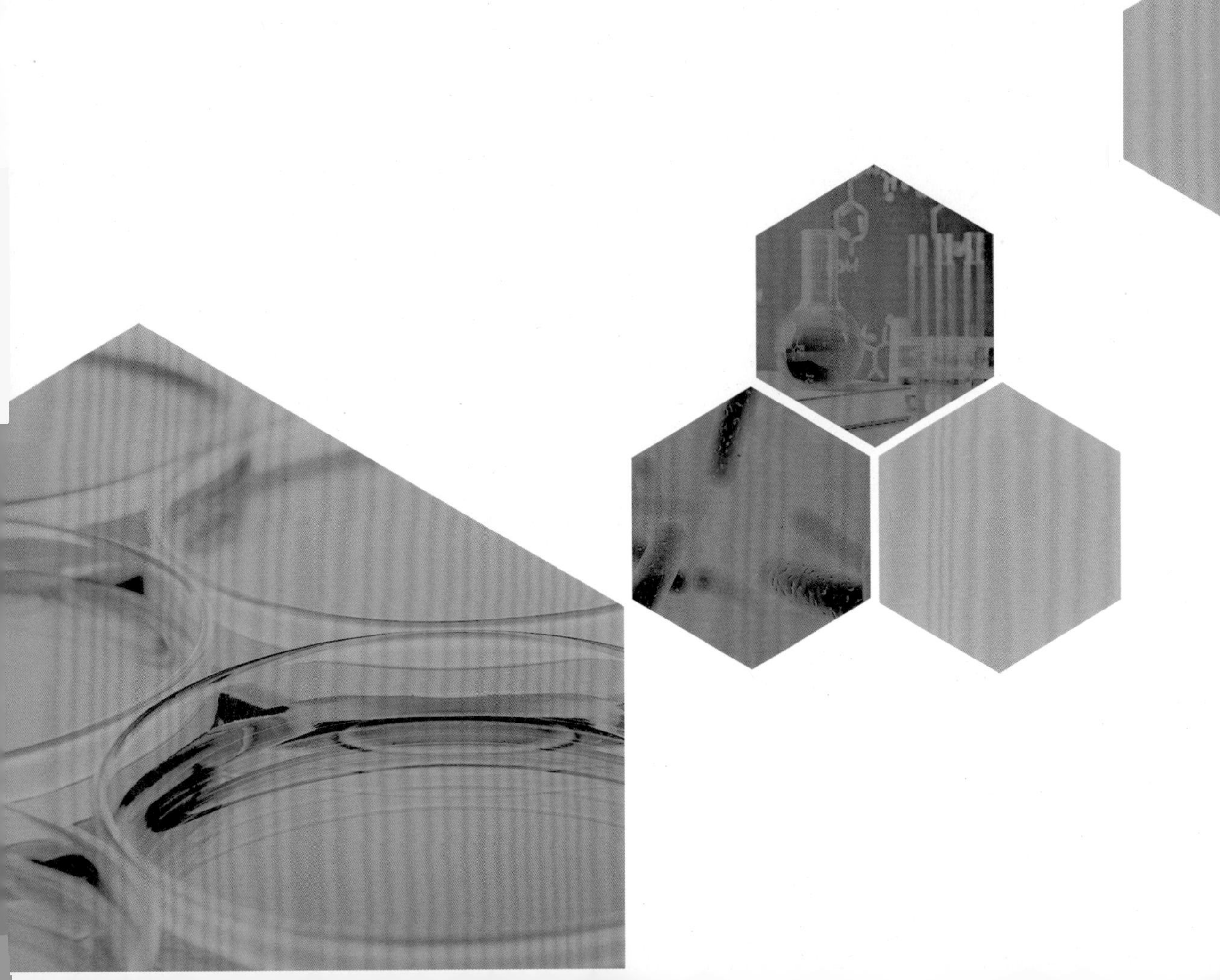

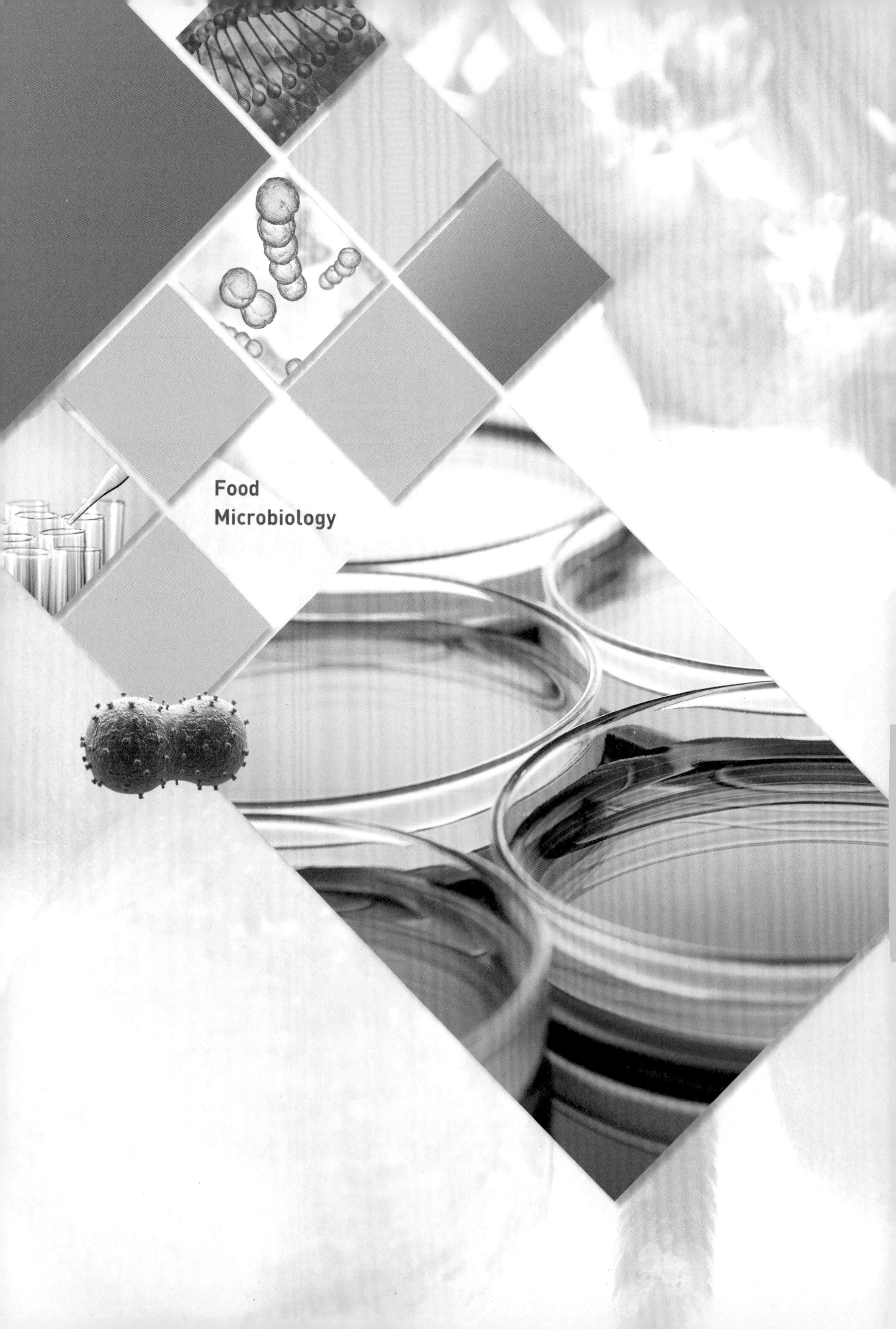
Food
Microbiology

머 리 말

최신 식품미생물학은 현재 대학에서 십여 년 이상에 걸쳐 미생물학을 강의하고 있는 교수들이 분야별로 집필한 것으로, 이 책을 통하여 독자 여러분들은 미생물이란 무엇이며, 어떻게 다루어야 하며, 실생활에 어떻게 이용되고 있는지를 터득함은 물론 미생물학 분야의 핵심요소와 21세기 미생물학의 최신 정보를 접할 수 있을 것이다.

21세기는 생명체의 유전정보인 DNA가 중심이 되는 시대라고들 한다. DNA를 포함하는 핵산은 미생물을 통하여 그 정체가 밝혀졌으며 21세기의 생명과학은 미생물학이 그 기초가 되는 것은 분명한 사실이다. 우리 저자들은 장차 DNA 시대를 이끌어 갈 미생물학도들에게 이 식품미생물학이 한 알의 밀알이 되었으면 하는 바람으로 이 책을 썼다.

물론 우리 저자들은 식품미생물학이 완벽한 미생물학 교재라고 말하지는 못한다. 하지만 완벽한 책이 될 수 있도록 앞으로도 끊임없이 노력할 것을 독자에게 다짐하는 바이다. 식품미생물학이 나올 수 있도록 성원해 주신 모든 분들과 도서출판 효일의 임직원 여러분에게 고마움을 전한다.

저자 일동

최신 **식품미생물학**

Contents

Food Microbiology

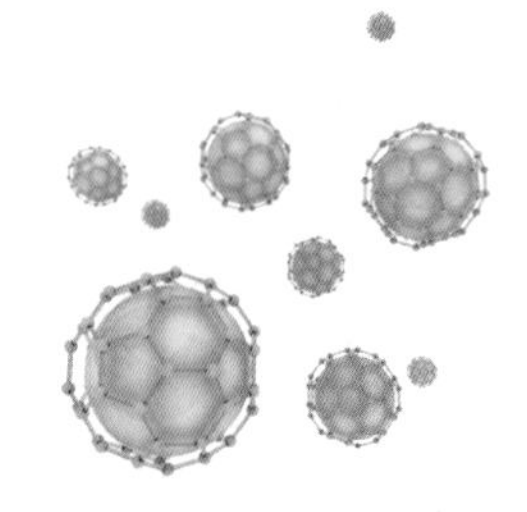

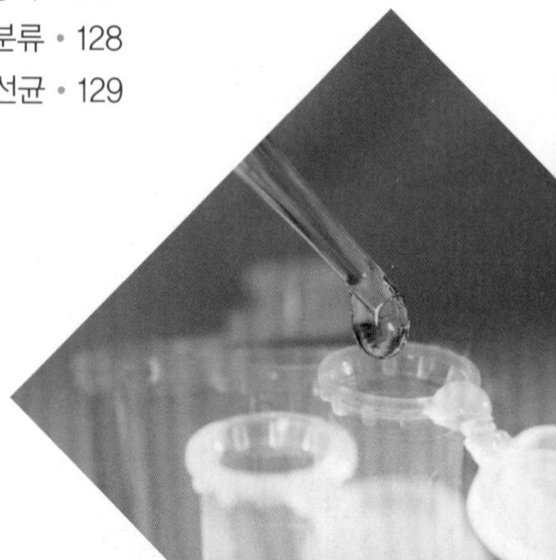

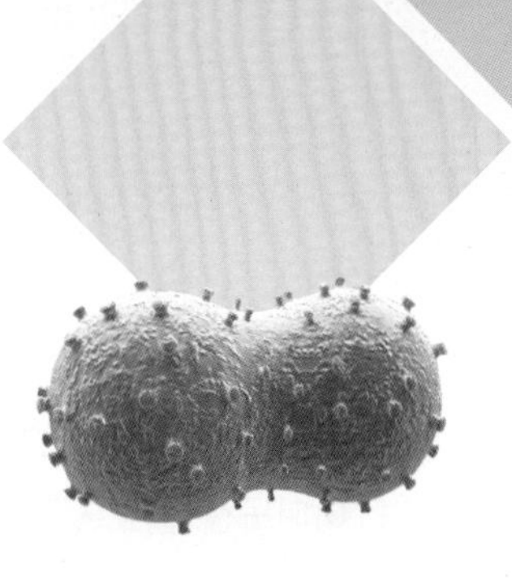

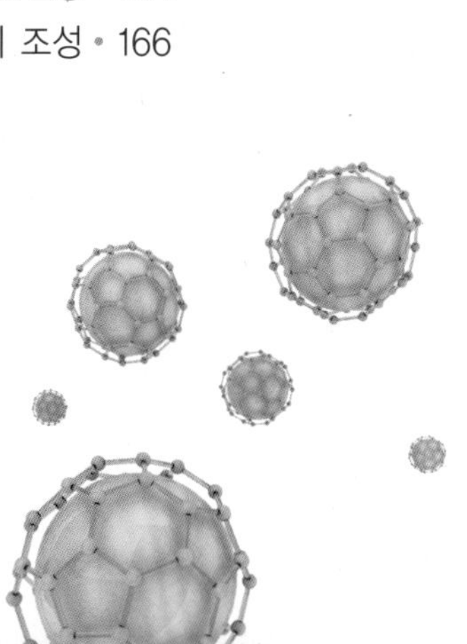

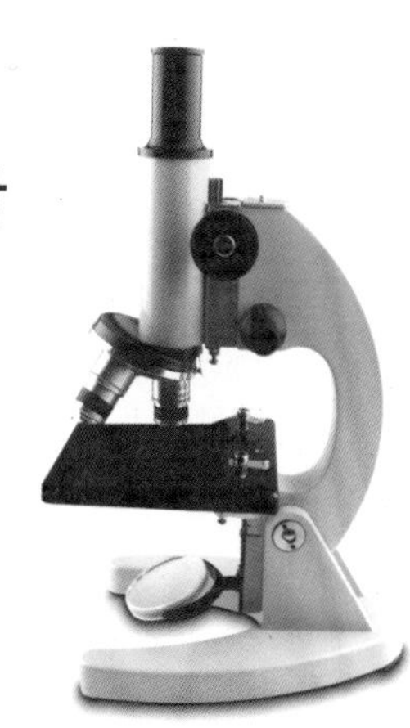

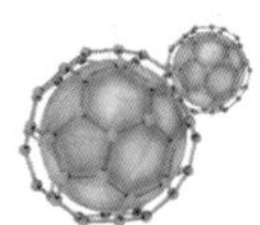

Chapter 15
주류 및 식초

Chapter 16
발효식품

Chapter 17
미생물의 효소

Chapter 18
미생물의 대사생성물

Chapter 19
미생물 균체의 생산과 이용

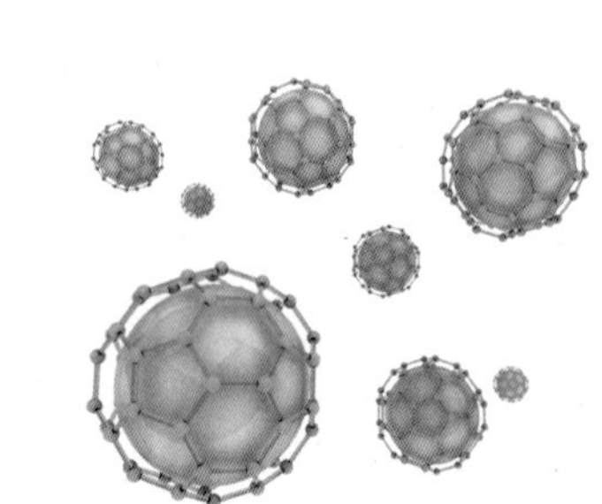

부록

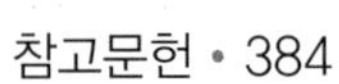

최신 식품미생물학
Food Microbiology

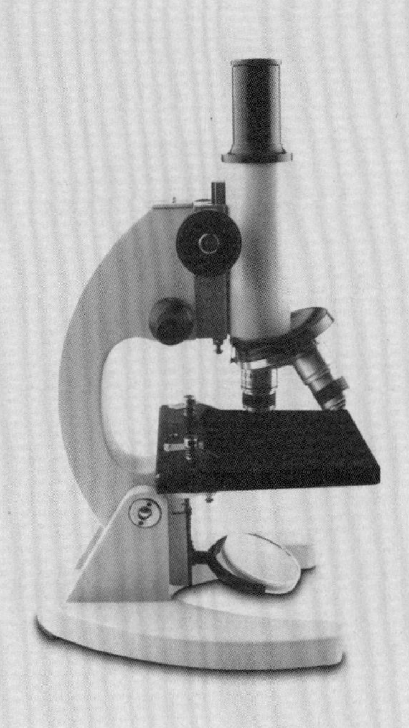

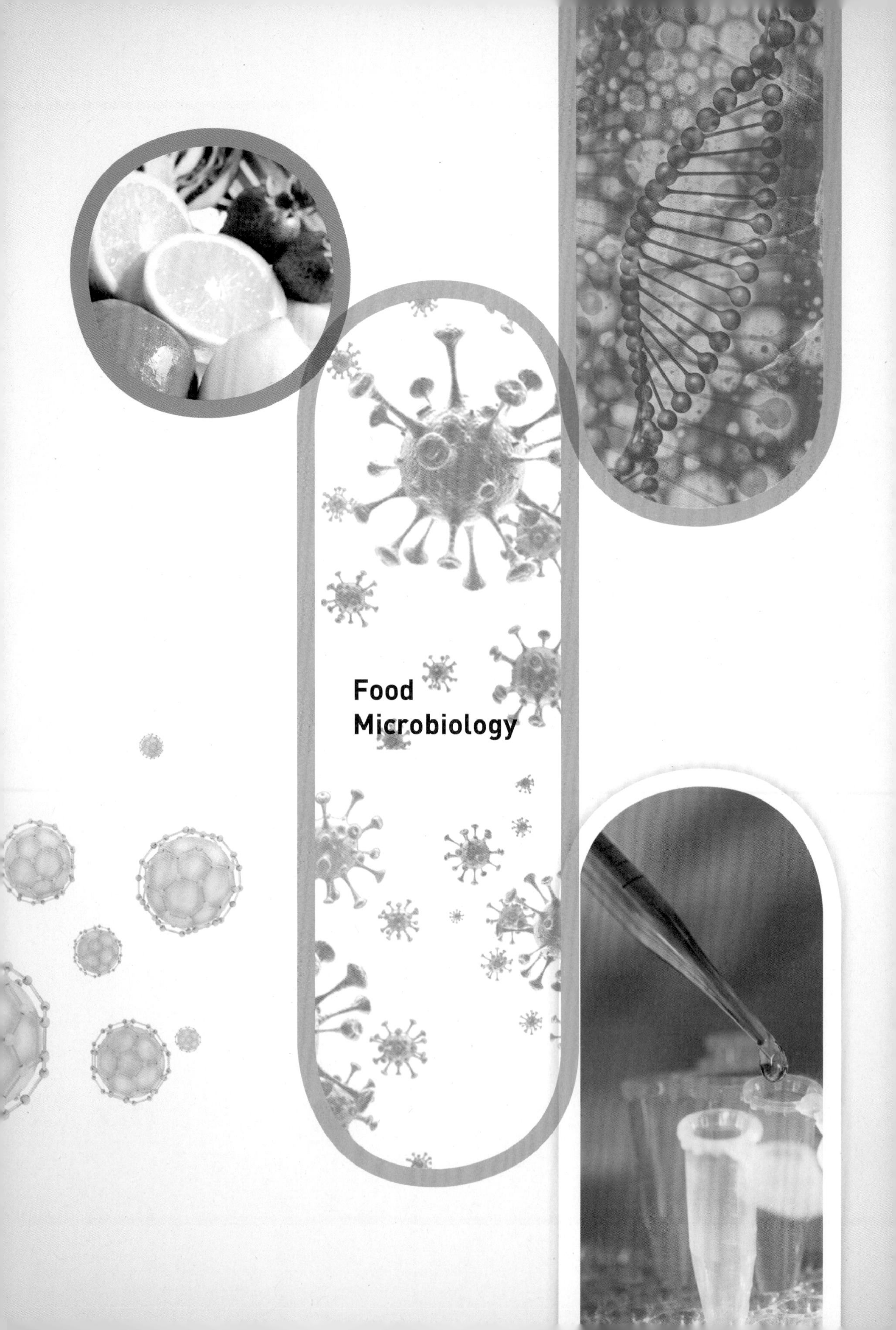
Food
Microbiology

CHAPTER

01

서론

1. 미생물이란?
2. 미생물학이란?
3. 식품미생물학이란?
4. 식품미생물학의 발전사
5. 미생물 이용의 범위

① 미생물이란?

미생물(微生物)은 한자의 표현 그대로 '아주 작은 생물'을 말한다. 영어로는 microorganism 또는 microbe라고 하는데 이 단어 역시 작다는 의미의 희랍어인 Micros와 생물이라는 희랍어 Bios가 결합되어 만들어진 말로서 '아주 작은 생물'을 의미한다. 그렇다면 아주 작다는 말은 어느 정도 작은 것을 의미하는 것일까? 크고 작음은 우리의 눈을 통해서 인식되는 물체를 상대적으로 다른 물체와 비교해서 판단하는 기준인데 우리 눈은 0.1mm 이하의 크기는 정확히 식별할 수 없다고 한다. 그래서 미생물을 '눈으로 식별되지 않는 생물'이라고도 정의한다.

즉 현미경을 통해서 그 형태를 볼 수 있는 일군의 생물을 말하며 주로 단세포(single cell) 또는 다세포라도 조직분화를 나타내지 않는 균사(hypha)로 이루어진 생물로서 가장 작은 생활단위로 된 한 개체를 말한다. 각종 미생물의 크기를 보면 곰팡이는 직경 3~10μm, 길이 무한대이며, 효모는 6~8μm, 세균은 0.5~3μm, 리케차는 0.3~0.8μm, 바이러스가 0.017~0.3μm 정도이다. 대부분 하나의 미생물세포는 동식물세포와는 달리 한 개체가 생육, 호흡, 증식 등의 생명현상을 다른 세포의 도움 없이 행할 수가 있는데, 미생물에는 보통 세균, 방선균, 효모, 곰팡이, 버섯, 조류, 원생동물 등이 포함되며, 자연계 어디서나 존재하면서 인간에게 유효 또는 유해한 작용을 한다.

미생물은 자연계 중 토양 속에는 g당 10^6~10^7개 정도 존재하며, 공기 중에는 1m^3당 10^4개 정도가, 그리고 금방 지어놓은 밥 속에도 내열성 균의 포자가 g당 100개 정도 존재한다. 요즈음 미생물을 이용한 유기산, 아미노산, 핵산 관련물질, 생리활성물질(호르몬제제 등), 효소제제, 항생물질, 단세포 단백질(single cell protein) 등의 생산은 괄목할 만한 일이며 환경정화, 분석 및 채광(bacterial leaching) 등에도 미생물이 이용되고 있어 미생물은 무한한 가능성을 지니고 있는 생물이라고 할 수 있다.

② 미생물학이란?

미생물의 형태, 구조, 성분, 영양, 생리 및 분류와 생태를 비롯하여 작용, 대사산물, 대사기전 등을 연구하는 학문으로서, 미생물학은 크게 일반미생물학, 병원미생물학, 응용미생물학으로 분류한다. 일반미생물학은 미생물에 대한 이론적 기초를 주로 연구하는 학문이며, 병원미생물학은 동식물의 병원균을 주로 연구한다. 응용 미생물학은 미생물의 응용에 중점을 두어 연구하는 학문으로서 식품미생물학, 공업미생물학 등이 여기에 속한다.

3 식품미생물학이란?

미생물 분류학상 식품미생물이라는 특정한 일군이 있는 것은 아니며 자연계에 존재하는 여러 가지 미생물이 식품에 관계하고 있으므로 식품의 가공 저장과 식품위생에 관여하는 미생물을 대상으로 그 종류와 작용을 비롯하여 앞에서 정의한 미생물학적 연구를 하는 학문이다.

4 식품미생물학의 발전사

인류는 역사 이전부터 미생물을 이용해 왔다. 즉 맥주, 포도주, 청주, 빵, 요구르트 등의 제조에 이용해 왔다. 그러나 이러한 식품의 제조는 전통적인 관습과 경험에 의한 것이지 미생물을 이용한다는 것은 알지 못했다. 미생물의 세계가 알려진 것은 현미경이 발견된 이후이다.

1) 미생물계의 발견

미생물의 존재는 1677년 네덜란드의 Antony van Leeuwenhoek(1632~ 1723)에 의하여 알려지게 되었다. 그는 자신이 직접 만든 현미경으로 박테리아, 원생동물, 곤충의 입, 식물의 미세한 구조, 적혈구, 근육줄기, 정액 등을 관찰하였다. 그는 또한 하수, 오염수, 치석 등을 관찰한 결과 구형, 막대형 등의 미세한 생물체들이 있었으며, 그중 일부는 활발하게 움직이는 것도 볼 수 있었다. 그는 이런 작은 생물체를 소동물(animalcules)이라 부르면서 미생물의 존재를 발견하게 되었다**[그림 1-1]**. 오늘날 우리가 알고 있는 단세포 생물의 중요한 종류인 원생동물 · 조류(藻類) · 효모 · 세균 등이 그에 의하여 처음으로 기술되었는데, 그 중 어떤 것은 그의 설명으로 개개의 종(species)을 구분할 수 있을 정도로 정확한 것이었다. 그는 미생물의 종류가 다양하다는 것을 밝혔을 뿐만 아니라, 그 수효가 매우 많다는 것도 기술하였다.

2) 자연발생설과 생물속생설

생물의 발생에 대해서는 두 가지 상반되는 견해가 있었다. 그 하나는 생물이 무생물로부터 생겨난다는 자연발생설(spontaneous generation)로, 그리스의 Aristoteles(B.C. 384~322) 시대부터 르네상스 시기까지 약 2,000여 년 동안이나 별다른 비판 없이 인류의 사고를 지배하여 왔다. 그러나 1675년경 이탈리아의 Francesco Redi는 이와는 상반되는 견해를 표명하였다. 즉, 생물에 의하지 않고는 생물이 생겨날 수 없다고 하는 생물속생설(biogenesis)이다.

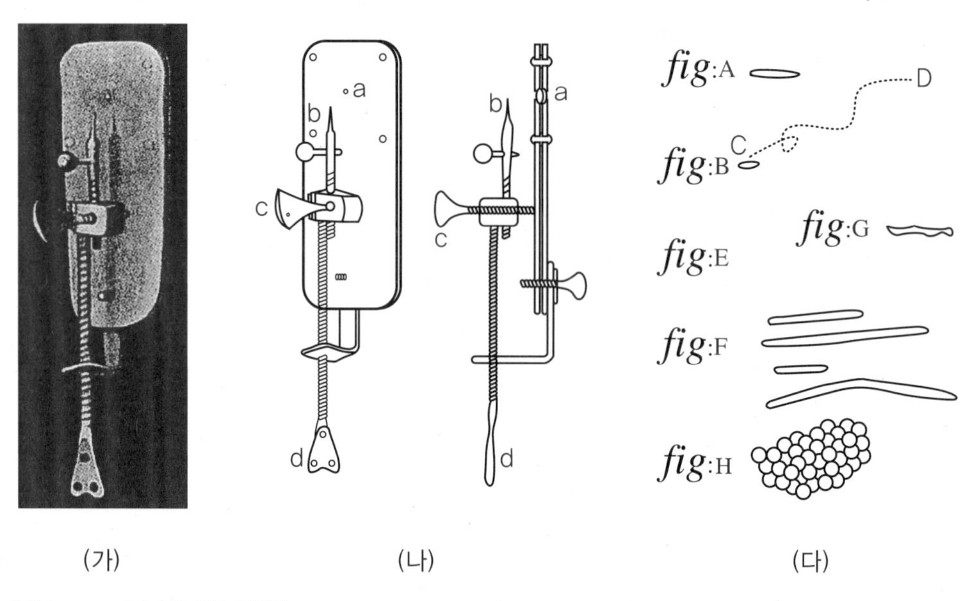

(가) Leeuwenhoek가 만든 현미경
(나) 현미경의 구조(a. 렌즈 b. 시료를 부착시키는 핀 c. 초점 조절나사 d. 높낮이 조절나사)
(다) 현미경으로 관찰한 후 그린 사람 입 안의 세균(A · B · F: 간균, C · D: 간균의 이동경로, E: 구균, G: 나선균, H: 포도상구균)

그림 1-1 Leeuwenhoek가 만든 현미경과 그 현미경으로 관찰한 사람 입 안의 세균

Leewenhoek는 미생물의 기원에 관하여 체계적인 실험을 실시한 바는 없으나, 1749년, John Needham은 육즙을 끓여 밀폐해 두어도 미생물이 발생된다는 것을 관찰하여 생물의 자연발생을 주장하였다. 이탈리아의 생리학자 Lazzaro Spallanzani(1729~1799)는 충분히 끓여서 밀폐해 둔 육즙에서는 미생물이 발생하지 않았으나 플라스크의 마개를 열어 공기를 유통시켜 주었을 경우에는 미생물이 발생한다는 것을 관찰하였다. 그러나 Needham은 Spallanzani의 실험에서 육즙을 필요 이상으로 지나치게 가열하였기 때문에 미생물이 발생하기에 알맞은 상태가 파괴되어 발생을 저지한 것이라며 자기의 주장을 굽히지 않았다. 1837년, Thepder Schwann(1810~1882)은 가열 멸균한 공기를 나선형으로 구부린 유리관을 통하여 배양기에 통기하는 방법을 고안하였으며, 1854년에 Schroeder와 Von Dusch는 솜마개를 통하여 통기하는 방법을 창안하여 자연발생에 관한 실험을 하였다.

미생물의 발생에 관한 그들의 결론은 잘못된 것이었으나 솜마개를 통하여 통기하는 방법을 창안해 낸 것은 미생물학의 발전에 크게 기여하게 되었다.

자연발생설과 생물속생설에 관한 논쟁은 프랑스의 위대한 과학자 Louis Pasteur(1822~1895)와 독일의 세균학자 Robert Koch(1843~1910) 그리고 영국의 John Tyndall(1820~1893) 등에 의해 마침내 자연발생설이 잘못되었으며 기존 학설이 생물 발생과 관계없다는 것이 증명되었다.

즉, Pasteur는 플라스크 속에 육즙을 넣고 플라스크의 목을 길게 뽑아서 S자형으로 구부린 다음 이것을 가열 멸균하여 그대로 열어 두어도 미생물이 생기지 않는 것을 보고, 외부로부터 미생물이나 그 포자(spore)가 플라스크 속으로 들어오기 위해서는 S자형의 목을 통과해야만 하는데 이것이 가늘고 구부러져서 그 기벽에 미생물이 붙게 되어 내부까지 들어가지 못하기 때문에 육즙이 상하지 않는다고 하였다[그림 1-2]. Pasteur의 이 간단한 실험으로 비록 미생물이라 하더라도 그 어미가 없이는 어떠한 생물도 생겨나지 않는다는 사실이 명백하게 증명되었다.

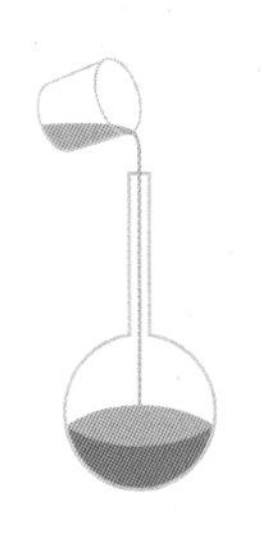

① 고기즙을 플라스크에 넣는다.

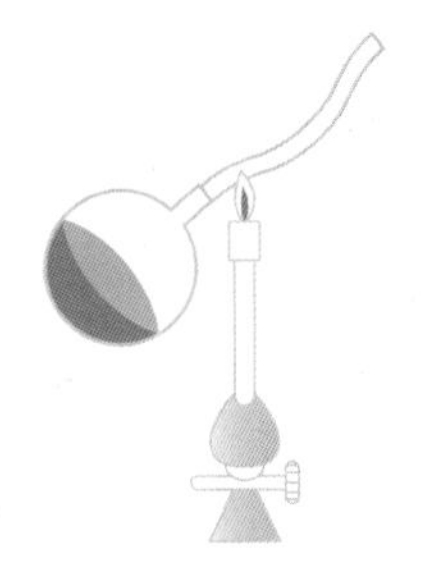

② 플라스크의 목을 긴 S자형으로 만든다.

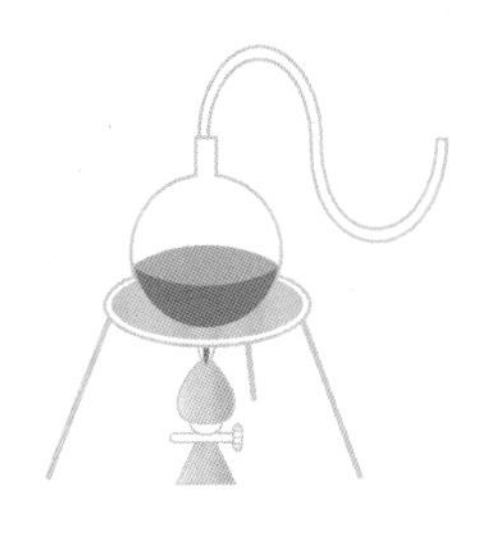

③ 배양액을 끓인다.

공기 중의 먼지와 균은 입구에 생긴 물방울에 막혀 플라스크 안까지 들어가지 못한다.

④ 냉각시켜 두면 세균이 생기지 않는다.

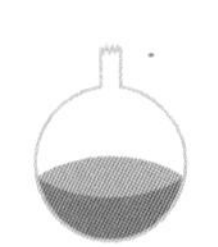

⑤ 병 목을 잘라 버린다.

⑥ 미생물이 번식하여 고기즙이 뿌옇게 변한다.

그림 1-2 Pasteur의 생물속생설 실험

한편, Koch는 젤라틴을 이용한 순수배양기법을 고안하여 특정한 질병과 특정한 세균과의 분명한 인과관계가 있다는 것을 증명하였다. 즉 필요로 하는 한 종류의 세균만을 순수배양할 수 있다는 사실은 곧 세균이 생육하기에 알맞은 조건이라도 그 어미가 없으면 생물이 발생할 수 없다는 사실을 증명하는 계기가 되었다. 오늘날 미생물 실험에서 균의 순수분리는 아주 기본적인 조작의 하나이다.

또한 영국에서는 Tyndall이 자연발생설을 결정적으로 부정할 수 있는 또 다른 실험을 하였는데, 그는 티끌이 전혀 없는 상자 속에서 충분히 가열한 육즙에서는 미생물이 발생하지 않는다는 사실을 관찰하였다. 그리고 그는 세균이 열에 불안정할 때와 안정할 때(포자일 때)가 있다는 사실을 알아내었으며 이러한 포자를 형성하는 세균도 간헐멸균(tyndallization)으로 완전 멸균하는 방법을 고안하였다.

이렇게 하여 자연발생설은 부정되고 생물에 의해서만 생물이 생겨날 수 있다는 생물속생설이 확립되었다.

3) 발효능의 발견

생물의 자연발생에 관한 논쟁이 오랜 세월에 걸쳐 계속되는 동안 미생물의 생장과 그 미생물이 자라고 있는 배지 속의 유기물의 화학적인 변화 사이에는 어떤 상관관계가 있다는 것을 알게 되었다.

1837년 Cagniard-Latour, Schwann, Kutzing 등은 각각 독자적으로 알코올 발효 과정에서 나타나는 효모는 현미경적인 생물이고, 알코올 발효는 효모의 생리적 기능에 의하여 당류가 에탄올과 CO_2로 전환되는 것이라고 주장하였다. 그러나 이러한 주장은 당대의 대표적 화학자인 Berzelius, Liebig, Wöhler 등의 강력한 반대에 부딪혔다.

이들은 발효나 부패는 순수한 화학적 과정이지 여기에 생물이 관여하는 것이 아니라고 주장하였다. 그러나 마침내는 Pasteur의 연구결과로 모든 발효과정이 미생물의 생활 활동의 결과라는 사실이 밝혀지게 되었다.

그는 양조의 알코올 발효 과정에서 술맛이 시어지는 것은 효모에 대체하여 다른 종류의 미생물이 당류를 젖산으로 전환시키기 때문이라는 것을 밝혀 알코올 발효와 젖산발효를 구분하였을 뿐만 아니라, 효모는 산성배지에서 잘 자라고, 젖산균은 중성배지에서 더 잘 자랄 수 있다는 사실까지 밝혀 양조업계의 문제점도 해결하는 개가를 올렸다.

또한, Pasteur는 젖산발효에 관한 연구를 통하여 산소의 존재하에서는 자랄 수 없는 혐기성 세균(anaerobic bacteria)을 처음으로 발견하였다.

또한 알코올 발효는 호기적 조건보다는 혐기적 조건에서 더욱 효과적으로 진행되고 효모 자신의 생장은 혐기적인 조건보다 호기적인 조건에서 더욱 잘 자라게 된다는, 즉 파스퇴르 효과(Pasteur effect)를 발견하였다.

Pasteur가 사망한 2년 후인 1897년 Bchner 형제는 제약 목적으로 맥주효모를 규사와 섞어서 잘게 갈고, 세포를 제거한 무세포 추출액(cell free extract)에 방부 목적으로 설탕을 넣어 방치하였더니 발효가 일어나는 것을 발견하고 이 추출액을 치마아제(zymase)라 명명하였다. 이로써 효모세포 없이도 세포가 만든 효소의 작용으로 알코올을 발효시킬 수 있다는 사실을 발견하였다.

4) 미생물 순수배양법의 개발

1870년경에 이르러 미생물을 혼합배양에서 순수배양으로 대체하여야만 미생물의 형태나 기능에 대한 올바른 지식을 얻을 수 있다는 것을 알게 되었다. 이에 따라 세균의 순수배양에 최초로 성공한 학자는 1878년 영국의 Lister이다.

그는 주사바늘과 비슷한 기구를 사용하여 희석법(dilution method)으로 젖산균을 순수분리 배양하여 이를 *Bacterium lactis*라고 명명하였다.

덴마크의 E.C. Hansen은 1878년 초산균을 단세포로 분리하는 데 성공하였고, 맥주효모를 희석법에 의하여 순수분리·배양하여 맥주를 양조하게 되었다.

한편 독일에서는 Robert Koch가 각종 세균을 순수분리 하였는데, 1881년에는 배지에 젤라틴을 넣은 고체 배지 상에서 평판도말법(streak plate method)으로 세균을 분리 배양하여 나타나는 집락(colony)을 반복하여 미생물을 순수분리 배양하는 방법을 개발했다.

그 후 솜마개를 사용하여 시험관에 사면배양(slant culture)하는 방법과 주입평판법(pour plate method)으로 미생물을 순수배양하는 방법을 창안하였으며, 독일의 Lindner는 1882년에 소적배양법(hanging drop preparation)을 고안해 내었다.

1883년 Koch의 제자인 Hesse는 고체배지를 만드는 응고제를 개량하여 처음으로 한천(agar)을 사용하였으며, Koch의 또 다른 제자인 R. J. Petri는 1887년에 페트리 접시(petri dish)를 고안하여 미생물의 분리조작을 더욱 편리하고도 쉽게 하였다.

5 미생물 이용의 범위

생물계에서 가장 하등생물인 미생물과 가장 고등생물인 인간과의 관계는 대단히 밀접하여 인류의 역사와 함께 시작되었다고 말할 수 있다. 즉 인간이 사망하는 원인의 대부분은 미생물과의 싸움에서 지는 경우인데 오늘날의 인류는 이들 병원미생물에 대하여 어느 정도 저항성을 가질 수 있게 진화하여 왔다고 할 수 있다.

또한 미생물은 발효나 식품의 부패 등의 현상을 야기시켜 옛날부터 우리들의 식생활에 관여하여 왔으나 미생물의 역할을 처음에는 알지도 못했다. 지구의 생물권에는 생물과 밀접한 관계를 갖는 탄소, 질소, 수소, 산소 등의 원소가 생물의 작용에 의해 끊임없이 순환하고 있다. 미생물이 이 순환에 중요한 역할을 한다는 것을 우리들은 기억해야 한다. 즉 미생물은 유기물을 무기물로 분해하고 그리고 무기물로부터 유기물을 합성한다. 이러한 작용에 의해 미생물은 옛날부터 지구의 오물을 처리하여 환경 정화에 공헌해 왔다.

만약 지구상에 미생물이 없었다면 지구는 동식물의 시체로 가득 찼을 것이다. 또한 최근에는 하천, 호수, 내해의 오염이 심해져서 적극적으로 미생물의 힘을 발휘시킨 하수처리장이 제작되고 있다.

이와 같이 미생물 그 하나는 작은 것이지만 다수가 모여서 나타내는 결과는 예상 밖으로 크고 인류와의 관계도 매우 깊다. 이들 양자의 관계를 대별하면 인류에 대하여 유익한 경우와 유해한 경우가 있다.

1) 농업과의 관계

농작물의 재배, 축산물의 사육에 직접 영향을 미치는 미생물과 유기물질의 분해, 질소고정 등의 작용으로 농작물의 성장에 영향을 미치는 토양에 생존하는 토양 미생물 또는 근권 미생물이 주로 관계한다.

❶ 유익한 경우: 유기물질(동식물의 사체, 배설물) 분해, 질소 고정 작용, 농작물 및 가축의 생육 촉진, probiotic 효과

❷ 유해한 경우: 농작물 및 가축의 병원균

2) 공업과의 관계

미생물은 부패를 일으켜 식품을 먹을 수 없게 하거나 질병이나 식중독의 원인이 되기도 하지만 발효와 같이 유익한 영향을 주기도 한다.

❶ 양조 공업: 청주, 맥주, 포도주, 과실주, 증류주 등 주정 함유 음료
❷ 발효 공업: 주정, 유기산(구연산, 젖산 등), 항생물질, 아미노산, 핵산, 균체(효모, 유산균 등), 된장, 간장, 절임, 청국장(납두), 식초 등
❸ 낙농 공업: 젖산균 발효유, kefir, cheese, butter 등
❹ 기타: 제빵, 피혁, 섬유, 아세톤, 효소

3) 의학과의 관계

미생물과 인간은 밀접한 관계를 가지고 있는데, 미생물의 역할 가운데 빼놓을 수 없는 것 중의 하나가 질병치료이다. 질병치료에 있어 전환점이 된 것은 항생제(antibiotics)이다.

❶ 유익한 경우: 항생물질, 성장호르몬, 인슐린, 인터페론 등
❷ 유해한 경우: 병원성 미생물

4) 환경과 에너지

❶ 폐수나 분뇨 같은 폐기물을 처리하는 생물학적 폐수 처리 공정
❷ 석유나 난분해성 인공화합물(플라스틱, 농약, 화약, 유기용매 등)의 분해 능력이 탁월한 미생물을 주입하는 기법인 생물정화(bioremediation)
❸ 미생물을 이용한 바이오에너지(bioenergy) 생산
❹ 광석에 포함된 미량의 구리, 우라늄, 니켈, 아연, 코발트, 몰리브덴 같은 금속을 회수하는 생물제련(bioleaching) 또는 미생물제련

5) 일상생활과의 관계

유해한 경우는 병원미생물의 감염, 식품의 부패 등이다. 유용한 미생물이 계속 발견될 것은 의심의 여지가 없으며, 또한 항생물질 기타 새로운 의약이 계속 등장하지만 여러 가지 병원균을 지구 상에서 완전히 사멸시킬 수는 없다.

이와 같은 현상에 대해 전 인류가 미생물의 지식을 조금씩이라도 습득하여 일상생활에 활용할 수 있도록 하여서 유해 미생물의 위협에 대처하는 것이 바람직하다. 한편 미생물이 육안으로 보이지 않는 이상 인류와의 관계가 아직 알려지지 않은 미생물도 다수 있다고 생각된다. 예를 들면 급성의 증상을 나타내는 병원균에 대하여는 연구가 계속되지만 인체에 기생하는 대부분의 미생물 작용에 대하여는 불명확한 점이 많다. 이러한 점을 규명하기 위하여 무균 동물 사육의 연구가 왕성하게 행하여지고 있다. 태곳적부터 이어져 온 인류와 미생물의 관계는 앞으로도 계속될 것이 틀림없으며 미생물학의 발전으로 인류의 복지 증진이 기대된다.

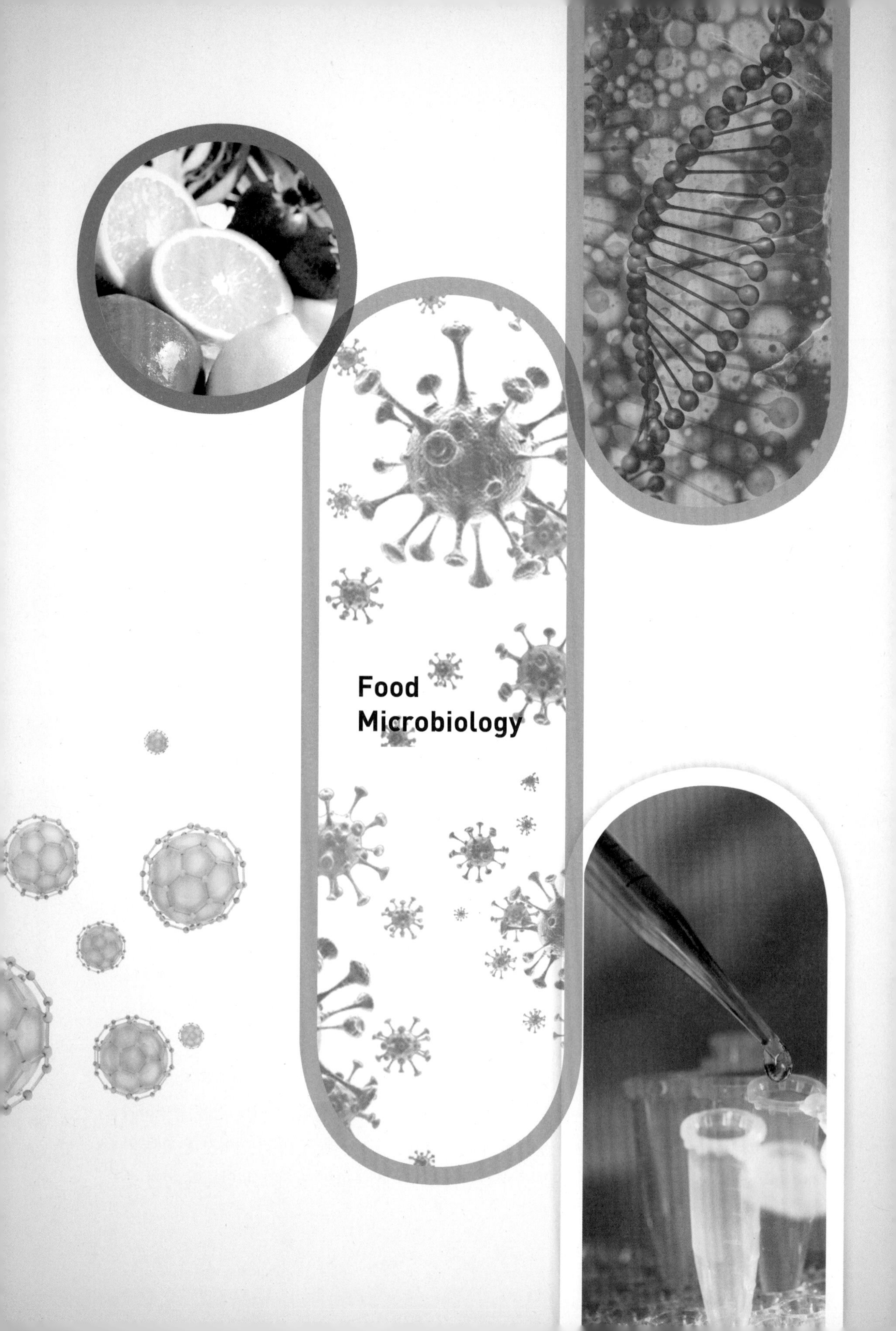

Food Microbiology

CHAPTER

02

미생물의 분류

1 미생물의 분류학상 위치

1) 미생물의 분류학적 위치

일반적으로 미생물이라 함은 그 명칭에서도 알 수 있듯이 크기가 매우 작아 육안으로는 보이지 않고 현미경으로만 관찰이 가능한 생물체로서 형태나 성상이 매우 다양하다.

종래에는 생명체를 동물계(animalia)와 식물계(plantae), 즉 두 가지 계로 분류하였다. 그러나 미생물의 존재를 알고 난 후 과학자들은 미생물이 어디에 속하는지 알지 못했다. 전통적 분류에서는 미생물 중에서 원생동물(protozoa)만을 동물계에 포함시키고 다른 미생물은 식물계에 포함시켰다. 식물(plant)은 꽃이 있는 현화식물(phanerogamae)과 꽃이 없는 은화식물(cryptogamae)로 나누며, 은화식물은 다시 엽상식물(thallophyta), 선태식물(bryophyta), 양치식물(pteridophyta)로 분류된다. 이 중에서 엽상식물은 뿌리, 줄기, 잎 등의 구별이 없는 것으로 균류(fungi), 조류(algae), 지의류(lichens)로 나눈다. 균류는 다시 분열균류(schizomycetes), 점균류(myxomycetes), 진균류(eumycetes)로 나누는데, 분열균류에는 세균 · 방사선균이, 진균류에는 곰팡이 · 버섯 · 효모 등이 속한다[그림 2-1].

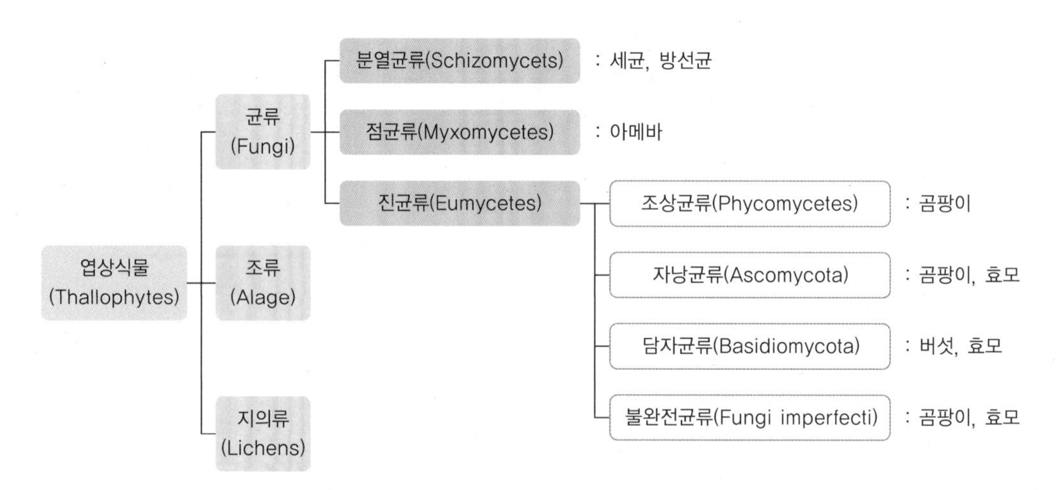

그림 2-1 동식물적 분류에서 본 미생물의 분류상 위치

그러나 동물, 식물 및 미생물은 모두 유사한 구조를 가진 세포로 되어 있으며, 특히 미생물에는 동물인지 식물인지 분명하지 않은 중간적 특성을 가진 것도 있고, 종류도 대단히 많아서 원생동물 이외의 것을 모두 식물에 포함시키는 분류방법은 모순이 있었다.

1866년 헤켈(Ernst H. Heckel)은 식물계와 동물계 외에 별도로 원생생물계(protista)라 하여 생물을 세 종류로 분류할 것은 제안하였다. 원생생물은 단세포인 것도 많지만 다세포인 것도 조직분화가 거의 이루어지지 않는 것으로 식물이나 동물의 성질도 함께 가지고 있으므로 독립적인 생물계로 분류하였다. 원생생물은 조류, 원생동물, 진균 등과 같이 진핵세포(eucaryotic)를 가지는 고등원생생물(higher protists)과 세균(bacteria), 남조류(blue-green algae)와 같이 원핵세포(procaryotic)를 가지는 하등원생생물(lower protista)로 분류하였다.

1969년 Robert Whittaker는 에너지 획득방법, 원핵세포와 진핵세포를 구분하는 체계에 따라 생물을 식물계, 동물계, 균류계, 원생생물계, 원핵생물계로 분류하는 5계 체계를 제안하였다[그림 2-2].

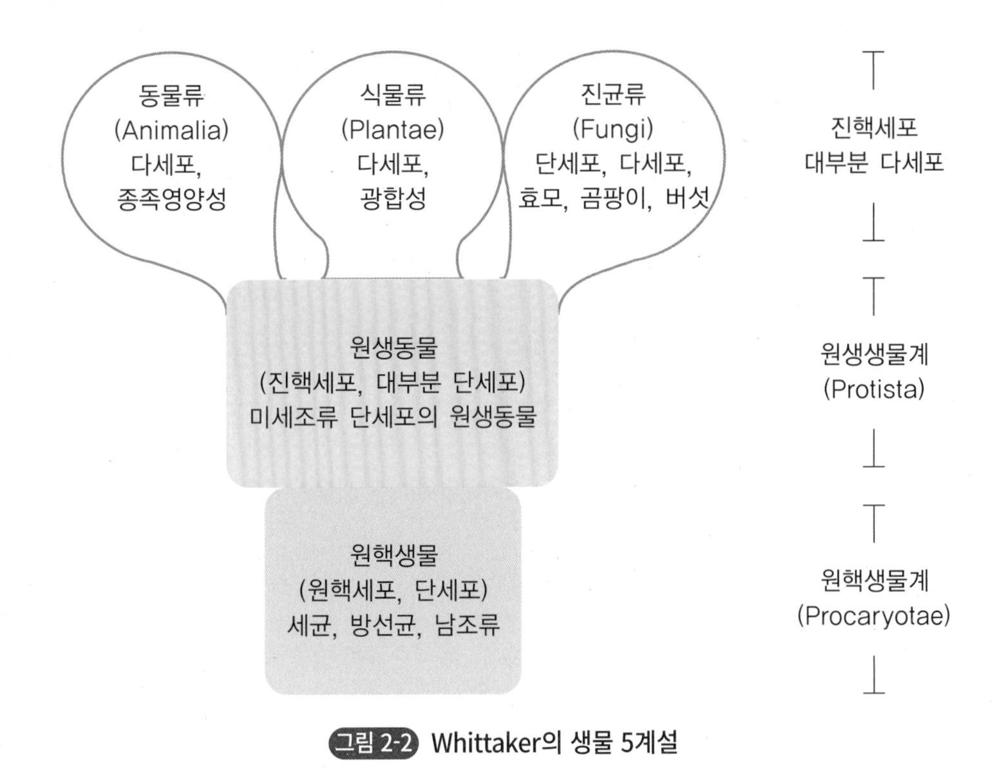

그림 2-2 Whittaker의 생물 5계설

이후 생물계는 분자생물학의 발달과 함께 1990년 Woose 등은 원핵세포생물 및 진핵세포생물의 유전정보 등을 비교하여 진정세균계(eubacteria), 고세균계(archaea), 진핵생물계(eukarya)의 3도메인(domain)으로 분류할 것을 제안하였다[그림 2-3].

하지만 생물과 무생물의 중간적 존재인 바이러스는 여기에 속하지 않는다.

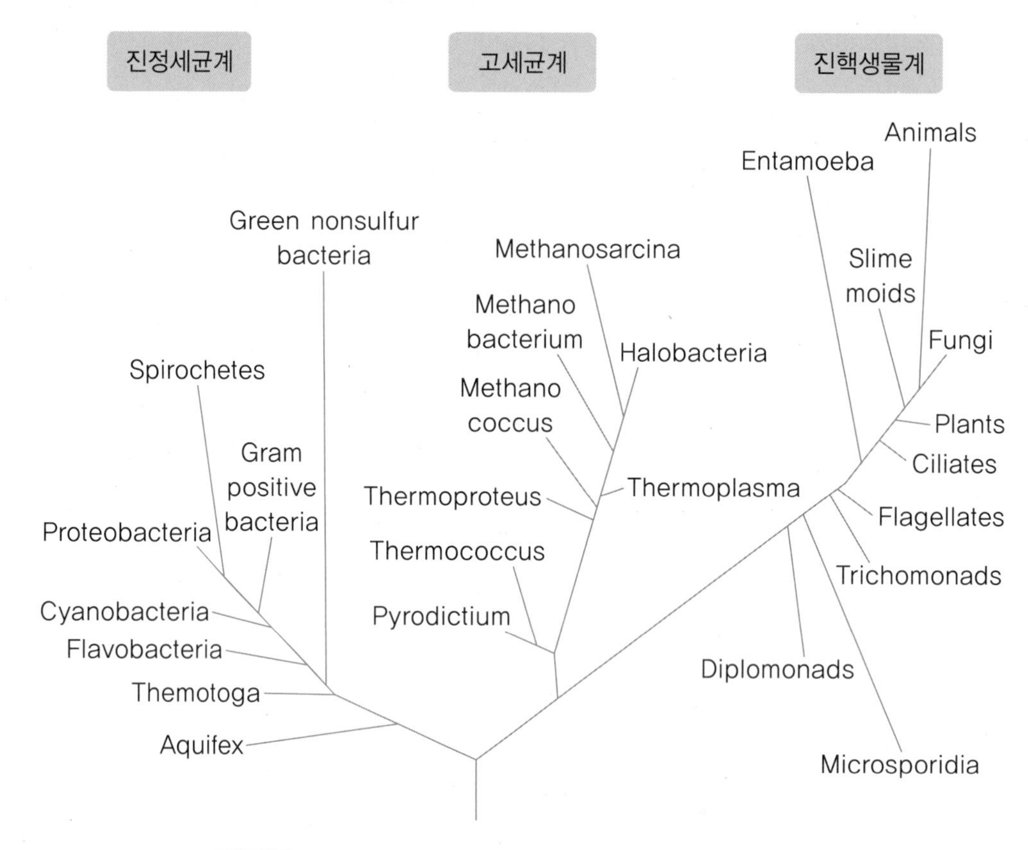

그림 2-3 16S 및 18S rRNA 염기배열에 따른 생물의 계통 관계

2) 미생물의 세포

모든 미생물의 세포는 본질적으로 동일한 기능을 가지고 있으나 크게 나누어 진핵세포(eucaryotic cell)와 원(시)핵세포(procaryotic cell)로 나눌 수 있다. 전자는 동식물의 세포와 유사하게 진화되어 비교적 크고(지름 2μm 이상) 복잡한 구조를 하고 있으나, 후자는 비교적 작고(지름 2μm 이하) 보다 단순한 구조로 되어 있으므로 원시적인 세포라 할 수 있다.

따라서 진핵세포로 되어 있는 미생물을 고등 미생물(higher protista), 원(시)핵세포로 되어 있는 미생물을 하등 미생물(lower protista)이라 한다.

전자현미경으로 관찰된 대표적인 진핵세포인 효모의 사진을 보면 세포는 두꺼운 세포벽(cell wall)과 엷은 세포막(cell membrane)으로 싸여 있고 그 내측에 막으로 싸여진 핵(nucleus), 미토콘드리아(mitochondria), 액(공)포(vacuole) 및 막으로 싸여지지 않은 마이크로좀(microsome), 지방립(lipid granule) 등이 있다[그림 2-4].

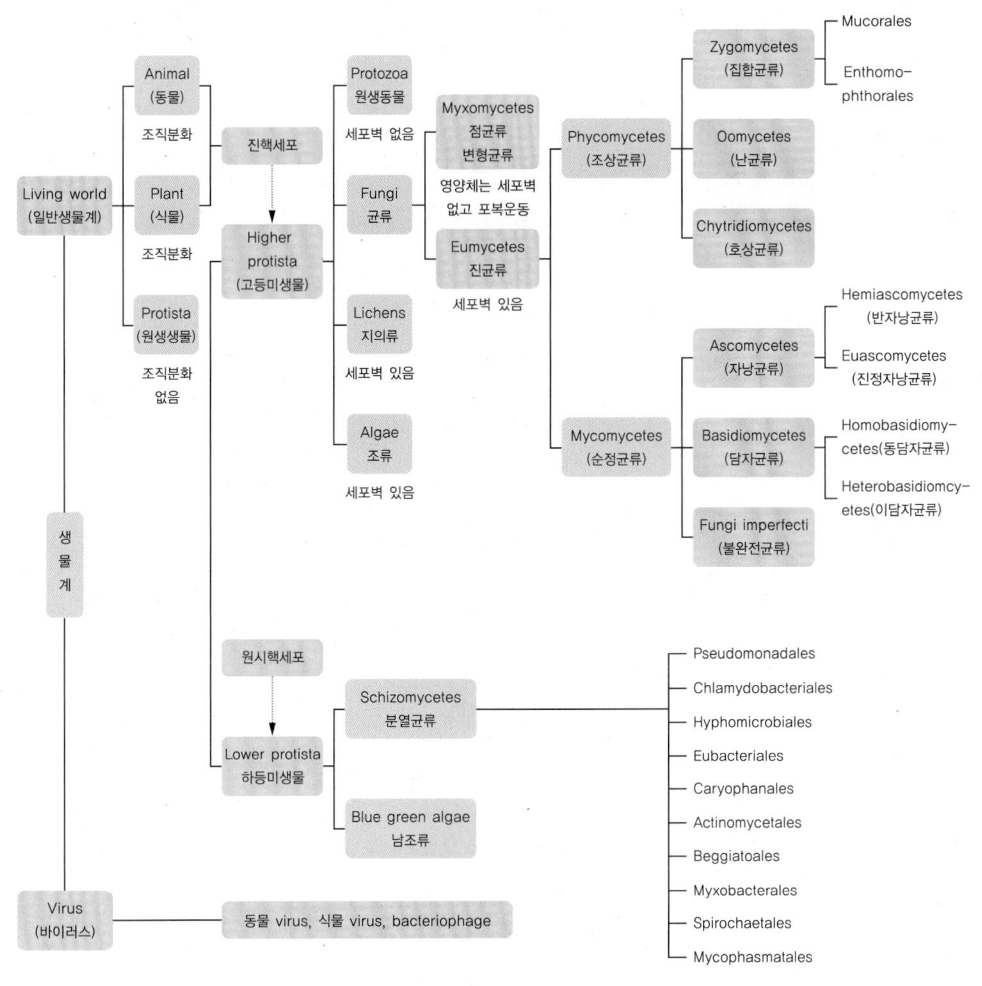

그림 2-4 생물계에 있어서 미생물의 분류상 위치

세포벽은 세포막을 둘러싸고 있는 단단한 피막으로 세포를 외부 충격으로부터 보호하고 형태를 유지하게 한다. 세포막은 세포벽의 바로 내부에서 세포질을 둘러싸고 있는 얇은 막으로 선택적 투과성을 가진다. 단백질을 합성하는 복합체이고, 영양분 등을 균체 내로 들이는 중요한 역할을 하고 있다.

핵은 인지질 이중막으로 된 핵막(nuclear membrane)으로 싸여져 세포질과 분리되어 있다. 내부에 인(nucleolus) 및 염색체(chromosome)를 가진다. 핵막에는 일정한 간격마다 융합하여 핵공(nuclear pore)이 있어 이곳을 통과하여 핵과 세포질(cytoplasm) 사이에 성분교환이 일어난다.

미토콘드리아(mitochondria)는 이중막으로 구성되어 있고, 외막은 매끄럽고 연속적이며 유연성이 있다. 내막은 크리스타(crista)라는 주름형태를 가진다. 구연산 회로와 호흡효소계에 의해 에너지를 합성한다.

이외에 각 미생물군에 따라 특유한 구조물, 보기를 들면 운동기관인 편모(flagellum), 유성적 접합과정에서 DNA의 이동통로와 부착기 관련 섬모(pili), 광합성 작용을 영위하는 엽록체(chloroplast) 등이 있다.

이에 비해 원시핵 세포는 세포질 내에 막으로 싸여진 구조물은 거의 없다. 즉 핵은 핵막을 가지지 않고, 주위보다 전자 투과성이 높아, 핵부위(nuclear region)라 부르는 다수의 핵 미세섬유(nuclear fine fibrils)를 가진다. 진핵세포와 같은 막으로 싸여진 미토콘드리아나 엽록체는 없으나 메소솜(mesosome)을 가지고 있다.

원시핵 세포는 크기가 작다. 진핵세포의 대부분은 3~4μm 이상의 직경 내지 너비를 가지는 데 반하여 원시핵세포의 대부분은 1μm 내지 2μm 이하이며 따라서 세포의 평균 체적의 차는 크다.

원시 핵세포와 진핵세포를 비교하면 [그림 2-5]과 같다.

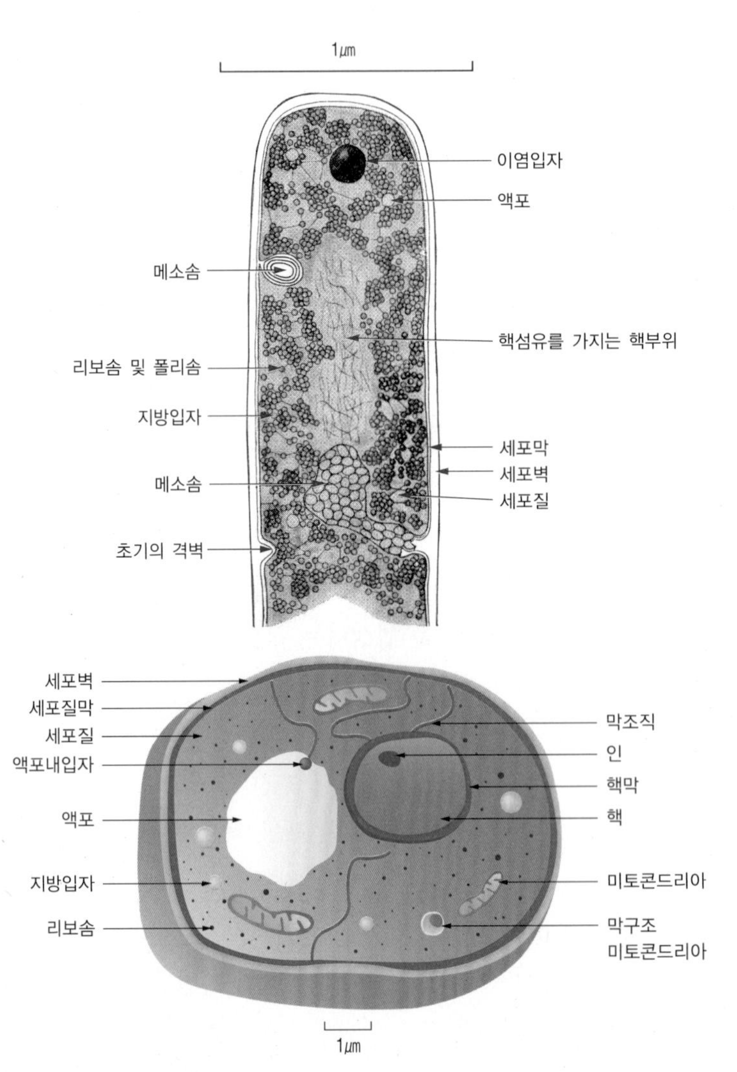

그림 2-5 원시핵세포와 진핵세포의 미세구조

표 2-1 원시핵세포와 진핵세포의 비교

	원시핵세포	진핵세포
1. 핵의 구조와 기능		
1) 핵막	없다.	있다.
2) 인	없다.	있다.
3) DNA	단일분자, 히스톤과 결합하지 않는다.	복수의 염색체 중에 존재, 보통 히스톤과 결합하고 있다.
4) 분열	무사분열	유사분열. 미소관상의 방추사를 가진 유사분열의 기관
5) 생식	감수분열 없다.	규칙적인 과정으로 감수분열을 한다. 대부분 염색체의 조합이 일어난다.
2. 세포질의 구조와 기구		
1) 원형질막	보통은 섬유소가 없다.	보통 sterol을 함유한다.
2) 내막	비교적 간단, 메소솜	복잡, 소포체, golgi체
3) ribosome	70S*	80S(70S인 미토콘드리아와 엽록체의 리보솜을 제외함)
4) 간단한 막상 세포기관	없다.	공포, 리소좀, micro체(페르옥시솜)
5) 호흡계	원형질막 또는 메소솜의 일부, 미토콘드리아는 없다.	미토콘드리아 중에 존재한다.
6) 광합성 기관	발달된 내막 또는 소기포, 엽록체는 없다.	엽록체 중에 존재한다.
3. 운동성		
1) 편모운동	현미경적 크기보다 미세한 편모, 각 편모는 분자차원의 1개 섬유로 구성되어 있다.	편모 또는 섬모. 현미경적 크기. 중앙에 2개의 쌍으로 된 중심 섬유와 외측에 2개 쌍으로 된 9개조의 외위 섬유로 형성된 미소관으로 구성되어 있다.
2) 비편모운동	활주운동	원형질 유동과 아메바 운동, 활주 운동
4. 미소관	대부분은 없다.	여러 종류가 있다(편모, 섬모, 기부체 유사분열의 방추사, 중심체).
5. 크기	일반적으로 작다. 직경 $2\mu m$ 이하	일반적으로 크다. $2\mu m$보다 크고 $100\mu m$ 이하
6. 생물의 종류	세균, 방선균, 남조류	동식물, 원생동물, 조류, 곰팡이, 효모, 버섯

* S: 초원심 분리를 할 때 침강속도를 나타내는 단위이며 이 값이 클수록 분자량이 크다.

2 미생물의 명명법

1) 명명법

생물에는 보통 속명(俗名, common name)과 국제명명규약에 따라 붙여진 세계 각국의 학술연구에 공통으로 사용되는 학명(學名, scientific name)이 있다.

세균과 방사선균은 국제세균명명규약(International Bacteriological Code of Nomen clature)에 따르고, 효모와 곰팡이, 버섯 등은 국제식물명명규약(International Rule of Botanical Nomenclature)에 따라 명명한다. 이들 규약에 따라 미생물의 학명(scientific name)은 속(genus)명과 종(species)명을 조합한 2명법(binomial nomenclature)을 사용하고 끝에는 명명자의 이름을 붙인다.

속명은 라틴어의 실명사 또는 실명사로 사용되는 형용사의 단수로 쓰고 대문자로 시작한다. 때로는 속이 가지는 큰 특징을 나타내는 말을 쓰기도 하며, 관련 깊은 지명, 인명 등이 사용되나, 항상 라틴어의 실명사로 표기한다.

종명은 형태, 향기, 색상 등의 특징을 나타내는 형용사 또는 형용사화된 명사, 명사의 소유격을 라틴어로 쓰되 소문자로 시작한다. 또한 분리, 발견에 기여된 지명이나 내력, 기원, 기타 상세한 특징을 나타내거나 이와 관련시켜 명명하기도 한다. 그러나 너무 길고 발음하기 어려운 것 또는 그 속에 속하는 대부분의 종에 공통적인 성질이 되는 이름은 쓰지 않도록 한다.

예를 들면 *Aspergillus*속은 포자의 외관이 교회에서 성수(聖水)를 뿌리는(라틴어로 aspergere란 '세례를 준다'는 뜻) 기구를 닮아서 이런 이름을 붙였다. *Aspergillus oryzae*의 경우 oryzae는 '쌀'을 그리고 *Aspergillus niger*의 경우 niger는 흑색을 의미한다. 또한 *Penicillium*속은 빗자루모양을 의미하는데 *Penicillium roqueforti*는 roqueforti 치즈 제조에 사용되는 균이다. *Saccharomyces*속은 당균(糖菌)이라는 의미가 있으며 *Saccharomyces cerevisae*의 경우 cerevisae는 맥주라는 의미의 라틴어에서 유래한 것이다. 또한 *Saccharomyces carlsbergensis*의 carlsbergensis는 덴마크의 지명을 의미한다. *Lactobacillus bulgaricus*의 lacto는 젖, 우유를, bulgaricus는 지명을 의미한다.

균을 동정한 결과 속명은 판명되었으나 기지의 종과 일치하지 않고 신종으로 하기도 어려울 경우에는 그 속명 다음에 species의 약자인 sp.를 붙인다. 신종일 때는 기재자로서 처음으로 발표할 때에 한하여 자기의 이름을 붙이지 않고 n. sp., nov. sp. 혹은 sp. nov. 라고 표시하며 변종일 경우에는 기본 종명 다음에 var.를 쓰고 다시 변종명을 붙인다. 그리고 균주라는 것은 분류학상의 단위는 아니며 그 균의 품종을 뜻하는 말이다.

같은 속명과 종명을 가진 균이라도 균주(菌株, strain)에 따라서 성질이 약간씩 다른 경우 종명 다음에 기호나 숫자를 붙여서 균주를 구별한다. 예를 들면 *Aspergillus oryzae* KCCM 5788의 경우 KCCM은 균주보존기관명이고 5788은 보존번호다. 즉 같은 균이라도 세세한 부분적 성질의 차이가 있는 경우 종명 뒤에 기호나 숫자 등을 붙인다.

속명 및 종명은 이탤릭체로 써서 다른 것과 구분하기 쉽게 하며 속 이상의 위계명은 이탤릭체를 쓰지 않으며 복수형으로 한다.

2) 기재법

미생물의 기재법(description)은 공시균주의 동정에 필요한 각종 실험을 실시하여 얻어진 결과들을 분류학적으로 정리하여 종(種, species)을 검색하고, 그 내용이 이미 알려진 균주와 일치하는 경우에는 먼저 학명을 full name으로 기재하고, 다음에는 그 균주에 관한 여러 성질이 실험적으로 기재된 문헌과 다른 이름(synonym) 등의 문헌을 첨부하여 공시균주에 대한 실험결과를 기재한다.

이때 사용하는 언어는 국제적으로 통용될 수 있는 언어라면 어떤 언어라도 상관없으며 굳이 라틴어로만 개재할 필요는 없다.

새로운 균주의 경우, 학명은 식물명명국제규약에 따라 명명하되, 특히 그 미생물의 성질, 수집장소, 채집자, 분리원, 분리자, 연월일, 분포유형의 지정과 기타 기탁기관명 등을 라틴어로 기재할 필요가 있다[표 2-2].

표 2-2 분류상의 어미 변화

분류		어미	(보기)곰팡이	(보기)곰팡이	(보기)효모	(보기)세균
Phylum	문(門)	-mycota	Eumycota	Eumycota	Eumycota	Schizomycota
Subphylum	아문(亞門)	-mycotina		(Mycomycotina)	(Mycomycotina)	Schizomycotina
Class	강(鋼)	-mycetes	Phycomycetes	Ascomycetes	Ascomycetes	Schizomycetes
Subclass	아강(亞鋼)	-mycetidae	Zygomycetidae	Euascomycetidae	Protoasco-mycetidae	
Division of subclass		-etes		Plectomycetes		
Order	목(目)	-ales	Mucorales	Plectascales	Endomycetales	Eubacteriales
Suborder	아목(亞目)	-ineae				
Family	과(科)	-aceae	Mucoraceae	Aspergillaceae	Endomycetaceae	Lactobacillaceae
Subfamily	아과(亞科)	-oideae			Saccharo-mycetoideae	
		-eae			Saccharomyceteae	
Genus	속(屬)		Mucor	Aspergillus	Saccharomyces	Lactobacillus
Species	종(種)		Mucor rouxii	Aspergillus awamori	Saccharomyces sake	Lactobacillus bulgaricus
Varieties	변종(變種)			Aspergillus awamori var. femeuse		
Strain	주(株)		Mucor rouxii D26	Aspergillus awamori var. femeuse 32	Saccharomyces sake E 26	Lactobacillus bulgaricusATCC 1361

3 미생물의 분류법

미생물을 분류하는 방법으로는 자연분류법(natural classification)과 인공분류법(artificial classification)의 두 가지 방법이 있다. 전자는 미생물의 본질적인 성질, 즉 형태, 생리, 생식, 유전 등을 고려하여 계통적으로 분류하는 방법이고, 후자는 구균, 간균 혹은 탄화수소 자화균, 목재후균과 같이 임의의 성질에 중심을 둔, 즉 실용적으로 분류하는 방법이다.

한편 최근에는 역시 인공적 분류방법의 하나로 모든 미생물의 성질은 궁극적으로는 DNA의 화학구조의 차에 있다는 생각에서 이것을 비교함으로써 분류를 시도하려는 분자 생물학적 분류법이 일반화되고 있다.

세균의 경우 자연분류를 행하기 어려운 미생물군을 보다 합리적으로 분류하려는 시도에서 세포벽의 화학조성의 차이, 혹은 효소 단백질의 유무와 같은 생화학적 성질의 차이를 이용하여 분류하는 생화학적 분류법과 통계적으로 균주 간의 유사성(overall similarity)을 찾음으로써 분류하는 수치적(계수) 분류법(numerical taxonomy) 등이 있다.

또 세균분류법의 지침서로 사용되고 있는 「버지의 편람(Bergey's Manual of Determinativ Bacteriology)」은 세균의 동정 및 분류의 기준이 되는 책으로 오랫동안 사용되어 오고 있으며, 1986년에 발간된 「Bergey's Manual of Systematic Bacteriology」는 좀 더 많은 종과 상세한 분류, 동정 정보가 수록되어 있다.

1) 자연적 분류법

미생물이 지니고 있는 어떤 성질이 오랜 진화 과정에서 시간의 경과와 더불어 자연적으로 어떻게 진화되어 왔는가를 조사하여 그 유연관계를 계통적으로 분류하는 방법이다.

그러나 미생물의 경우에는 그 화석이 드물고 고등생물에서와 같은 개체발생도 관찰할 수 없으므로 다른 생물의 자연분류에 비하면 훨씬 인공적인 것이 된다.

미생물에서도 다른 생물에서와 같이 유성생식법(sexual reproduction)을 가장 중요한 성질로 삼아 자연분류를 하는데, 곰팡이의 분류는 주로 이러한 자연분류법에 따라 분류하고 있다.

2) 인공적 분류법

세균이나 불완전균류는 자연적 분류가 아닌, 즉 유연관계나 계통을 고려하지 않고 형태적 특징을 기초로 하는 인위적인 방법으로 분류하는 것이 보통이다. 이와 같이 인위적인 방법으로 설정된 속을 형식적 속(form genus)이라고 한다.

생리적인 특징으로 붙여진 토양미생물(soil microorganisms), 수생미생물(aquatic microorganisms), 해양미생물(marine microorganisms), 식품미생물(food microorganisms)은 낙농미생물(dairy microorganisms) 또는 대사산물(metabolic products)에 따라 알코올효모, 젖산균, 메탄균, 질소고정균, 황산화균, 철산화균, 섬유소분해균, 아질산균 등과 같이 미생물의 실용상의 명칭으로 분류하는 균군은 자연적 분류법에 의한 단일한 균군은 아니며 또한 일부의 성질에 공통성이 있기는 하지만 기타의 성질에서 볼 때에는 전혀 다른 속에 해당한다.

3) 분자생물학적 분류법

미생물의 균주가 지니고 있는 유전자(gene)의 차이, 즉 DNA를 구성하고 있는 nucleotide 배열의 차이를 화학적으로 규명하는 것은 아직 어려우므로 현재의 분자생물학적 분류는 DNA의 평균염기조성(average base composition)이나 또 각 균주가 지니고 있는 DNA의 염기배열에서 같은 점을 비교하여 분류하고 있다.

4) 생화학적 분류법

형태적인 특징이 적은 미생물군을 분류하거나 혹은 이들의 계통적 관계를 추리하는 데 있어서 매우 중요한 방법이다. 이 방법의 대상이 되는 것은 세포벽의 화학적 조성이나 cytochrome 조성 등의 차이, 탄수화물대사에 관여하는 각종 분해효소와 같은 효소단백질의 유무, lysine 생합성 경로의 차이점 등 비교 생화학적 성질과 면역학적 성질 그리고 종이 크로마토그래피(paper chromatography)나 전기 영동법(electrophoresis) 등으로 간편하게 측정할 수 있는 성질의 차이 등 여러 가지 방법이 있다.

세포벽 조성의 차이를 측정하여 분류하는 데는 보통 아미노산, 아미노당 및 당조성을 비교한다. Cummins와 Harris는 세균에서 속을 구별하는 데 세포벽의 아미노산 조성차를 이용하고 당조성의 차는 속 중의 종을 구별하는 데 적당하다고 보고하였다.

5) 수치적 분류법

종래의 계통적 분류법에서와 같이 몇 가지 중요한 성상(key character)을 중심으로 하지 않고 여러 가지 많은 성상에 대하여 각 균주 간의 유사성(similarity value, s-value)을 +, −로 표시하여 통계적으로 전체의 유사성이 가장 높은 것을 순차적으로 모아서 분류하며, 이때 실험하는 각 성상은 동등한 비중으로 평가하는 것이다. 이 방법은 1957년 M. Adanson이 처음으로 고안하여 Adansonian system이라고도 한다.

이 방법은 통계상 적어도 40~50 또는 수백 가지의 단위성질 즉 형태, 배양성상, 생리, 생화학적 성상 등이 필요하며, 이들의 결과는 컴퓨터로 처리하는 것이 편리하다.

CHAPTER

03

곰팡이

곰팡이(molds)는 포자(spore)나 균사(hyphae)로부터 번식해서 집락(colony)을 형성하는데, 그 형태가 비교적 커서 사람의 육안으로 쉽게 알아볼 수 있다.

떡이나 빵, 과실, 야채, 부엌에 보관 중인 음식물, 도마 또는 장마철의 의복 등에 청색, 녹색, 황색, 적색, 흑색 등으로 마치 그림붓의 털을 세워 놓은 것과 같이 곰팡이가 자란 것을 흔히 보게 된다. 즉, 곰팡이는 식품에서도 잘 증식하는데, 식품에 곰팡이가 발생하면 상품가치를 떨어뜨릴 뿐만 아니라 어떤 곰팡이들은 독소를 생산하는 것도 있으므로 주의하여야 한다.

이와 같은 곰팡이는 각종 식품을 변패시키는 등 우리에게 해를 주기도 하지만, 한편으로는 치즈, 간장, 된장 등과 같은 발효식품의 생산이나, 의약품 및 효소 등의 생산에 이용됨으로써 우리에게 유익함을 주기도 한다.

1 곰팡이의 형태와 특성

곰팡이는 진균류(Eumycetes)를 구성하는 조상균류(Phycomycetes), 자낭균류(Ascomycetes), 불완전균류(Fungi imperfecti, Deuteromycetes) 및 담자균류(Basidiomycetes)의 4강(class) 중에서 주로 출아로 무성생식을 행하는 효모를 제외한 부분으로 균체가 사상을 나타내는 일군의 미생물이다[그림 3-1].

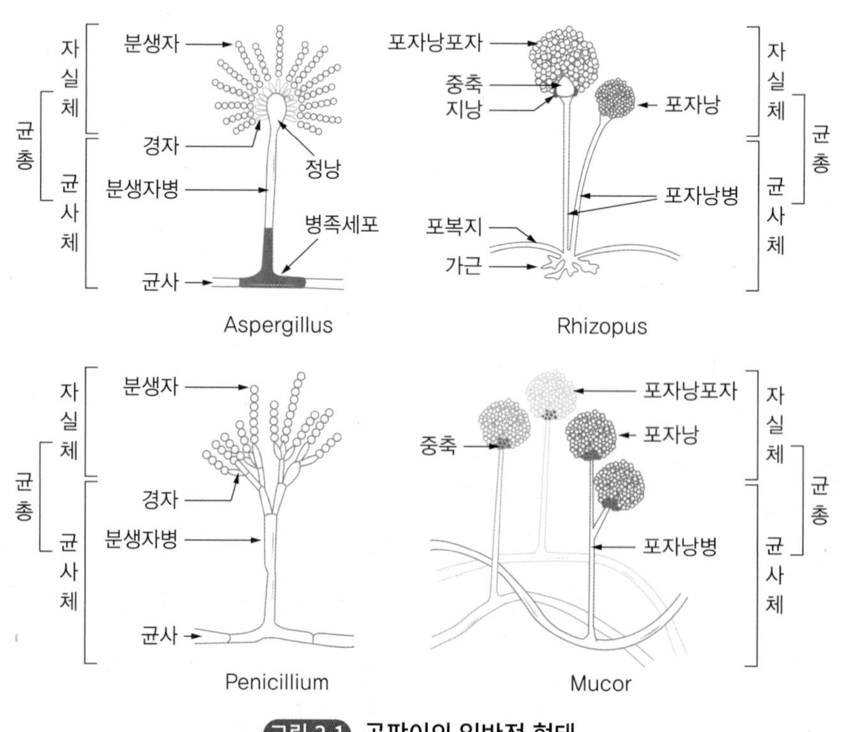

그림 3-1 곰팡이의 일반적 형태

포자가 발아하여 다핵의 세포질이 들어있는 실 모양의 관을 형성하는데 이것을 균사(菌絲, hyphae)라 하며 균사가 분지하고 성장하여 집합체를 형성하는 것을 균사체(mycelium)라고 한다. 그리고 균사체에서 갈라진 가지가 위로 뻗어 그 끝에 포자가 착생하는 것을 자실체(字實體, fruiting body)라 하며 균사체와 자실체를 합하여 균총 또는 집락(colony)이라 한다. 진균류 중 균사를 형성하여 생활하는 것을 사상균(絲狀菌)이라고도 한다.

균사는 일반적으로 흰색으로 영양의 섭취와 발육에 관여하는데, 처음에는 원형질이 충만되어 있으나 노화됨에 따라서 원형질이 이동하여 대나무와 같이 가운데가 비게 되어 액포(vacuole)가 형성되며 세포막은 회색으로 변한다. 균사가 자라서 자실체가 형성되면 선단에 포자를 만들어 번식과 생식의 역할을 하게 된다. 포자는 직경이 5~10μm로서 육안으로는 보이지 않지만, 종류에 따라 집락이 황색, 흑색, 청색, 녹색, 회백색 등을 띠므로 식품에 번식한 곰팡이의 색은 육안으로 식별이 가능하다.

곰팡이의 균사는 증식위치에 따라 식품 내부로 자라는 기중균사(submerged hyphae)와 식품 위의 공중으로 자라는 기균사(aerial hyphae)로 분류하기도 하며 곰팡이의 영양분의 섭취에 관여하는 영양균사(vegetative hyphae)와 번식기관을 형성하는 생식균사(fertile hyphae)로 분류하기도 한다. 대부분의 곰팡이에 있어서 생식균사는 기균사이나, 기중균사가 생식균사인 경우도 있다.

접합균류에 속하는 대부분의 곰팡이는 그 균총의 빛깔이 회색 또는 회갈색과 특징 있는 생육상태로 다른 곰팡이와 식별이 된다. 접합포자(zygospore)의 형성에 의한 유성생식 외에 무성포자로서 포자낭포자(sporangiospore)를 만든다. 접합포자의 형성이 확인된 것은 적은 편이나 유성생식이 인정되지 않는 것이라도 불완전균에 넣지 않는 것은 그 균사에 격막(격벽, septum)이 없는데 기인한다[그림 3-2].

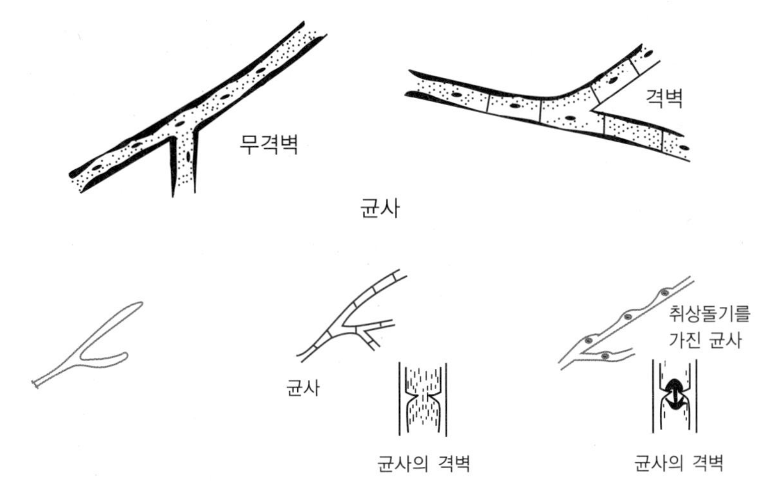

그림 3-2 진균류의 균사 비교

진균류는 주로 균사를 뻗쳐 영양소를 취하고 번식하기 위하여 여러 종의 포자를 형성하는 고등미생물로 소위 곰팡이(mold), 버섯(mushroom), 효모(yeast)의 대부분이 여기에 속하고 미생물계에서 세균류와 같이 중요한 균군이다.

균사는 발육함에 따라 분지(分枝)되며 [그림 3-2]와 같이 격벽 또는 격막(septum)이라고 하는 칸막이가 생기는 것도 있고 생기지 않는 것도 있는데 이 격벽의 유무는 진균류를 분류하는 중요 지표의 하나가 된다.

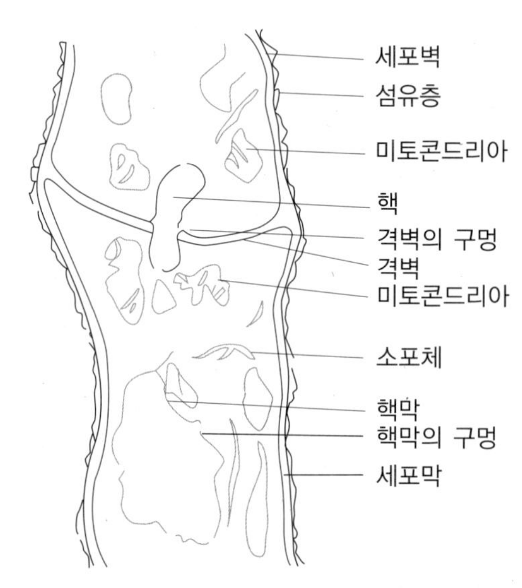

그림 3-3 격벽이 있는 곰팡이 균사의 미세구조

2 곰팡이의 증식

진균류의 번식은 균사와 포자에 의해서 이루어지는데 주로 포자에 의하여 행해진다. 포자는 적당한 환경에서 발아하여 균사로 되고, 곧 균사체를 형성한다. 이 포자를 형성하는 기관이 자실체로, 종류에 따라 특징적인 모양을 한다. 대개는 균사의 선단에서 형성되나 간혹 균사의 분지에서도 형성된다.

포자는 유성생식으로 형성되는 유성포자(sexual spore)와 무성생식으로 생기는 무성포자(asexual spore)가 있고 이들의 형상, 형성방법, 크기, 기타 성질 등은 다양하여 진균류의 분류상 중요한 특징이 된다.

유성포자를 형성할 수 있는 곰팡이들을 완전균류라고 하며 격벽이 없는 난균류(Oomycetes), 접합균류(Zygomycetes)와 격벽이 있는 자낭균류(Ascomycetes)와 담자균류(Basidiomycetes)가 여기에 속한다. 한편 유성포자의 형성이 아직 발견되지 않았거나 형성하지 못하고 무성포자만을 갖는 곰팡이들을 불완전균류(Fungi imperfecti)라고 한다.

1) 유성포자

두 개의 세포핵이 융합하여 하나의 핵이 되고 이 핵을 중심으로 유성포자가 형성되는 것으로 난포자(oospore), 접합포자(zygospore), 담자포자(basidiospore) 및 자낭포자(ascospore)의 4종이 있다.

곰팡이의 유성생식은 수정(fertilization) 현상처럼 자웅 2개의 배우자(gamete)의 접합에 의해 이루어진다. 이 경우 2개의 세포핵은 서로 융합(fusion)하여 하나의 핵으로 되고 그 핵을 중심으로 유성포자가 형성된다. 곰팡이의 유성생식의 성현상에는 자웅동주성(homothallism)과 자웅이주성(heterothallism)이 있다. 자웅동주성은 화합형으로서 한 계통의 엽상체 내에서 유성 현상이 일어나는 자가수정 혹은 자가화합이고, 자웅이주성은 두 계통 이상의 엽상체 간에 유성 현상이 이루어지는 것으로 이주성 또는 계통 간의 성이나 화합성이 다른 것이다.

(1) 접합포자(zygospore)

접합균류(Zygomycetes)에 속하는 *Mucor*속, *Rhizopus*속, *Absidia*속에서 흔히 볼 수 있다. 이들 곰팡이들은 자웅이주성으로 2개의 서로 다른 균사가 돌출, 신장하여 서로 접근하면 그 끝이 곤봉상으로 팽창하는데 이것을 전 배우자(progamete)라 한다.

전 배우자의 끝에는 여러 가지 막이 생겨 배우자(gamete)가 된다. 이런 배우자를 갖는 균사를 현병(suspensor)이라 부른다. 그리고 두 배우자의 막이 깨어져 원형질의 교류와 함께 핵이 융합한 후 두꺼운 피막이 형성되면서 내부에 접합자(zygote)를 만들고 접합포자를 형성한다. 접합포자를 싸고 있는 주머니를 접합포자낭(gametangium)이라 한다. 접합포자를 형성하는 균류를 접합균류라 하며 접합포자는 두꺼운 막을 가지는 구형의 세포로 표면에 가시와 같은 모양의 것이 있다[그림 3-4, 3-5].

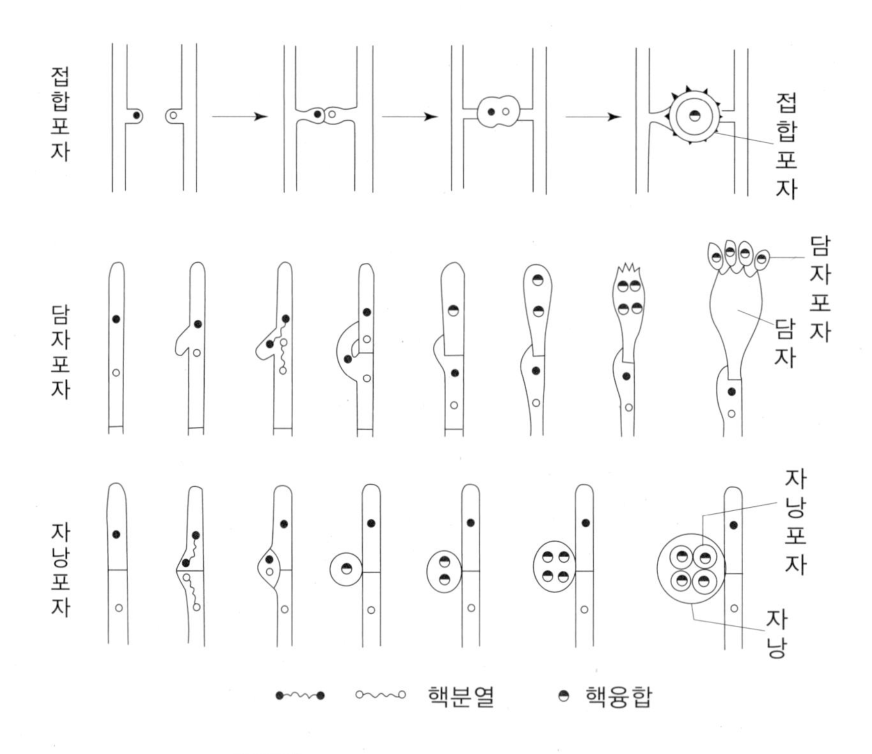

그림 3-4 각종 유성포자의 형성 순서(좌→우)

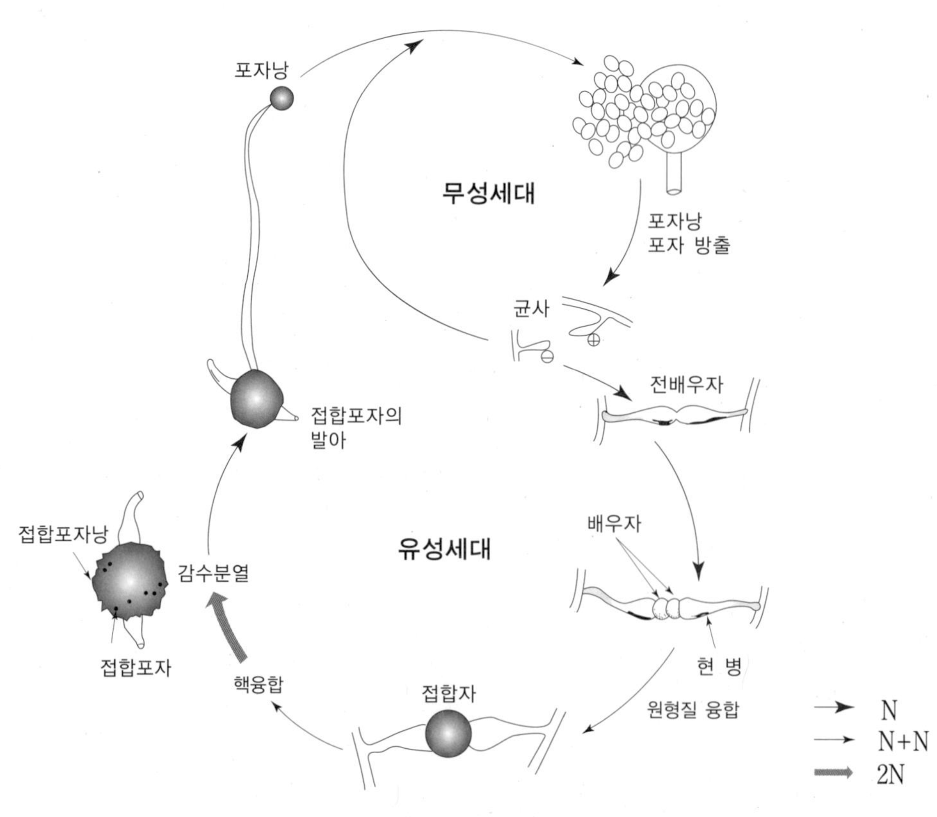

그림 3-5 접합균류인 *Mucor mucedo*의 생활사

(2) 자낭포자(ascospore)

자낭균류(*Ascomycetes*)은 동일균체 또는 자웅이주의 두 균사가 접합하여 유성적으로 자낭(ascus)이라는 특수한 세포를 형성하고 그 안에 자낭포자를 형성한다. 보통 8개의 포자를 내생한다. 자낭 내의 포자가 성숙하면 자낭은 용해 또는 파열해서 포자가 비산하여 증식한다. *Pyronema*속, *Aspergillus*속 및 효모 등에서 볼 수 있다.

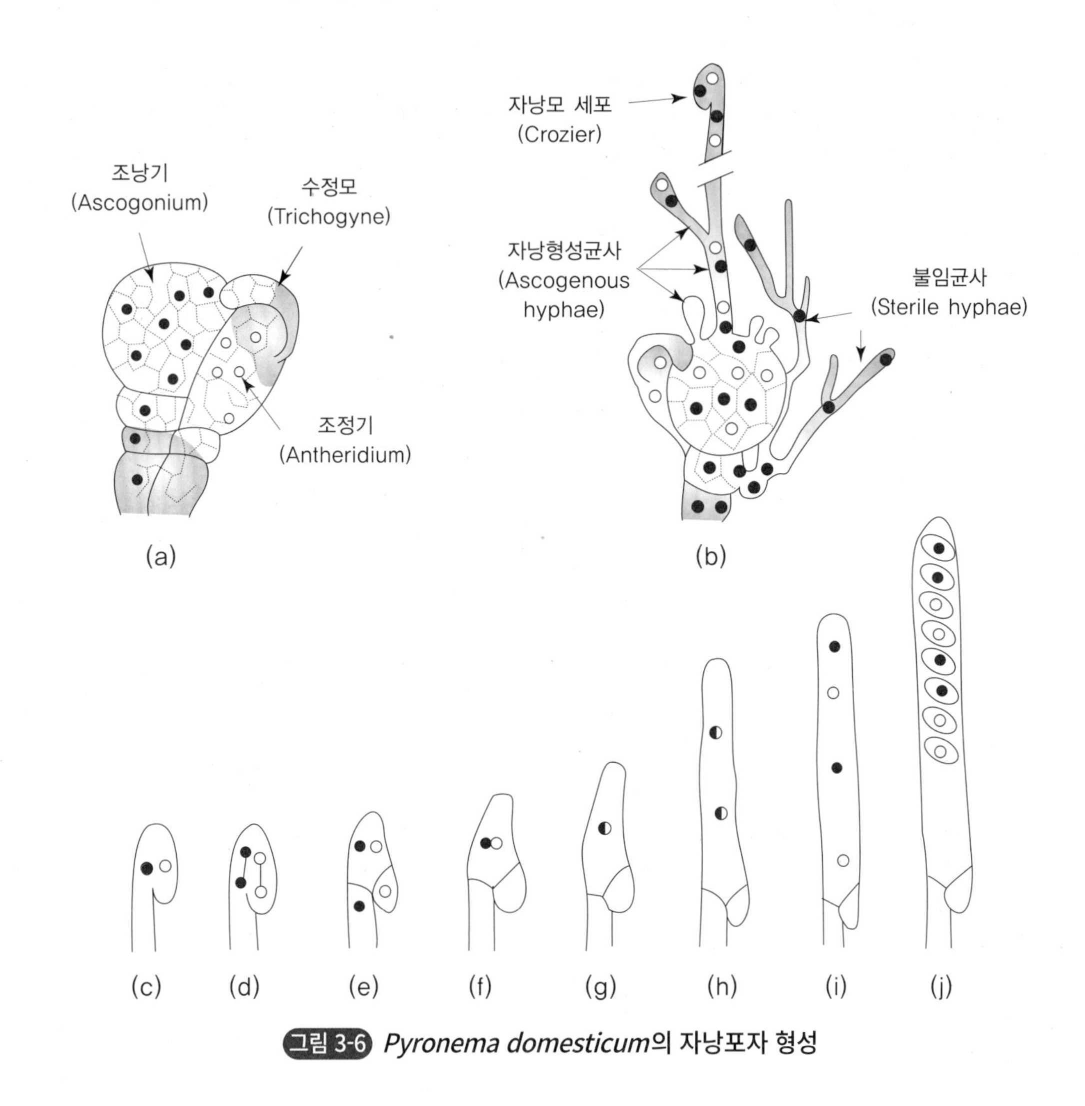

그림 3-6 *Pyronema domesticum*의 자낭포자 형성

유포자 효모가 자낭포자를 형성할 때는 배우자낭접합으로 접합한 세포 자체가 자낭이 되고 그 속에 보통 8개의 포자를 형성한다. 그러나 효모의 종류에 따라서는 16, 32, 64, 128 … 때로는 4개 이하를 형성하는 것도 있다. 곰팡이의 경우 개개의 균사는 자성의 조낭기(造囊器, ascogonium)와 웅성의 조정기(造精器, antheridium)를 형성한다. 조낭기에서 생

긴 수정관(受精管, fertilization)을 통해서 웅성의 핵은 조낭기로 이동하여 자성의 핵과 짝을 지으나 핵융합은 하지 않는다. 수정된 조낭기에서 한 개 또는 여러 개의 자낭형성균사(ascogenous hypha)가 생기고 여기에 접착한 많은·자웅(雌雄)의 핵이 균사내로 들어간다. 이어서 양쪽의 핵이 융합하고 감수분열과 유사분열을 하여 8개의 자낭포자를 가지는 자낭이 형성된다[그림 3-6].

자낭은 노출하여 있는 경우도 있지만 대다수의 자낭균에서는 자낭을 둘러싸고 있는 균사의 조직층인 측사(側絲, paraphysis)로 싸여 자낭과(子囊果, ascocarp)를 형성한다. 자낭과는 그 형태에 따라서 구형으로 완전히 구멍이 막힌 폐자기(閉子器, 폐쇄자낭각, cleistothecium), 플라스크 모양으로 끝에 구멍이 있는 피자기(被子器, 유공자낭각, perithecium), 쟁반처럼 넓게 열려있는 나자기(裸子器, 자낭반, apothecium) 등 세 가지 유형으로 나누어진다[그림 3-7].

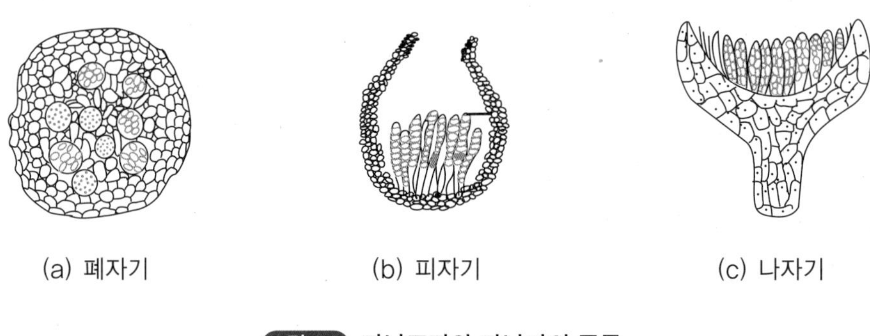

그림 3-7 자낭포자와 자낭과의 종류

(3) 난포자(oospore)

하등 미생물에 속하는 편모균문(Mastigomycotina)의 난균류(Oomycetes)에서 볼 수 있는 유성포자로서 서로 다른 두 균사가 접합하여 조란기(또는 생란기, oogonium)를 형성하며 다른 부분으로부터 형성된 조정기(또는 장정기, antheridium) 중의 웅성배우자가 수정관을 통하여 조란기 중의 난구(oosphere)라 부르는 자성배우자와 융합하여 난포자(oospore)를 형성하게 된다[그림 3-8]. 포자는 편모를 가지고 있어 편모운동을 하므로 이러한 포자를 유포자(遊胞子, zoospore)라고 한다.

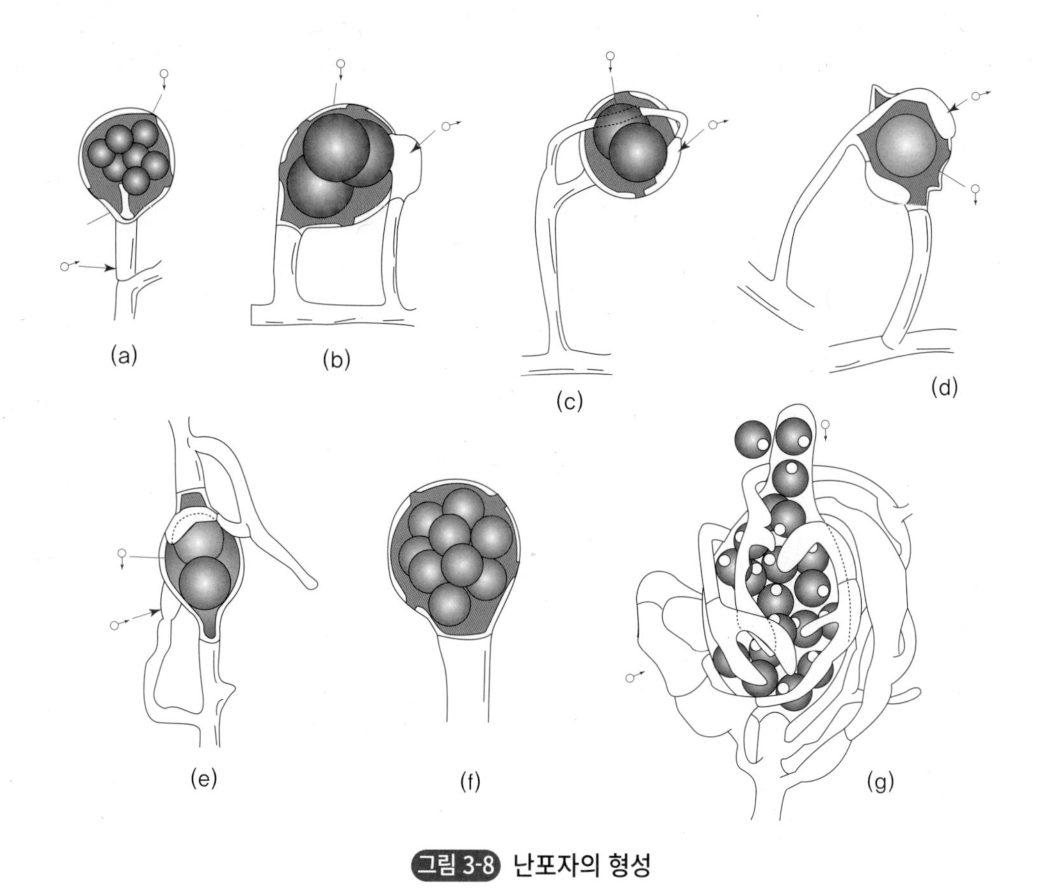

그림 3-8 난포자의 형성

(4) 담자포자(basidiospore)

버섯류, 깜부기병균, 녹병균 등에서 볼 수 있는 유성포자이다.

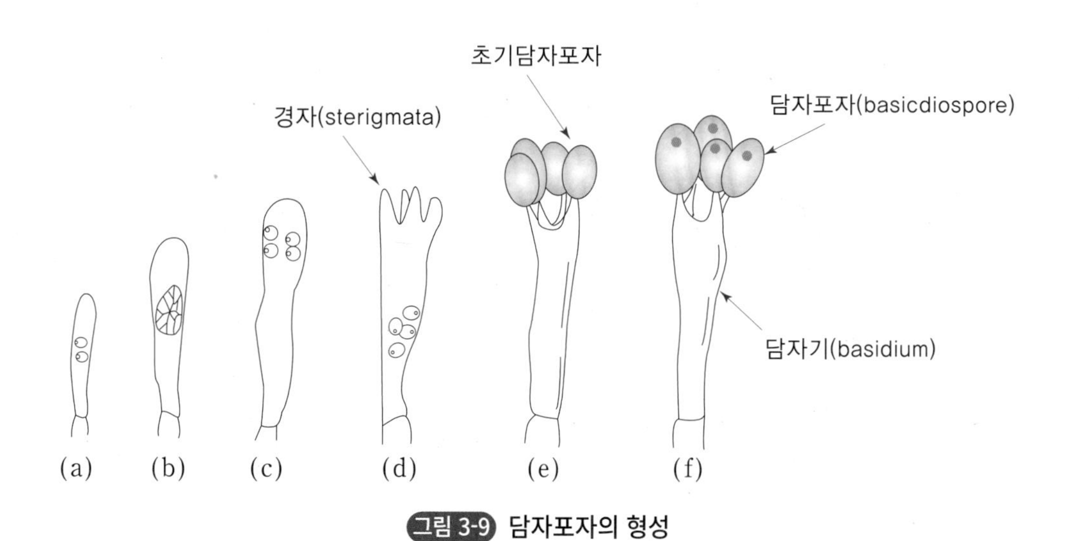

그림 3-9 담자포자의 형성

담자균은 일반적으로 유성생식기관을 가지지 않는다. 유성포자로서 자낭균에서는 자낭 안에 자낭포자를 내생하나, 원형질이 융합된 균사는 생육에 따라서 2 핵상으로 분열하여 존속되나 환경조건에 따라서 말단세포의 핵융합으로 다수의 담자기(basidium)를 형성하고 그 선단에 보통 네 개의 경자(sterigma)가 생겨 그 위에 담자포자(basidiospore)가 한 개씩 외생한다.

담자균의 균사는 담자가 생기기 전에 꺽쇠연결(취상돌기, clamp connection)을 형성하게 되는데 이는 담자균의 특징이다[그림 3-9].

2) 무성포자

곰팡이의 무성포자는 세포핵의 융합 없이 단지 분열에 의해서 무성적으로 만들어진 포자로서 그 수가 매우 많으며 크기는 작고 빛나며 건조에 저항성을 지닌다. 이들은 쉽게 공기 중으로 퍼져 나가며 적당한 환경이 되면 발아하여 새로운 균사를 만든다. 무성포자는 세포 내부의 구조 중에서 형성되는 내생포자(endospore)와 세포 외부로 돌출하여 형성되는 외생포자(exospore), 그리고 균사 중의 일부 세포가 변형해서 내구성인 포자를 형성하는 것이 있다.

(1) 포자낭포자

균사의 일단에서 위로 뻗은 포낭병(sporangiophore)이 신장되고 그 선단이 팽대되어 중축을 만들고 그 위에 포자낭(sporangium)을 형성하고 그 안에 무수히 생기는 포자로 *Mucor*속과 *Rhizopus*속에서 볼 수 있다. 포자가 주머니로 싸여 있기 때문에 내생포자(endospore)라고도 한다[그림 3-10].

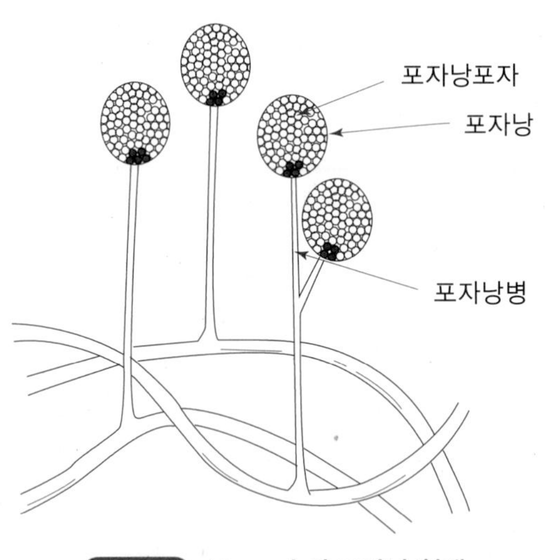

그림 3-10 *Mucor*속의 포자낭 형태

(2) 유주자(zoospore)

수생하는 하등균류(난균류)에서 볼 수 있는 것으로 대개는 구형이나 관상의 유주자낭(zoosporangium) 안에 편모를 가져 자유로이 물속에서 운동을 하는 포자를 유주자(zoospore)라 한다. 이는 특별한 세포막을 갖지 않으므로 나출되어 있다.

(3) 분생(포)자

균사로부터 뻗은 분생자병(conidiophore)의 끝에 경자가 생기며 경자의 끝이 갈라져서 염주모양의 분생포자가 형성된다.

분생포자(conidia), 분생아포라 불리며, 분생자병 혹은 분생아포병(conidiophore)인 생식균사의 말단에 착생하는 포자이다. 분생자는 특정의 균사에서 생겨 출아, 분열 등의 방법에 따라 형성되는 무포자의 총칭으로 그 형성방법에 후막포자, 분절포자, 출아포자 등의 것이 있다.

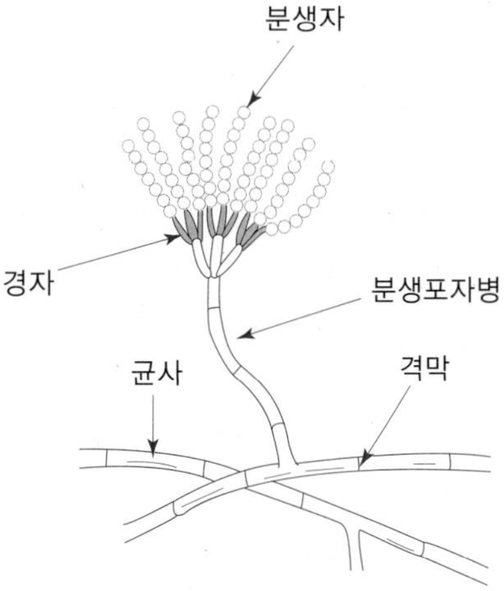

*Aspergillus*속과 *Penicillium*속 등 대부분 곰팡이에서 전형적인 분생자를 볼 수 있다. 포자가 그대로 노출되어 있으므로 외생포자(exospore)라고도 한다[그림 3-11].

그림 3-11 *Penicillium*속의 형태

(4) 후막포자(chlamydospores)

불완전균류 중의 *Scopulariopsis*속의 균류와 접합균류의 일부에서 흔히 볼 수 있다. 균사의 여기저기에서 영양분을 저장하면서 부풀어오르고 주위의 세포벽보다 더 두꺼운 벽을 형성하여 내구체인 포자를 형성한다. 이것은 일종의 휴면세포(resting cell)라 할 수 있으며 보통 곰팡이 균사보다 불리한 환경에서 잘 견디고 나중에 좋은 환경이 되면 새로운 곰팡이로 증식할 수 있다[그림 3-12].

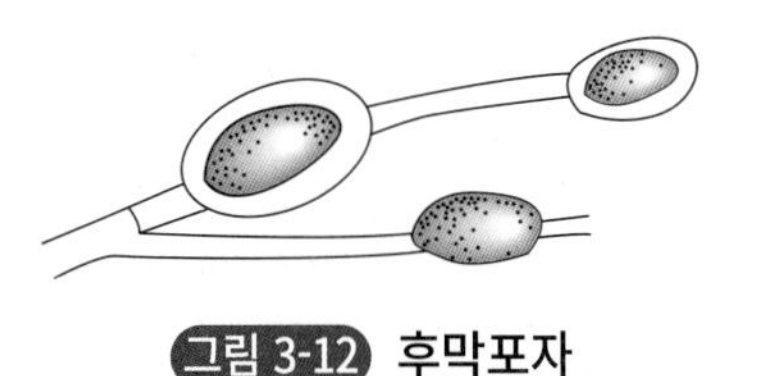

그림 3-12 후막포자

(5) 분절포자(arthrospore) 또는 분열자(oidia)

분절포자는 우유나 유제품에 잘 번식하는 불완전균류인 *Geotirchum*속과 *Moniliella*속에서 흔히 볼 수 있다. 이들 곰팡이는 균사나 일정한 길이의 포자병에서 구심적으로 격벽이 생성되어 분절되며 분절된 조각들이 분절포자가 된다[그림 3-13].

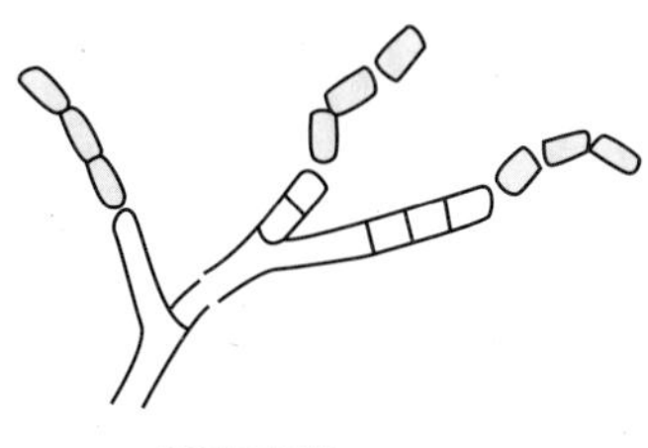

그림 3-13 분열자

(6) 출아포자(발아포자, 아생포자, blastospore)

출아에 의하여 원심적으로 형성되는 포자이다. 즉 직립한 분생자병 끝부분에 나무의 싹처럼 분생자(출아포자)가 생겨서 연결되고 오래된 포자에는 격벽이 생긴다. 전형적인 발아포자는 원심적으로 형성된다. 불완전균인 *Cladosporium*속에서 볼 수 있다[그림 3-25].

(7) 분상포자(aleuriospore)

균사 및 분생포자병의 선단에서 형성되는 것으로 격막에 의하여 알맞게 절단된다. *Epicoccum*속과 *Trichophyton*속에서 볼 수 있다.

(8) 피알로포자(phialospore)

균사 및 분생포자병의 선단에서 준내생적으로 연속하여 구심적으로 형성되는 포자이다. *Aspergillus*속, *Penicillium*속, *Phialophora*속에서 볼 수 있다.

(9) 포로포자(porospore)

균사 또는 분생포자병 선단의 작은 구멍을 통하여 나오는 포자로 *Alternaria*속, *Helminthosporium*속에서 볼 수 있다.

(10) 끝포자(terminus spore)

포자는 포자병의 선단에 한 개씩 형성되나, 동시에 포자병은 그 포자의 옆에서 뻗어나 다음의 포자를 형성한다. 이 반복된 조작으로 포자병은 지그재그로 된다.

3 곰팡이의 분류

곰팡이는 효모 및 버섯과 함께 진균류에 속하며 점균류와 함께 균류(Fungi)를 형성한다. 균류는 뿌리, 줄기, 잎, 엽록소를 갖지 않는 식물로 조류, 지의류와 함께 엽상식물문(Thallophyta)에 속한다.

진균류는 먼저 균사의 격막(격벽)의 유무에 따라 대별하고, 다시 유성포자의 특징에 따라 나누어진다[표 3-1]. 즉 균사에 격벽이 없는 것을 조상균류(Phycomycetes)라고 하며, 한편 균사에 격막을 가진 것을 순정균류(Mycomycetes, 고등균류라고도 함)라고 한다.

 표 3-1 Eumycetes 중 강(綱) 및 아강(亞綱) 검색표

1. 균사에 격막(septum)이 없다.	제1강 Phycomycetes(조상균류)
a. 유성적으로 난포자(oospore)를 형성하고, 무성포자는 대개 운동성을 갖는다.	제1아강 Oomycetes(난균류)
b. 유성적으로 접합포자(zygospore)를 만들고, 무성포자는 운동성이 없고 포자낭포자 또는 아포자를 형성한다.	제2아강 Zygomycetes(접합균류)
2. 균사는 뚜렷한 격막이 있다.	제2강 Mycomycetes(순정균류)
a. 자낭포자(ascospore)를 만들고, 피자기(perithecium)를 형성한다.	제3아강 Ascomycetes(자낭균류)
b. 담자포자(basidiospore)를 형성한다. c. 자낭 및 담자가 없다. 무성포자만으로 번식한다.	제4아강 Basidiomycetes(담자균류) 제5아강 Fungi imperfecti(불완전균류)

순정균류는 다시 유성생식기관의 형성방법에 따라 자낭포자를 형성하는 것을 자낭균류(Ascomycetes), 담자포자를 형성하는 것을 담자균류(Basidiomycetes)라 부르며, 유성포자를 형성하지 않는 것을 일괄하여 불완전균류(Fungi imperfecti, Deuteromycetes)라고 한다. 진균류의 분류·검색표는 다음과 같다[표 3-2].

1) 조상균류(Phycomycetes)

조상균류는 균사에 격벽(septum)이 없고 다핵체적(coenocytic) 세포이다. 일반적으로 물에서 사는 수생곰팡이이며 보통 운동포자낭(zoosporangium)을 형성하지만, 자실체(fruiting body)를 만들지 않는 하등균류이다. 조상균류는 난균류(Oomycetes), 접합균류(Zygomycetes), 호상균류(Chytridiomycetes)의 3아강으로 구분하며, 식품 미생물로서 중요한 것은 접합균류 중 Mucorales(털곰팡이목)이다.

표 3-2 조상균류의 분류

아문		강	목	주요 속
조상균류 (Phycomycotina)	편모균류 (Mastigo mycotina)	호상균류 (Chytridiomycetes)	Chytridales목	*Chytridium, Rhyzophydium, Olpidium*
			Blastocladiales목	*Allomyces*
			Monoblepharidales목	*Monoblepharis*
		Hyphochytriomycetes	Hyphochytriales목	*Hyphochytrium*
		난균류 (Oomycetes)	물곰팡이목 (Saprolegniales)	*Achlya, saprolegnia*(물곰팡이)
			Leptomitales목	*Leptomitus, Rhipidium*
			Lagenidiales목	*Lagenidium*
			Peronosporales목	*Albugo, Peronospora, Phytophtora, Pytium*
	접합균류 (Zygomy-cotina)	접합균류 (Zygomycetes)	털곰팡이목 (Mucorales)	*Mucor, Rhizopus, Absidia, Thamnidium, Zygorrhynchus Phycomyces, Blackeslea, Choanephora, Syncephalastrum*
			파리곰팡이목 (Entomophthorales)	*Empusa, Basidiobolus, Entomophthora*
			Zoopagales목	*Zoopaga, Cochlonema*
		Trichomycetes	Harpellales목	*Harpella, Smittum*
			Asellariales목	*Asellaria*
			Eccrinales목	*Arundinula*
			Amoebidiales목	*Amoebidium*

(1) 난균류(Oomycetes)

운동 포자는 보통 2편모성이고 유주자(zoospore)에 의하여 무성적으로 증식하고, 유성적으로는 난포자(oospore)를 형성한다. 어류에 기생하여 물에 사는 것과 식물성 병원균으로 물에 사는 것이 있으며 이들 중 식품에 유용한 것은 없다.

❶ 물곰팡이목(Saprolegniales)

수중과 습한 토양 중에 널리 분포되어 있다. 대부분은 부생균인데, 어류기생균(Saprolegnia parasitica)이나 벼 뿌리에 기생하는 것이 있다.

❷ 점병균목(Peronosporales)

주로 지상부의 기생균인데 식물 병원균이 많다. 균사는 발달되었고, 기생근(haustorium)을 통하여 숙주로부터 영양분을 흡수한다. 유주자낭 속에 2편모성의 유주자를 형성한다. 진화된 것은 낙화성 포자낭을 만든다. 유성생식은 조란기와 조정기에서 이루어진다. 이 외에도 Leptomitales, Lagenidiales 등이 있다.

(2) 접합균류(Zygomycetes)

접합균류에 속하는 대부분의 곰팡이는 그 균총의 색상이 회색 또는 회갈색으로 솜털모양을 하고 있다. 접합포자(zygospore)의 형성은 유성적으로 2개의 배우자낭이 접촉하여 융합이 일어나고 휴면포자 상태로 된다. 그러나 특별한 경우에만 관찰되고 일반적으로는 무성생식에 의하여 포자낭포자(sporangiospore)를 만든다.

식품에 관여하는 곰팡이 중에서 조상균류에 속하는 것은 그 대부분이 접합균류로서 Mucorales목에 속한다.

❶ 털곰팡이목(Mucorales)

대부분 사물기생(부생균, saprophyte)이며, 여러 유기물 기질에 잘 생육하고 균사가 잘 발달되어 있다. 대부분 포자낭병의 맨 끝이 팽대하여 형성된 중축(columella)이 포자낭 속에 들어 있으며 포자낭 속에 무성적으로 포자를 만든다.

가. Mucor속(털곰팡이)

Mucoraceae과 중에서 가장 대표적인 속으로 균총이 솜털 모양이다. 토양, 퇴비, 과일, 식품 등 자연계에 널리 분포하며 발효 공업에 중요한 균종들이 알려져 있다.

균사는 백색 또는 회백색이며 격벽이 없고 전체적인 모양은 *Rhizopus*속과 흡사하나 가근이 형성되지 않는다. 포자낭병은 단일이거나 분지상이며 포자낭병의 분지상태와 크기, 포자낭의 크기와 색, 중축과 포자의 모양 및 크기, 집락과 접합포자의 특성, 기균사의 색과 길이 등은 털곰팡이속의 종을 결정하는 데 중요한 지표가 된다. 포자낭병에는 균사에서 단독으로 뻗어서 분지하지 않는 것(Monomucor), 방상으로 분지하는 것(Racemomucor), 가축상으로 분지하는 것(Cymomucor) 등이 있다[그림 3-14]. *Mucor*속의 중요한 균종은 다음과 같다[표 3-3].

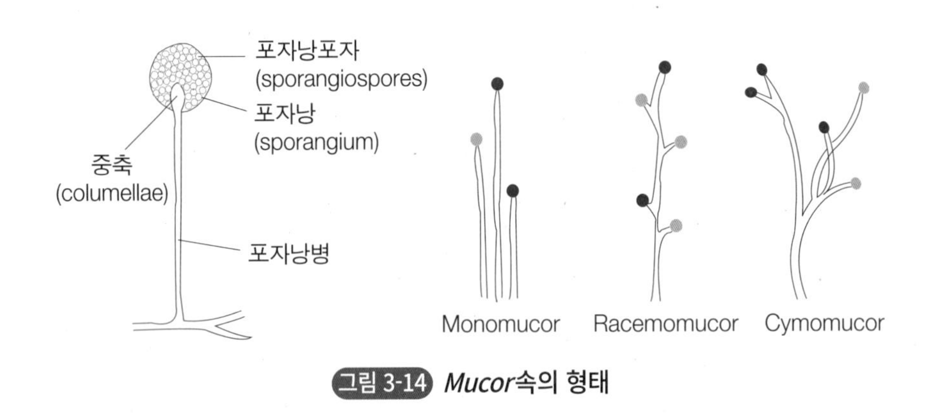

그림 3-14 *Mucor*속의 형태

표 3-3 *Mucor*속의 특징과 용도

균 류	특 징	분포용도
Mucor hiemalis	monomucor	pectinase 생산, 과즙의 청징
Mucor mucedo	monomucor	과실, 채소, 피혁에 발윤하는 유해균, pectinase 생산
Mucor pusillus	racemomucor	치즈 제조에 필요한 응유효소 생산, 구연산 생산
Mucor racemosus	racemomucor	과실의 부패, 알코올 발효
Mucor rouxii	cymomucor	amylomyces, amylo process균, glucoamylase 생산, 녹말의 당화, 알코올 발효, 고량주 곡자에서 분리
Mucor javanicus	cymomucor	자바곡자, 알코올 발효, 과즙청징(pectinase)

나. *Rhizopus*속(거미줄 곰팡이)

이 속의 곰팡이들은 생육이 빠른 점에서 *Mucor*속과 유사하지만 수 cm에 달하는 포복지(stolon)와 배지에 닿는 곳에 가근(rhizoid)을 형성하는 점이 다르다. 포복지를 뻗어 번식하며 가근에서 1본 또는 수 본의 포자낭병을 형성한다. 과일이나 채소, 빵, 메주 또는 토양 등에 잘 나타나고 솜털이나 거미줄 모양으로 균체를 형성한다. *Mucor*속과 마찬가지로 균사에는 격벽이 없고 포자낭병은 가근이 있는 곳에서 뻗어나고 분지하지 않는다. 포자낭은 거의 구형이며 흑색이나 갈색을 띠고 중축은 반구형 또는 난형이다. 또한 포자낭의 기부에 깔대기 모양의 지낭(apophysis)을 형성하기도 한다[그림 3-15].

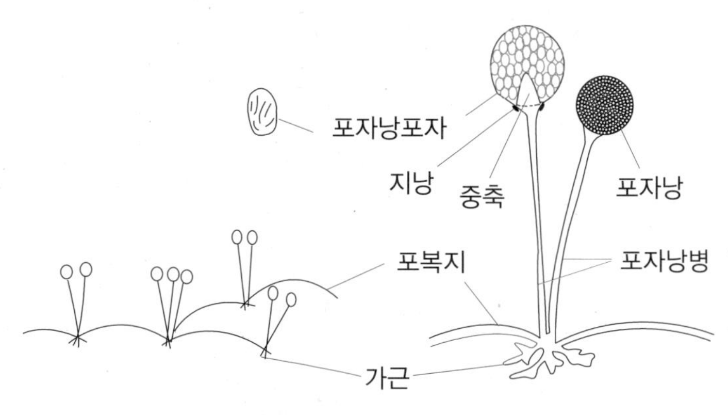

그림 3-15 *Rhizopus*속의 형태

접합포자는 *Mucor*속과 비슷하며 균사의 중간이 부분적으로 후막화하여 생기는 후막포자가 때로는 인정되며 분열자도 발견된다. 간혹 과일의 부패를 일으키며, 동물의 병원성을 갖는 것도 있지만, 대부분 pectin 분해력과 전분질 분해력이 강하므로 당화효소 및 유기산 제조용으로 이용되는 균종이 많다. 이 속의 중요한 종은 다음과 같다[표 3-4].

다. *Phycomyces*속

이 속의 특징은 포자낭병이 매우 길게 직립하여 20~30cm까지 되는 것도 있으며 암색 또는 청록색의 금속 광택을 보이는 것이 특징이다.

라. *Absidia*속(활털곰팡이)

*Rhizopus*속처럼 포복지와 가근을 형성하는 점은 유사하나, 포자낭병이 가근이 있는 절부(node)가 아닌 포복지의 중간 부분에서 분지하여 곧게 자란다. 포자낭은 작은 서양배 모양이고 중축은 반구형 또는 원추형이다. 포자는 소원형 또는 난형으로 거의 활면(滑面)이며 무색 혹은 청록색을 나타낸다. 접합포자는 포자낭병에서 발생하는 모상돌기에 싸여져 형성된다. 전분 당화력이 있으며 토양, 건초, 곡물, 발효 식품 등에서 발견된다. 고량주 곡자에서 분리되었으며 고량주, 소홍주 제조에 이용되는 *Absidia lichtheimi* 등이 있다[그림 3-16].

표 3-4 Rhizopus속의 분포와 용도

균종	분포	용도
Rhi. delemar	중국곡자, 소홍주에서 분리	중국곡자, amylo process균, glucoamylase 생산, 녹말당화, 알코올 발효
Rhi. japonicus	일본곡자에서 분리	청주곡자, 중국곡자, 고량주곡자 amylo process균 녹말 당화, 알코올 발효, 단백질 분해
Rhi. javanicus	자바곡자에서 분리	Ragi곡자, amylo process균, 녹말 당화, 알코올 발효
Rhi. nigricans	과채류, 빵, 곡류에서 분리	빵, 곡물, 채소의 부패물, fumaric acid 생산, 삼섬유의 정련, 고구마 무름병균
Rhi. oryzae	자바의 Raji에서 분리	Ragi곡자, 자바곡자, 고량주 곡자, L-lactic acid 생산, arrak, boukreh, Temphe 제조, 전분당화
Rhi. peka	대만백곡 peka에서 분리	peka, 전분의 당화
Rhi. tonkinensis	Tonkin산 곡자에서 분리	중국곡자, 고량주곡자, amylo process균, 녹말 당화, 알코올 발효, 젖산·푸마르산 생산
Rhi. tritici	소홍주에서 분리	소홍주, 약주, 누룩, pectinase 생산, 과즙의 청징

마. *Thamnidium*속

포자낭병의 맨끝에 큰 포자낭을 형성하고 측지에는 적은 소포자낭(sporangioles)을 방상(房狀)으로 착생한다. 큰 포자낭에는 중축이 있고 많은 포자를 내장하고 있으나 소포자낭에는 중축이 없으며 2~12개의 포자가 있다.

*Thamnidium elegans*는 백색의 균사체와 흑색의 대포자낭을 갖는 균으로서, 균사체는 백색이고 대포자낭은 흑색이다. 자웅이체이고 후막포자를 형성하며, 냉장한 육류 등에 발생하는 냉온균의 하나이나 실온의 곡류에서도 분리된다[그림 3-16].

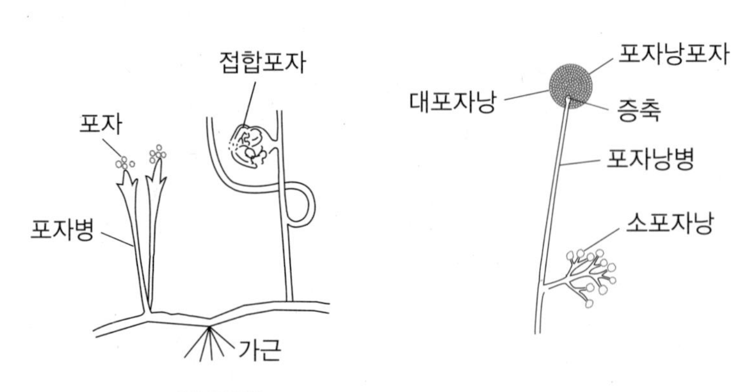

그림 3-16 *Absidia*속과 *Thamnidium*속

(3) 호상균류(Chytridiomycetes, water mold)

유주자가 털모양으로 단모성인 것이 특징이다. 유주자가 접합하면 휴면포자 또는 배수체의 다핵균사체가 된다.

❶ 호상균목(Chytridiales)

진균류 중에서 가장 원시적인 것으로 진정한 균사체를 형성하지 않는다.

❷ 블라스토클라디아목(Blastocladiales)

진정한 균사를 형성하고 생식기관이 영양세포에서 분화한 것이다. 후막의 내구포자낭을 전형적으로 형성한다.

*Blastocladiella variabilis*의 생활사를 보면 무색, 오렌지색의 엷은 막인 두 종류의 배우자낭(gametangium)과 무색 엷은 막의 운동포자낭(mitosporangium) 및 갈색의 두꺼운 막으로 돌기가 있는 내구포자낭(resistant sporangium)의 네 종류 개체를 형성한다.

❸ 모노블레파리스목(Monoblepharidales)

균사가 잘 발달되었고 균사의 세포질에 다수의 액포를 가진 것이 특징이다. 유성생식은 웅성배우자가 운동성을 잃고 생란기(oogonium)로 되어 수정하여 난포자(卵胞子)로 된다.

(4) Hyphochytridiomycetes

호상균류와 비슷하나 유주자가 우형(羽型, tinsel type)의 일편모성(단모성)인 것이 특징인 균군이다.

Hyphochytridiomycetes는 Chytridiomycetes와 같이 단모류(uniflagellatea)라고도 불린다.

이상 2강은 단세포, 엽상체가 전실성(영양체의 전부가 생식체로 된다)으로 되나, 엽상체가 특수화된 가근상이나 균사상의 영양체로 되어, 하나의 생식체로 되는 수가 있다. 대부분은 물에 살고, 물속에 있는 동식물의 유체에 부생적으로 생육하고 때로는 식물병원균으로도 발견되나 식품에서는 분리되지 않는다.

2) 순정균류(Mycomycetes)

(1) 자낭균류(Ascomycetes)

자낭균류는 유성적으로는 자낭포자를 생성하나 보통은 무성적으로 분생포자를 형성한다. 자낭(ascus) 중에 유성포자인 자낭포자를 보통 8개씩 내장하는 균류로서 효모와 같은 단세포의 것에서부터 대형의 균사체와 복잡한 다육질의 자실기관을 형성하는 것에 이르기까지 다양하다. 자낭균은 균사에 격막이 있고 대부분 무성적으로 균사에 그 균의 특유한 분생자병을 형성하며, 그 위에 다수의 분생포자를 착생한다. 분생포자는 발아하여 균사를 형성하는 무성생식법을 반복하지만, 이들 균사도 나중에는 유성생식 기관인 조낭기(ascogonium)와 조정기(antheridium)를 형성하여 유성생식을 행한다[그림 3-17].

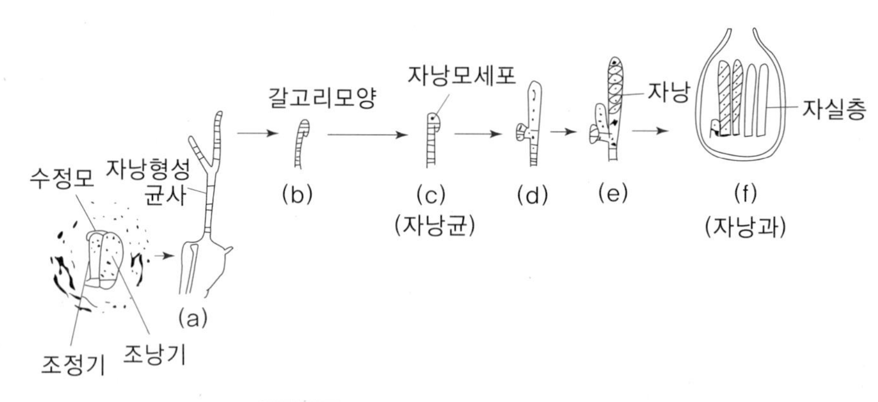

그림 3-17 전형적인 자낭균의 유성생식

자낭균류는 자낭이 그대로 밖에 노출되어 있는 반자낭균류(Hemiascomycetidae)와 자낭이 자낭과(ascocarp)로 싸여 있는 진정자낭균류(Euascomycetidae) 및 자낭과가 자좌(stroma)로 된 소방자낭균류(Loculoasco mycetdae)의 3아강으로 대별된다. 이 중 식품에서 중요한 것은 반자낭균류의 Endomycetales목과 진정자낭균류의 Aspergillales목이다[표 3-5].

자낭균류와 조상균류는 다음과 같은 차이점이 있다[표 3-5].

표 3-5 조상균류와 자낭균류의 차이점

특징		조상균류(접합균류)	자낭균류
격벽(격막)		없음	있음
운동포자		형성	형성하지 않음
균사의 끝		중축	정낭, 경자
포자형성 균사의 명칭		포자낭병	분생포자병
포자의 형태	유성생식	접합포자(일정하지 않음)	자낭포자(보통 8개)
	무성생식	포자낭포자(내성포자)	분생포자(외생포자)
대표 곰팡이		*Mucor*속, *Rhizopus*속, *Absidia*속, *Thamnidium*속	*Aspergillus*속, *Penicillium*속, *Monascus*속, *Neurospora*속

❶ 반자낭균류(Hemiascomycetes)

반자낭균류는 유포자효모 및 그에 속하는 유사 곰팡이로 이루어져 있으며, 다수의 자낭이 자낭과(ascocarp)와 같은 특별한 기관 내에 형성되지 않고 *Saccharomyces*속의 효모처럼 유리된 단 한 개의 세포가 그대로 사낭으로 되는 종류로서 원시적인 자낭균이다. 즉 자낭과는 없고 자낭은 한 겹으로 된 막으로 싸여 있다. 거기에는 Endomycetales, Diplodascales, Exoascales(외자낭균목, Taphrinales)의 3목이 있다[**표 3-5**].

엔도미세스목(Enodmycetales)은 자낭이 불규칙하게 배열되어 있다. 이 목에는 유포자효모, *Eremothecium*속, *Ashbya*속, *Byssochlamys*속 등이 있다.

가. *Eremothecium*속

이 속 중 *Eremothecium ashbyii*는 riboflavin 생산균으로 사용되며 균사에는 격벽이 거의 없으며 riboflavin으로 인해 황색을 나타내고 그 결정이 여러 곳에 발견된다. 오래된 것은 곳곳에 단독 또는 연쇄상의 자낭을 형성한다. 포자의 형상은 낫 모양이다. 아프리카산 목화씨에서 분리되었으며 riboflavin 생산균으로는 *Ashbya gossypii*도 알려져 있다. 이 균은 자웅이체이다[**그림 3-18**].

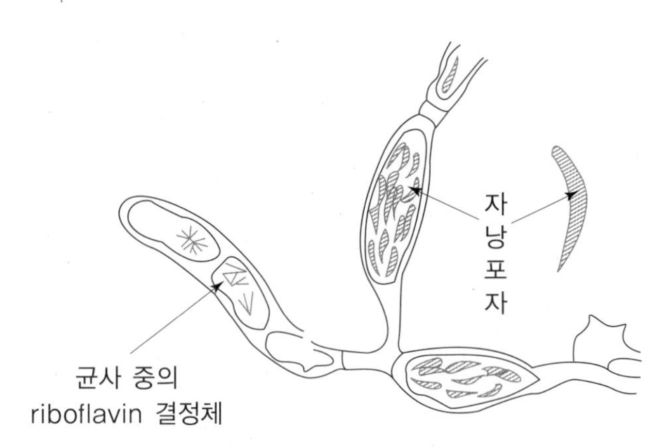

그림 3-18 ***Eremothecium ashbyii*의 형태**

나. *Ashbya*속

이 속의 *Ashbya gossypii*도 면실, 커피 등의 기생균이나 전자와 같이 다량의 riboflavin을 생성하는 중요한 곰팡이다. 양자는 형태가 매우 유사하다.

표 3-6 자낭균류의 분류

아문	강		목	주요 속
자낭균류 (Ascomycotina)	반자낭균류 (Hemiascomycetes)		엔도미세스목 (Endomycetales)	*Eemothecium*, *Ashbya*, *Byssochlamys*
			Diplodascales목	유포자효모
			외자낭균목 (Taphrinales)	*Taphrina*
	진정자낭균류 (Euascomycetes)	부정자낭균류 (Plectomycetes)	추균목(완전목균목) (Aspergillales)	*Aspergillus*속의 완전형, *Monasus*
			(Eurotiales)	*Penicillium*속의 완전형
			Erysiphales	백시병균
		핵(각)균류 (Pyrenomycetes)	구각(과)균목 (Sphaeriales)	*Neurospora*, *Chaetomium*
			육좌균목(Hypocreals)	*Gibberella*
			맥각균목 (Clavicepitales)	*Claviceps*(맥각병균), *Cordyceps*(동충하초균)
		반균류 (Discomycetes)	Pezizales(주발(공기)버섯목) Helvellales(안장(망삿갓)버섯목) Tuberales(덩이버섯목) Phacidiales(파시다아목)	
	소방자자낭균류 (Loculoascomycetidase)		Myriangiales목, Pleoporales목 Hysteriales목, Dothideales목 Capnodiales목, Micriothyriales목	

다. *Byssochlamys*속

암갈색의 분생포자를 착생하며 자낭에는 8개의 자낭포자를 내생한다. *Byssochlamys fulva*는 포자가 내열성이기 때문에 과실의 통조림이나 병조림의 부패를 일으킨다[그림 3-19].

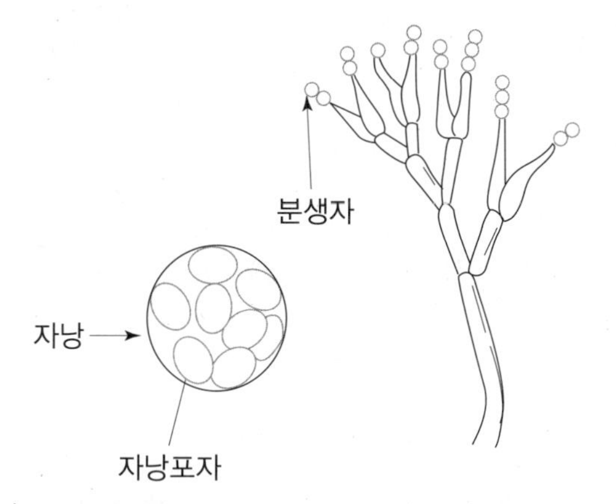

그림 3-19 *Byssochlamys fulva*의 형태

❷ 진정자낭균류(Euascomycetes)

진정자낭균은 자낭균의 대부분을 차지하며 자낭균이 균사로 싸여 자실체(이 경우는 자낭과, ascocarp)를 형성한다. 이것이 진정자낭균의 특징이다. 진정자낭균류는 부정자낭균류, 핵균류, 반균류 등 주요 3군이 있다.

가. 부정자낭균류(Plectomycetes)

부정자낭균류에서는 자낭이 구형 또는 원통형인데, 자낭벽은 균일한 두께로 개구부(開口部)가 없다.

이 중 중요한 것은 완전국균목(Eurotiales)이다. 완전국균목(국균목, 누룩곰팡이목,Eurotiales, Aspergillales)은 대표적인 부정자낭균으로 폐자기(혹은 자낭구, cleistothecium)에 자낭을 형성한다.

국균목(Aspergillales)은 부정자낭균류(plectomycetes)에 속하며, 대부분이 구형 또는 원통형의 자낭을 형성하고 자낭벽은 균일한 두께로 개구부가 없는 폐자기에 자낭을 만드나 자좌를 형성하지 않는다. 일반적으로 자낭은 자낭과 속에 불규칙하게 배열된 것이 많다. 발효 공업에서 중요한 *Aspergillus*속, *Penicillium*속, *Monascus*속 등이 여기에 포함된다.

ㄱ) *Aspergillus*속(누룩곰팡이): 대단히 널리 분포되어 있는 곰팡이로서 amylase와 protease를 많이 분비하므로 약주, 된장, 간장 등의 양조에 많이 사용하며 amylase, glucoamylase 등의 효소의 생산에도 이용된다. 이 속의 형태는 그림과 같이 분생자병(conidiophore)은 다소 후막화된 병족세포(foot cell)에서 수직적으로 분지하고, 그 선단이 팽대하여 정낭(vesicle)을 형성한다. 정낭의 주위에 1단 또는 2단으로 경자(sterigma)를 방사상으로 착생하여 그 끝에 연쇄상으로 분생자를 착생한다. 집락의 색상도 황·녹·흑·갈·백색 등으로 매우 다양하며 이는 주로 분생자의 색상에 의한다. 균사에는 격벽이 있고 보통 무색이다[그림 3-20].

i. *Aspergillus oryzae*(황국균): 코오지곰팡이의 대표적인 균종으로 청주, 된장, 간

장, 감주, 절임류 등의 제품에서 오래전부터 중요시된 곰팡이다. 이 균은 처음에는 백색이나 분생자가 생기면서부터 황색에서 황녹색으로 되고 더 오래 되면 갈색을 띤다. 녹말 당화력, 단백질 분해력도 강하여 녹말의 당화나 대두의 분해에 이용된다. 이 균의 코오지에서 효소를 추출하여 소화제를 만들기도 한다. 특수한 대사 산물로 kojic acid를 생성하는 것이 많다.

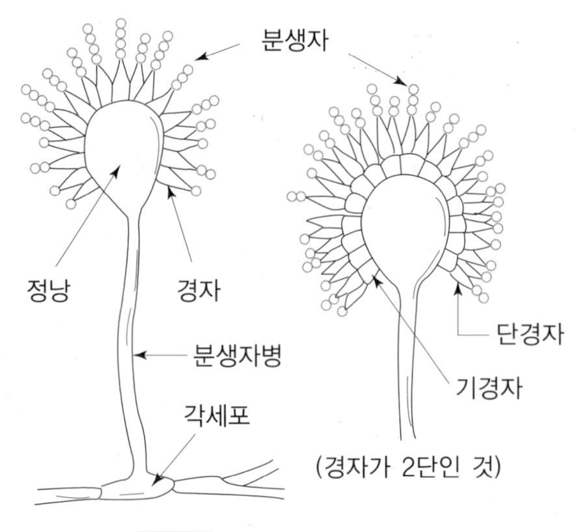

그림 3-20 *Aspergillus*속의 형태

ii *Aspergillus tamarii*: 균총이 갈색인 곰팡이로 된장 코오지에 사용된다.

iii *Aspergillus sojae*: 장류곰팡이균으로 *Aspergillus oryzae*와 유사하다. 단백질 분해력이 강하여 장류제조에 사용된다.

iv *Aspergillus niger*(흑국균): 포자가 검고, 경자는 보통 2단으로 과실이나 빵 등에 자주 발생된다. 녹말의 당화력이 강하고 당에서 구연산, 수산, 글루콘산 등을 대량 생산하는 균주가 많으므로 유기산 발효공업에 이용된다. 특히 pectin 분해력이 강한 것도 있다.

이와 비슷한 흑갈색의 코오지 곰팡이 또는 일본 오키나와의 포성주(泡盛酒)의 제조에 사용된 *Aspergillus awamori*와 알코올 제조용 녹말 원료의 당화에 사용되는 *Aspergillus usamii* 등이 있다. 이상의 것도 흑국균이라고 한다.

v *Aspergillus glaucus*(풀색곰팡이): 이것과 유사한 균종으로는 *Aspergillus repens*, *Aspergillus ruber*, *Aspergillus chevalieri* 등이 있고 균종의 색은 일

반적으로 녹색이므로 녹색곰팡이라고도 한다. 진한 황색의 피자기를 형성하는 것이 특징으로 어느 것이나 삼투압이 높은 곳에서 발육되고, 피혁제품이나 훈제품 등에서 잘 생육된다. 유지의 분해력이 강하다.

vi *Aspergillus flavus*: *Asp. oryzae*와 아주 유사한 균종이나 포자가 처음부터 녹색으로 되는 것이 다르다. 토양이나 식품에서 자주 발견되고 aflatoxin이라는 발암성 물질을 생성하는 유해균이다.

vii *Aspergillus fumigatus*: 암녹색 포자를 형성하는 곰팡이로 토양에 많다. 곡물에서도 자주 발견된다. 사람의 폐에 기생하여 *aspergillosis*를 일으키는 병원성 균이다.

ㄴ) *Penicillium*속(푸른곰팡이): 자연계에 널리 분포되어 있고, 과실, 야채, 빵, 떡 등을 변패시키며 황변미(yellow rice)의 원인이 되는 곰팡이로 유해한 것들이 많으나, 치즈의 숙성이나 항생물질인 penicillin의 생산에 이용되는 유용한 곰팡이도 있다. 이 속의 곰팡이는 colony가 청록색의 것이 많기 때문에 푸른곰팡이라 부르지만 회색, 황갈색, 혹은 적색을 띠는 것도 있다.

*Penicillium*속은 *Aspergillus*속과 분류학상 가까우나 분생자병의 끝에 정낭을 만들지 않고 직접 분기하여 경자가 빗자루나 붓모양으로 배열하여 추상체(penicillus)를 형성하는 점이 다르며 병족세포도 없다. 경자의 상단에는 분생포자가 염주알 모양으로 외생한다[그림 3-21].

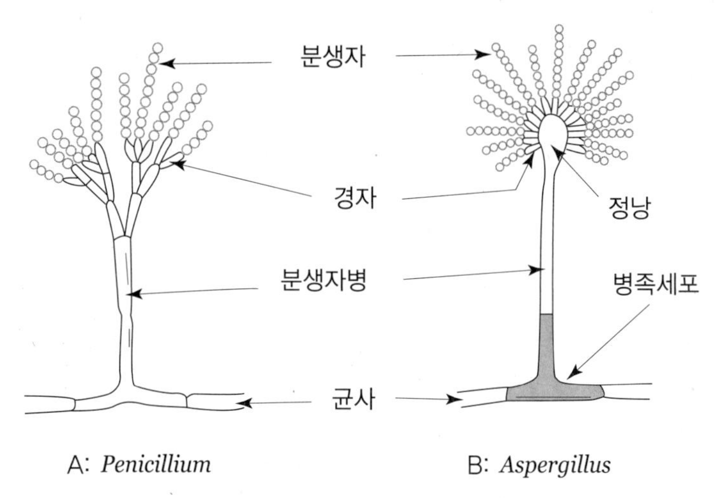

그림 3-21 *Penicillium*속과 *Aspergillus*속의 비교

i *Penicillium camemberti*: 집락은 양모상으로 처음에는 백색이나 분생자를 형성하면 청회색이 된다. Camembert 치즈 숙성에 관여하여 향기를 주는 중요한 곰팡이다.

ii *Penicillium roqueforti*: Czapeck 한천배지상의 집락은 청록색이나 시간이 경과하면 진한 녹색이 된다. Roquefort 치즈 숙성에 관여하는 중요한 곰팡이로 casein을 분해하여 독특한 향미를 부여하고 치즈에 녹색의 고운 반점을 생성한다. 그리고 ensilage와 퇴비 등에서도 검출된다.

iii *Penicillium chrysogenum*: 과일 등에 넓게 분포하며 penicillin 생산 균주로 유명하다. 현재 penicillin 생산 균주로 이용되는 것은 *Pen. chrysogenum* Q 176과 기타 이 균주의 변이주들이 대부분이다. Czapeck 한천상의 집락은 벨벳상으로 청록색 내지 밝은 녹색이며 시간이 경과하면 자갈색으로 된다. 집락상에 많은 물방울을 형성하며 뒷면은 황색이다. Penicillius는 2~3단으로 크게 방사상으로 퍼지며 그 위에 경자를 형성한다.

iv *Penicillium notatum*: 공기나 과일 등에서 검출되며 1929년 A. Fleming이 penicillin을 발견하는 동기가 된 곰팡이다. 집락은 양모상의 청록색으로 주변은 백색이고 뒷면은 담황색이며 gelatin 액화력이 강하고 penicillin을 비롯하여 notatin(glucose oxidase) 등을 생산한다.

v *Pen. expansum*, *Pen. digitatum*, *Pen. italicum*: 과일을 부패시키는 원인균으로 *Pen. expansum*은 배나 사과를, *Pen. digitatum*과 *Pen. italicum*은 감귤을 변패시킨다.

ㄷ) *Monascus*속(빨강 누룩곰팡이): 이 속은 균사 내에 anthraquinone 유도체인 monascorubin($C_{22}H_{24}O_3$)이라는 홍색 색소를 생성하여 선홍색의 colony를 생성한다. 균사 끝에 형성하는 폐자기(cleistothecium)는 성숙하면 구형이 되며 그 안에 수많은 타원형 또는 구형의 자낭포자를 형성한다. 무성생식의 경우, 균사의 측지에 분생자를 연결하여 착생한다.

i *Monascus purpureus*: 중국과 말레이 지역에서 홍주(angchu)의 제조에 사용하는 홍국 제조에 중요한 곰팡이이며 우리나라 누룩에서도 자주 검출된다. 집락은 적색이나 적갈색이며 이 색소는 monascorubin으로 물에는 녹지 않으나 알코올 등 유기 용매에는 녹는다. 후막포자도 형성하며 생육 적온은 33~35℃이다. Starch, glucose, fructose, maltose를 발효하여 소량의 알코올을 생산하며 succinic acid, gluconic acid, lactic acid를 만든다[그림 3-22].

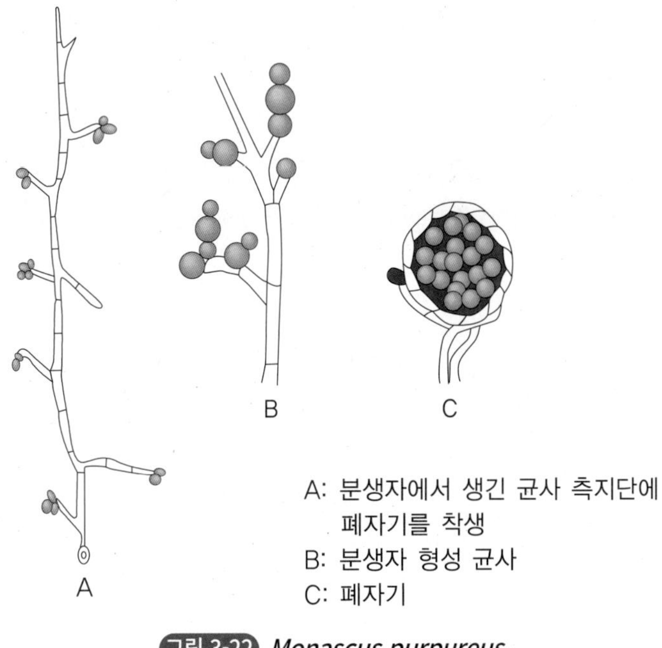

그림 3-22 *Monascus purpureus*

ii *Monascus barkeri*: *Monascus purpureus*와 비슷한 균으로 균사는 홍색이며 모로코 지방의 Samzu주에 쓰는 쌀 코오지에서 분리되며 ensilage에서도 검출된다.

iii *Monascus anka*: 대만의 홍주, 홍국의 종균으로 홍유부의 제조에도 이용되며 균사는 급속히 선명한 홍색으로 된다. 성상은 *Monascus purpureus*와 비슷하다. Pectinase 분비력도 강하여 과즙 청정제로 이용된다.

나. 핵균류(Pyrenomycetes)

핵균류에서는 자낭이 긴 원통형인데, 그 선단에 구멍(pore)이 있는 것과 없는 것이 있다. 또 자낭과는 좁은 목구멍과 같은 개구부(ostiole)를 가진 피자기(자낭각, perithecium)이다. 피자기는 간혹 자좌(stroma)라고 불리는 조밀한 균사의 덩어리로 싸여 있다. 이 균류는 한쪽에 구멍이 있는 병모양의 자낭각을 만든다. 자낭은 평행으로 늘어선다. 주요한 목은 구각(과)균목, 육좌균목, 맥각균목이다.

ㄱ) *Chaetomium*속: *Haetomium globosum* ATCC 6205은 이 속의 대표적인 균으로서 섬유질, 특히 종이에 잘 발생하고 섬유 제품의 방훈 시험용 균으로 사용한다. 이 균은 가당 감자 배지에서 잘 자라고 colony는 황갈색이며, 암갈색의 피자기 중에 곤봉상의 자낭을 만들고, 8개의 자낭포자를 내장한다.

ㄴ) *Neurospora*속: 대부분은 자웅 이체로 갈색 또는 흑색의 피자기를 만들고, 원통형의 자낭 안에 4~8개의 자낭포자를 형성한다. 무성세대는 오렌지색 또는 담홍색의 분생자가 반달 모양의 덩어리로 착색하며 불에 탄 나무, 옥수수, 빵조각에 생육하여 연분홍색을 띠므로 붉은 빵곰팡이라고도 한다.

ㄷ) *Gibberella*속: 벼의 키다리병 원인균인 *Gibberella fujikuroi*, 보리의 붉은 곰팡이병 원인균인 *Gibberella zeae* 등 식물 병원균이 많으나, 전자는 식물 호르몬의 일종인 gibberellin의 생산균이다. 이 속의 무성세대를 *Fusarium*속이라 한다.

ㄹ) *Claviceps*(맥각균)속:대표적인 균종은 *Claviceps purpurea*(맥각병균)로 라이맥, 연맥 등의 자방에 균사가 들어가 단단한 균핵을 만든다. 이것이 맥각(ergot)으로 alkaloid를 함유하여 의약품으로 사용된다.

(2) 불완전균류(Fungi imperfecti)

진균류(Eumycetes) 중에서 균사체(mycelium)와 분생자(conidium)만으로 증식하는 균류, 즉 핵융합을 행하는 유성생식(완전세대)이 전혀 인정되지 않는 균류와 유성생식이 인정되는 균류의 불완전세대(무성생식)를 총칭하여 불완전균류라고 한다. 현재까지 알려져 있는 불완전균류는 15,000종류 이상으로 곰팡이 외에도 무포자효모와 사출포자효모가 포함되어 있다.

불완전균류의 분생자는 균사가 특별히 자라서 형성된 분생자병(conidiophore)의 선단에 형성되는데, 특히 분생자병이 밀생하여 층을 이루어 기부의 세포에 밀착한 것을 분생자층(acervulus)이라 하며, 바구니와 비슷한 자실층(hymenium), 즉 분자기(pycnidium) 속에 형성되는 분생자를 병포자(pycniospore)라 부르고, 다발로 된 분생자병, 즉 분생병자(coremium) 속에서나 밀집한 덩이에서 많은 분생자병이 만들어진 분생자좌(sporodochium)에서도 분생자가 형성된다.

불완전균류는 병자각균목(Sphaeropsidales), 흑분균목(Melanconiales), 선균목(Moniliales), 그리고 무포자균목(Mycelia sterilia)의 4가지 균목으로 분류된다[**표 3-6**]. 병자각균목과 흑분균목은 각각 병자각과 분생자층과 같은 무성생식기관을 형성하며 거의 대부분이 식물의 병원균인 데 비해서 선균목의 경우는 이와 같은 기관을 만들지 않고 분생자병이 단독으로 생기는 곰팡이로서 불완전균류에 속하는 효모와 함께 응용미생물로서 관련된 것들이 많다.

❶ 병자각균목(분생자각균목, Sphaeropsidales)

균사가 모여서 둥근 분자기(分子器, pycnidium)를 형성하고 그 안에 분생자를 만든다.

수목이나 풀에 기생하여 점무늬병을 일으키는 것이 많다. 이에 속하는 균은 *Ascochyta*속, *Diplodia*속, *Phoma*속, *Septoria*속, *Phyllosticta*속 등이다.

표 3-7 불완전균류의 분류

아문	목	주요 과	주요 속
불완전균류 (Deuteromycotina) (FungiImperfecti)	의구각균목(병자각균목) (Sphaeropsidales)	병자각균과(의구각균과) (Sphaerioidaceae)	식물병원균이 많음 *Diplodia*, *Phoma*, *Catenularia*
	흑분균목 (Melanconiales)	흑분균과 (Melanconiaceae)	식물병원균 많음
	선균목 (Moniliales)	담색선균과 (Moniliaceae)	*Aspergillus, Penicillium, Geotrichum, Trichoderma, Cephalosporium* *Scopulariopsis, Sporotrichum, Monilia, Botrytis, Oidium*
		암색선균과 (Dematiaceae)	*Cladosporium, Helminthosporium, Alternaria, Stemphylum* *Aureobasidium, Pullularia, Catenularia*
		혹상균과(분생자좌균과) (Tubecrlariaceae)	*Fusarium*
		크립토코커스과 (Cryptococcaceae)	무포자효모, *Candida*, *Rhodotorula*, *Cryptococcus*, *Torulopsis*
		스포로볼로미세스과 (Sporobolomycetaceae)	사출포자효모, *Sporobolomyces*
		분생자병속균과 (Stilbaceae)	*Graphium*
	무포자균목(Mycelia sterilia)		*Sclerotium, Rhizotonia*

※ 곰팡이는 속명으로 표시, 효모와 버섯은 관용명으로 표시

※ *Aspergillus, Penicillium, Neurospora*는 분류상으로는 불완전균류에 속하는 속명이지만 자낭균류의 불완전세대(無性世代)로 보여진다. 따라서 편의상 자낭균류로 취급하는 경우도 있다(이 책에서도 자낭균으로 취급).

❷ 흑분균목(분생자퇴균목, 분생자층균목, Melanconiales)

식물의 표피 밑에서 분생자병이 밀집하여 자좌(acervulus)를 형성하여 표피가 파열되면 안에서 다수의 분생자가 나온다.

식물 탄저균으로 *Colletotrichum*속, *Gloeosporium*속, *Marssonina*속들이 있다.

❸ 선균목(Moniliales, Hyphomycetales)

위 두 목과 같은 특별한 무성생식기관인 분자기(병자각), 자좌(분생자층)를 형성하지 않고, 분생자병이 단독으로 생기는 것으로 무포자효모, 사출포자효모와 같이 중요한 효모가 다수 포함된다.

가. 선균과

ㄱ) *Geotrichum*속: 균총은 단단한 백색, 황색, 갈색, 적색 등의 윤기 있는 덩어리를 형성하며 발육 후기에는 연한 크림과 같이 된다. 분생자병의 끝에서부터 차례로 격벽이 생긴 다음 그 일부가 분절하여 분절포자(arthrospore)가 된다[그림 3-13]. 대표적인 균종으로 *Geotrichum candidum*이 있으며 우유 및 유제품에 잘 번식하여 제과, 전분공장의 폐수에서 자주 발견된다.

ㄴ) *Cephalosporium*속: 격벽이 없이 직립한 분생자병 선단에 투명하고 무색인 단세포의 포자가 형성되며 이 포자들이 분비한 점액으로 작은 덩어리를 형성한다. 대표적인 균종으로 보리의 줄무늬병균으로 알려진 *Cephalosporium graminieum*이 있다. 항생제 cephalosporin을 생산한다.

ㄷ) *Trichoderma*속: 토양, 목재, 펄프, 곡물, 식물 등에서 자주 분리되는 곰팡이로서 집락은 양모상의 백색, 황록색, 또는 녹색이다. 균사와 분생자병에는 격벽이 있으며 분생자병은 많이 분기하고 분지의 끝은 경자가 되어 점성이 있는 구형 또는 난형의 단세포 분생자를 생성한다. 대표적인 균종으로는 *Trichoderma viride*가 있으며 이 곰팡이는 섬유소를 분해하는 강력한 섬유소 분해효소(cellulase)를 분비하므로 산업적으로 유망시되고 있다[그림 3-23].

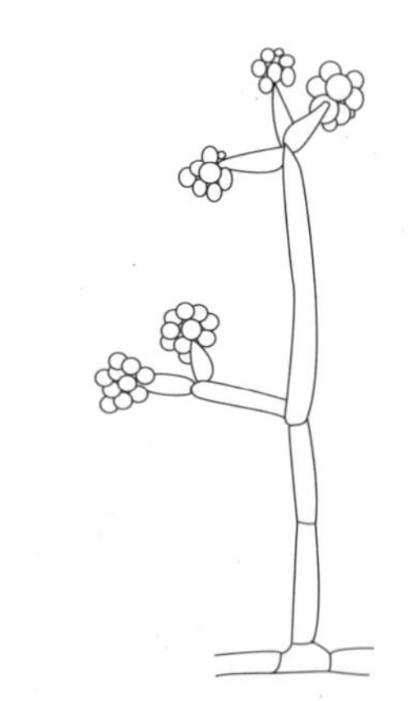

그림 3-23 *Trichoderma*속의 형태

ㄹ) *Botrytis*속: 긴 분생자병의 끝에서 분기하여 말단의 세포가 팽대해진 후 그 위에 분생자를 방사상으로 형성한다. 균총은 회색이며 포자를 형성하지 않는 균사가 집합

하여 단단한 내구체인 균핵(sclerotium)을 잘 만들고 포도나 딸기 등에 흔히 발생하는 유해균이다.

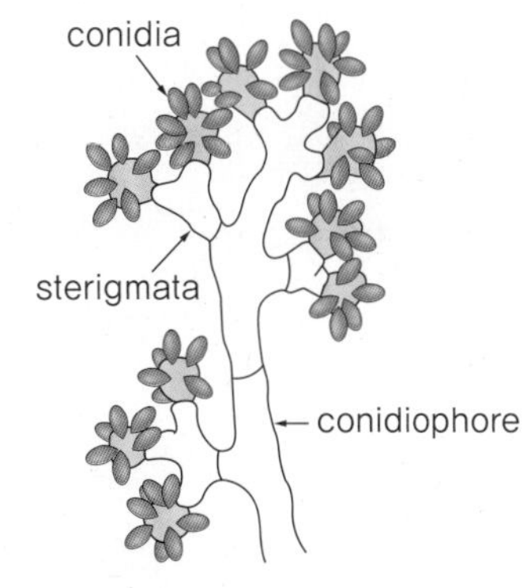

그림 3-24 *Botrytis*속의 형태

대표적인 균종으로 *Botrytis cinerea*(회색곰팡이)가 있다. 이 균은 녹색 포도에 번식하며 포도 중의 산을 소비하여 신맛이 없어지게 하고 수분을 증발시킴으로써 당분을 농축시킨다. 이렇게 만들어진 포도를 귀부(貴腐)라고 하며 이 포도로 만든 포도주를 sauterne이라고 한다[그림 3-24].

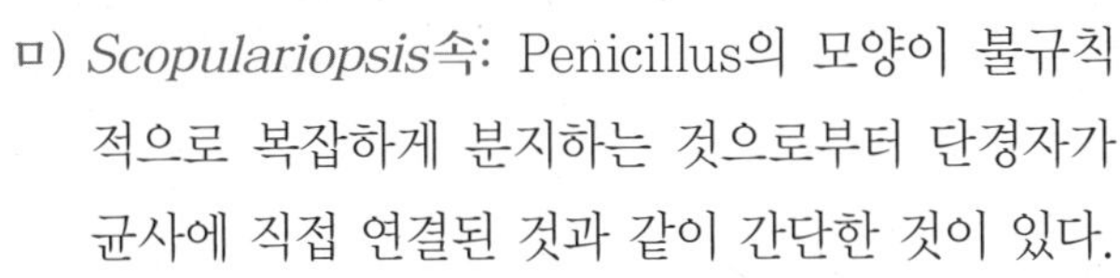

ㅁ) *Scopulariopsis*속: Penicillus의 모양이 불규칙적으로 복잡하게 분지하는 것으로부터 단경자가 균사에 직접 연결된 것과 같이 간단한 것이 있다. 배지에 미량의 비소가 있으면 가스상의 제2의 비소화합물을 생성하므로 비소균이라고도 한다. *Scopulariopsis brevicaulis*가 대표적인 균종으로 camembert cheese나 다른 유제품에 번식하여 불쾌취를 생성한다.

ㅂ) *Penicillium*속(푸른곰팡이): 자연계에 널리 분포되어 있고 과실, 떡, 빵 등에 잘 번식하고 황변미(黃變米)의 원인이 되는 곰팡이로 유해한 것도 많으나 치즈의 숙성이나 penicillin의 생산에 사용되는 유용 곰팡이도 많다. 균총은 녹색의 것이 많으므로 푸른곰팡이라고는 하지만 회색, 황갈색 등을 띠는 것도 있다.

나. 암색선균과

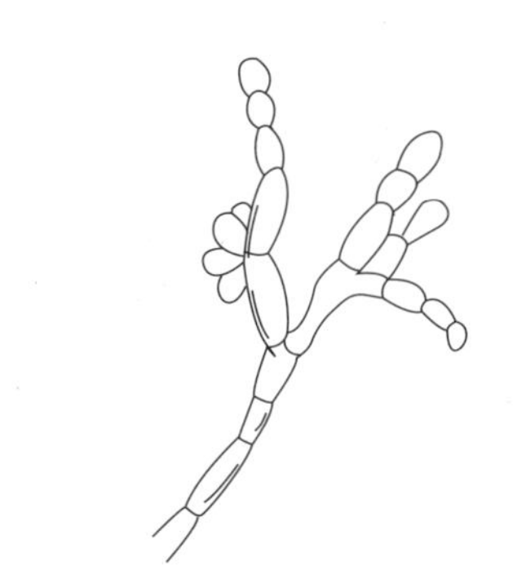

그림 3-25 *Cladosporium*속의 형태

ㄱ) *Cladosporium*속(토마토의 잎곰팡이): 두꺼운 융단모양의 집락을 형성하며 분지한 분생자 끝에 구형의 분생자가 분지상으로 연결되어 형성되고 오래되면 격벽이 생긴다. 이 균은 습한 곡류에 잘 발생하여 암록색의 반점을 만들고 냉장한 육류, 달걀껍질 등에 흑색 반점을 만들기도 하며 또한 목재, 종이, 직물 등에 잘 번식한다. 식물병원균이 많으며 사료에 번식하여 가축에 중독을 일으키는 경우도 있으며, 포도주병의 코르크 마개에 나쁜 냄새를 발생시키기도 하고 우유의 쓴맛을 주기도 한다. 항생제인 cephalosporin을 생산하기도 한다[그림 3-25].

ㄴ) *Alternaria*속(흑반병균): 토양 중에 많고 목재, 섬유, 식품에 잘 발생하며 흑녹색의 균총을 지닌다. 분생포자는 크고 가로, 세로 또는 대각선의 격벽이 있고 끝이 가늘게 된 다세포 분생자를 연쇄상으로 착생한다. *Alternaria tenuis*가 대표적인 균종이며 주로 식물 병원균이 많으며 버터와 같은 식품의 오염균이다.

다. 분생자좌균과

ㄱ) *Fusarium*속: 초승달 모양의 분생자를 착생하고 균총은 분홍색 내지 적자색으로 식품에 잘 발생하며 토양 중에 널리 분포되어 있다. 식물의 뿌리와 잎으로부터 침입하는 병원균으로서 벼의 키다리병의 원인균인 *Fusarium moniliforme*이 있으며 보리의 붉은 곰팡이병균인 *F. graminearum*, 아마의 시들음병, 즉 위축병의 원인균인 *F. lini*가 있다[그림 3-26].

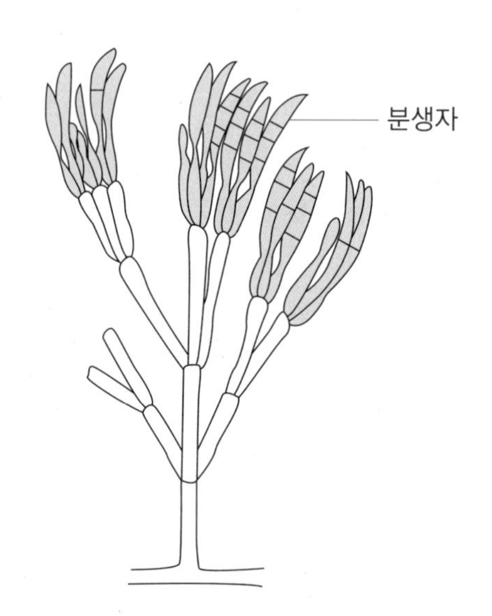

그림 3-26 *Fusarium graminearum*의 형태

라. 분생자속균과(Stilbellaceae)

포자병이 평행으로 된 묶음으로 분생자병속(coremium, synnema)을 형성하며 그 선단에 포자를 형성하는 균군이다. *Graphium ulimi*가 알려져 있다.

❹ 무포자균목(Mycelia sterilia)

포자를 형성하지 않는 균군이다. 포자를 형성하지 않고 균핵(sclerotium)만을 형성하는 *Rhizoctonia*속, *Sclerotium*속이 있다.

④ 곰팡이의 생리

곰팡이는 일반적으로 세균이나 효모에 비해서 환경에 대한 저항력이 크다. 즉 세균이나 효모보다 낮은 수분, 높은 당 농도, 넓은 pH영역이나 온도 영역에서 잘 생육하는 특성이 있다. 식품 등의 표면에 발생하는 곰팡이류는 그 외부 형태에 의해 그 종류를 알 수 있다. 예를 들면 *Rhizopus*속과 *Mucor*속은 균사가 용기 가득히 길게 뻗으며 회백색이다. *Penicillium*속은 균사가 곱게 짠 융단처럼 밀생하며 치밀한 작은 집락을 만들고 색깔은 청색 내지 회청색 또는 흑색이다. *Cladosporium*속은 진한 녹색의 치밀한 집락을 이룬다.

대부분의 곰팡이는 중온성으로서 25~30℃가 생육 적온이다. 그러나 *Aspergillus*속이나 *Rhizopus*속처럼 35~37℃에서 잘 생육하는 것도 있으며, *Mucor pusillus*, *Humicola lanuginosa* 등은 20~55℃에서 생육한다. 빙점 부근 혹은 -5~-10℃에서도 생육하는 호냉성 곰팡이에는 *Cladosporium*, *Sporotrichum*, *Aureobasidium*속 등이 알려져 있고 *Fusarium nivale*와 같이 눈에 덮인 식물에서 증식하는 것도 있다.

물에 사는 소수의 조상균을 제외하고는 곰팡이는 절대 호기성의 미생물이다. 또 대다수의 곰팡이는 pH 2.0~8.5의 넓은 pH 범위에서 생육하지만 일반적으로 산성의 pH에서 잘 생육한다. 일반적으로 곰팡이는 효모와 세균보다 습도가 낮은 곳에서 잘 생육하며 무성포자가 발아하는 데 필요한 최적 Aw(water activity)와 발아하는 데 필요한 Aw의 범위는 곰팡이의 종류에 따라 크게 다르다. 어떤 종의 내건성 곰팡이(xerophilic mold)는 Aw가 0.62로 매우 낮은 값을 갖으며 또 많은 곰팡이는 Aw 1.0 부근의 배지에서도 생육할 수 있다. 다른 미생물과 마찬가지로 400 ~800nm의 가시광선은 곰팡이에게도 유해하다. 광선이 쬐는 시간과 안 쬐는 시간이 엇갈리면 균체 생육이 자극되어 동심원상의 집락이나 생산물의 생성(zonation)이 잘 일어난다. 자외선, X선, γ선 등은 곰팡이를 살균하는 작용과 변이를 일으키는 작용이 있다.

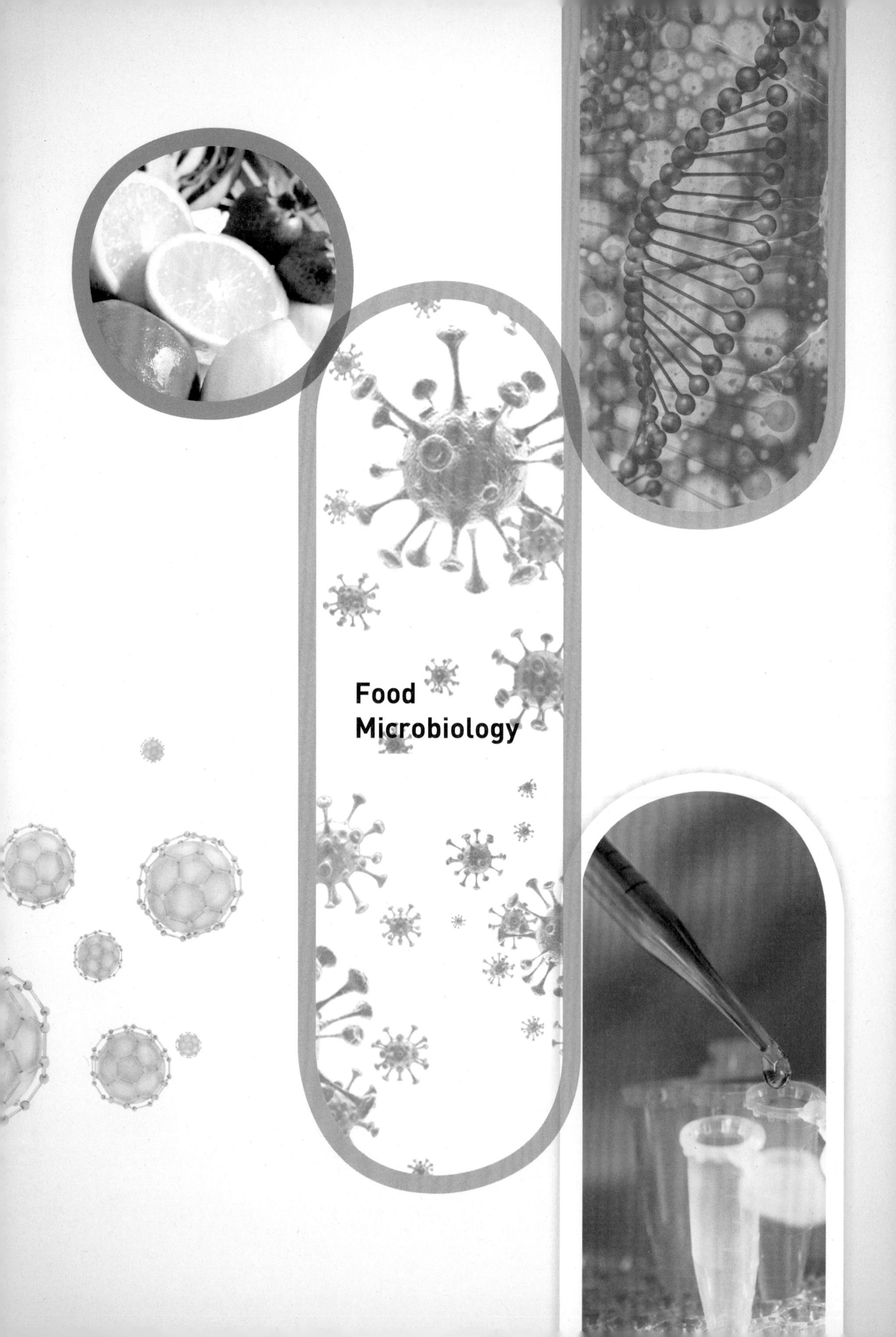

Food Microbiology

CHAPTER

04

버섯

1 담자균류의 특성

버섯은 형태상으로는 미생물이 아닌 것 같으나 균사와 포자를 갖는 미생물이다. 포자의 형성법에 따라 담자균류와 자낭균류에 각각 속하는 것으로 구별되지만 담자균류에 속하는 것이 대부분이다.

담자균류는 균사에 격벽이 있고 균사의 끝에 특징적인 담자기(basidium)를 형성하며, 그 외면에 유성포자인 4개의 담자포자(basidiospore)를 외생한다. 담자균류는 담자기에 격벽이 없고 전형적인 막대기 모양을 하고 있는 동담자균류(Homobasidiomycetes)와 담자기가 부정형이고 간혹 격벽이 있는 이담자균류(Heterobasidiomycetes)의 2아강(subclass)으로 나누어진다[그림 4-1]. 또 담자균류는 균사의 격벽이 복잡한 구조이며 균반(취상돌기, 꺽쇠연결, clamp connection)을 형성하는 경우가 많다.

담자균류는 진균류 중에서도 제일 고등균류로 생각되고 있으며 기생성을 갖고 있는 것이 많다. 담자균류에는 버섯의 대부분이 속하며, 버섯이라는 명칭은 진균류 중에서 포자를 착생하는 자실체가 육안으로 볼 수 있을 정도로 크게 발달한 것의 총칭이며, 담자균류 이외에 일부는 자낭균류에 속한다. 버섯의 본체는 영양원인 토양이나 나무 또는 배지 속에 뻗어 있는 미세한 균사로 이루어지며 균사는 활물기생(parasitism)하거나 사물기생(saprophytism)한다. 송이버섯을 제외하고 대부분의 버섯은 사물기생을 한다. 식용버섯으로 알려져 있는 것은 거의 모두가 동담자균류의 송이버섯목(Agaricales)에 속한다.

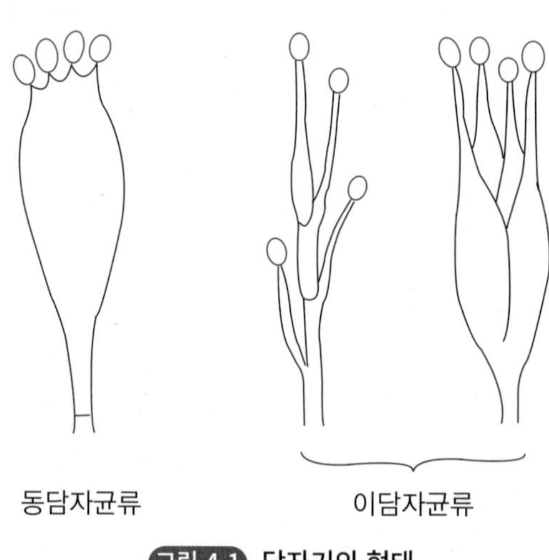

그림 4-1 담자기의 형태

담자균류의 첫째 특징은 자웅이주 또는 자웅동주의 두 균사 간에 접합을 하고 그 균사의 특징기관인 담자기를 형성한다. 담자기 위에 형성된 보통 4개의 작은 경자에 유성적인 담자포자를 1개씩 착생하는 것이다. 즉 단상(haploid)의 담자포자가 발아하여 단상의 1차 균사가 되고, 이것은 생육하면서 무성포자를 형성하여 빈식할 수도 있다.

1) 버섯의 형태와 구조

버섯의 형태는 많이 있으나 어느 것이나 자실체가 변화한 것이다. 자실체는 갓 모양이 가장 흔히 볼 수 있는 형태이며, 이 자실체는 뒷면에 주름(균습; gills)이 있는 갓(균산; cap)과 균병(stem)이 주요 부분이고 그 외에 자루의 아래 부위에 각포(volva)와 윗 부위에 균륜(ring)이 있다. 전자는 버섯이 발생한 초기의 균뢰(young body)의 피막이 자루에 그대로 부착하여 남은 부분이며, 후자는 주름을 덮고 있던 엷은 피막이 자실체의 성장에 의해서 자루 위에 남게 된 것이다.

일반적인 버섯의 생활사는 [그림 4-2]에 나타나 있다.

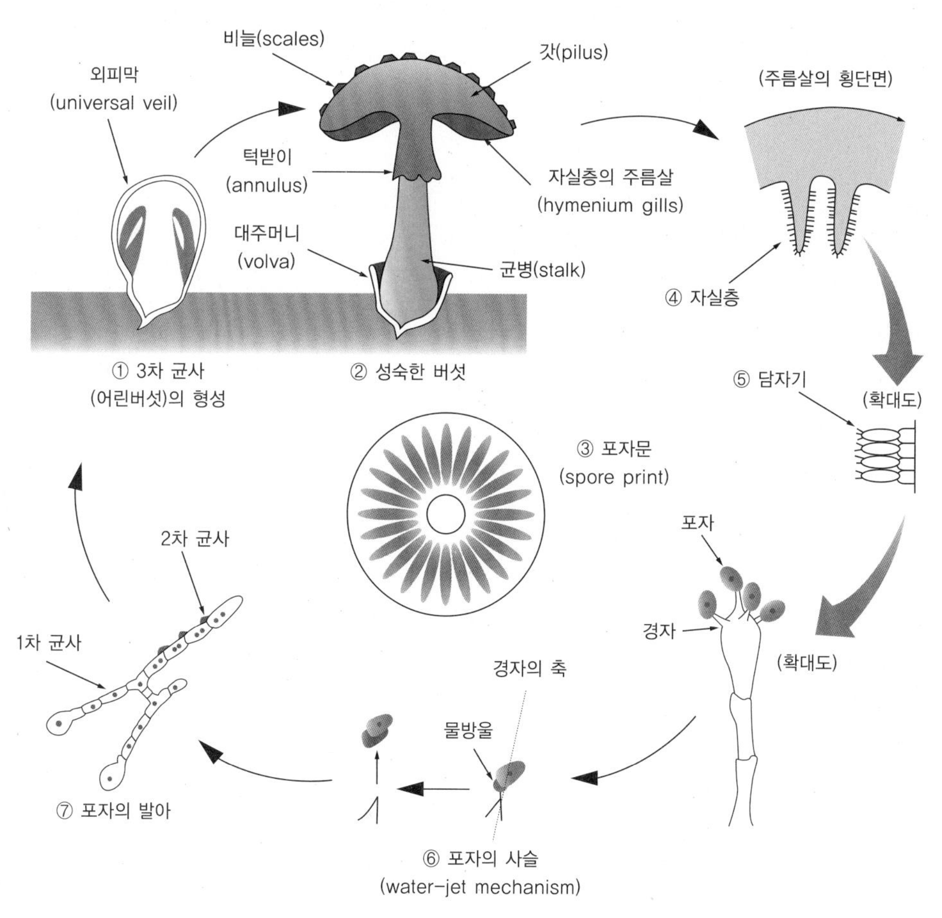

그림 4-2 대표적인 버섯(광대버섯속)의 생활사

2) 균사의 생육과 버섯의 발생

담자포자는 수분과 온도가 적당하면 발아하여 실 모양인 1차 균사(一次菌絲, primary mycelium)를 형성한다. 1차 균사는 단상균사(單相菌絲), 단핵균사(單核菌絲), 1핵균사(一核菌絲)라고도 하는데 1개의 세포 안에 1개의 핵(nucleus)을 가지고 무성세대(asexual generation)로 단순한 균사에 불과하다.

유전자형이 다른 2개의 1차 균사가 서로 엉켜 세포질(cytoplasm)이 융합하여 2차 균사(二次菌絲, secondary mycelium)가 된다. 2차 균사는 1개의 세포 속에 2개의 핵이 들어있어서 복상균사(復相菌絲) 또는 다핵균사(多核菌絲)라고도 한다. 즉 서로 다른 2개의 균사가 접합하여 세포질은 융합하나 핵은 서로 융합하지 않아 하나의 세포에 2개의 핵이 동시에 존재한다. 이때 균사의 성장에 따라 clamp connection을 형성하여 2핵이 동시에 분열하는 유사분열(mitosis)과정을 거치는 동안 정확히 2핵 상태가 유지된다.

2차 균사는 영양, 온도, 습도 등 환경조건이 갖추어지면 더욱 성장하여 균사조직의 분화로 균사의 말단이 담자기로 되며 담자기에서 핵(uncleus)은 융합하여 2핵(diploid)이 되지만 감수분열을 거쳐 4개의 경자(sterigmata)를 형성하고 여기에 1개씩의 담자포자(basidospore)를 만든다. 이 기간 동안을 3차 균사(三次菌絲, tertiary mycelium)라 한다.

❷ 주요 담자균의 분류

1) 담자균아문 담자균강(Basidiomycotina, Basidiomycetes)

(1) 진정담자균아강(Homobasidiomycetidae)

❶ 모균류(Hymenomycetes)

가. **떡병균목**(Exobasidiales): 떡병균속(*Exobasidum*)

나. **민주름살버섯목**(***Aphyllophorales***): 사마귀버섯속(*Theleplora*), 싸리버섯속(*Cla varia*), 원숭이자리버섯속(*Formes*), 바늘버섯속(*Hydnum*)

다. **송이목**(Agaricales): 초버섯속(젖버섯아재비, *Lactarius*), 들버섯속(*Agaricus*), 느타리속(*Pleurotus*), 표고속(*Lentinus*), 방망이버섯속(*Tricholoma*), 광대버섯속(*Amanita*)과 같이 자실층을 주름살(gills, lamellae) 위에 형성하는 송이버섯과(Agaricaceae)와 주름살이 없고, 그곳에 다수의 소관(小管)이 있어 자실층을 그 내면에 형성하는 그물버섯과(Boletaceae)들이 있다.

표 4-1 담자균류의 분류

아문	아강	목		주요 버섯
담자균류 (Basidi-omycotina)	동담자균류 (진정담자균류) (Eubasidiomycetidae) (Holobasidiomycetidae) (Homobasidiomycetidae)	균심류 (Hymenomycetes)	송이버섯목(Agaricales)	송이버섯, 초버섯, 빨강광대버섯, 양송이버섯 느타리버섯, 팽이버섯, 밤버섯, 표고버섯, 들버섯
			민주름살버섯목(원숭이자리목) (Aphylleophorales)	만년버섯, 기와장버섯, 사마귀버섯, 싸리버섯, 원숭이자리버섯, 바늘버섯
			떡병균목(Exobasidiales)	떡병균(진달래)
		복균류 (Gasteromycetes)	알버섯목(Hymenogastrales)	알버섯
			말볼버섯목(먼지버섯목) (Lycoperdales)	말볼버섯, 먼지버섯
			갯머리알버섯목(Sclerodermatales)	연지버섯
			말뚝버섯목(자라버섯목)(Phallales)	말뚝버섯, 망태버섯, 세발버섯
			찬잔버섯목(Nidulariales)	
	이담자균류 (Heterobasidiomycetidae)		백목이균목(Tremellales)	흰목이버섯
			목이균목(Auriculariales)	목이버섯, 털목이버섯
			수균목(녹균목)(Uredinales) rust	줄기녹병균
			혹수균목, 깜부기균목(Ustiaginales, smut)	깜부기병균 효모(*Rhodosporidium, Leucospridium*)

(ㄱ) 송이버섯(*Tricholoma matsutake*)

송이버섯은 주로 가을철에 솔밭에서 나며 향기가 매우 좋은 식용버섯이다.

송이버섯의 포자는 소나무의 실뿌리에 기생하여 균근을 형성하는데 여기에서 분생된 실뿌리에 또 균근을 형성한다. 이와 같이 균근의 형성이 되풀이되는 과정에서 산호 모양의 균근이 형성되면 비로소 자실체가 생성되는데 여기에 소요되는 기간은 만 1년이다. 균사의 발육에는 24℃, 자실체의 발생에는 17℃가 적온이다.

그림 4-3 송이버섯

(ㄴ) 느타리버섯(*Pleurotus ostreatus*)

떡갈나무, 전나무 등에서 잘 자란다. 미국에서는 oyster mushroom이라고도 한다. 갓의 색은 처음에는 암갈색이던 것이 회청색을 거쳐 나중에는 담황색이 된다. 어떤 나무에서도 잘 자라므로 산업적으로 많이 이용되고 있다. 자실체는 처음에는 모자 모양이었다가 갓이 피면 대가 한편으로 기울어지고 갓이 충분히 피면 중앙이 오목하게 된다. 지름은 6~10cm이고 식용이다.

그림 4-4 느타리버섯

(ㄷ) 양송이버섯(*Agaricus bisporus*)

이 버섯은 원래 프랑스에서 재배하기 시작한 것으로 보이며 지금은 세계 여러 곳에서 많이 재배한다. 갓은 살이 두텁고 대는 굵다. 대에는 독특한 가락지(ring)가 있으며 포자는 자흑색이다. 갓이 핀 것은 상품 가치가 적다. 향기는 적으나 맛이 좋으므로 재배된 버섯은 대부분 통조림으로 해서 유통된다.

그림 4-5 양송이버섯

(ㄹ) 표고버섯(*Lentinus edodes*)

사물기생을 하는 버섯으로서 상수리나무, 밤나무, 참나무 등에서 자란다. 버섯의 표면은 흰색 또는 흑갈색을 띠며 갓의 지름은 6~9cm이다. 갓의 표면에는 황백색의 희미한 비늘이 있고 가장 자리에는 무늬가 있으며 건조하면 아름다운 균열이 생긴다. 갓은 처음에는 모자 모양인데 성숙함에 따라 납작해지고 시간이 지나면 처음과는 달리 위로 향한 모양이 되며, 식용 버섯이다.

그림 4-6 표고버섯

(ㅁ) 외대버섯(*Rhodophyllus sinuatus*)

송이버섯과 외대버섯속(*Rhodophyllus*)에 속하는 독버섯으로 갓은 지름이 5~15cm로 원형이며 거의 편평하게 핀다. 또한 표면은 담회갈색으로 다소 점성이 있는 편이며, 육질은 희고 여린데, 주름은 처음에는 희지만 나중에는 살색을 나타낸다. 줄기는 지름이 8~12cm로 아래위의 굵기가 비슷하고 흰색이며, 다소 광택이 있고 세로로 쪼개지기 쉽다. 포자는 거의 구형이거나 오각형 내지 육각형 모양이며, 길이는 7~10μm×7.5μm이고 가을철에 활엽수림 중의 지상에 발생하며, 중독되면 보통 복통, 구토, 설사 등의 증상을 나타낸다.

그림 4-7 외대버섯

(ㅂ) 미치광이버섯(*Gymnopilus spectabilis*)

송이버섯과의 미치광이버섯속(*Gymnopilus*)의 독버섯이며, 갓은 지름이 4~15cm로 처음에는 구형이고, 다음에는 편평형이 된다. 표면은 마르고 담황갈색이며 쓴맛이 있다. 주름은 수생 내지 직생하는데, 황색 또는 황갈색이며 줄기는 15cm×0.5~3cm이다. 중독은 뇌증형으로 중추신경독을 나타낸다.

그림 4-8 미치광이버섯

(ㅅ) 깔때기버섯(*Clitocybe ifundibuliformis*)

송이버섯과 깔대기버섯속(*Clitocybe*)의 독버섯이며, 갓의 지름은 5~10cm이고 처음에는 반구형이나 피면 중앙이 들어가 얕은 깔때기상이 되고, 둘레는 밑으로 처진다.

그림 4-9 깔때기버섯

표면은 담황색이나 등갈색의 둥근 무늬를 갖는 수도 있고, 주름은 세밀하며 수생하고, 흰색 또는 담황갈색이다. 줄기는 뿌리 밑이 굵어지고, 갓과 같은 색이다. 포자는 타원형이고 4~6μm×2~4μm 크기로 10월경에 대밭에 군생한다.

중독은 식후 4~5일을 거쳐서 수족의 끝이 붉어지고 동통을 느끼며, 1개월 가깝게 지속되는 것이 많으나 치명적은 아니다.

(ㅇ) 광대버섯(*Amanita muscaria*)

송이버섯과의 광대버섯아속에 속하는 달걀광대버섯은 독버섯으로 갓이 쥐색이나 암록색이다. 늦여름부터 가을에 산림내의 지상에 발생하며, 높이 10~20cm, 갓의 지름은 7~15cm인데, 처음에는 달걀 모양으로 땅속에서 나타나 그의 끝이 갈라져 자실체가 발생한다.

그림 4-10 광대버섯

갓은 편평하며, 주름은 흰색이다. 줄기는 희고, 속이 비어 있으며, 포자는 구형으로 9~10μm이다. 이 버섯류는 amanitatoxin계의 독소를 갖는데, 독성이 매우 커서 사망하는 예도 많으므로 위와 같은 특색을 가진 버섯은 특히 주의하여야 한다.

❷ 복균류(Gasteromycetes)

가. **알버섯목**(Hymenogastrales): 알버섯속(*Rhizopogon*)

나. **경피균목**(갯머리알버섯, Sclerodermatales): 경피균속(*Scleroderma*)

다. **찻잔버섯목**(Nidulariales): *Cyathus*속, *Crucibulum*속

라. **먼지버섯목**(말불버섯, Lycoperdales): 먼지주머니버섯속(*Lycoperdon*)

마. **자라버섯목**(말뚝버섯, Phallales): 자라버섯속(*Phallus*), 비단갓버섯속(*Dictyophora*), 망태버섯속(*Heodictyon*)

바. Podaxales목: *Secotium*속, *Podaxis*속

(2) 원담자균아강(Protobasdiomycetidae)

❶ 적목이균목(Dacrymycerales): 적목이균속(*Dacrymyces*)

❷ 흰목이균목(Tremellales): 흰목이균속(*Tremella*), 수정균속(*Hyloria*)

❸ 목이균목(Auriculariales): 목이균속(*Auricularia*)

❹ 녹균목(Uredinales): 배적성병균속(*Gymnosporangium*), 줄기 녹균속(*Puccinia*)

❺ 깜부기(흑수)균목(Ustilaginales): 깜부기병균속(*Ustilago*), *Rhodso poridium*(효모), *Leucosporidium*(효모)

3 버섯의 성분

1) 식용버섯

중요한 식용 버섯으로 전형적인 버섯 모양의 송이버섯(*Tricholoma matsutake*)을 비롯하여 표고(*Lentinus edodes*), 양송이(*Agaricus bisporus*), 초버섯(*Lactarius hatsutake*) 등이 있으며 대가 짧아 부채 모양을 하는 느타리버섯(*Pleurotus ostreatus*)도 맛이 좋으며 싸리버섯(*Ramaria botrytis*)도 잘 알려진 식용 버섯이다.

특히 기타목이(*Auricularia auriculajuae*)와 흰목이(*Tremella fuciformis*), 비단갓버섯(*Dictyophora indusiata*) 등은 중국요리에 귀하게 쓰인다. 자낭균류에 속하는 것으로 망삿갓버섯(*Morchella esculenta*)과 알버섯(*Rhizopogon rubescens*)은 특히 풍미가 좋은 것으로 알려져 있다.

버섯 성분 중 mannite와 trehalose는 버섯류의 감미 성분이 되며 또 조단백 중의 glutamic acid, alanine, phenylalanine, leucine 등의 유리아미노산은 5'-GMP와 더불어 버섯류 특유의 좋은 맛을 내게 한다.

버섯류의 효소는 protease, cellulase, hemicellulase, lactase 등이 최근 주목을 받고 있으며 기타 항악성 종창물질 또는 제암 물질이 연구·보고되고 있다.

2) 약용버섯

표 4-2 주요 약용 버섯

학명	효과	발생장소
Fomes officinalius	건위(健胃), 지사	소나무의 고목
Fomes rimous	이뇨(利尿)	뽕나무 수간(樹幹)
Pachyma hoelen	이뇨, 수종(水種), 임질	소나무 고목
Polyporus umbellatus	이뇨, 갈증, 수종, 임질, 당뇨	땅속
Lycoperdon bovista	피 토하는 것과 지혈	숲, 산야, 밭
Cardyceps sinensis(동충하초류)	폐병, 신장병	나방의 유충에 기생
Claviceps prupurea(맥각)	부인과의 진통 촉진제, 자궁지혈	보리
Grifora confluens(흰무당버섯)	항균성(抗菌性)	산

버섯은 옛날부터 약용으로 이용되어 온 것이 많다. 식용 버섯 중에서도 송이버섯은 설사나 구충에 효과적이라 하며, 목이버섯은 불로장수약으로, 또 표고버섯은 감기나 곱추병 예방 또는 치료제로 이용되었다[표 4-2].

3) 유독버섯

(1) 독버섯의 유독성분

독버섯 중의 유독 성분으로 일반적인 것은 다음과 같다.

❶ Neurine

보통 독버섯 중에 함유되고 호흡곤란, 설사, 경련, 마비 등을 일으키며 토끼에 대한 경구투여의 LD는 90mg/kg이 된다.

❷ Muscarine

특히 땀버섯(*Inocybe rimosa*)에 많이 함유되고 기타 광대버섯을 비롯한 많은 독버섯에 함유된다. 발한, 위경련, 구토, 설사 등을 일으킨다. 사람에 3~5mg의 피하주사나 0.5g의 경구투여가 치사량이 된다.

❸ Muscaridine

광대버섯에 많으며 경증상을 일으켜 일시적으로 미친 상태가 된다.

❹ Phaline

일종의 배당체로 독버섯 중 가장 독성이 강한 알광대버섯에 함유된 강한 용혈 작용이 있는 맹독성분이다. 125,000배로 희석하여도 이 작용을 나타낸다.

❺ Amanitatoxin

알광대버섯에 있는 독성분 중의 하나로 독성이 강한 내열성 물질이다. 복통, 강직 및 콜레라와 같은 심한 설사를 일으킨다. 알광대버섯에 의한 중독사는 오히려 이것에 의한다고 한다.

❻ Pilztoxin

광대버섯, 파리버섯 등에 있는 것으로 강직성 경련을 일으키고 파리를 죽이는 효과가 있다. 건조와 열에 약하다.

❼ Psilocybin

끈적버섯(*Psilocybe mexicana*)에 있는 것으로 중추신경에 작용하여 환각적인 이상 흥분을 일으키게 한다. 웃음버섯(*Panaeolus papilionaceus*)도 이와 비슷한 작용을 가져서 광적 흥분을 일으킨다.

기타 독버섯으로 무당버섯, 위장장해를 일으키는 화경버섯(*Lampteromyces japonicus*), 근육강직 및 뇌증상을 일으키는 외대버섯(*Rhodophyllus sinuatus*) 등 여러 가지가 있다.

(2) 독버섯의 감별법

독버섯을 감별하는 데는 여러 가지 설이 있으나 모두 정확한 것은 아니다.

❶ 줄기가 세로로 찢어지는 것은 식용버섯이고 그렇지 않고 부스러지는 것은 유독하다. 그러나 유독버섯도 줄기가 세로로 찢어지는 것이 있기 때문에 주의해야 한다. 땀버섯, 알광대버섯 등은 세로로 찢어지지만 독이 있다.

❷ 악취가 나는 것은 유독하다. 그러나 맹독성인 알광대버섯은 악취가 없으며, 식용버섯인 비단갓 버섯은 좋지 못한 냄새가 난다.

❸ 색깔이 아름답고, 선명한 것은 유독하다. 독버섯인 광대버섯이나 무당버섯 등은 색깔이 곱다. 하지만 식용버섯인 달걀버섯도 비교적 색깔이 곱다.

❹ 줄기가 거칠거나 마디가 있는 것은 유독하다. 그러나 식용인 들버섯에도 마디가 있다.
❺ 쓴맛, 신맛, 매운맛 등을 가진 것은 유독하다.
❻ 균륜이 칼날같이 생긴 것은 유독하다.
❼ 버섯을 잘랐을 때 점조성을 띤 유즙을 분비하거나 공기에 변색되는 것은 유독하다.
❽ 은수저 시험(silver spoon test), 즉 버섯을 끓일 때 나오는 증기에 은수저를 넣었을 때 은수저가 흑색으로 변하는 것은 유독하다.

CHAPTER

05

효모

효모(酵母)라는 이름은 곰팡이나 버섯 등의 이름과 같이 분류학상의 명칭은 아니다. 원래 효모라는 말은 알코올 발효 때 생기는 거품(foam)이란 의미인 네덜란드어 'gist' 에서 유래된 말이다. 효모를 일반적인 개념으로 정의하면 '주로 출아법(budding)에 의하여 영양체 증식을 하고, 단세포 세대가 비교적 길며, 진핵세포 구조를 갖는 고등 미생물군' 이라고 할 수 있다. 효모는 같은 진균류에 속하는 곰팡이나 버섯과는 그 성상이 매우 다르므로 보통 이들 균류와는 구별하여 취급한다.

효모는 1680년경 네덜란드의 Antony van Leeuwenhoek(1632~1723)가 직접 만든 현미경으로 이것을 발견한 후 많은 학자들에 의해 연구가 이루어졌다. 1859년에 프랑스 학자 Louis Pasteur(1822~1895)는 알코올 발효가 살아 있는 효모에 의해서 이루어진다는 사실을 처음으로 실험을 통하여 입증했으며, 그의 "생명이 없는 곳에 발효는 없다."는 말은 유명하다. 그러나 1897년 E. Buchner(1860~ 1917)는 마쇄 효모(효모의 무세포 추출액)에 의해서도 알코올 발효가 일어난다는 사실을 알아내고, 발효는 효모 세포 내에서 생산되는 효소에 의하여 일어난다는 것을 실험으로 증명했으며, 이 효소를 치마아제(zymase)라 명명하였다.

효모는 자낭균류와 불완전균류에 속하는것이 대부분이며 일부는 담자균류에 속한다. 자연계에서 과실의 표면, 수액(樹液), 꽃의 꿀샘, 토양(과수원), 우유, 해수, 공기, 곤충의 체내 등에 널리 분포되어 있다. 자연계에서 분리된 그대로의 효모를 야생 효모(wild yeast)라 하고, 우수한 성질을 가진 효모를 순수 분리하여 목적에 맞게 배양한 효모를 배양 효모(culture yeast)라고 한다. 맥주, 청주, 빵 등의 생산에 이용되고 있는 효모들은 배양 효모들이다.

효모는 식품 미생물학상 매우 중요한 미생물군으로 알코올 발효능이 강한 종류가 많아, 이들은 옛날부터 주류의 양조, 알코올 제조, 제빵 등에 이용되어 왔다. 또 이들의 균체는 식·사료용, 단백질, 비타민류, 핵산 조미료(inosinic acid)들의 생산에 큰 역할을 하였다. 특히 당질 원료 이외에 탄화수소를 탄소원으로 하여 생육하는 효모가 발견되어 단세포 단백질(single cell protein: SCP)을 생산함으로써 주목을 끌었다. 그러나 양조, 식품 등에 유해한 효모나 병원성 효모(*Candida albicans*)도 존재한다.

1 효모의 형태와 구조

1) 효모의 형태와 크기

효모의 모양은 종류에 따라서 다르고, 같은 종류라도 배양 조건이나 시기, 세포의 나이, 세포의 영양상태, 공기 유무 등 물리화학적 조건에 따라 다를 뿐만 아니라 증식법에 따라서 달라진다. 효모의 형태는 일반적으로 다음과 같은 것이 있다.

(1) 난형(cerevisiae type)

대표적인 효모는 맥주 효모인 *Saccharomyces cerevisiae*이며, 대부분 유용 효모로 맥주, 청주, 빵 등의 발효에 이용된다.

(2) 타원형(ellipsoideus type)

대표적인 효모로는 *Saccharomyces ellipsoideus*가 있으며, 타원형 또는 장원형으로서 포도주 발효에 이용된다.

(3) 구형(torula type)

간장의 후숙에 관여하여 맛과 향을 내는 내염성 효모인 *Torulopsis versatilis*가 대표적이다.

(4) 레몬형(apiculatus type)

방추형이라고도 부르며 *Saccharomyces apiculatus*가 대표적이며 *Hanseniaspora*속이나 *Kloeckera*속에서 볼 수 있다.

(5) 소시지형(pastorianus type)

소시지 모양의 것으로 맥주 양조에서 불쾌한 냄새를 내는 유해한 야생 효모인 *Saccharomyces pastorianus*가 대표적이다.

(6) 삼각형(trigonopsis type)

*Trigonopsis variabilis*가 대표적이다.

(7) 위균사형(candida type)

출아한 세포가 길게 신장하여 분리되지 않고 균사의 모양을 보이므로 위균사(pseudomycelium)라 한다. *Candida*속 등의 효모에서 볼 수 있다.

이상의 효모 형태는 절대적인 것이 아니다. 예를 들어 난형은 배양을 오래 하면 소시지형이나 타원형으로 되는 수가 많고, 특히 늙은 세포는 막이 두텁게 되면서 내구세포(durable cell)를 형성한다.

효모세포의 크기는 종류, 환경 조건이나 발육시기에 따라 다르나 통상 4~8μm×5~12μm로 세균에 비해 상당히 큰 편이다. 배양 효모는 야생 효모보다 크다. 늙은 세포일수록 폭이 좁아져 긴 세포로 되고, 기아 상태에서는 기둥 모양으로 되어 모양과 크기가 달라진다.

효모는 세균보다 훨씬 크므로 일반적으로 600배의 배율로 관찰할 수 있다.

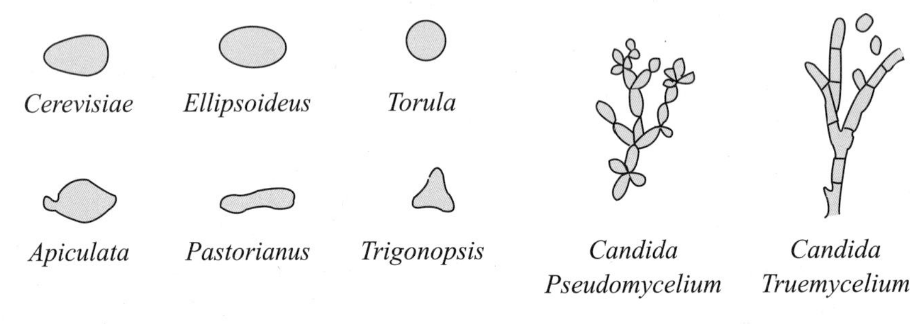

그림 5-1 효모의 기본 형태

2) 효모의 세포 구조

효모 세포의 구조는 [그림 5-2]와 같으며, 외측은 두꺼운 세포벽(cell wall)으로 둘러싸여 있고, 세포벽의 바로 안쪽에는 세포막(cell membrane)이 있어 세포질(cytoplasm: 원형질이라고도 함)을 싸고 있다. 세포질에는 핵(nucleus), 액포(vacuole), 지방립(lipid granule), 미토콘드리아(mitochondria), 리보솜(ribosome) 등이 존재한다.

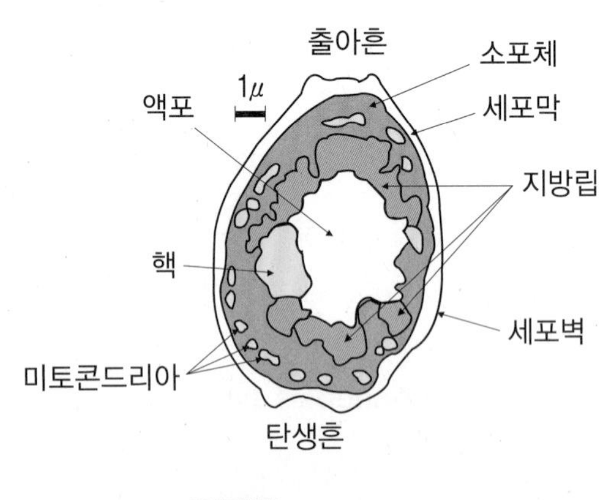

그림 5-2 효모의 구조

세포벽은 효모 세포의 형태를 유지하고

세포 내부를 보호하며 glucan, glucomannan 등의 고분자 탄수화물과 단백질, 지방 등으로 구성되어 있으며, 두께는 0.1~0.4μm 정도이다. 효모 세포의 표면에는 모세포(mother cell)로부터 분리될 때 생긴 탄생흔(birth scar)과 출아할 때 생긴 낭세포(daughter cell)의 출아흔(bud scar)이 있다. 세포질 내의 액포는 세포가 노화하면 융합하여 커다란 상태로 되며 광학 현미경으로 쉽게 관찰할 수 있다. 핵은 핵막(nuclear membrane)으로 둘러싸여 있고 생명 현상의 중추 역할을 하는 중요한 기관이다. 미토콘드리아는 곤봉형 또는 원통형으로 보이며 세포 내에 여러 개 존재한다. 이것은 고등 동식물의 것과 같이 호흡계 효소가 집합되어 있는 장소로서 에너지 생산에 관여한다.

2 효모의 증식

효모의 증식(reproduction) 방법에는 영양증식과 포자형성의 두 가지 방법이 있다.

1) 영양 증식

생육환경이 좋은 경우 영양증식을 하며 출아 · 분열 · 출아분열로 증식한다.

(1) 출아법(出芽法, budding)

영양 증식의 대표적인 방법으로 대부분의 효모(*Saccharomyces*속)는 출아에 의하여 증식한다. 즉 성숙된 세포의 표면에 싹(눈, bud)과 같은 작은 돌기가 생기고, 이것이 점차 커짐과 동시에 핵이 둘로 나누어져 독립된 세포로 된다. 이때 원래의 세포를 모세포(mother cell), 출아로 생긴 세포를 낭세포(daughter cell)라 한다. 낭세포가 모세포만큼 커지면 막이 생겨 모세포에서 분리된다. 이 막을 폐쇄막(closed membrane)이라 하고 폐쇄된 막의 장소, 즉 낭세포가 분리되어 나간 장소는 흠집이 생기는데, 이것을 출아흔(bud scar)이라 하며, 이곳에서는 다시 출아되지 않는다.

때로는 출아된 세포가 모세포에서 분리되지 않고, 다수 연결되어 있는 경우가 있는데, 이것을 출아 연결이라고 하며 배양 효모에서 자주 볼 수 있다.

효모는 영양, 온도 등의 조건이 좋은 경우에는 1~2시간에 1회 정도 출아하지만 출아 횟수가 많아지고 세포가 오래되면 점차 출아할 때까지의 시간이 길어져 마침내 출아되지 않게 된다.

한 개의 세포 출아 수는 효모의 종류에 따라 다르나 맥주 효모에서는 일반적으로 5~7회이다. 출아의 방법은 *Saccharomyces cerevisiae*와 같이 세포의 어느 곳에서나 출아가 되는 다극출아(multilateral budding)와 *Saccharomycodes*속, *Hanseniaspora*속, *Nadsonia*속, *Kloeckera*속, *Trigonopsis*속 등 세포의 양단에서만 출아하는 양극말단출아(bipolar terminal budding)가 있다[그림 5-3].

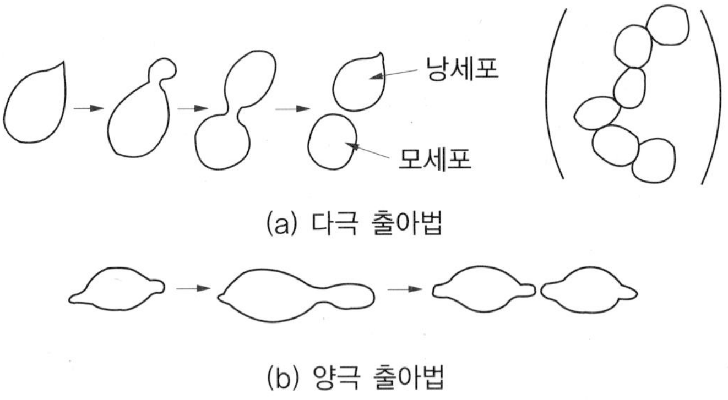

낭세포

모세포

(a) 다극 출아법

(b) 양극 출아법

그림 5-3 출아법의 형태

또 출아된 세포가 길게 늘어나고 연결되어 균사상으로 나타날 때가 있다. 이것을 위균사(pseudomycelium)라 하며 *Candida*속의 특징이기도 하다. 특히 *Endomycopsis*속, *Trichosporon*속의 위균사는 곰팡이 균사와 같이 격벽(격막, septum)을 가지므로 진균사(true mycelium)라고도 한다.

출아를 할 때 낭세포의 장축은 항상 출아점에서 모세포의 절선면과 수직을 이룬다.

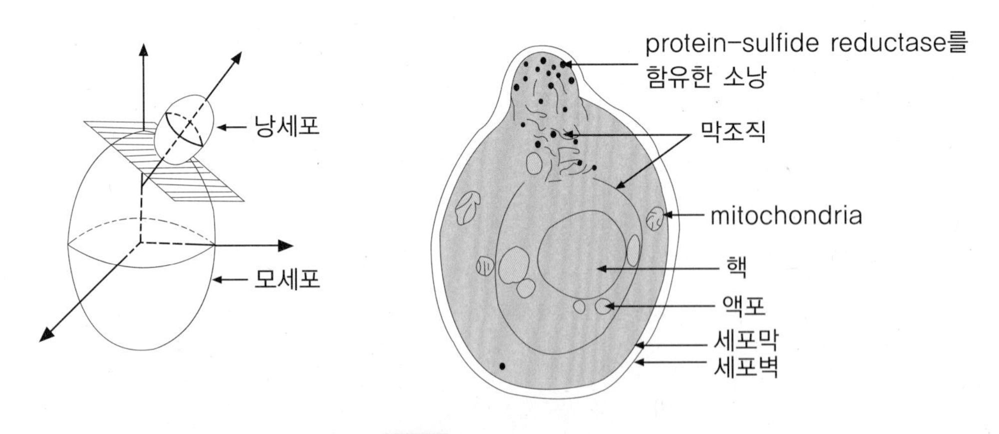

그림 5-4 효모의 출아기구

(2) 분열법(fission)

출아법과 달리 대개 세균의 경우와 같이 세포의 세포질이 양분되면서 중앙에 격벽이 생겨 마침내는 두 개의 세포로 분열하는 것을 분열법이라 하고, 이러한 방법으로 증식하는 효모를 분열효모(fission yeast)라 하며, *Schizosaccharomyces*속이 여기에 속한다[그림 5-5].

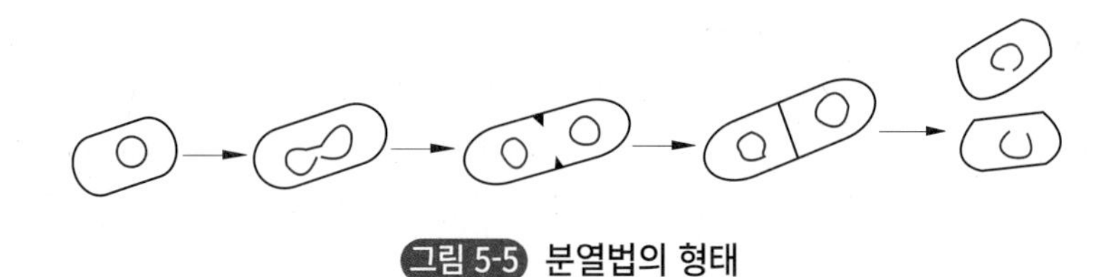

그림 5-5 분열법의 형태

(3) 출아 분열법(bud fission)

*Saccharomycodes*속에서처럼 출아한 후 그 기부가 쪼개지면서 분열하기도 하는데, 이것을 출아 분열(bud fission)이라 한다. 이는 출아와 분열을 겸한 혼합 형식의 증식법이다[그림 5-6].

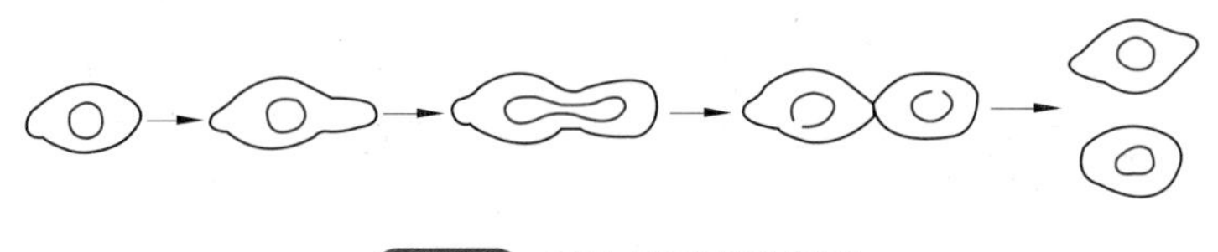

그림 5-6 출아 분열법의 형태

2) 효모의 포자 형성

효모는 생활 환경이 부적당하거나 아니면 증식 수단과 생활환(life cycle)의 일부로서 포자(spore)를 형성한다[그림 5-7].

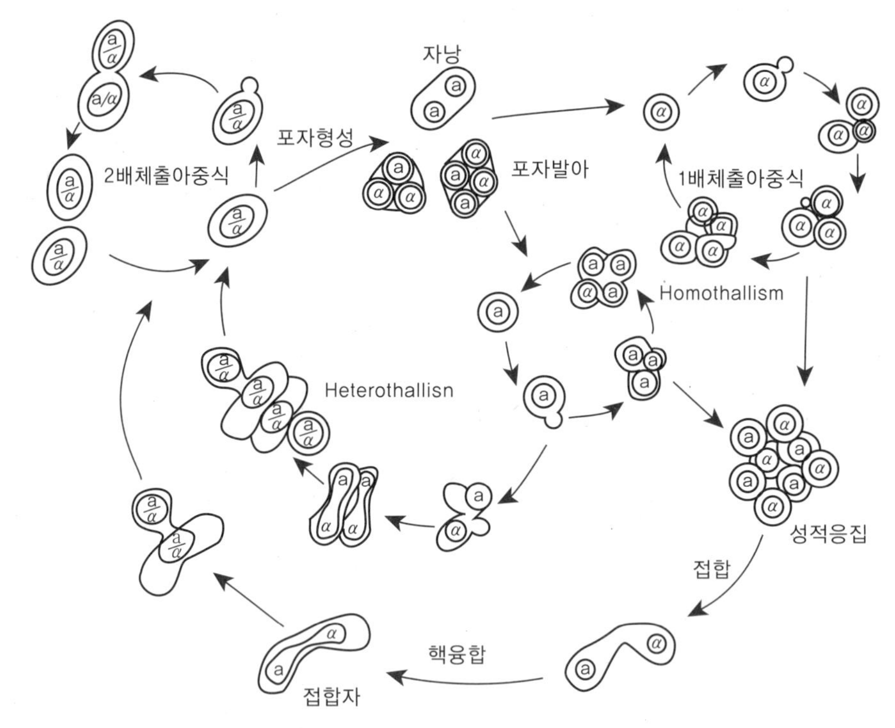

그림 5-7 *Saccharomyces cerevisiae*의 life cycle

효모의 포자 형성은 중요한 분류 지표가 된다. 포자의 형성 여하에 따라 유포자효모(sporogenous yeast)와 무포자효모(asporgenous yeast)로 나누며, 포자에 따라서 자낭포자효모(ascosporogenous yeast), 담자포자효모(basidiosporogenous yeast), 사출포자효모(ballistosporogenous yeast) 등으로 나눈다.

표 5-1 효모의 분류상 지표

1. 형태학적 특징	1) 영양생식의 특징	2) 영양세포의 특징
2. 배양상의 특징	1) 액체배지에서 생육	2) 고체배지에서 생육
3. 생식의 특징	1) Ascus와 ascospore의 특징	2) teliospore와 sporidium(소생자)의 특징
4. 생리적 특징	1) 탄소원의 이용 3) 비타민 free medium에서 생육 5) 고온에서의 생육 7) 세포외로 전분질 물질의 생성 9) 지방 분해 11) 에스테르의 생성 13) gelatin의 액화력	2) 질소원의 이용 4) 고삼투압성 배지에서 생육 6) 산 생성 8) 요소의 가수분해 10) 유기색소의 생성 12) cycloheximide(actidione)에 대한 저항

포자는 일반적으로 생육 조건이 불리할 경우 만들어지지만, 생육조건(특히 영양과 온도)이 좋아지면 발아해서 증식한다. 자낭 속의 포자 형태는 [그림 5-8]과 같다.

❶ 구형(*Saccharomyces cerevisiae*)
❷ 구형 · 타원형(*Schizosaccharomyces pombe*)
❸ 신장형(*Kluyveromyces marxianus*)
❹ 모자형(*Hansenula anomala*)
❺ 토성형(*Hansenula saturnus*)
❻ 돌기 있는 구형(*Debaryomyces*속)
❼ 가시 있는 구형(*Nadsonia*속)
❽ 바늘형(*Metschnikowia*속)
❾ 유편모 방추형(*Nematospora*속)

그림 5-8 효모의 자낭포자 형태

(1) 무성포자(無性胞子)

효모가 무성적으로 포자를 형성하는 경우로서 단위 생식, 위접합, 사출포자, 분절포자 및 후막포자의 형성 등이 있다.

❶ 단위 생식(單僞生殖, parthenogensis)

단일의 영양 세포가 세포간의 융합이나 결합없이 직접 포자를 형성하는 경우로서, *Saccharomyces cerevisiae*가 그 대표적인 예이다.

❷ 위접합(僞接合, pseudocopulation)

세포가 위결합관(pseudocopulation canal)이라 불리는 한 개 내지 수 개의 돌기를 낸다. 그러나 세포 간에 접합은 일어나지 않고 단위 생식에 의하여 포자를 형성하는 것으로 *Schwanniomyces*속이 그 대표적인 보기이다.

❸ 사출포자(射出胞子, ballistospore)

*Sporobolomycetaceae*에 속하는 *Bullera*속, *Sporobolomyces*속, *Sporidiobolus*속의 특징적인 증식법이다. [그림 5-9]와 같이 영양 세포 위에서 돌출한 소병(小柄) 위에 신장 모

양이나 낫 모양의 사출포자를 형성하여 독특한 기작으로 공기 중으로 포자를 사출한다. 그러나 *Sterigmatomyces*속도 소병 위에 분생자를 형성함으로써 증식을 하지만 이 분생자는 사출되지 않는다.

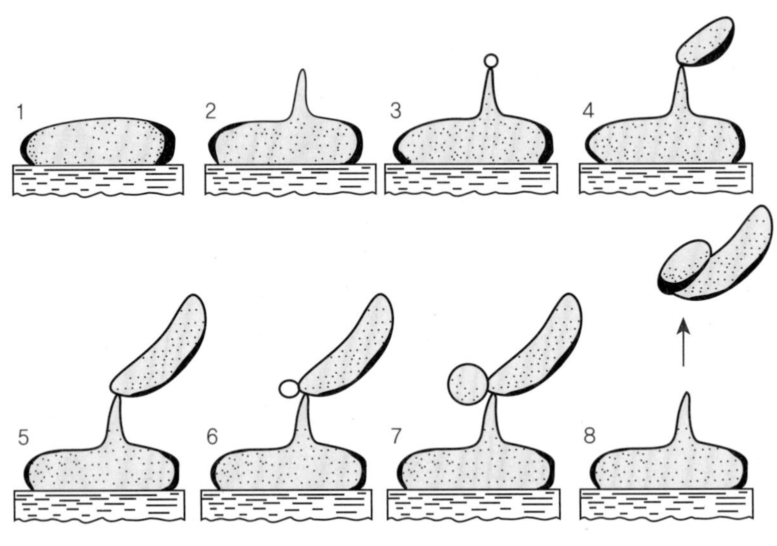

그림 5-9 *Sporobolomyces*속의 사출포자 형성과 방출

❹ **분절포자**(arthrospore), **후막포자**(chlamydospore)

위균사는 출아에 의해 증식된 세포를 유리시키지 않고 균사와 같이 될 때가 있으나, 대개는 위균사의 말단에서나 연결부에서 분절포자(分節胞子)를 형성한다. 특히 *Endomycopsis*속, *Hansenula*속, *Nematospora*속, *Candida*속, *Trichosporon*속 등은 위균사 이외의 균사(mycelium)를 형성한다. 그러나 *Candida albicans* 등의 몇몇 효모는 후막포자(厚膜胞子)를 형성한다.

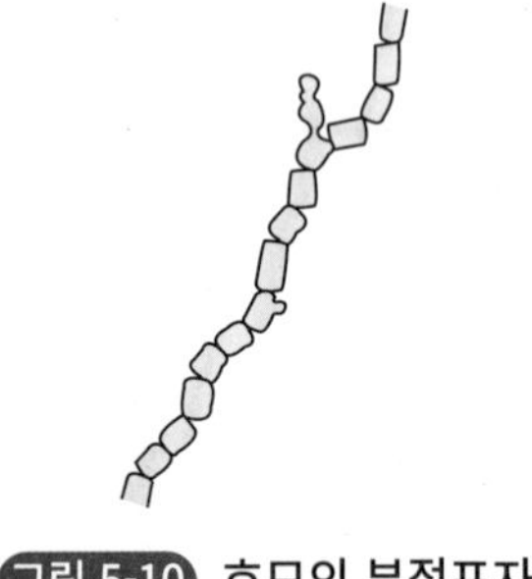

그림 5-10 효모의 분절포자

(2) 유성포자(有性胞子)

포자의 형성이 유성적으로 이루어지는 경우로써, 자낭균류(Ascomycetes)에 속하는 효모의 유성적인 자낭포자(ascospore)의 형성이나 Ustilaginales(깜부기균목)에 속하는 효모와 같이 teliospore(동포자, 冬胞子)를 형성하는 생식을 말한다.

❶ 자낭포자(ascospore)

자낭균효모가 포자를 형성할 때 두 개의 세포가 서로 접근하여 양자가 접합문을 내어 그 선단이 접합하고 접합관(copulation canal)을 형성하여 한 개의 세포가 되면서 세포의 핵이 융합하고 그 후에 포자를 내생하는 것이다.

두 세포의 크기에 따라 두 가지 접합 방법이 있다[그림 5-1].

가. 동태 접합(isogamy)

같은 모양과 크기의 세포(배우자, gamete)끼리 접합하여 접합자(zygote)를 형성하고 접합자가 자낭으로 변한다. *Schizosaccharomyces*속, *Zygosaccharomyces*속이 여기에 속한다.

나. 이태 접합(heterogamy)

크기가 다른 세포 간의 접합에 의해 자낭이 형성되며 *Debaryomyces*형과 *Nadsonia*형의 두 가지 형이 있다. *Debaryomyces*형의 경우 충분히 성숙하지 않은 낭세포의 내용물이 모세포로 이동하여 이것이 자낭포자가 된다.

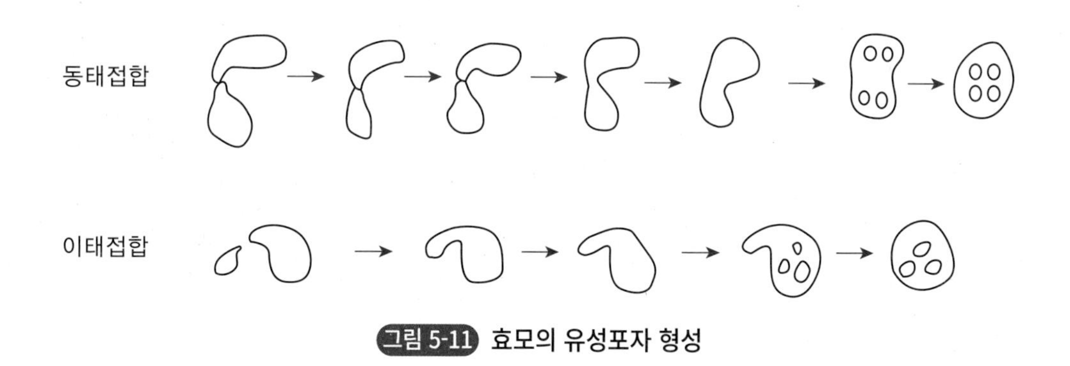

그림 5-11 효모의 유성포자 형성

Nadsonia의 경우에는 3개의 세포가 관여한다. 즉 모세포와 낭세포가 접합하는데, 접합자는 제1의 낭세포 끝에 제2의 낭세포를 형성하며 접합자의 내용물이 자낭으로 변하는 제2의 낭세포로 이동한다. 그런 다음 이 낭세포는 자낭으로 되어 포자를 형성한다.

③ 효모의 생리 작용

1) 효모의 생리 작용

효모는 생육 최적온도가 보통 35℃이고 최적 pH가 5~6의 미산성인 호기성 및 통성혐기성균으로 호기적 또는 혐기적 조건에서 생육이 가능하다. 즉 당액에 효모를 첨가하여 호기적 조건으로 배양을 하면 당을 완전히 분해하는 호흡 작용(respiration)을 하며 당분은 효모 자신의 증식에만 이용되어 탄산가스와 물만을 생성한다. 따라서 식용효모, 빵효모 등의 균체를 만들기 위해서는 통기를 충분히 하여 호기적으로 배양해야 한다. 그러나 혐기적 조건으로 배양하면 효모는 발효 작용(fermentation)을 하여 당분을 에너지로 이용하기 위해 알코올과 탄산가스로 분해한다. 이것을 알코올 발효라 한다.

호흡작용: $C_6H_{12}O_6 + 6O_2 \rightarrow 6CO_2 + 6H_2O$+686kcal(38ATP)
발효작용: $C_6H_{12}O_6 \rightarrow 2C_2H_5OH + 2CO_2$ + 58kcal(2ATP)

이와 같이 효모를 당액에서 혐기적으로 배양하면 알코올을 생성하므로 맥주, 청주, 포도주, 사과주, 탁주 등의 양조공업에 이용하고 있다. 또한 효모는 발효 조건을 달리하면 알코올 외에도 글리세롤(glycerol)이나 초산(acetic acid) 등을 생산하기도 한다. 이렇게 조건을 달리했을 때 일어나는 발효 형식을 다음과 같이 Neuberg의 제1, 2, 3형식으로 나눈다.

제1형식: $C_6H_{12}O_6 \rightarrow 2CO_2+2C_2H_5OH$(pH 산성~미산성)
제2형식: $C_6H_{12}O_6 \rightarrow C_3H_5(OH)_3+CH_3CHO+CO_2$($Na_2SO_3$ 첨가)
제3형식: $2C_6H_{12}O_6+H_2O \rightarrow 2C_3H_5(OH)_3+CH_3COOH+C_2H_5OH+2CO_2$($NaHCO_3$ 첨가)

Neuberg 제1형식은 알코올을 생산하는 알코올 발효이며, 제2, 3형식은 주 생산물이 글리세롤(글리세린)이므로 글리세롤 발효라고도 부른다. 즉 효모가 완전한 알코올 발효를 하는 경우 보통 3% 정도의 글리세롤을 부생하는데 다른 물질을 첨가하여 글리세롤의 생산량을 높이기 때문이다. 글리세롤의 발효에는 Na_2SO_3를 첨가하여 글리세롤을 생성하는 것을 Neuberg의 제2발효형식, $NaHCO_3$, Na_2HPO_4 등을 첨가하여 글리세롤을 생성하는 것을 Neuberg의 제3발효형식이라 한다.

또한 효모는 아미노산을 발효하여 탄소수가 한 개 적은 고급 알코올(fusel oil)과 유기산을 생성하기도 한다. 이 발효 과정에서 생기는 NH_3는 효모의 영양원으로 이용된다. 예를 들면 청주 양조 시 누룩곰팡이는 단백질 분해 효소를 분비하여 쌀의 단백질을 아미노산으로 분해하며, 생성된 아미노산은 효모에 의해 fusel oil과 succinic acid로 발효되므로 청주의 향기와 맛에 커다란 영향을 미친다. 이와 같이 효모는 양조 공업에서 알코올을 생성할 뿐만 아니라 술에 향기와 맛을 부여한다.

2) 영양 요구성

(1) 탄소원(carbon source)

효모는 일반적으로 에너지원 및 세포 구성물질로서 유기 탄소원을 필요로 한다. 포도당, 과당, 설탕, 맥아당 등을 잘 이용한다.

Pentose(오탄당)는 보통, 알코올 효모에 의해서 이용되지 않지만 *Torula utilis*, *Mycotorula japonica* 등은 pentose를 잘 이용한다. 유당은 보통 효모에 의해서 이용되지 않지만, 유주(乳酒)에서 분리된 효모는 이용할 수 있다.

삼당류(trisaccharide)인 raffinose는 하면발효효모에 의해서 모두 발효되나 상면발효효모로는 1/3밖에 발효되지 않는다. 이것은 전자가 melibiose를 분해하는 melibiase와 sucrose를 분해하는 invertase의 두 가지 효소를 모두 생산하나 후자는 melibiase만을 생산하기 때문이다.

raffinose = galactose − glucose − fructose

다당류 중 전분과 이눌린(inulin)은 효모에 의해서 직접 이용되지 않는다. 알코올은 이용하는 것과 이용하지 못하는 것이 있다. 최근 탄화수소(n-paraffine계 탄화수소)를 이용하는 효모도 발견되고 있다(*Candida tropicalis*, *C. lipolytica* 등).

(2) 질소원(nitrogen source)

공기 중의 질소는 효모에 의해 이용되지 않고, 무기 질소원으로서 황산암모늄, 인산암모늄, 염화암모늄 등이 일반적으로 잘 이용된다. 질산염은 이용하는 것과 이용하지 못하는 것이 있어 효모의 분류에 응용된다. 유기 질소원으로는 요소, 아미노산 및 amide, peptone, yeast extract 등이 잘 이용된다.

(3) 무기 염류(inorganic salts)

P 및 K은 인산칼륨(KH_2PO_4, K_2HPO_4)의 형태로, Mg은 황산마그네슘($MgSO_4 \cdot 7H_2O$) 형태로 잘 이용된다. 이 외에도 Fe, Ca, Mn 등을 미량 필요로 하는 경우도 있다.

(4) 생육 인자(growth factor)

비타민 B_1, biotin, inositol, pantothenic acid, niacin, pyridoxine 등을 필요로 하는 효모도 있다.

4 효모의 분류

효모의 분류에는 J. Lodder의 분류법이 주로 이용되고 있다. J. Lodder의 분류 저서는 1952년에 제1판이 출판되었고, 1984년에 제3판이 출판되었는데, 제3판에는 60속, 500종이 기재되어 있다.

효모는 비교적 형태가 간단하여 그 형태적 특징만으로는 분류하기 어렵기에 형태적 성질, 배양상 특징, 유성 생식의 유무와 특징, 생리적 성질을 기준으로 다음과 같이 4군으로 분류된다[표 5-2].

- 자낭균 효모(Ascomycetous yeast)
- Ustilaginales에 속하는 효모(Basidiomycetous yeast)
- Sporobolomycetaceae에 속하는 효모(Ballistosporogenous yeast)
- 무포자 효모(Asporogenous yeast)

자낭균 효모는 자낭 중에 자낭포자를 형성하고, Ascomycotina에 속한다.

Ustilaginals는 맥류 등에 기생하는 깜부기병균이며 teliospore(동포자) 및 소생자(小生子, sporidium)를 형성한다. 이것은 분류상 담자균류(Basidiomycotina)에 속한다.

Sporobolomycetaceae에 속하는 효모는 사출포자(ballistospore)를 형성하는 분류군이며, 불완전균류(Deuteromycotina)에 속하나 담자균류에 아주 가까운 군(群)이다.

무포자 효모는 포자를 형성하지 않는 것으로 불완전균류의 Hypomycetales(Moniliales, 선균목)의 Cryptococcaceae에 속한다.

표 5-2 효모의 분류체계

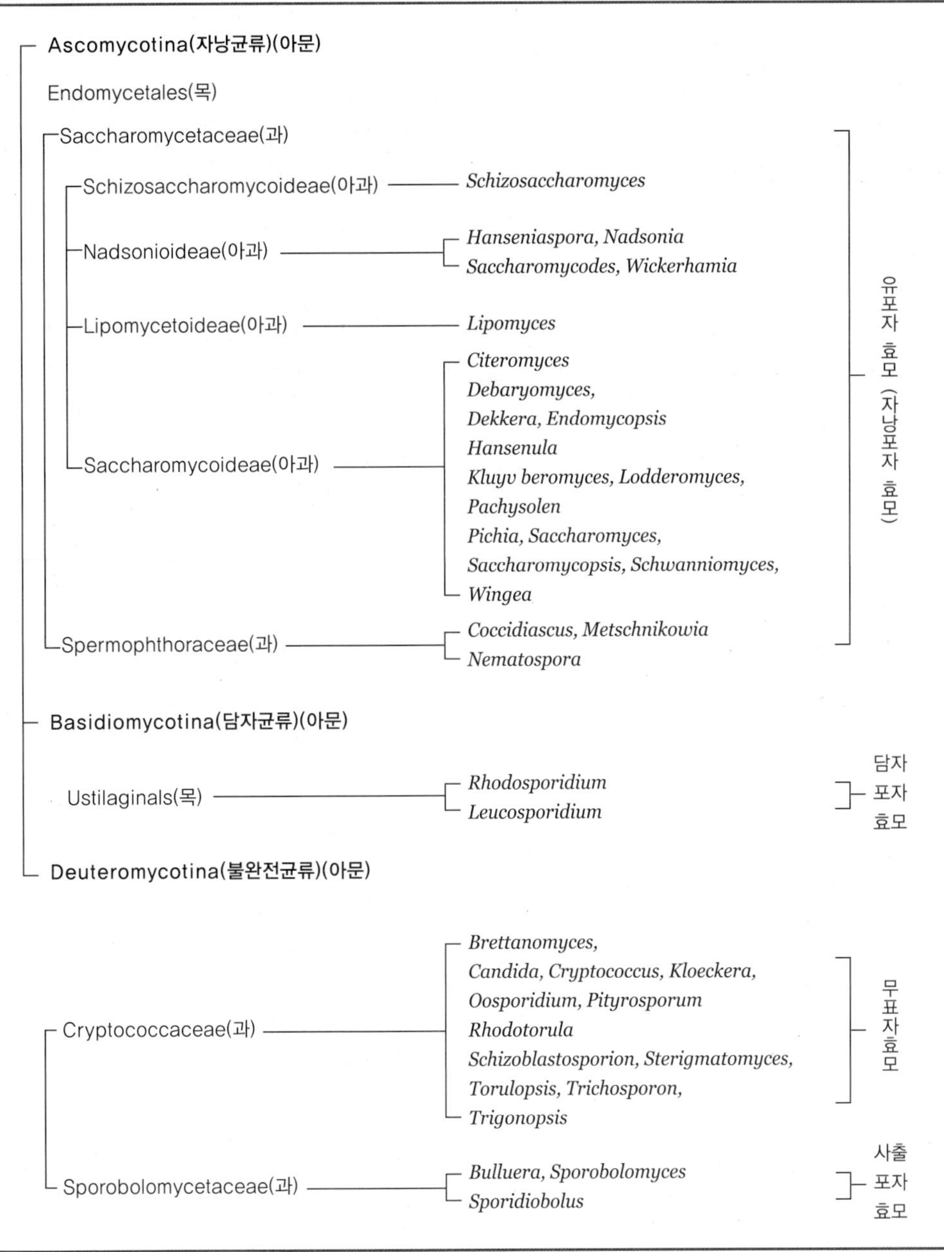

또 효모의 학술적 분류 방법을 떠나 실용적인 면에서 분류하는 방법을 보면 맥주효모(brewer's yeast), 청주효모(sake yeast), 포도주효모(wine yeast), 알코올효모(alcohol yeast), 빵효모(baker's yeast), 간장효모(soysauce yeast), 사료효모(fodder yeast), 석유효모(petroleum yeast) 등의 이름으로 부르는 경우도 있고, 맥주양조에서는 영국의 맥주효모와 같이 발효

중에 발효액 표면에 떠오르는 효모를 상면효모(top yeast), 독일, 일본 및 우리나라의 맥주 효모와 같이 발효 중에 바닥으로 침전하는 효모를 하면효모(bottom yeast)라고 한다[표 5-3].

표 5-3 상면효모와 하면효모의 비교

	상면효모	하면효모
1. 형태	1) 대개는 원형이다. 2) 소적배양으로 세포가 연결하는 것이 많고 아족은 평면에 배열된다. 3) 포자낭 세포의 비는 50~90%이며 포자는 균질의 광택을 가진다. 4) 소량의 효모 점질물 polysaccharide를 함유한다.	1) 난형 내지 타원형이다. 2) 연결세포가 적고, 간혹 아족을 형성하여도 직접적으로 발생하지 않는다. 3) 포자낭세포의 비는 0.1~0.01%이며 포자는 입상이다. 4) 다량의 효모 점질물 polysaccharide를 함유한다.
2. 배양	1) 세포는 액면으로 부상하여 발효액이 혼탁된다. 2) 소적배양으로 효모의 발육을 시키고 백금선으로 휘저어도 쉽게 액 중으로 분산되어 유상으로 된다. 3) 균체가 균막을 형성한다. 4) 석고괴 상에서는 25℃에서 35시간 이내 포자를 형성한다.	1) 세포는 저면으로 침강하므로 발효액이 투명하다. 2) 왼편과 같이 처리하여도 효모가 액 중으로 쉽게 분산되지 않는다. 3) 균막을 형성하지 않는다. 4) 25℃에서 30~40시간 이후에 포자를 형성한다.
3. 생리	1) 발효작용이 빠르다. 2) 다량의 glycogen을 함유한다.* 3) Raffinose, melibiose를 발효하지 않는다. 4) 증류수로 건조효모에서 cozymase를 침출하는 것은 불가능하다.* 5) 최적온도 10~25℃	1) 발효작용이 늦다. 2) 다량의 glycogen을 함유한다.* 3) Raffinose, melibiose를 발효한다.* 4) 증류수로 건조효모에서 cozymase를 침출할 수 있다.* 5) 최적온도 5~10℃
4. 이용	영국 맥주	독일 맥주

*이들의 성질은 배양조건에 따라 변화한다.

한편 *Pichia*속, *Hansenula*속처럼 배양액의 표면에서 피막을 형성하는 효모를 산막효모(피막효모, film yeast)라 하며, 이에 속하는 효모는 발육 시에 많은 산소를 요구하며, 산화력이 강하다. 이와 달리 비산막효모(non-scum yeast)는 배지의 내부에서 잘 발육한다[표 5-4].

표 5-4 산막효모와 비산막효모의 비교

	산막효모	비산막효모
1. 산소요구도	산소를 요구한다.	산소의 요구가 적다.
2. 발육위치	액면에 발육하여 피막을 형성한다.	액의 내부에 발육한다.
3. 특징	산화력이 강하다.	발효력이 강하다.
4. 보기	*Hansenula*속 *Pichia*속 *Debaryomyces*속	*Saccharomyces*속 *Schizosaccharomyces*속

또 맥주 양조 효모와 같이 오랜 시일에 걸쳐 반복 사용되는 효모를 배양효모(culture yeast)라고 한다[표 5-5].

표 5-5 배양효모와 야생효모의 비교

	배양효모	야생효모
1. 세포	1) 원형 또는 타원형 2) 번식기의 것은 아족을 형성한다. 3) 액포는 작고 원형질은 흐려진다. 4) 세포가 크다.	1) 종류에 따라 원형인 것이 있으나 대개는 장형이다. 세대가 지나가면 그 모양이 축소된다. 2) 고립하여 아족을 형성하지 않음. 3) 액포는 크고 원형질은 밝다. 4) 세포가 작다.
2. 배양	세포벽은 점조성이 풍부하여 소적 중 세포가 백금선에 의하여 쉽게 액내로 흩어지지 않는다.	세포벽은 점조성이 없어 백금선으로 쉽게 혼탁된다.
3. 생리	발육 온도가 높고 저온, 산, 건조 등에 저항력이 약하고 일정 온도에서 장시간 후에 포자를 형성한다.	배양효모와는 다르다.
4. 보기	주정효모, 청주효모, 맥주효모, 빵효모 등의 발효공업에 이용된다.	과일, 토양 중에서 서식하고 양조상 유해균이 많다.

*Rhodotorula*속이나 *Sporobolomyces*속과 같이 붉은색을 띠는 효모를 적색효모(red yeast)라고 한다.

최근 효모의 속(genus), 종(species)의 분류에는 생화학, 유전학, 생리학 또는 생태학, 면역학 등의 여러 관련 분야의 새로운 관점에서 여러 성질을 고려하여 보다 상세하고 정확한 분류 방식을 생각하게 되었다. 종래의 형태적, 배양적, 생리·생화학적 성질 외에 핵 DNA(deoxyribonucleic acid)의 염기 조성(mol% G+C), DNA-DNA 상동성 등이 채용되고 있으며, 이 외에도 면역학적 방법, 효소의 전기영동 양상 등이 분류, 동정법에 이용되고 있다.

5 중요한 효모

1) 유포자 효모류(Ascosporogenous yeasts)

(1) *Schizosaccharomyces*속

원통형의 세포로 분열, 즉 이분법으로 증식하는 것이 특징이다. 포자는 동태 접합에 의해 형성되며 보통 자낭 중에 4~8개의 구형, 타원형 또는 신장형의 포자를 내생한다. 균사를 형성하는 종류가 많으며 균사가 부서져 분절포자를 형성하기도 한다. 발효성이 있으며 열대 지방의 과실, 당밀, 토양, 벌꿀 등에 분포하며 생육 적온은 다른 효모보다 높아 37℃이다.

Schizosaccharomyces pombe: *Schizosaccharomyces*속의 대표적인 균주로서 아프리카 원주민들이 마시는 pombe주에서 분리되었으며, 알코올 발효력이 강하다. 열대 지방의 과일, 당밀, 토양, 벌꿀 등에서 잘 검출되며 glucose, sucrose, maltose는 발효하지만, mannose는 발효하지 못한다. 주정에는 발육하지 못하며, 젤라틴을 용해하고 상면효모에 속한다.

(2) *Nadsonia*속

출아와 분열의 중간 형태인 출아 분열을 한다. 세포는 타원형, 길쭉한 모양, 때로는 레몬형으로 여러 개가 연결되어 있다. 모세포와 출아 세포가 이태접합을 하며, 모세포의 다른 쪽 끝에 출아하여 형성된 자낭은 격벽으로 구분된다. 피막을 형성하지 않고 당류 발효성이 있으며 질산염을 자화하지 못한다.

(3) *Saccharomyces*속

알코올 발효력이 강하여 발효 공업에 이용되는 대부분의 효모가 이 속에 속하며 효모 중에서 가장 중요한 속이다. 세포는 구형, 타원형, 난형이고 세포 표면은 일반적으로 평활하다. 영양생식은 다극 출아이고, 자낭을 형성하는 경우도 있는데 자낭당 1~4개의 자낭포자를 형성한다. 빵효모, 맥주효모, 알코올효모, 청주효모 등이 여기에 속한다.

❶ *Saccharomyces cerevisiae*

이 속의 대표적인 종이며 영국의 Edinburg 맥주 공장의 맥주로부터 분리된 것으로 알코올 발효력이 강한 상면발효효모이다.

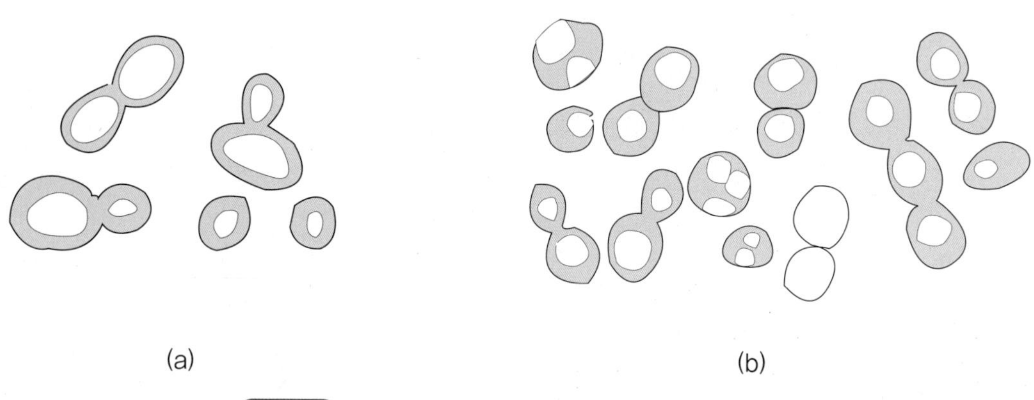

그림 5-12 *Saccharomyces*의 자낭포자(a)와 영양세포(b)

세포는 구형 또는 난형이며 폭과 길이의 비가 1:1~2이고, 크기는 3~104.5 ~12μm이며 짧은 출아 연결을 보인다. Glucose, maltose, galactose 및 sucrose를 발효하지만 lactose는 발효하지 못한다. 맥주, 포도주, 탁주 등의 주류, 알코올, 빵 등의 제조에 이용되는 등 대단히 이용 범위가 넓은 중요한 효모이다. 청주효모로 알려진 *Sacch. sake*, amylo법에서 이용되는 *Sacch. anamensis*, 당밀의 알코올 발효에 적합한 *Sacch. fomosensis* 등도 Lodder는 *Sacch. cerevisiae*로 분류하였다. 세포 내에 thiamine을 비교적 많이 생성하므로 약용효모로도 이용된다.

❷ *Saccharomyces carlsbergensis*

덴마크의 Carlsberg 맥주 공장에서 분리된 하면 발효 효모로서 독일, 일본, 미국, 우리나라 등의 맥주의 양조에 사용하는 효모가 대부분 이 계통에 속한다. 세포는 구형 또는 짧은 난형으로 크기는 4~10×5~10μm이다. 당의 발효성에서 *Sacch, cerevisiae*와 다른 점은 melibiose, raffinose를 발효하는 것이다. Pyridoxine과 pantothenic acid에 대한 미생물 정량에 이용된다.

❸ *Saccharomyces cerevisiae var. ellipsoideus(Sacch. ellipsoideus)*

세포는 타원형이며, 포도주 양조에 관여하는 포도주 효모이다. Lodder는 이 효모를 Sacch. cerevisiae와 같은 종으로 분류하였다.

❹ *Saccharomyces coreanus*

우리나라 누룩과 탁주 술덧에서 분리되어 종래 탁주 효모로 알려진 효모이나 최근에는 거의 자취를 감춘 상태다.

❺ *Saccharomyces rouxii*

간장이나 된장 발효에 관여하는 효모로는 18% 이상의 고농도 식염이나 잼과 같은 당농도가 높은 곳에서도 생육할 수 있는 내삼투압성 효모이며 알코올 발효력은 약하다.

❻ *Saccharomyces fragilis*

Lactose를 발효하며 우유와 유제품에 중요한 효모로서 마유주(kefir)에서 분리하였다. Lodder는 이 효모를 *Kluyveromyces fragilis*로 통합 분류하였다.

(4) *Zygosaccharomyces*속

*Saccharomyces*속의 아속으로 분류하는 사람이 있을 정도로 유사한 특징을 가지며, *Zygosaccharomyces rouxii*는 간장, 된장 등의 호염성 효모, 또는 내삼투압성 효모(osmophilic yeast)로서 간장에 특유의 향미를 주는 유익한 효모이다.

(5) *Pichia*속

세포는 난형 내지 장타원형이고 자낭포자는 모자형 혹은 토성형이다. 발효액 표면에 균막을 형성하는 산막효모(film yeast)로 주류와 간장에 유해균이다. *P. membranaefaciens*는 맥주나 포도주에 균막을 만든다. 위균사를 만들고 다극 출아로 증식한다. 질산염은 동화하지 못한다.

(6) *Kluyveromyces*속

유당을 발효해서 알코올을 생성하는 효모로 유주(乳酒) 중에서 발견된 것은 *K. marxianus* var. *marxianus*(구명 *K. fragilis*)이고, 우유나 치즈에서 발견된 것은 *K. marxianus* var. *lactis*(구명 *K. lactis*)이다. 포자는 신장형이며 일명 유당 발효 효모로 알려져 있다. Kefir 발효제품에 이용되고 있다.

(7) *Hansenula*속

배양액 표면에 피막을 만들며 알코올 발효력이 약하고, 산화적 대사로 포도당 및 알코올을 소비하므로 양조에 좋지 않은 균종이 많다.

자낭포자는 *Pichia*속과 같이 모자형 또는 토성형이지만 질산염을 이용할 수 있는 점이 다르다. 대표종은 과일향과 같은 ester를 생성하며 청주 등의 주류의 후숙에 관여하는 *H. anomala*와 포자가 토성형인 *H. saturnus*가 있다.

(8) *Debaryomyces*속

구형이거나 난형이며 고기 절임 국물에서 흔히 볼 수 있으며 내당성이 강하다. 포자는 표면에 돌기가 있는 것이 특징이다. 포도당 및 설탕의 발효력은 매우 약하며 액체 배지에서 건조한 피막(皮膜)을 만든다. *Pichia*속, *Hansenula*속과 함께 산막효모(産膜酵母, film yeast)라 불린다. 대표종은 *Deb. hansenii*로 치즈, 소시지 등에서 분리되었다. 비타민 B_2 생성력이 강한 것도 있다.

(9) *Hanseniaspora*속

세포는 레몬형으로 양극 출아로 증식한다. 포자는 모자형으로 과즙 발효 초기에 발견되며 발효가 진행됨에 따라서 자연 도태된다. 대표종은 *H. valbyensis*이다.

(10) *Saccharomycodes*속

출아 분열하는 효모로서 세포는 레몬형이며, 자낭포자는 구형으로 표면은 평활, 가는 돌기가 있는 경우가 있다. 자낭 중에 4개의 포자를 형성한다. 질산염을 동화하지 못하며 *Sacch. ludwigii*가 대표종이다.

(11) *Endomycopsis*속

격벽을 갖는 진균사(true mycelium) 외에 출아하는 세포를 갖는 효모이다. *E. fibuligera*가 부패한 빵에서 분리되었는데, 세포 밖으로 amylase를 분비하므로(보통 효모는 세포 안에 분비) 전분을 발효하는 특성이 있다.

(12) Lipomyces속

다극 출아 방식으로 증식하며, 또한 모세포에서 자루모양으로 돌출한 자낭이 생성되어 이 중에 다수의 포자를 만든다. 세포는 점성이 있는 협막(capsule)으로 둘러싸여 있으며 늙은 세포에는 큰 지방구가 생기므로 유지효모(lipid yeast)라고 한다. 특히 *L. starkeyi*는 건조 균체의 60%나 지방을 함유하여 유지 생성균으로 알려져 있다. 질산염은 이용하지 못한다.

2) 무포자 효모류(Asporogenous yeasts)

무포자 효모는 현재, 무성 세대만 알려져 있고, 유성세대가 알려져 있지 않은 효모로 이전에 불완전 효모로 불려졌다.

(1) *Torulopsis*속

세포는 일반적으로 작은 구형 또는 난형이며 대표적인 무포자 효모이다. 다극 출아하고 양조장에서 질병을 일으키며, 오렌지주스나 벌꿀 등 여러 가지의 식품을 변패시킨다. 고농도의 당 및 염의 환경에서 생육될 수 있는 균종이 많고, 된장, 간장의 향기 성분 생성에 관여하는 균종도 있다. 위균사를 형성하지 않는 점은 *Candida*속과 구별되고 전분 유사물질을 생성하지 않는 점은 *Cryptococcus*속과 구별된다.

Torulopsis versatilis: 세포는 비교적 작은 구형이고, 내염성이 강하여 간장 덧에 향기를 부여한다. 간장 발효 후기에 관여하는 *T. etchellsii*와 함께 유용한 균종이다.

(2) *Candida*속

대부분 다극 출아를 하며 세포의 모양에는 구형, 난형, 원통형 등이 있고 위균사를 잘 만들며 알코올 발효력이 있는 것도 있다. 자연계에 널리 분포되어 있고 균종에 따라서는 진균사와 후막포자를 형성하기도 한다.

최근 *Candida*속 효모에는 탄화수소 자화능이 강한 균주가 알려졌으며, 특히 *C. tropicalis*, *C. rugosa* 등이 탄화수소 자화력이 강해 SCP 생산균주로 주목된다. 또한 이 속에는 *C. albicans*와 같이 사람의 피부, 인후 점막 등에 기생하여 칸디다증(Candidiasis)를 일으키는 병원균도 있다.

❶ *Candida utilis*

전에는 *Torula utilis*, *Torulopsis utilis*, *Cryptococcus utilis*라 불려 온 효모이다. Xylose 등 pentose(오탄당)를 자화하므로 아황산 펄프 폐액 등에 배양해서 그 균체를 사료효모용 또는 inosinic acid 제조용으로도 이용한다.

❷ *Candida tropicalis*

이 속의 대표적인 종이다. 세포는 크고 짧은 난형으로 크기는 5~9×6~12μm이며 위균사를 잘 형성한다.

Xylose를 잘 동화하므로 사료 효모로 사용되며 탄화수소 자화성이 강한 균주가 있다. Lodder에 의해 *C. tropicalis*로 통합된 *Mycotorula japonica*는 pentose의 동화력이 강하고 thiamine의 축적력도 강하여 아황산 펄프 폐액 등을 원료로 한 사료 효모 제조에 이용한다.

또한 *C. pseudotropicalis*는 유당을 발효하고 맥아당을 발효하지 못하는 것이 *C. tropicalis*와 다르며 유제품에서 발견된다.

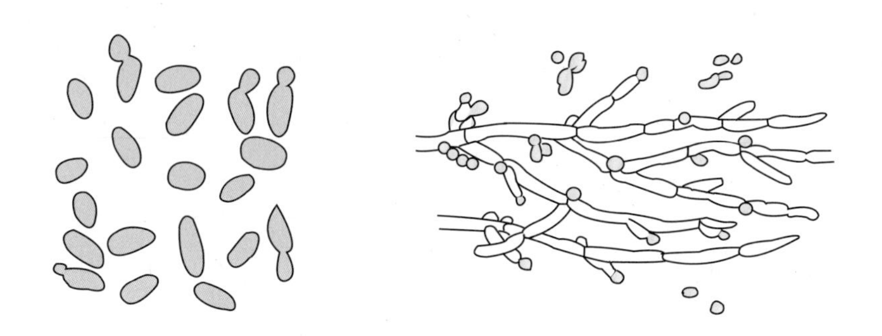

그림 5-13 *Candida utilis*의 영양세포와 위균사

❸ *Candida lipolitica*

*C. rugosa*와 같이 강한 lipase 생성 효모로 알려져 있으며 버터나 마가린에서 분리된다. 당을 이용하여 구연산도 많이 생성하며 n-paraffin으로부터 대량의 α-ketoglutaric acid나 구연산을 생성하는 것이 있어 공업적으로 이용되나 버터의 부패에 관여하기도 한다.

(3) *Rhodotorula*속

세포는 원형, 타원형 또는 소시지형이고 위균사를 만들며 carotenoid 색소를 생성하여 적황색 내지 홍색을 띤다. 대부분 점성을 가지며 당류 발효능은 없고 산화성 자화를 하며 보통 피막은 형성하지 않는다. 이 속의 효모는 육류와 침채류에 적색 반점을 형성하여 식품 착색 원인이 되는 효모이다.

Rhodotorula glutinis: 이 속의 대표적인 종이며 공기 중에서 잘 검출된다. 지방의 축적력(균체 건물 중 60%가량)이 강하여 *Lipomyces starkeyi*와 함께 유지효모로 알려져 있다.

(4) *Kloeckera*속

양극 출아를 하며 세포는 레몬형 또는 장난형이다. 모든 종이 생육에 비타민을 요구한다. 이 속의 대부분이 포도당만을 발효한다. 대표적인 균종으로 *K. apiculata*가 있으며 이 균종은 과일과 꽃 그리고 토양에서 흔히 볼 수 있고 포도당만을 발효한다.

(5) *Trichosporon*속

무성생식은 다극 출아를 하고 출아법 외에 분절포자로 증식하며 두터운 피막을 형성하는 것이 많다.

Trichosporon pullulans: 호기성이 강하며 피막을 잘 형성한다. 저온에서도 잘 발육하고 양조 식품이나 냉장육류에서 발견된다. 리파아제를 분비하며 유지효모로 불린 *Endomyces vernalis*와 동일균이다.

3) 사출포자 효모류(Ballistosporogenous yeasts)

(1) *Bullera*속

*B. alba*를 비롯하여 3종이 알려져 있으나 발효성은 없다. 영양증식은 출아증식을 하며 좌우 대칭인 레몬형 사출포자를 형성하고 백색 내지 크림색을 띤다.

(2) *Sporobolomyces*속

Sp. roseus 외에 8종이 알려져 있으며, 다극출아, 위균사 및 진균사를 형성하는 종류가 있다. 사출포자는 비대칭으로 신장형 또는 잣 모양이고, 성숙하면 사출한다. 주로 적색이나 무색인 것도 있으며 발효성은 없다.

4) 담자균류 효모류(Basidiomycetous yeasts)

(1) *Rhodosporidium*속

담자균류의 Ustilaginales(깜부기균목) 효모로 불완전 세대에서는 *Rhodotorula*속과 유사하고, 발효성이 없으며 고체 배지에서 오렌지색 또는 분홍색의 카로티노이드 색소를 생성한다. 다극 출아하며 군집은 점질성을 나타낸다.

표 5-6 중요한 효모의 특징

균명	특징	분포 · 용도
*Candida*속	포자 형성치 않음. 다극출아, 가균사 형성, 발효성 없음.	
C. albicans		사람의 피부, 점막에 생식, candidiasis의 병원균.
C. intermadia	엷은 피막 형성.	탄화수소 자화균, 균체 생산.
C. lipolytica		탄화수소를 이용하여 균체 생산과 구연산 생산, lipase 생산 효모.
C. tropicalis	xylose동화력 강하다.	탄화수소 자화균, 균체 생산.
C. utilis	pentose자화력 강하다. 가균사 형성.	식사료 효모, 이노신산 생산.
*Debaryomyces*속	다극출아, 돌출이 있는 포자 형성, 산막성 내염성 효모.	
D. hansenii	다극성 출아, 의균사 간혹 형성, 발효력 약하다.	riboflavin 생성.
D. nicotinae	주름이 있는 피막 형성.	발효 담배에서 분리.
*Hansenula*속	산막형성, 다극출아, 모자 모양 또는 토성 모양의 포자형성.	
H. anomala	의균사 형성. 주름 든 피막 형성.	알코올을 소비하는 유해균, 청주 후숙의 유익균.
H. mrzakii	토성모양의 포자 형성, 피막 형성.	양조에 유해균. 피막 효모.
*Kloeckera*속	포자 형성하지 않음. 점조성 피막 형성. 양극출아, 세포는 레몬형이다.	과즙, 숙성전 포도주, 공기, 토양에 분포
K. apiculata		포도주, 맥주의 알코올을 감소(유해균).
*Kluyveromyces*속	자낭포자는 신장형 출아, 발효능이 있다.	젖당 발효 효모.
K. marxianus *K. cellobiovorus*	*Saccharomyces*속에서 분리됨.	마유주에서 분리. cellubiose, xylose 발효.
*Lipomyces*속	다극출아.	
L. lipoferus		유지생성균.

균명	특징	분포 · 용도
L. starkeyi		유지생성균.
*Pichia*속	다극출아.	
P. fermentans		발효공업에 유해균, 산막효모.
P. membranefaciens	피막형성. 에탄올 소비.	맥주, 포도주에 유해균, 김치에서 피막형성.
*Saccharomyces*속	다극출아, 발효력이 강하다.	
Sacch. carlsbergensis	발효력이 강하다. *Sacch. uvarum*으로 통일.	덴마크의 Carlsberg 맥주공장에서 분리, 맥주양조, 하면발효효모.
Sacch. cerevisiae	발효력이 강하다. 이 속의 대표균.	영국의 Edinburg 맥주공장에서 분리, 양조효모, 상면발효효모.
Sacch. ellipsoideus	타원형.	포도주 양조.
Sacch. formosensis	발효력 강하다. *Sacch. robustus*와 유사.	대만의 당밀에서 분리.
Sacch. fragilis	*Kluyveromyces fragilis*로 통일, lactose 발효. 내당성 효모.	유당, inulin 발효.
Sacch. mellis	내삼투압성 효모.	벌꿀, 당밀, 잼에 발육(유해균).
Sacch. pastorianus	*Sacch. bayanus*와 같은 효모.	맥주, 포도주에 불쾌취 발생(유해균).
Sacch. robustus	내알코올성 효모.	필리핀 당밀에서 분리, 당밀로부터 알코올 발효균.
Sacch. sake	내알코올성 효모, 0.4~0.6% 젖산에도 발육.	청주 양조균.
Sacch. willinus		맥주에서 불쾌취 발생(유해균).
Saccharomycodes ludwigii	양극출아.	자당은 발효, 맥아당은 발효 못함. Malt wine 양조에 사용.
*Schizosaccharomyces*속	분열법으로 증식.	
Schizo. octosporus	8개의 자낭포자 형성.	
Schizo. pombe	발효력이 강하다.	아프리카 Pombe술에서 분리, maloalcohol 발효, 열대지방의 과일, 당밀, 토양, 벌꿀에서 분리.

균명	특징	분포 · 용도
Sporobolomyces salmonicolor	사출포자 형성, 다극출아, 발효성 없음. 분홍색 집락 형성.	산화력이 강하다.
*Rhodotorula*속	포자 형성치 않음.	부패균, 김치류의 착색균, corotene 생성, 유지 효모
R. glutinis	다극출아, carotenoid 색소 형성.	
*Torulopsis*속	포자 형성치 않음. 발효력이 있다. 오렌지주스나 벌꿀을 변패시킨다.	
T. dattila	발효력이 있다.	대추야자 열매에서 분리.
T. versatilis	내염성 효모.	간장의 후숙.
*Zygosaccharomyces*속	내염성 효모, *Sacch. bayanus*와 동종의 효모.	
Zygo. rouxii		간장이나 된장의 제조.
Zygo. bailii		고온내성균주.

표 5-7 공업적으로 중요한 효모류

제품	이용되는 효모
1. 빵효모(Baker's yeast)	*Saccharomyces cerevisiae*
2. 식사료 효모(Food yeasts)	*Candida utilis, Candida tropicalis, Kluyveromyces fragilis, Saccharomyces carlsbergensis, Saccharomyces cerevisiae*
3. 단백질(탄화수소로부터)	*Candida lipolytica, Candida tropicalis, Trichosporon japonicum*
4. 주정발효 (Liquors and industrial alcohol)	*Saccharomyces cerevisiae*(and others)
5. 맥주(Lager beer)	*Saccharomyces carlsbergensis*
6. 맥주(Ale)	*Saccharomyces cerevisiae*
7. 청주(Sake)	*Saccharomyces cerevisiae, Saccharomyces sake*
8. 포도주(Wine)	*Saccharomyces cerevisiae, Saccharomyces ellipsoideus, Saccharomyces fermentati, Saccharomyces bayanus,* others
9. Yeast autolysates and extracts	*Saccharomyces cerevisiae, Candida utilis*
10. 지방(Lipid)	*Rhodotorula gracilis(syn. R. glutinis), Candida utilis, Metschnikowia pulcherrima, Metschnikowia reukaufii, Lipomyces starkeyi*
11. Invertase	*Saccharomyces cerevisiae, Candida utilis*
12. Amylase	*Endomycopsis fibuligera, Endomycopsis capsularis*
13. Lactase	*Kluyveromyces fragilis,Kluyveromyces lactis, Candida pseudotropicalis*
14. Uricase	*Candida utilis*
15. Polygalacturonase	*Kluyveromyces fragilis*
16. Ergosterol	*Saccharomyces cerevisiae, Saccharomyces carlsbergensis, Saccharomyces bayanus*
17. Ribonucleic acid(RNA)	*Candida utilis, Candida tropicalis*
18. Lysine	*Candida utilis*
19. Cysteine	*Rhodotorula gracilis*
20. Methionine	*Rhodororula gracilis*

CHAPTER

06

세균

1. 세균의 형태
2. 세균의 구조
3. 세균의 번식
4. 세균의 분류
5. 중요한 세균

세균(bacteria)은 주로 세포 분열법에 의해서 증식하며 진핵세포인 곰팡이나 효모와는 다른 원시핵세포(procaryotic cell)의 구조를 가진 하등미생물이다. 남조(blue green algae)를 제외하고 폭이 1μm 이하의 미생물로서 광학현미경으로 관찰할 수 있다.

세균 중에는 단순한 일반세균 외에 형상이 다른 점액세균(slime bacteria), spirochaeta가 포함된다. 또한 세균과 곰팡이의 중간적 성상을 가진 방선균(actinomycetes)도 세균에 포함시킨다. 사람의 생활에 유·무익한 것으로 볼 때 식품미생물로서 세균의 종류와 수는 대단히 많고 다양하며 토양, 공기, 물 등에 널리 분포한다. 토양 1g 중에는 수백만 내지 수천만의 세균이 존재하고 있다.

1 세균의 형태

세균은 미세한 단세포 생활체로서 그 형태는 배양조건과 배양상태 등의 환경조건에 따라 달라진다. 세균의 기본형태는 적당한 배지에서 20~24시간 배양한 것을 관찰하는 것이 일반적이라 할 수 있다. 세균의 크기는 광학현미경으로 겨우 관찰할 수 있는 0.1~0.2μm 정도의 작은 세균으로부터 10~40μm에 이르는 큰 세균도 있으나 일반적으로 구균은 0.5~1.0μm, 간균은 0.5~1.0×1.0~3.0μm이다. 일반적으로 세균의 기본형태는 구형이나 타원형의 구균(coccus), 원통형이거나 막대기처럼 길쭉한 간균(bacillus) 및 나선형인 나선균(spirillum)으로 나눌 수 있다.

1) 구균(球菌)

구균은 세균의 종류에 따라 특징 있게 배열하므로 세균의 배열모양은 세균을 분류하는 하나의 항목이 된다. 구균의 분열 후 형태는 다음과 같이 나누어 볼 수 있다.

- 분열 후 세포가 흩어지는 단구균(monococcus)
- 세포가 2개씩 짝을 지어 연결되는 쌍구균(diplococcus, pseumoniae)
- 한쪽 방향으로만 분열하여 길게 연결되는 연쇄상구균(streptococcus)
- 2방향으로 분열하여 연결되는 4연구균(tetracoccus, pediococcus)
- 3방향으로 분열하여 연결되는 8연구균(octacoccus, sarcina)
- 분열방향이 불규칙하여 포도송이 모양을 띤 포도상구균(staphylococcus)

2) 간균(桿菌)

간균은 편의상 길이가 폭의 2배 이하로 구균에 가까운 단간균(short rod bacteria), 길이가 폭의 2배 이상인 장간균(*long rod bacteria*), 그리고 쌍을 형성하거나 연쇄상의 배열하는 연쇄상간균(*streptobacillus*), *Corynebacterium* 속과 같이 세포가 V, Y, L자 모양인 것 등이 있다. 간균은 세포의 양쪽 끝이 둥근 것이 보통이나 초산균과 같이 뾰족한 것, *Bacillus anthracis*와 같이 각이 진 것 등으로 다양하다. 또한 포자를 형성하는 세균 중에는 포자 때문에 세포의 일부가 팽대하여 중앙이 방추형처럼 두터워진 것을 *Clostridium*형, 끝이 팽대하여 곤봉처럼 된 것을 *Plectridium*형이라 한다.

3) 나선균(螺旋菌)

개개의 세포가 분산되어 있으며 배열모양을 나타내지 않은 나선균은 일반적인 S자형으로 된 것을 나선균(spirillum), 나선의 정도가 불안전하여 만곡한 모양으로 생긴 호균(vibrio) 및 여러 번 꼬부라진 것을 spirochaeta라고 한다.

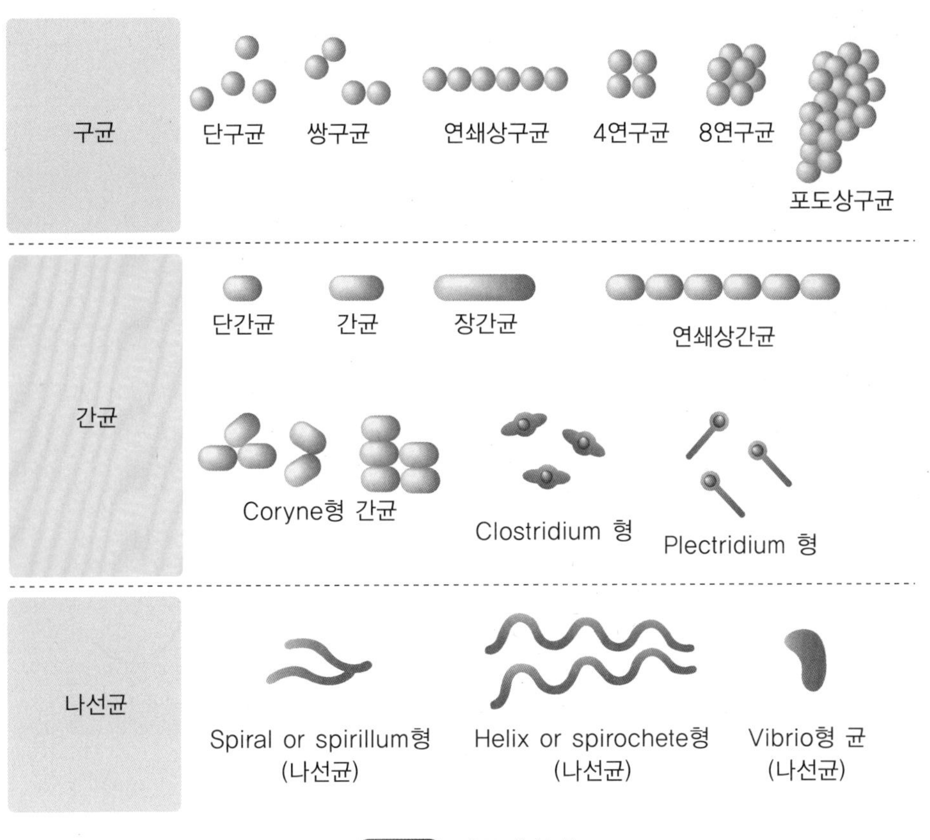

그림 6-1 세균의 형태

② 세균의 구조

세균 세포의 구조는 고등식물과 같이 외측에 두껍고 탄성을 가진 세포벽(cell wall), 그 바로 아래에 세포막(cell membrane)이 밀착되어 있다. 세포 내에는 핵(nucleus)과 과립(granule)을 함유한 콜로이드(colloid)상의 세포질(cytoplasm)이 분포되어 있다.

세균 세포의 중요한 구조와 기능을 보면 [그림 6-2] 및 [표 6-1]과 같다.

표 6-1 세균 세포 구조의 특성

구조	화학조성물질	중요기능
편모(flagella)	단백질(flagellin)	운동력
선모(pili)	단백질(pilin)	유성적인 접합과정에서 DNA의 이동 통로와 부착기관
협막(또는 점질층)	다당류나 폴리펩타이드 중합체	건조와 기타 유해요인에 대한 세포의 보호
세포벽(cell wall)	다른 물질(teichoic acid, lipopolysaccharide)과의 muco complex	세포의 기계적 보호
세포막(cell membrane)	단백질과 지질	투과 및 수송능
메소솜(mesosome)	단백질과 지질	세포의 호흡능이 집중된 부위로 추정
리보솜(ribosome)	단백질과 RNA로 구성	단백질 합성
세포함유물(또는 액포)	변화가 심하나 대개 탄수화물	영양원의 저장, 축적
핵부위	대부분 DNA	세균 세포의 유전(genome)

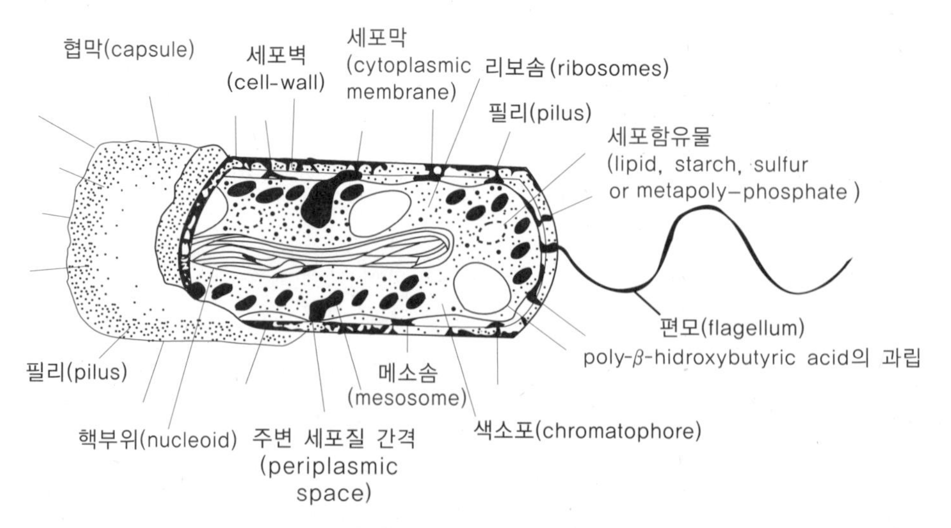

그림 6-2 세균 세포의 구조

1) 외부구조

(1) 편모(flagellum)

세균의 운동성 유무는 가늘고 긴 털과 같은 편모에 의해 좌우된다. 편모의 유무, 수, 위치는 세균의 분류학 측면에서 중요한 항목이 되며 편모의 화학조성분은 단백질로 이루어져 있다.

편모는 위치에 따라 극모(polar flagella)와 주모(peritrichous flagella)로 대별할 수 있으며, 극모는 다시 단극모(monotrichous flagella), 양극모(amphitrichous flagella), 극속모(lophotrichous flagella)로 나뉜다[그림 6-3]. Pseudomonas목에 속하는 *Pseudomonas*속, *Spirillum*속, *Vibrio*속 등과 같은 세균은 단극모 혹은 극속모로 된 편모를 형성하고 진정세균목(Eubacteriales)에 속하는 *Salmonella*속, *Bacillus*속 등은 주모성 편모를 갖는다. 편모는 항상 세포에 착생하여 존재하는 것이 아니고 젊고 발육이 왕성한 시기에만 볼 수 있으며 환경조건이 나빠지거나 배양이 오래되면 탈락한다. 편모는 세포벽 내부의 세포질에서 형성된다. 주로 간균이나 나선균에 존재하며 구균에는 거의 없다.

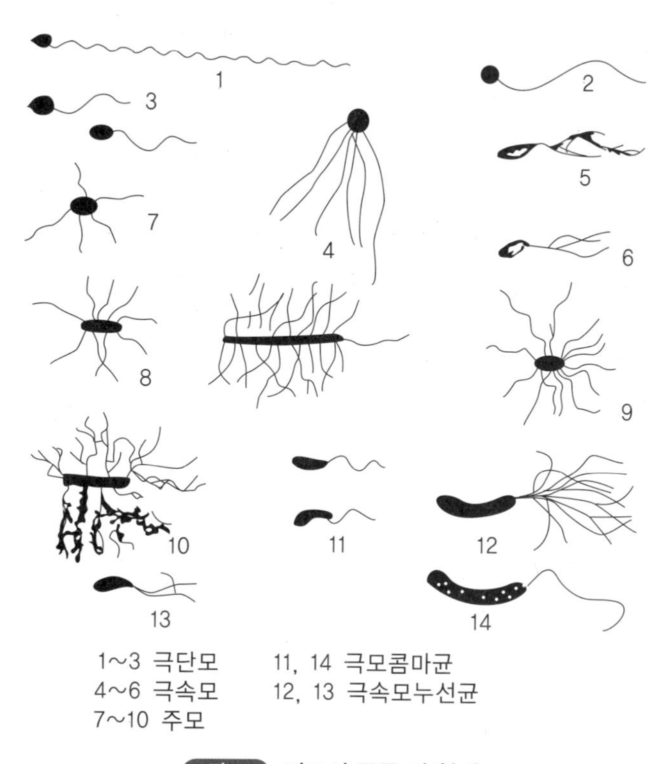

그림 6-3 편모의 종류 및 형태

(2) 선모(pilus)

그람음성세균(Gram negative bacteria)에서 많이 발견되는 선모는 웅성세포로부터 자성세포로 DNA가 이동하는 통로 역할을 하여 유성적인 접합과정에서 중요한 구실을 하는 것과 다른 물체에 부착하는 부착기관의 역할을 하는 것으로 알려져 있고, 단백질이 구성성분이다.

(3) 세포벽(cell wall)

세포막의 외벽을 둘러쌓고 있는 단단한 막으로 세포의 보호작용과 형태를 유지하는 역할을 한다.

세포벽의 성분 중에서 mucopeptide는 세균 세포벽의 견고성을 유지해 주며 그람양성균은 그람음성균보다 많은 양의 mucopeptide를 함유하고 있다. 또한 라이소자임(lysozyme)의 작용을 받는 기질(substrate)이 된다.

(4) 협막(capsule)

대부분의 세균 세포벽은 유기중합체로 되어 있는 점성물질로 둘러싸여 있는데 이것을 협막 또는 점질층(slime layer)이라 한다. 협막의 성분은 다당류나 polypeptide의 중합체(polymer)로 구성되어 있다. 또한 협막의 형성 및 함량은 세균세포의 유전적 조성, 환경 및 돌연변이 등에 따라서 달라질 수도 있다.

협막은 건조나 기타 유해요인으로부터 세포를 보호한다.

2) 내부구조

(1) 세포막(cell membrane)

세포벽 바로 내부에서 원형질(protoplasm)을 둘러싸고 있는 얇은 막의 형태로서 선택적 투과성의 성질을 갖고 있으며 원형질막 또는 세포막이라 한다.

세포막의 조성성분은 주로 단백질과 지질로 구성되어 있으며, 산소호흡에 관여하는 효소계와 물질의 능동수송(active transport)에 관여하는 permease라고 하는 담체단백(carrier protein)이 함유되어 있다. 세균 세포막의 작용은 세포 속으로의 물질의 출입을 제한하는 기능과 진핵세포(eucaryotic cell)의 미토콘드리아(mitochondria)의 기능도 수행하는 것으로 생각되고 있다.

그람양성균인 간균, 나선균 및 방선균 등에서는 메소솜(mesosome)이라고 하는 원형질막성 기관을 찾아 볼 수 있는데, 세포의 호흡능이 집중되어 있는 부위일 것으로 추정되고 있다.

(2) 리보솜(ribosome)

리보솜은 세포질의 중요한 구성원으로서 약 40%의 단백질과 60%의 RNA로 구성된 분자량 2.7×10^6 정도의 작은 과립형태이며 단백질을 합성하는 기관이다.

(3) 색소포(chromatophore)

광합성 세균의 세포질에 색소포가 분포해 있고, 색소포에는 세포 건조량의 50% 이상을 차지할 수도 있으며 세균의 광합성 색소와 효소를 포함하고 있다. 즉, 광합성 색소인 엽록소(chlorophyll)와 카로타노이드(carotenoid) 및 광화학적 전자전달계에 관여하는 효소계를 포함하고 있다. 주요한 조성성분은 단백질과 지질이다.

(4) 핵(nucleus)

원시핵세포(procaryotic cell)는 핵막(nuclear membrane)이 없고 진핵세포의 핵과는 구별하여 염색질체(chromatin body) 또는 핵양체(nucleoids), 세균염색체(bacterial chromosome) 등으로 부르고 원시적인 핵으로 보아야 할 것이다.

세균세포의 핵은 DNA로 이루어져 있으며 유리상태인 단 하나의 DNA가 복잡하게 겹쳐서 원시핵세포의 유전담체(genophore)를 형성하고 있다. 세균세포의 DNA는 자기복제를 하나 세포분열은 유사분열(mitosis)에 의하지 않는다.

(5) 세포함유물(inclusion body)

세포는 원형질의 활동에 의하여 2차적으로 생성된 후형질(metaplasm)을 세포 내에 함유하고 있다. 물에 용해되지 않는 여러 가지 종류의 후형질은 세포질 부위에 명확한 과립 또는 유적(油跡)의 형태로 퇴적되고 대개의 경우 세포의 저장물로 된다.

세균세포의 저장물질은 유기중합체(organic polymer), 볼루틴 과립(volutin granule), 황의 유적(sulfur droplet) 등으로 구분할 수 있다. 즉, 탄소원 및 에너지원으로서의 역할을 하는 유기중합체(organic polymer), 인산의 저장원으로서의 역할을 하는 볼루틴 과립(volutin granule), 그리고 황세균(sulfur bacteria)에서 에너지원의 역할을 하는 황의 유적(sulfur droplet) 등이다.

③ 세균의 번식

1) 분열법(fission)

가장 대표적인 세균의 증식방법은 분열법이다. 간균 및 나선균은 먼저 세포가 2배 정도로 길어지고 중앙에 격막이 생겨 2개의 세포로 분열한다. 또한 구균의 경우에는 분열하기 전에 타원형으로 되고 격막이 생겨 분열되는데, 분열하는 방향은 1방향 분열(monococcus), 2방향 분열(pediococcus), 3방향 분열(sarcina) 및 부정방향 분열(staphylococcus) 등의 여러 방향으로 나누어진다. 세포가 성장하여 다시 분열할 때까지 소요되는 시간을 세대(generation)라 한다. *Bacillus subtilis*(고초균)의 세대시간은 30분이고, *Vibrio cholerae*는 20분 정도이며, 동일세균이라도 생육·환경 조건에 따라서 분열속도 및 세대시간이 다르다.

최초의 세균 수(a), 최종의 세균 수(b), 분열한 세대(n), 시간(t)이라고 하면 세균은 항상 2개씩 분열하므로 다음과 같이 된다.

$2^n a = b$ $\quad$ $2^n = b/a$

$n = \log b - \log a / \log 2$ $\quad$ 분열시간(G)$=t/n$

2) 포자형성(spore forming)

세균은 배양환경조건이 변화 또는 악화되면 외부적 영향에 대한 저항력이 강한 포자를 형성한다. 포자를 형성하는 세균은 대부분 간균으로 호기성 세균인 *Bacillus*속, 혐기성인 *Clostridium*속 및 *Sporosarcina*속 등이 있다. 이들의 세균은 세포 내에 포자를 내생하므로 이를 내생포자(endospore)라 한다. 포자를 형성하지 않은 균체, 즉 생장대사를 하는 세포를 영양세포(vegetative cell)라 하며 영양세포 속에 포자가 형성될 때를 포자낭(sporangium)이라 한다. 포자가 형성되면 균체는 자가소화되고 포자는 유리상태가 된다. 내생포자는 생리작용 및 기능측면에서 영양세포와 전혀 다른 독특한 생리적 특징을 가진다. 즉 영양세포에 비하여 수분함량이 낮고, 밀도가 높아 광학현미경으로 관찰하면 흰색으로 관찰되고 대사활성이 낮아서 에너지 소모가 최소가 된다. 또한 건조, 고온, pH, 방사선, 약품 등의 나쁜 환경에 대한 내성능력이 대단히 강하다. 그러다가 적당한 환경조건을 얻으면 급속히 발아하여 다시 영양세포로 되고 분열증식하게 된다. 이러한 특징은 포자가 외피(exosporium), 포자막(spore coat), 피층(cortex), 포자고유막(spore well) 및 심부(core) 등의 두터운 막층으로 이루어져 있기 때문이다.

특히, 디피콜린산(dipicolinic acid)은 세균 성장세포에는 존재하지 않으나 내생포자의 포자막에 함유되어 있으며 건조균체량의 5~10%를 차지하고 내열성이 강할수록 dipicolinic acid의 함량이 높다. 포자를 형성하는 세균의 생활도식(life cycle)을 보면 [그림 6-4]과 같다.

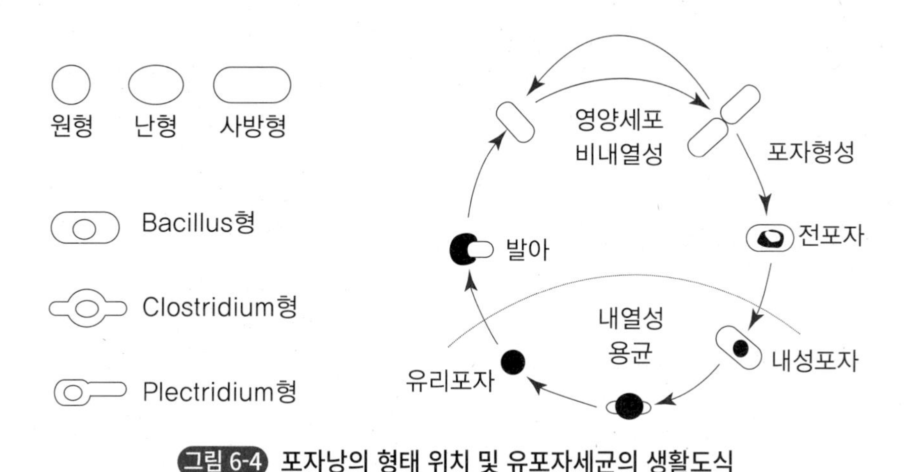

그림 6-4 포자낭의 형태 위치 및 유포자세균의 생활도식

4 세균의 분류

세균의 형태는 일반적으로 단순하지만 영양요구성, 생리학적 측면 및 생화학적 성질은 매우 복잡하다. 세균의 분류법에는 여러 가지 방법이 있으나 세균분류편람인 「Bergey's Manual of Determinative Bacteriology」를 세균분류의 지침서로 삼고 있다.

Bergey의 manual 제7판(1957년)에서는 47과 190속으로 분류하고 있으나 제8판(1974년)에서는 원시핵세포계(king procaryotae)를 남조문(division cyanobacteria)과 세균문(division bacteria)으로 대별한다.

표 6-2 그람 음성세균 분류표

	부과	주요 속
호기성의 간균 구균	Pseudomonadaceae	*Pseudomonas* *Xanthomonas* *Zoogloea* *Gluconobacter*
	Azotobacteraccae Rhizobiaceae Methylomonadaceae Halobacteriaceae	*Azotobacter* *Rhizobium* *Methylomonas* *Halobacterium*
	유연관계가 분명하지 않은 속	*Alcaligenes* *Acetobacter*
통성혐기성 간균	Enterbacteriaceae	*Escherichia* *Salmonella* *Shigella* *Enterobacter* *Serratia* *Proteus*
	Vibrionaceae	*Vibrio* *Photobacterium*
	유연관계가 분명하지 않은 속	*Flavobacterium*
혐기성 세균	Bacteroidaceae	*Bacteroides*
	유연관계가 분명하지 않은 속	*Desulfovibrio*
호기성의 구균, 구간균	Neisseriaceae 유연관계가 분명하지 않은 속	*Neisseria*
혐기성 구균	Veillonellaceae	
무기영양세균	NH_3 또는 아질산을 산화하는 세균 Nitrobacteriaceae	 *Nitrosomonas* *Nitrosococcus* *Nitrobacter*
	유황을 대사하는 세균 철 또는 망간의 산화물을 침적하는 세균	*Thiobacillus* *Siderocapsaceae*

세균문은 다시 그람염색성[음성[표 6-2], 양성[표 6-3]], 산소요구성, 균의 형태, 포자형성 유무, 편모의 유무와 종류 등에 따라 19부(部, part)로 분류하고 각 부는 다시 목, 과, 속 등으로 분류하고 있다.

표 6-3 그람 양성세균 분류표

		부과	주요 속
구균	호기성과 통성 혐기성 세균	Micrococcaceae	*Micrococcus*
			Staphylococcus
		Streptococcaceae	*Streptococcus*
			Leuconostoc
			Pediococcus
	혐기성 세균	Peptococcaceae	*Ruminococcus*
			Sarcina
내생포자를 만드는 간균, 구균		Bacillaceae	*Bacillus*
			Sporolactobacillus
			Clostridium
			Sporosarcina
무포자 간균		Lactobacillaceae	*Lactobacillus*

그람염색(Gram's stain)은 세균을 분류하는 가장 중요한 염색법으로 1884년 Christian Gram이 고안한 방법인데, 염색 가능 여부에 따라 그람양성(Gram positive)균과 그람음성(Gram negative)균으로 구별한다. 근래에는 그람염색법으로 Hucker의 변법(Huckers modification)을 주로 사용하는데 그 방법을 보면 다음과 같다.

세균세포를 slide glass 위에 도말, 건조, 고정한 후 crystal violet용액으로 염색 · 수세, iodine용액 염색 · 수세, 알코올 용액으로 탈색 · 수세, safranin O 용액으로 대비염색 · 수세하고 건조시킨 다음 현미경으로 관찰한다.

이때 균체가 자주색으로 염색되었으면 그람양성균이고 탈색되었으면 그람음성균으로 판정한다. 이러한 염색성의 차이에 관해서는 아직도 확실하게 규명하지 못하고 있으나 어떤 종류의 ribo핵 단백질의 존재가 그람염색성을 결정하게 되는 것이라고 생각되고 있다. 염색성이 다른 세균에서는 세포벽의 화학적 조성, 항생물질에 대한 감수성 등 여러 가지 성질에 있어서 현저한 상이점이 알려지고 있다.

5 중요한 세균

1) 젖산균(lactic acid bacteria)

당류를 발효하여 다량의 젖산(lactic acid)을 생성하는 세균을 총칭하여 젖산균이라 한다. 치즈, 버터, 요구르트, 젖산균음료, 절임류, 젖산의 제조, 간장의 양조 등에 중요한 역할을 하며, 젖산균 제제(정장제), 덱스트란(dextran)의 제조, 아미노산이나 비타민의 미생물정량(microbioassay) 등에도 이용되며 또한 포도주, 맥주, 청주 등의 주류나 우유와 같은 식품의 변패의 원이 되기도 하는 미생물이다.

젖산균은 그람(gram) 양성균으로 포자를 형성하지 않고 비운동이고 산소분압이 낮은 환경에서 잘 증식하며 대부분 catalase 음성이며, 당을 발효하여 젖산이나 젖산 이외의 부산물을 생성하기도 한다. 또한 대체로 여러 가지 비타민, 펩티드, 아미노산 등에 대한 복잡하고 까다로운 영양요구성을 가지고 있다.

젖산균은 구균과 간균이 있으며 주요 젖산균으로는 구균인 *Streptococcus*속, *Leuconostoc*속, *Pediococcus*속과 간균인 *Lactobacillus*속, *Sporolactobacillus*속 등이 있다. 젖산을 생성하는 적정온도는 35~45℃ 범위이다.

젖산균에는 포도당으로부터 젖산만을 생성하고 다른 부산물은 거의 생성하지 않는 정상발효젖산균(home lactic acid bacteria)과 젖산 이외에 에탄올, 초산 CO_2 및 수소 등의 여러 가지 부산물을 생성하는 이상발효젖산균(hetero lactic acid bacteria)이 있다. *Streptococcus*속, *Pediococcus*속, *Sporolactobacillus*속은 home 형 젖산균이고, *Leuconostoc*속은 hetro형 젖산균이며, 간균인 *Lactobacillus*속은 종류에 따라서 home 형인 것과 hetero형인 것의 두 가지가 있다. 그러나 생성되는 젖산의 형은 균종이나 배지에 따라 다르다.

Home형 $C_6H_{12}O_6 \rightarrow 2CH_3CHOHCOOH$
포도당 → 젖산

Hetro형 $C_6H_{12}O_6 \rightarrow CH_3CHOHCOOH + C_2H_5OH + CO_2$(β형)
포도당 → 젖산 + 에탄올

$2C_6H_{12}O_6 \rightarrow 2CH_3CHOHCOOH + C_2H_5OH + CH_3COOH + 2CO_2 + 2H_2$
포도당 → 젖산 + 에탄올 + 초산

*Leuconostoc*속과 *Lactobacillus*속의 hetero 젖산균은 만니톨 탈수소효소(mannitol dehydrogenase) 효소를 가지고 있어서 fructose를 발효하여 acetic acid와 mannitol을 생성한다.

Hetro형

$$3C_6H_{12}O_6 + H_2O \rightarrow 2C_6H_{14}O_6 + CH_3CHOHCOOH + CH_3COOH + CO_2\text{(a형)}$$

포도당 물 만니톨 젖산 초산

그러나 오탄당(pentose)을 발효하는 경우에는 home형이나 hetero형 젖산균 모두 젖산과 초산을 생성한다.

$$C_5H_{10}O_5 \rightarrow CH_3CHOHCOOH + CH_3COOH$$

포도당 젖산 초산

(1) 젖산 제조에 이용하는 균

당밀(molasses) 및 전분당화액을 원료로 하여 젖산을 생산할 때는 homo형 젖산균으로 50℃에서 잘 발육하는 *Lactobacillus delbrueckii*를 사용하며, 우유나 유청(whey)을 원료로 할 경우는 *Streptococcus cremoris*, *St. lactis L. bulgaricus*, *L. acidophilus*, *L. casei* 등을 사용한다.

(2) 젖산균 제제생산에 이용하는 균

장내 이상발효를 억제하고 정장작용을 하는 정장제로 이용되는 균주로는 *Sc. faecalis*, *L. bifidus*, *L. acidophilus* 등이 이용되고 있다.

(3) 주류에 관여하는 균

청주의 주모(酒母) 제조 시 잡균의 번식을 억제하고 효모의 배양에 적합한 환경조건을 만드는 젖산균은 *Leuconostoc mesenteroides*이며 또한 포도주와 맥주의 제조 시 향기의 생성에도 관여한다. 저장 중인 청주에 백탁을 일으키고 악취가 나게 하는 화락균(火烙菌)으로는 *L. homohiochi*와 *L. heterohiochi*가 있다. *Pediococcus cerevisae*는 맥주를 탁하게 하고 pH를 낮추고 나쁜 냄새를 나게 하는 맥주양조에 유해한 균이다.

(4) 유제품 제조에 관여하는 균

치즈나 버터를 제조할 때 젖산균을 순수배양한 스타터(starter)를 첨가한다. 치즈의 starter로는 *Sc. lactis*, *Sc. cremoris*, *L. casei*를, 버터의 starter로는 *L. bulgaricus*, *Sc. cremoris*를 이용한다. 요구르트의 제조에는 *L. bulgaricus*, *Sc. thermophilus*, *L. acidophilus*, *L. bifidus*가 이용된다.

(5) 김치 및 장류에 관여하는 균

김치발효 초기에는 *Leuconostoc*속의 젖산균들이 많이 증식하나 발효 중기 이후 김치의 산미생산에는 *L. plantarum*, *L. brevis*, *L. fermenti* 등이 관여한다. 간장, 된장 등도 젖산균에 의한 젖산의 산미와 향기성분이 생성되어 장류의 향미에 중요한 역할을 하는데, 여기에 관여하는 젖산균은 *Pediococcus soyae*이다.

(6) Dextran 제조에 관여하는 균

*Leuconostoc mesenteroides*는 설탕에서 점질물질을 만드는데 이 점질물질이 dextran이며 대용혈장, 식품의 안정제 및 유화제로 사용된다.

(7) 생물학적 정량(bioassay)에 이용하는 균

*L. casei*는 아미노산을, *L. fermenti*는 비타민 B_1을, *L. leichmannii*는 비타민 B_{12}의 정량에 이용된다.

2) 초산균(acetic acid bacteria)

에탄올(ethanol)을 산화발효하여 초산(acetic acid)을 생성하는 호기성 세균을 초산균이라 한다. 그람음성 호기성 간균으로서 운동성이 있는 것과 없는 것이 있다. 액체배양 경우는 피막을 형성하고 에탄올을 산화하여 초산을 만드는 것과 포도당으로부터 gluconic acid를 만드는 것이 있다. 초산 생성력이 강하고 주모(peritrichous flagella)를 가지며 초산을 이산화탄소로 산화하는 능력이 있는 것은 *Acetobacter*속이고, 극모(polar flagella)를 갖고 초산 생성력이 약하며 포도당을 산화하여 gluconic acid을 강하게 만들며, 초산을 이산화탄소로 변화시키지 못하는 것은 *Gluconobacter*속으로 분류한다.

초산발효는 산화작용으로서 발효과정에 많은 산소가 필요하여 에탄올 1L를 발효하는데 $8m^3$의 공기가 소비된다.

$$C_2H_5OH + 1/2O_2 \xrightarrow{\text{산화}} CH_3COOH + H_2$$

식초양조에는 *Acetobacter aceti, Ac. schutzenbachii, Ac. viniaceti, Ac. orleanense, Ac. roseus* 등이 이용된다. *Ac. xylinum* (*Ac. aceti subsp. xylinum*)은 두꺼운 cellulose의 피막을 형성하며 *Ac. suboxydans* (*Gluconobacter oxydans. suboxydans*)와 함께 식초양조에 유해한 균이다.

Gluconobacter roseus(*G. oxydans subsp. suboxydans*)는 포도당을 산화하여 gluconic acid를 생성하며 D-sorbitol을 산화하여 비타민 C의 제조원료가 된다.

Gluconobacter liquefaciens(*A. aceti subsp. liquefaciens*)는 포도당으로부터 2.5-diketogluconic acid를 생성한다.

3) 프로피온산균(propionic acid bacteria)

당류나 젖산을 발효하여 프로피온산(propionic acid)을 생성하는 세균을 프로피온산균이라 한다. 프로피온산균은 그람양성, catalase양성, 비운동성 그리고 구균 또는 단간균으로 유기산, 탄수화물, 다가 알코올 등을 산화하여 프로피온산, 초산, 호박산(succinic acid) 및 CO_2 등을 생성하는 혐기성균이다. 최적온도는 30℃로 생육이 늦어 집락(colony)은 5~7일 이상이 되지 않으면 육안으로 확인하기가 어렵다. 또한 pantothenic acid와 biotin을 요구하는 영양요구성이 있다.

*Propionibacterium shermanii*는 스위스치즈(emmental cheese)의 숙성에 관여하고 숙성 중에 CO_2를 발생하여 치즈에 많은 구멍을 생성하게 한다. 비타민 B_{12}를 생성하는 균으로 *P. freudenreichii*가 있다.

4) 포자형성균(spore forming bacteria)

포자를 형성하는 세균은 그람양성 호기성 간균인 *Bacillus*속과 혐기성인 *Clostridium*속의 2속이 있다. 포자는 내열성이 강하고 나쁜 환경조건에서도 잘 견딘다. 또한 자연계에 널리 분포되어 식품에 혼입될 기회가 많기 때문에 식품저장, 특히 통조림에 문제를 일으키는 균군이다. 세균의 포자는 곰팡이나 효모의 포자에 비해서 내열성이 강하다.

(1) *Bacillus*속

그람양성 호기성 또는 통성혐기성의 중온·고온성의 간균으로 catalase양성을 나타내는 특징을 갖고 있다.

❶ *Bacillus subtilis*

*Bacillus*속의 대표종이다. 세포는 주모성의 그람양성이며 건초, 토양 및 각종 발효물질 중에 많이 존재한다. 밥과 빵 등의 부패균이다. 이 균은 85~90℃의 고온액화효소인 α-amylase(액화형)와 protease를 생성하는 균주로 유명하며 subtilin, subtenolin 및 bacillomycin 등의 항생물질을 생산하는 균주도 존재한다. *Bac. natto*와 형태는 같으나 biotin의 요구성은 없다.

❷ *Bacillus natto*

Biotin의 요구성을 갖고 있는 균주로서 마른 풀 등에서 생육하며 청국장 제조에 이용되는 납두균이다. 생육적온은 42℃로 비교적 높고 삶은 콩에 잘 번식하고 백색의 끈끈한 점질물을 만드는 균으로 독특한 향기를 내며 실을 길게 내는 것도 있다. 이때 강력한 amylase와 protease를 분비하여 콩단백질의 일부가 분해되어 가용성 질소화합물이 생겨 소화성을 높게 한다.

❸ *Bacillus stearothermophilus*, *Bacillus coagulans* 및 *Bacillus circulans*

고온에서 생육하며 내열성이 강한 포자를 형성한다. 병조림식품 및 포장가열식품의 부패균으로 대두된다. 특히 *Bac. coagulans*는 어육 소시지에 반점 모양으로 번식하면서 부패를 일으키며 통조림의 flat sour 현상의 원인이 되며 가열 포장식품의 부패균으로 주목된다. *Bac. circulans*는 통성혐기성이며 전분질 식품이나 어육, 소시지, 생선묵, 연유 등에서 검출되며 *Bac. stearothermophilus*는 생육적온이 50~65℃가 되는 고온균으로 포자의 내열성이 *Bac. subtills*보다 강하여 통조림의 flat sour 현상에 관여하는 균이다.

(2) *Clostridium*속

포자를 형성하며 그람양성 편성혐기성 간균으로 catalase 음성이다. 포자는 세포의 중앙이나 말단에 생기고 보통 포자낭이 그 부위에서 부풀어 오른다. 단백질을 분해하여 부패시키는 것과 탄수화물을 발효하여 낙산(butyric acid), 초산, CO_2, H_2, 알코올과 아세톤을 생산하는 두 가지로 나뉜다. 육류나 생선에서 비롯되는 균은 단백질의 분해력이 강해서 부패와 식중독을 일으키는 것이 많다. 과실이나 채소의 변질은 당분해성에 의한 것이 많다.

이 속은 토양 중에 많이 분포하며 먼지와 함께 동물, 생선, 채소, 과일 등에 묻고 2차 오염으로 식품에 혼입된다. 식품 중에 번식하게 되면 악취나 낙산취가 나며 식품의 팽창이 심하게 일어난다.

❶ *Clostridium butylicum*

당류를 발효하여 낙산을 생성하는 낙산균(butyric acid bacteria)의 일종으로 치즈, 단무지 등에도 분리되고 운동성이 있으며 방추형의 포자를 형성할 수 있고 생육적온이 35℃이다. *Cl. butylicum*과 유사한 낙산균의 일종인 *Cl. saccharobutylicum*이 있다.

❷ *Clostridium acetobutylicum*

옥수수나 감자와 같은 전분 및 당류를 발효하여 acetone, butanol, ethanol, butyric acid, acetic acid, CO_2, H_2 등을 만들므로 acetone-butanol균이라 한다. 생육적온은 35~37℃이다. 곡류, 감자 및 토양에 일반적으로 분포한다.

❸ *Clostridium saccharoacetobutylicum*

설탕이나 포도당과 같은 당질원료를 발효하는 acetone-butanol균의 일종이다.

❹ *Clostridium botulinum*

식중독을 일으키는 균으로 내열성이 강하여 통조림 살균 후에도 살아 남는 경우가 있어 문제시되는 식중독 세균이다. A, B, C, D, E, F, G의 7가지 종류 중에서 A, B, E, F형이 식중독을 일으킨다. 육류를 암갈색으로 변질시키며 독소인 botulin을 생성하여 악취를 낸다.

❺ *Clostridium sporogenes*

혐기적 조건하에서 육류를 부패시키며 내열성이 강한 포자를 만들어 통조림의 부패에 관여하는 부패균이다.

❻ *Clostridium welchii*

감염성 식중독균으로 서구에서 자주 발생하며 웰치균 식중독으로 알려져 있다. 식중독의 주된 원인 식품은 육류와 그 가공품, 어패류와 그 가공품이다.

5) 부패균(puterefactive bacteria)

주로 단백질을 분해하여 식품 고유의 맛, 냄새, 색, 광택, 탄력의 상실 그리고 부패생성물의 형성에 관여하는 세균들을 총칭하여 부패세균이라 하며 다음과 같은 균들이 잘 알려진 부패균이다.

(1) 대장균형 세균(coliform bacteria)

대장균군이란 사람이나 동물의 장내에 서식하면서 장내 세균의 무리를 형성하고 있는 Enterbacteriaceae과에 속하는 *Escherichia coli*(대장균), *Enterobacter aerogenes* 등의 세균들로서 그람음성, 무포자, 호기성 또는 통성혐기성 간균으로 주모(peritrichous flagella)를 갖고 있으며 다른 세균과는 달리 젖당(lactose)을 분해하여 CO_2와 H_2 등의 가스를 발생하는 특성이 있다. 이러한 성질을 이용하여 대장균검사를 한다. *E. coli*균은 장관 내에서 비타민 K를 생합성 함으로써 영양적으로 기여하고 통성혐기성으로 대장 내의 산소를 소비하여 혐기적으로 만드는 데 도움을 주며 그람염색에서는 그람음성균의 표준으로 사용된다. 식품에서 대장균이 검출되었다는 것은 그 식품이 사람 및 동물의 대변에 오염되었을 가능성을 나타낸다. 식품위생상 대장균 검사는 장내에 서식하는 이질균, 장티푸스균, 살모넬라 식중독균 등의 병원성 세균에 의해 오염되어 있을 위험성에 대한 지표로서 음식물 및 음료수 등의 위생검사 지표로 이용된다. 특히 우유, 아이스크림, 빙과류, 어패류 등에 대한 대장균 검사는 필수적이다.

(2) Pseudomonas속

Pseudomonas속들은 그람음성 무포자 극편모가 있는 간균으로 흔히 형광성인 수용성 색소를 생성하는 특성이 있으며 담수, 해수, 토양 등에 널리 분포하는 동식물의 병원균, 어패류의 부패균인 것이 많다. *Pseudomonas*속 세균들은 증식속도가 빠르고 대부분이 낮은 온도(최적온도 20℃ 이하)에서 잘 자라는 호냉균(psychrophile)이며 단백질 및 유지에 대한 분해력이 강하다. 또한 부패생성물로서 암모니아 등의 생성량이 많으며 방부제에 대한 강한 저항성을 나타낸다. 43℃ 이상에서는 거의 생육하지 않으며 가열에 의해서 쉽게 사멸된다. 건조에 대해서도 약하다. 반면에 탄화수소(hydrocarbon)와 방향족화합물을 분해하므로 공업폐수의 처리, 탄화수소 자화성균으로의 이용이 양호하게 되고 있다.

❶ *Pseudomonas fluorescens*

호냉성(psychrophilic) 부패균으로 녹색 형광을 내며 겨울철에 살균하지 않은 생유(raw milk)에 발생하면 우유에 쓴 맛을 발생한다.

❷ *Pseudomonas aeruginosa*

녹농균(綠膿菌)이라 하며 상처의 화농부위에 청색색소인 pyocyanin을 생성하고, 식품을 부패시키고, 우유에 번식하면 우유를 청색으로 변화시킨다.

(3) *Proteus*속

*Salmonella*속, *Shigella*속과 함께 병원성 장내세균인 *Proteus*속은 그람음성간균으로 주모성 편모를 가져 활발한 운동성을 갖는 중온균(mesophile)이며, 자연계에 널리 분포한다. 단백질 분해력이 강하여 단백질을 분해하는데, 이때 암모니아와 아민을 생성한다. 식중독의 원인균이며 대표적인 호기성부패균이다. 어패류, 수산연제품에 많고 고기, 계란의 변패에도 관여한다.

❶ *Pro. vulgaris*

단백질 분해력이 강하여 심한 부패취를 생성하고, 우유를 산패시켜 불쾌한 냄새를 생성한다. 또한 설탕을 분해하여 산과 가스를 생성하며 발효식품의 변패에도 관여한다. 생육소(growth factor)로서 nicotinic acid를 요구한다.

❷ *Pro. morganii*(= *Morganella maganii*)

Histidine을 환원시켜 histamine을 생성하며 allergy성 식중독의 원인균이다.

(4) Serratia속

그람음성 단간균, 호기성의 주모를 갖는 운동성 세균으로 적색색소인 prodigiosin을 생성하며, 토양, 하수, 우유, 수산물 등에서 분리되고, 식품의 표면에 적변을 일으킨다. 대표균인 *Serratia marcescens*는 단백질 분해력이 강하여 식품에 심한 부패취가 나게 하며, 생선묵과 우유를 적변시킨다.

(5) *Micrococcus*속

*Micrococcus*속은 그람양성, 호기성, catalase 양성인 구균으로서 자연계에 널리 분포하고 황색 그리고 적색 색소를 생성하는 경우도 있다. 내염성, 내열성이 강하고 많은 균종이 당류를 발효하여 산을 생성하며 점질물(slime)을 형성한다. 식빵에 번식하여 분홍빛으로 변색시키는 *M. roseus*가 대표적인 균이다.

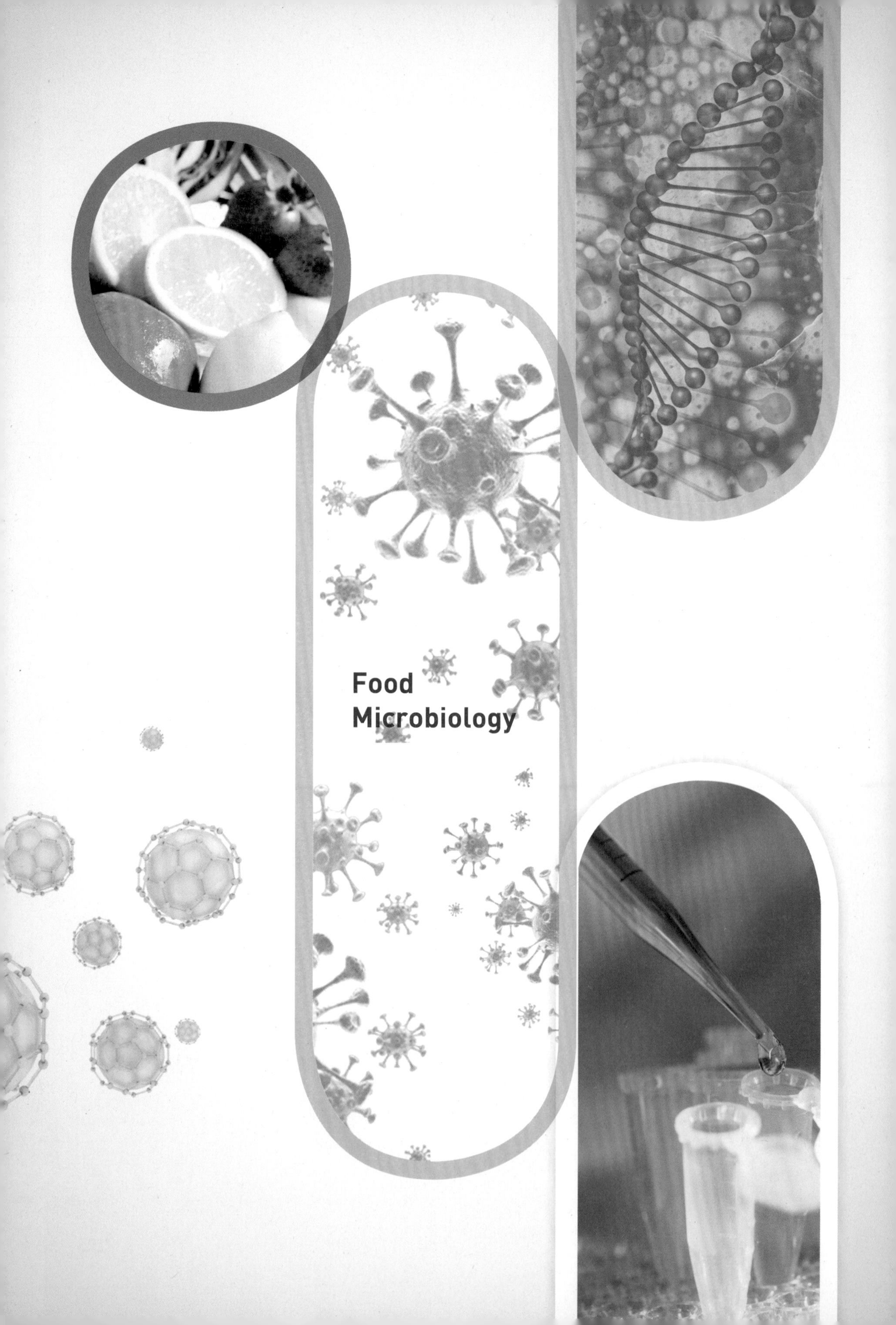
Food
Microbiology

CHAPTER

07

방선균

1 방선균의 형태

1) 방선균의 개념

방선균은 세균과 곰팡이의 중간적인 성질을 가지는 미생물로 원시핵 세포를 가지는 하등미생물이며 형태적 분화의 정도가 높고 통성혐기성의 비운동성이며 균사상(filamentous)의 세균이다. 세포벽의 주된 구성성분은 mucor복합체로 그람양성균과 유사하며 균사의 지름은 0.3~1μm 정도로 곰팡이보다 훨씬 작다. 일반 세균과 비슷한 형태를 한 방선균이 연속적으로 연결되어 존재한다. 반면 세포가 곰팡이의 균사처럼 실 모양으로 연결되어 발육, 분지하며 그 끝에 여러 모양의 포자낭과 분생포자 등을 형성하는 점은 곰팡이와 비슷하다. 생육 후기에 균사가 끊어져 보통 세균과 같이 되는 것도 있고 곰팡이와 비슷한 모양을 하는 것도 있다. 전형적인 세균과 방선균의 사이에는 형태상 많은 중간형의 세균이 있어 세균과 방선균을 명확하게 구분하기 어려워 세균 분류에서도 가장 어려운 그룹이다.

대부분의 방선균은 토양에서 서식하며 토양 속의 유기물을 분해하여 무기물로 변화시키는 중요한 역할을 한다. 토양 중에는 약 104~106/g 정도로 존재하고 토양에서 분리된 총 미생물 수의 10~40%가 방선균이며 흙냄새의 원인이 된다. 일반적으로 방선균은 식품과 관련성이 적으며 1943년 S. A. Waksman에 의하여 streptomycin이 발견한 이래 각종 항생물질이 방선균에서 발견되어 항생물질 생산균으로 유용하게 이용되고 있는데 이 항생물질은 포자형성과정에서 만들어진다. 그리고 항생물질 이외에 비타민 B_{12}와 protease 등의 생산에도 중요한 역할을 한다. 또한 식물의 뿌리에 기생하면서 식물에 병해를 일으키는 것과 동물병원균 등도 있다.

2) 방선균의 형태

방선균의 균사는 영양균사(vegetative mycelium)와 기균사(aerial mycelium)가 있다. 이들 균사는 속(屬)의 특징에 따라 연쇄상으로 되거나 단독으로 분생포자(conidia spore) 또는 포자낭(sporangium)을 형성한다. 영양균사는 증식후기에 균사가 단열(斷裂: fragmentation)되어 구균이나 간균과 같은 세포로 되는 *Nocardia*형과 단열하지 않고 전 생애를 통해 균사형을 유지하는 *Streptomyces*형이 있다[그림 7-1].

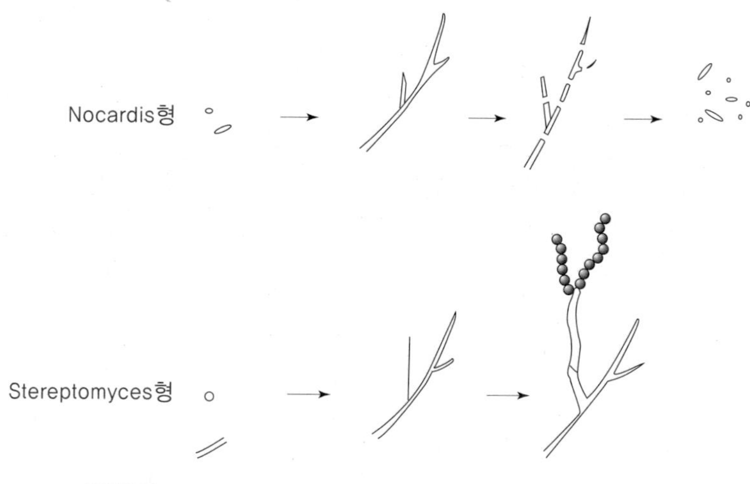

그림 7-1 *Nocardia*형과 *Streptomyces*형 영양균사의 특징

기균사의 끝은 성숙되면 연쇄상으로 잘라져 많은 외생포자를 만들어 증식한다. 포자형성사(胞子形成絲; sporulating hyphae)의 모양은 직선상(straight), 파상(flexous), 속상(tuft), 나선상(spiral), 윤생상(whorls) 등이 있다[그림 7-2]. 포자는 구형, 난형, 원통형 등과 같은 것이 많고 *Streptomyces*속의 포자는 전자현미경으로 살펴보면 그 표면이 평평한 것, 혹 모양의 것, 가시 돋친 것, 모발상(毛髮狀) 또는 돌기가 있는 것 등이 있다[그림 7-3].

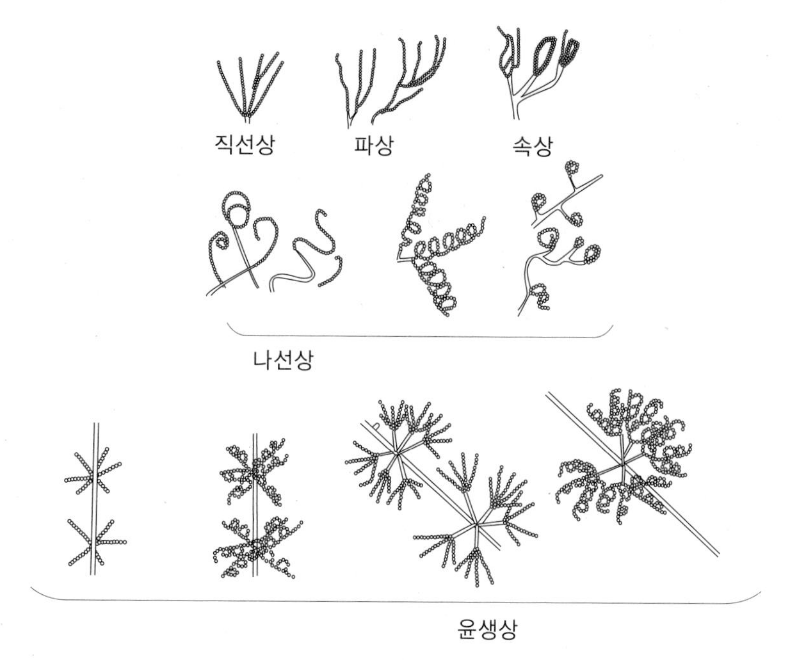

그림 7-2 *Streptomyces*속 기균사의 형태

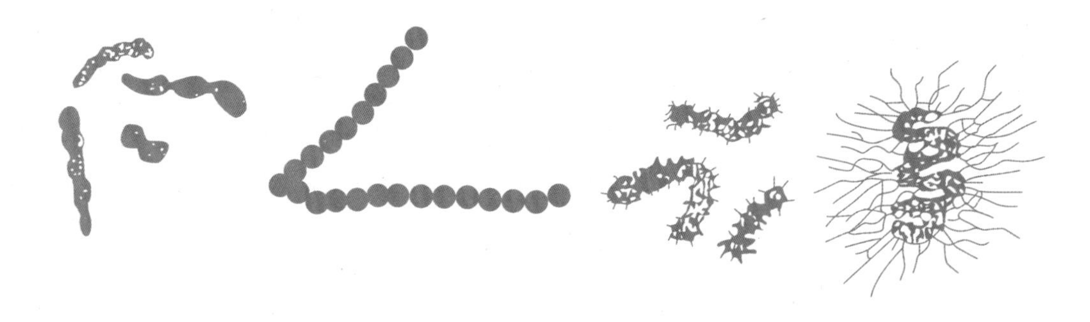

그림 7-3 *Streptomyces*속 포자의 표면상태

② 방선균의 분류

1) 방선균의 분류

Bergey's manual 제8판(1974년)에 따르면 방사선균은 세균문(門) 중 방사상균의 Actinomycetales(방사상선균목)에 속하며, Actinomycetaceae를 포함하여 8과(科)로 분류되는데 일반적으로는 이들 중 Mycobacteriaceae과나 Actinomycetaceae과의 *Bifidobacterium*속 등을 제외한 것을 방사선균이라고 한다.

Cummins와 Harris 등은 세균 세포벽의 아미노산 조성의 차이가 속(屬)의 구별에, 당조성의 차이는 속 중의 종(種)을 식별하는 데 적당하다고 하였다.

최근 미생물 분류에 새로운 방법으로 세포벽조성(細胞壁組成)과 DNA염기조성을 비교 분석한 뒤 분류하는 방법이 있다. 즉 균체를 파괴하고 원심분리한 뒤 세포벽을 취하여 가수분해한 후 이것을 종이 크로마토그래피(paper chromatography)를 하여 spot의 유무, 농염 등으로 각 성분의 존재를 비교하거나 또는 정량적으로 각 성분의 존재 mole비를 구한 다음 분류한다.

3 중요한 방선균

1) 중요한 방선균의 종류와 용도

(1) *Streptomyces*속

토양에서 쉽게 분리되는 항생물질 생성균으로 많은 균종이 있으며 *Actinomyces*속 및 *Nocardia*속과는 달리 기균사를 만든다. 호기성이며 성숙되면 잘려서 연쇄상의 분생포자를 착생한다. 생육적온은 대부분 25~30℃ 범위이고 최적 pH는 8~9이며 5 이하에서는 증식을 중지한다. 모양은 [그림 7-2]와 같이 직선상, 굴곡상, 다발상, 나선상, 윤생상 등 다양하고 포자는 구형(0.3~0.8μm), 난형 또는 원통형(0.8~1.0 0.7μm)을 나타내며 그 표면은 평활한 것, 돌기 또는 가시 모양의 것 등이 있는데 이들은 분류에 있어서 중요한 기준이 되고 있다. 1943년 Waksman이 *Streptomyces griseus*으로부터 streptomycin을 발견한 이래 많은 항생물질이 이 속(屬)으로부터 발견되어 항생물질 생산균으로 중요시되고 있다. 식품에 번식하면 흙냄새를 내는데 달걀을 싸놓은 볏짚에 이 균이 증식하면 달걀에서 흙냄새가 나고 또한 수중의 흙에 이 균이 많이 증식하면 물고기에 흙냄새가 난다. 또 육류나 생유에서 나는 흙냄새 등은 *Streptomyces*속에서 유래한다. 방선균이 생산하는 항생물질 중 중요한 것은 이 속에 속하는 것이 많다[표 7-1].

표 7-1 방선균과 항생물질

균주	항생물질
Streptomyces griseus	streptomycin, cycloheximide
Streptomyces aureofaciens	aureomycin
Streptomyces venezuelae	chloramphenicol
Streptomyces rimosus	teramycin
Streptomyces kanamyceticus	kanamycin
Streptomyces hachijoensis	trichomycin
Streptomyces kasugensis	kasugamycin
Streptomyces antibioticus	actinomycin
Micromonospora echinospora	gentamycin
Streptomyces fradiae	neomycin
Streptomyces erythreus	erythromycin
Streptomyces noursei	nystatin
Streptomyces rimosus	oxyteracycline

❶ *Streptomyces griseus*

배지상에서 무색으로 발육하며 기균사는 담황녹색(淡黃綠色)이다. 젤라틴 등의 단백질을 분해하는 힘이 강하다. 1943년 Waksman은 이 균에서 항생제 streptomycin을 발견하였다.

❷ *Streptomyces aureofaciens*

항생제 aureomycin을 생산하는 균으로 분생포자는 나선형으로 사슬을 이루고 배지 중에서 황색 색소를 생산한다.

(2) *Actinomyces*속

균사체는 분기되며 엉킨 상태의 균사체는 쉽게 끊어져서 간상 및 구상으로 되고 포자는 형성하지 않는다. *Actinomyces bovis*와 *Actinomyces israelii*는 각각 소 및 사람의 방선균병(放線菌病, actinomycosis)의 원인이 되는데 *A. israelii*는 건강한 치아, 인두점막, 편도선 등에서 분리되며 감염되면 초기에 얼굴, 목, 혀, 사람의 구하악골, 폐에 감염되어 농양 및 농흉을 유발한다.

(3) *Nocardia*속

그람양성으로 간균, 구균 및 사상형으로 균체 내에 색소를 띤 과립(mycelialgranule)을 함유하며 체내에 감염되면 피부진균증, 폐결핵양 증상, 복막염, 수막염 및 뇌종양 등과 같은 다양한 발증을 일으킨다. 호기성이며 토양 중에 넓게 분포하고 *N. asteroides* 및 *N. brasiliensis*가 대표적인 균으로 병원균이다.

CHAPTER

08

박테리오 파지

1. 바이러스와 파지
2. 파지의 구조
3. 파지의 생활사
4. 파지의 종류
5. 파지의 대책

1 바이러스와 파지

바이러스(virus)란 원래 라틴어로 독액(poisonous fluid)이란 뜻이며 병의 모든 원인인자를 나타내는 말이다. 바이러스는 동식물의 세포나 세균세포에 기생하여 증식하며 광학현미경으로는 볼 수 없는 직경 0.5μm 정도의 대단히 작은 초여과성(超濾過性) 미생물이다.

따라서 전자현미경에 의한 직접관찰 또는 병의 증상이나 용균반(溶菌班, plague) 등에 의한 간접적인 방법으로 존재를 알 수 있다.

바이러스의 존재는 1892년 러시아의 과학자 D. J. Iwanowski가 담배모자이크병(tobaco mosaic virus, TMV)에 걸린 담뱃잎의 추출액을 세균이 통과되지 않는 미세한 여과기에 여과한 후 이 여과액을 새로운 담뱃잎에 묻혀본 결과 여전히 감염성을 나타낸다는 사실을 통해 처음 보고하였다.

그러나 이 시기 Iwanoski는 이것을 세균의 독소라고 생각했으며 그 후에 다른 연구자들에 의해 세균 여과기를 통과하면서도 현미경으로는 관찰되지 않는 어떠한 생물보다도 작은 병원체에 의해 담배모자이크병뿐만 아니라 동식물의 질병이 발생한다는 것을 알게 되었고 이들이 현재 바이러스로 불리고 있다.

바이러스는 독자적인 대사기능은 거의 없고 반드시 살아있는 세포 내에서만 기생한다. 또 어떤 바이러스는 일반 고분자와 같이 결정화하지만 숙주세포에 감염할 수 있고 시험관 내에서 자기증식을 할 수 있는 점이 일반고분자물질과 전혀 다르다. 이와 같은 특성으로 볼 때 생물과 무생물의 중간적인 존재라고 본다. 그러나 바이러스는 자기증식성, 병원성, 유전성으로 보아 생물임에는 틀림없다.

바이러스는 모양, 크기, 화학적 조성 등에 따라 여러 가지로 분류할 수 있으며 또한 동물, 식물, 미생물 등의 세포에 기생한다. 그중에서 세균에 기생하는 바이러스를 박테리오파지(bacteriophage) 또는 간단히 파지(phage)라고 부른다.

파지의 크기는 20nm(대장균 F_2 phage)에서 230~300nm(천연두 virus)로 세균의 약 1/10 정도이고 용적은 세균의 약 1/1000 정도이다. 파지에는 독성(毒性)파지(virulent phage)와 용원(溶原)파지(temperate phage)의 두 종류가 있다.

독성파지는 파지가 가지는 유전정보와 세포가 가지는 대사기능을 이용해 파지의 증식에 필요한 단백질과 핵산을 합성하여 새끼파지입자를 만든 다음 숙주세균을 용균하고 세포 밖으로 유리파지를 방출하는 것이다.

용원파지는 유전정보가 세균의 염색체로 조립되거나 또는 공존상태가 되어 세포를 파괴하지 않고 세포의 일부가 되어 세포의 증식과 함께 늘어나는 파지다.

세균과 파지는 서로 특이적이어서 하나의 파지가 여러 종류의 세균에는 침입하지 않고 특정한 세균에만 침입한다. 이와 같이 한 가지 세균에만 감염하는 파지의 성질을 숙주(宿主, host)특이성이라 하며 이러한 현상의 원인은 여러 가지가 있으나 큰 원인은 파지에 부착하는 파지 표층부위(receptor)의 특이성이 높기 때문이다.

② 파지의 구조

바이러스는 매우 작아서 보통의 광학현미경으로는 관찰이 불가능하였다. 그러나 전자현미경의 발달로 미세한 구조까지 밝히게 되었다.

바이러스의 형태는 다면체, 섬유상, 다면체의 머리부분에 꼬리부분이 연결된 것 등 다양하다.

크기가 작을 뿐만 아니라 일반미생물과는 전혀 다른 구조를 가지고 있다. 즉 일반 미생물이 DNA와 RNA를 모두 가지는 데 반해서 바이러스는 이들 중 어느 한쪽의 핵산과 그것을 싸고 있는 단백질, 즉 단백질외각(蛋白質外殼, capsid)을 가지고 있다. 외각단백질은 작은 조각(subunit)으로 되어 있는데 이것을 캡소미어(capsomere)라 한다.

박테리오파지는 DNA를 가지고 있으며 모양은 6가지로 꼬리가 없는 것과 있는 것으로 나누는데 꼬리가 있는 파지는 두 줄 사슬 DNA를 가지며 꼬리가 없는 파지는 한 줄 사슬 DNA를 가진다[**표 8-1**].

①, ② 및 ③형은 전형적인 박테리오파지의 모양으로 식물과 동물의 바이러스에서는 볼 수 없으며 ④ 및 ⑤형은 식물과 동물의 바이러스에서 흔히 볼 수 있고 ⑥형은 섬유상으로 일부 식물에서 볼 수 있다.

파지는 바이러스 중에서도 특이하여 전체적인 형태는 마치 올챙이처럼 생겼으며 머리부분(head), 꼬리부분(tail), 6개의 spike와 그 기본부분(base) 및 꼬리섬유부분(tail fiber)으로 구성되어 있다.

파지 중에서 구조가 가장 잘 연구되어 알려진 것은 대장균의 T 우수계열 파지인 T_2, T_4, T_6으로서 기본구조는 [**그림 8-1**]과 같다.

표 8-1 박테리오파지 DNA를 가지고 있는 모양

번호	특성	숙주	
		E. coil	기타 세균
①	비신축성의 긴 꼬리 두 줄 사슬 DNA	T_1, T_5 lambda	*Pseudomonas*: PB-2 *Corynebacterium*: B *Sereptomyces*: KI
②	신축성의 꼬리 두 줄 사슬 DNA	T_2, T_4, T_6	*Pseudomonas*: 12S, PB-1 *Bacillus*: SP50 *Myxococcus*: MX-1 *Salmonella*: 66t
③	비신축성의 짧은 꼬리 두 줄 사슬 DNA	T_3, T_7	*Pseudomonas*: 12B *Agrobacterium*: PR-1, 001 *Bacillus*: GA/1 *Salmonella*: P22
④	큰 캡소미어(capsomere) 한 줄 사슬 DNA	ψX174	*Salmonella*: ψR
⑤	작은 캡소미어(capsomere) 한 줄 사슬 DNA	f2, MS2, QB	*Pseudomonas*: 7s, PP7 *Caulobacter*
⑥	섬유 모양 한 줄 사슬 DNA	fd, f1, M-13	*Pseudomonas*

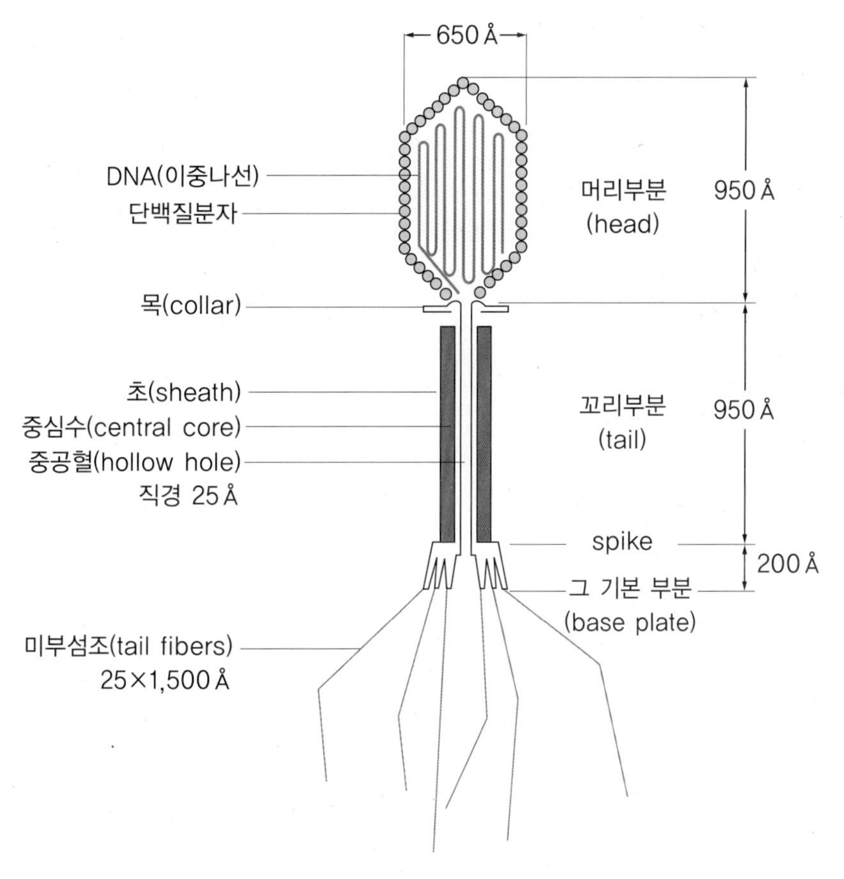

그림 8-1 T_2 박테리오파지의 미세구조

전형적인 대장균 파지(T_2 phage)의 머리부분 외곽은 capsid라 불리는 단백질로 싸여 있으며 그 속에는 유전정보원(遺傳情報源)이 되는 DNA만 들어 있고 그 밖의 성분은 거의 없다. 그리고 꼬리부분의 칼집모양을 한 껍질인 초(稍, sheath)에는 단백질이 나선형으로 배열되어 있고 그 내부의 중심수(中心髓, centralcore)는 속이 비어 있다. 선단의 갈고리 모양을 한 spike는 파지가 숙주세균에 기생할 때 세균의 표면에 몸을 고정시키는 장치이며 꼬리섬유부분도 숙주표면에 부착하는 장치다.

파지는 숙주세균에 부착함과 동시에 수축성 단백질로 되어 있는 꼬리부분의 초를 수축하여 안쪽의 관을 숙주세균의 세포 속으로 주사바늘 꽂듯이 깊이 삽입한다. 이때 효소를 분비하여 숙주세균의 세포벽과 세포막에 구멍을 만들고 이를 통해 머리부분에 들어 있는 DNA를 숙주세균의 세포 안으로 주입시킨다. 이렇게 하여 들어온 DNA에 의해 m-RNA가 만들어지고 이 m-RNA에 의해 바이러스 DNA복제에 필요한 중합효소(polymerase), 단백질각(capsid) 그리고 기타 단백질 등의 합성(숙주 리보솜)에 의해 바이러스로 조립되고 결국 숙주세포는 lysozyme에 의해 용해되어 새로운 바이러스 입자가 방출된다.

파지의 화학조성은 종류에 따라 다른데 건물량의 40~50%의 핵산(DNA)과 나머지 대부분은 단백질로 구성되어 있다.

파지 자체는 단백질로 되어 있으므로 열에 약하다. 즉 60~75℃에서 30분 정도로 가열 처리하면 변성하여 활성을 잃게 된다. 그러나 소독약품에 대한 저항력은 일반세균보다 훨씬 강하여 약품에 의한 살균은 효과가 없고 항생물질에 대해서도 저항성을 보인다.

3 파지의 생활사

일반적으로 파지의 증식에 대해서 많이 연구된 *E. coli*를 숙주로 하는 virulent T 짝수계 파지의 생활사는 [그림 8-2]와 같다. 보통의 바이러스인 유리 파지의 꼬리부분의 끝이 감수성 세균의 세포벽에 흡착하고(A) 세포질 또는 핵 내로 DNA가 들어가면 단백질로 된 파지의 껍질은 세균의 표면에 남게 된다(B).

독성파지에서는 세포질에 들어간 파지 DNA에 의해 파지의 m-RNA가 합성된다. 이 m-RNA의 유전정보에 의해 새로운 효소가 합성되고 이 효소와 숙주세균의 대사계에 의해 단위성분합성에 필요한 파지 DNA와 단백질을 합성한다(C, D).

배양후기에 합성된 DNA, 단백질 및 효소를 이용하여 원래의 파지입자와 동일한 새로운 파지를 형성한다(E). 그리고 새로운 바이러스들이 완성되면 바이러스 효소의 작용에 의하여 세포벽은 파열되고 성숙한 파지들은 외계로 방출된다. 외계로 방출된 파지들은 또 다른 세균세포에 기생하는 [그림 8-2]와 같은 생활환을 반복하게 된다.

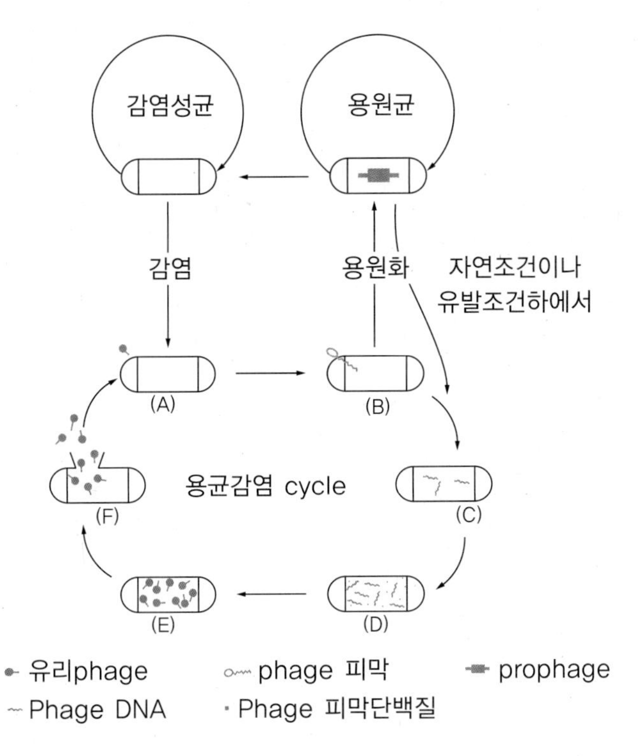

(A): 세균세포벽에 유리파지 흡착
(B): Phage DNA 세포 내 주입
(C): Phage DNA 합성
(D): Phage 피막단백질 합성
(E): DNA 및 단백질을 접합하여 파지 형성, lysozyme 합성 시작
(F): Lysozyme의 작용으로 세포 파괴, 파지 방출

그림 8-2 박테리오파지의 생활사

적당한 실험조건으로 이 순환을 1회만 실행하는 1단증식실험(一段增殖實驗, one-step growth experiment)을 하면 파지 감염 후의 시간과 감염된 세균 1개당 생긴 용균반점 수와의 사이에서 관계를 얻을 수 있다[그림 8-3]. 이 증식곡선을 보면 일정한 시간 후 용균반점의 수가 급격히 증가하는 것을 알 수 있는데 이것은 숙주세포가 용해하여 유리파지를 방출시켰기 때문이다. 그리고 한 사이클에 소요되는 시간은 15~60분 정도이며 1개 세포가 용균되어 방출되는 유리파지의 수(burst size)는 일반적으로 수십에서 수백 정도이다.

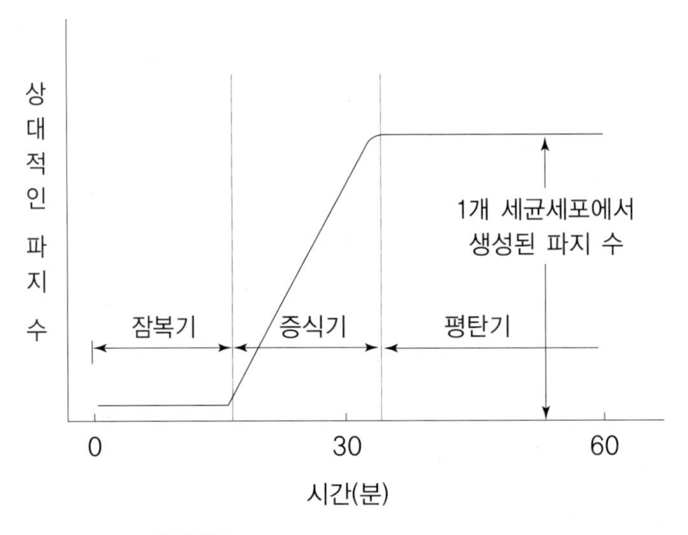

그림 8-3 박테리오파지의 1단 증식곡선

이와는 달리 약독(弱毒)파지의 경우 세균세포 속으로 들어온 prophage의 DNA가 새로운 DNA나 구조단백질을 합성하지 않고 숙주세균 세포의 염색체에 부착하여 염색체의 일부로 되며 세균의 증식에 따라 분열한 세균세포로 유전된다. 성숙된 파지의 입자를 만들 수 있는 잠재력을 가진 감염세포를 용원화(lysogenic) 상태에 있다고 한다.

용원화된 세포에 존재하는 파지를 prophage라고 하며 prophage를 갖고 있는 세균을 용원균(溶原菌, lysogenic strain)이라고 한다.

용원균은 자연적으로나 외부자극(자외선, 화학물질 등)에 의해 세균과 파지 간의 평형관계가 깨져서 독성 파지로 바뀔 수 있다[그림 8-4].

일반적으로 용원균의 경우 $1/10^5$의 비율로 prophage DNA와 세균세포 염색체의 DNA 간에 유전적 변이가 일어나서 prophage의 유전형질이 숙주세균에 도입되는 수가 있다. 이러한 현상을 형질도입(形質導入, transduction)이라고 한다.

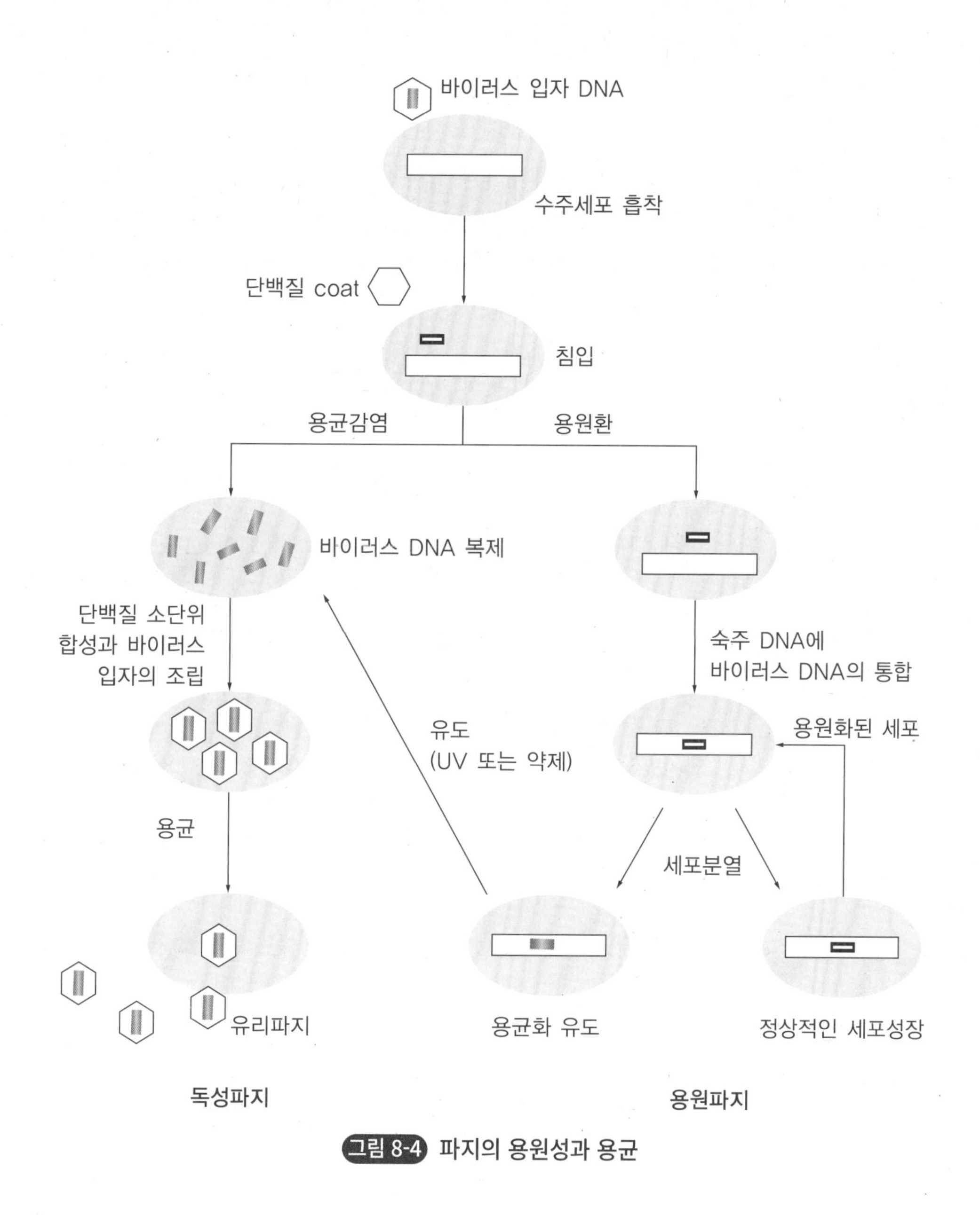

그림 8-4 파지의 용원성과 용균

4 파지의 종류

과거 한때 바이러스를 숙주에 근거하거나 또는 동물병원성 바이러스인 경우 감염되는 조직이나 장기에 따라, 또한 병에 근거하여 분류하기도 하였다. 그러나 이러한 분류는 생물학적으로 연관성이 없는 종류가 같은 계열에 분류되는 모순이 있었다. 따라서 바이러스의 분류도 다른 미생물과 마찬가지로 생물학적 특성을 상호 비교하여 그 유연관계에 따라 분류하는 것이 옳으나 아직 정확한 분류체계를 확립하지 못하였다.

1962년 Lwoff와 동료연구자들이 주장하여 일반적으로 사용되고 있는 바이러스의 분류는 비리온(virion, 세포 외에 있는 바이러스 입자)의 성질 즉 핵산의 종류(DNA 또는 RNA), 단백질각의 배열상태(정십이면체형, 나선형), 피막(皮膜, envelope)의 유무, 단백질각의 크기, 숙주세균, 파지와 숙주의 상호관계, 그 밖에 감염증의 증세, 적혈구, 응집성, 항원성 등에 의해 분류하는 법이다.

그러나 이러한 분류는 바이러스 상호 간의 진화적인 관계를 나타내는 것이 아니고 화학적, 구조적인 특징에 근거를 두고 있다.

대장균을 숙주로 하는 박테리오파지는 1930년대에 연구가 많이 되었으나 전혀 다른 별개의 파지를 사용하면 서로 비교가 되지 않으므로 당시 분리된 7종류의 파지를 T_1, T_2, … T_7같이 명명하고 이들을 많이 연구했다. 현재는 T계 파지 이외에 많은 종류의 파지가 알려져 있는데, T계 파지 외에 λ, ψ80, $\psi\times$174, S13, fd, $Q\beta$ 등이 있다.

5 파지의 대책

파지는 동식물의 질병의 원인이 될 뿐만 아니라 발효생산에 많은 피해를 준다. 즉 acetone, butanol, amylase, glutamic acid, 요구르트, 치즈, 항생물질, 핵산관련물질 등의 발효생산에 이용하는 세균 및 방선균에 발생하여 발효균의 용균, 증식저지 또는 발효생산물의 생산정지 등 여러 가지 문제를 야기한다.

발효조에 파지가 침입하면 발효미생물의 당 소비와 가스발생이 급격히 떨어지고 세균의 증식에 의하여 혼탁하게 되어야 할 발효액이 반대로 투명하게 되거나 발효가 지연 또는 중단된다. 따라서 이와 같은 현상으로 파지의 침입 여부를 쉽게 알 수 있고 또한 발효 상등액을 한천평판배지에 배양하면 투명한 용균반점(plaque)을 형성하므로 알 수 있다.

발효공업에 있어서 파지 오염 방지대책으로는 다음과 같다.

첫째, 공장 주변 및 실내를 청결히 한다.

둘째, 철저한 살균이다. 사용설비 및 기구 등을 가열하거나 약제를 사용하여 살균을 철저히 한다.

셋째, 파지의 조기발견이다. 즉 식품공장의 공기에 대해 수시로 파지의 유무를 검사하여 파지를 조기 발견한다.

넷째, 연속교체법(rotation system)을 이용한다. 즉, 파지에 대해 감수성이 다른 생산균주를 미리 몇 가지 선정해두고 2종 이상의 균을 조합시켜 계열(系列)을 만들어서 바꾸어 사용한다. 요구르트나 치즈 제조 시 starter를 이러한 방법으로 사용한다. 실제로 가장 유용한 파지 대책이다.

다섯째, 항생물질을 이용한다. 즉 chloramphenicol, streptomycin 등의 항생물질에 대해서 저농도에도 견디고 정상발효를 할 수 있는 내성균주(耐性菌株)를 사용하여 발효를 한다. 예를 들면 *Clostridium*속의 균을 이용하여 butanol 발효를 할 경우 배지에 chloramphenicol을 1mg/l의 농도로 첨가하면 파지의 증식을 완전히 저지할 수 있다[표 8-2].

표 8-2 식품에 관련된 박테리오 파지

숙 주 균	식품의 종류	발견연도
Streptococcus cremoris	치즈	1935
Streptococcus lactis	치즈, 겨자에 넣은 침채류	1935
Streptococcus thermophilus	치즈	1935
Lactobacillus acidophilus	요구르트	1957
Lactobacillus brevis	청주, 채소	1955
Lactobacillus plantarum	침채류	1950
Leuconostoc mesenteroides	청주효모, dextran	1947
Bacillus natto	natto	1966
Bacillus subtilis	세균 amylase	1955
Brevibacterium lactofermentus	L-glutamic acid 발효	1961

바이러스에 의한 질병은 대단히 많으며 감염방법, 발병경위 등에 따라서 다르다. 바이러스에 의한 질병 치료는 특효약이 없으므로 백신이나 항혈청에 의한 예방접종에 중점을 두며 발병 후에는 대중요법과 합병증의 예방이 최선의 방법이다.

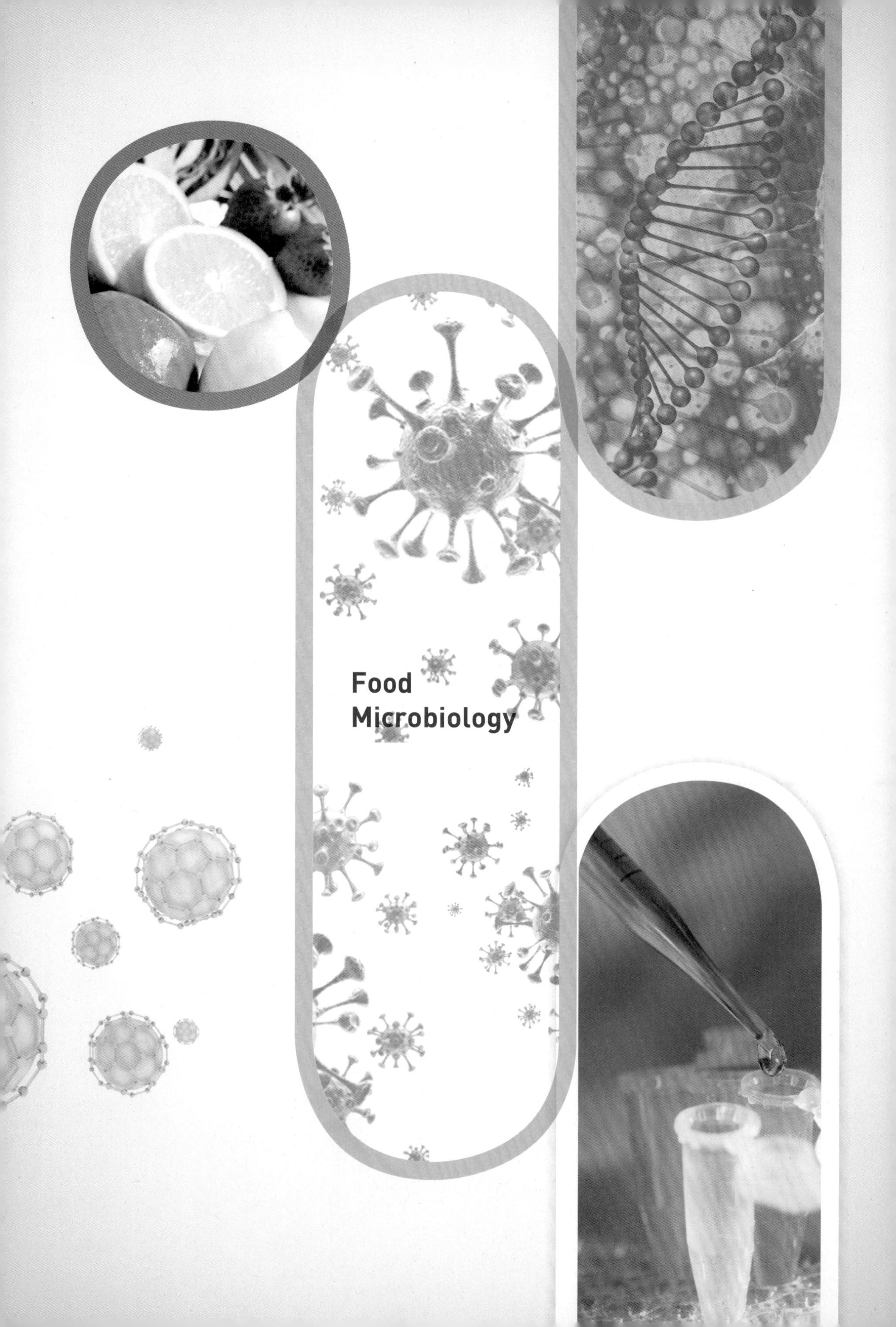
Food
Microbiology

CHAPTER

09

조류

조류(algae)는 분류학상의 용어가 아니고 습관적으로 사용되는 말이며 남조류를 제외한 조류는 고등미생물에 속한다. 광의로는 수중에서 생육하며 탄소동화색소를 가지고 독립영양생활을 하는 하등식물을 총칭한다. 연두벌레식물, 황색식물, 황갈색식물, 남조식물, 갈조식물, 녹조식물, 차축조(윤조)식물 및 홍조식물의 8문이 있으나, 협의의 뜻으로는 녹조, 갈조 및 홍조식물의 3문을 말한다. 특히 해조류라 하면 갈조류, 홍조류 및 녹조류의 3문이 여기에 속하며 담수조류는 주로 남조식물, 황색식물, 황갈색식물, 녹조식물 및 연두벌레식물 등이다.

보통 조류는 세포 내에 엽록체를 가지고 광합성을 하지만 남조세포에는 특정의 엽록체가 없고 엽록소는 세포 전체에 분산되어 있다. 조류의 광합성은 기타 식물과 본질적으로 같은 것이고 빛은 엽록소(chlorophyll) 혹은 카로티노이드(carotenoid) 등의 색소에 흡수된다. 광합성 반응을 총괄한 식과 광합성 cycle을 [그림 9-1]에 표시하였다.

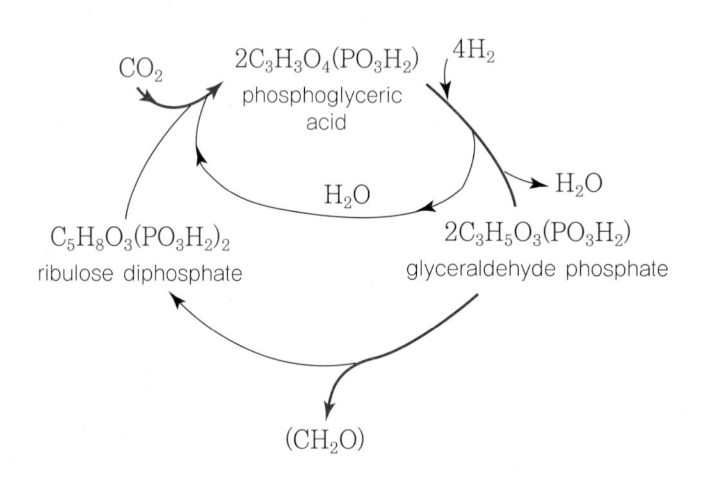

$$6CO_2 + 12H_2O \rightarrow C_6H_{12}O_6 + 6O_2 + 6H_2O$$

그림 9-1 광합성 cycle(보라색 선은 CO_2의 C의 합성물의 경로)

1 주요한 조류

조류는 일반적으로 세포 내 색소의 생산, 생산물의 종류 및 생식방법 등에 의하여 분류되며 주요한 조류는 다음과 같다.

1) 연두벌레식물류(euglena류)

대부분 운동성의 현미경적 단세포체로 담수에 생육하며, 세포 내에 chlorophyll a 및 b와 β-carotene 및 xanthophyll 등의 색소를 함유한다. 유성생식은 분명하지 않으며, 증식은 보통 세포의 종축분열에 의하고 후막의 휴면 상태에 있는 낭포(cyst)를 만드는 것도 있다. *Eug. gracilis*, *Eug. elastica* 및 *Eug. intermedia* 등이 잘 알려진 종이며 이들 종은 비타민 B_{12}의 bioassay에 이용된다.

2) 녹조류

담수, 토양, 목피 등에 널리 분포하고 현미경적인 것과 육안으로 볼 수 있는 것도 있다. 이 군은 세포구와 생식법이 대단히 다양하며 chlorophyll a 및 b를 다량 함유하는 색소체를 가진다.

영양체가 단세포인 운동성이며 2편모성인 *Chlamydomonas*속, 4편모성인 *Charteria*속을 비롯하여 단세포의 무편모인 부동성의 *Pleurococcus*속, 연결생활체를 형성하는 *Volvox*속, 다핵세포가 사상으로 되는 *Cladophora*속, 단세포의 핵이며 주로 구형인 *Chlorella*속 그리고 청태 등이 잘 알려져 있다.

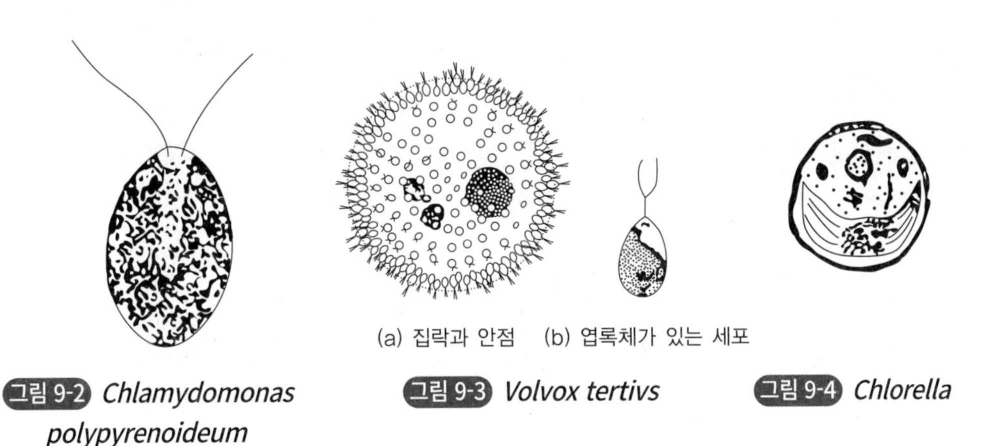

그림 9-2 *Chlamydomonas polypyrenoideum*

그림 9-3 *Volvox tertivs*

그림 9-4 *Chlorella*

무성적 생식은 유주자를 비롯하여 무종포자, 휴면포자 및 오토포자(autospore)를 형성하거나 단세포체가 분열하는 것도 있다. 유성생식은 동형배우 또는 이형배우 등이 있다.

세포막은 cellulose성의 종과 mannose성의 종이 있으며 세포 내의 동화생성물은 주로 전분으로 이것은 엽록체 중에 있는 핵양체 주위에 저장된다. 가장 대표적인 것이 chlorella다.

Chlorella는 2~12μm 크기의 구형으로 분열에 의하여 한 세포가 4~8개의 낭세포로 증식하고 편모는 없다. 빛의 존재하에 간단한 무기염과 CO_2의 공급으로 쉽게 증식하며 이때 CO_2를 고정하여 산소를 낸다. *Chlorella ellipsoidea*, *Chlorella vulgaris* 등이 잘 알려져 있다.

3) 규조류(diatoms)

황색식물에 속하는 특수한 형태의 조류로 담수, 해수, 토양 고등식물 등에 널리 분포하는 대표적인 식물 플랑크톤이다. 현미경적인 단세포성이나 때로 군체를 이루고 있는 것도 있다. 세포에는 엽록소 외에 조황소(phycoxanthin)를 가진다. 세포막은 많은 규산질을 함유하고 여러 가지 작은 구멍(eupole)이 있으며 세포가 좌우대칭인 우상류(pennatae)와 방사대칭의 중심류(centricae)로 대별된다.

세포는 상자 모양으로 중합된 여러 겹의 껍질로 싸여 있는 특징을 보이고 유적(油滴)도 함유한다. 이 유적에는 비타민 A와 D가 풍부하다. 이 규조는 석유의 주요한 원천이라고 생각되며 또 이것이 다량 퇴적하여 규조토가 된다. 생식은 무성생식이 보통이나 유성생식이라고 생각되는 증대포자(auxospore)를 형성하여 세포의 원형을 유지한다.

우상류로 깃돌말속(*Navicula*) 그리고 중심류로 불돌말속(*Chaetoceros*) 등이 잘 알려져 있다.

4) 갈조류(brown algae)

한류해수에 잘 서식하고 육안으로 볼 수 있는 다세포형이며 유주자를 형성하는 무성생식과 유성생식을 한다. 약 250속이 알려져 있고 품종으로는 다시마(Laminaria), 미역(Undaria), 녹미채(톳, Hizikia) 등이 있다.

세포 내에 다량의 xanthophyll을 함유하는 갈색 색소체를 가지며 xanthophyll로서 violaxanthin, flavoxanthin, neoxanthin, fucoxanthin, neofucoxanthin A 및 B의 6종류가 있으며 또한 저장동화생성물로 중요한 것은 laminarin, mannite, algine 등이 있다.

5) 홍조류(red algae)

난류해수에 서식하고 육안으로 볼 수 있는 다세포형으로 홍색·자색, 때로는 청록색을 보인다. 우주자를 형성하는 무성생식과 유성생식을 한다. Chlorophyll a와 b, carotene, xanthophyll, phycoerythrin, phycocyan 등의 색소를 함유하며 홍색을 띠는 것은 phycoerythrin의 함량이 많기 때문이다.

동화 생성물은 전분 유사물질과 유지이며 세포막은 보통 cellulose와 pectin으로 되어 있으나 칼슘을 침착시키는 것도 있다. 약 500종이 알려지고 우뭇가사리(Gelidium), 김(Porphyra tenera) 등이 여기에 속한다.

6) 남조류(blue-green algae)

현미경적이고 가장 원시적인 조류로 세균과 비슷한 성상을 한다. chlorophyll a를 가지고 산소발생이 있는 광합성 작용으로 남조전분(cyanophyceanstarch), glycogen 등을 생성하는 점에서는 세균이나 방선균과 다르나 원시핵세포 구조를 하고 유성적 생식법이 없으며 유주자나 분열에 의한 무성생식을 함으로써 세균과 같이 하등미생물에 분류된다.

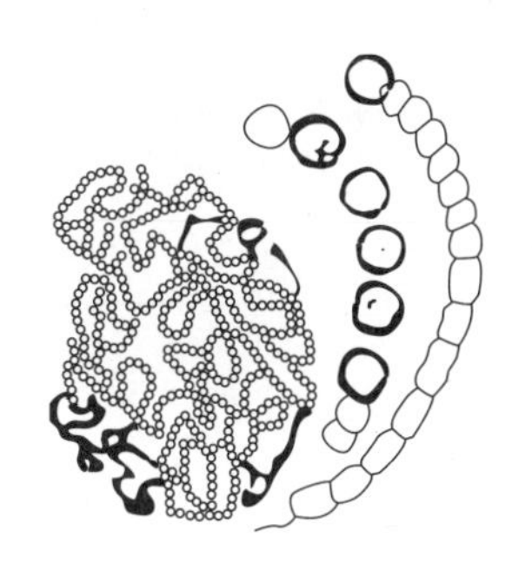

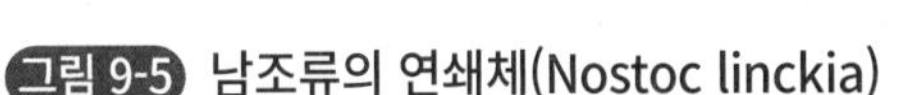
그림 9-5 남조류의 연쇄체(Nostoc linckia)

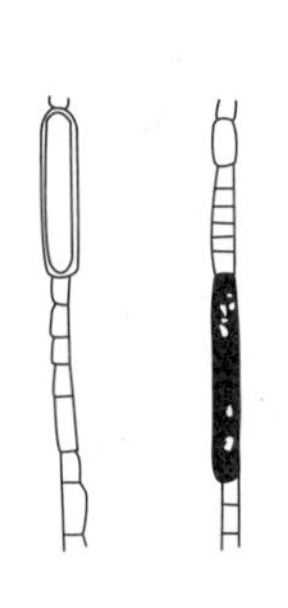

그림 9-6 Anabaena subcylindrica

함유되는 chlorophyll a는 구조물인 엽록체 중에 있지 않고 세포 내에 분산되어 있다.

기타 함유되는 색소로 β-carotene과 myxoxanthin 그리고 phycobilin류로서 다량의 c-phycocyamin과 소량의 c-phycoerythrin을 세포주변부 chromoplasm에 가지므로 남청색을 띠는 것이 많다.

세포는 보통 점질물에 싸여 있으며 담수나 토양 중에 분포되고 특징적인 활주운동을 한다.

*Chroococcus*속, 흔들말속(*Oscillatoria*) 등과 공중질소 고정능이 있는 염주말질소, 고정능이 있는 염주말속(*Nostoc*) 및 *Anabaena*속 등을 비롯하여 약 160종이 알려져 있다.

② 김과 Chlorella의 성분

1) 김

다세포 홍조류이며 유성생식과 무성생식을 한다. 일반적으로 해조는 소화가 불량하나 김은 소화율이 약 70%가 되어 비교적 좋은 편이다. 단백질, 당질, 회분의 함량이 높으며 그 일반성분을 보면 다음과 같다.

표 9-1 김의 성분(100g 기준)

수분(g)	단백질(g)	지질(g)	당질(g)	섬유질(g)	회분(g)	Ca(g)
11.4~13.4	29~35.6	0.6~0.7	39.1~39.6	4.7~7.0	8.0~10.9	0.26~0.51
P(g)	**Fe(mg)**	**vit. A(IU)**	**vit. B_1(mg)**	**vit. B_2(mg)**	**niacin(mg)**	**vit.C(mg)**
0.28~0.51	12~36	20,000~44,500	0.12~0.25	0.89~1.24	10.0	20

2) Chlorella

Chlorella는 1g당 약 5.5kcal의 열량을 가지고 있으며, 좋은 단백원이 될 수 있다. 그 일반성분을 주요 식품과 비교하면 [표 9-2]와 같다.

표 9-2 Chlorella와 주요 식품의 일반성분

식품	단백질	지방	탄수화물	회분
Chlorella	40~50	10~30	10~25	6~10
쌀	7	1	91	1
소맥	11	2	85	2
대두	39	17~19	36	6

Chlorella 단백질의 주요 아미노산 조성과 비타민 함량은 [표 9-3]과 같다. 특히 비타민 A와 C가 많고 기타 엽록소의 함량은 많을 경우 4~5%가 되어 보통 식물이 0.6~2%인 데 비하여 훨씬 높다.

표 9-3 Chlorella 단백질의 주요 아미노산 조성과 비타민 함량

주요 아미노산 조성(%)				비타민 함량(v/1g)	
arginine	7.8	phenylalanine	4.1	A	1,000~3,000
leucine	7.7	tyrosine	2.7	B_1	4~24
lysine	5.7	methionine	1.5	B_2	21~58
isoleucine	5.5	histidine	1.2	B_6	9~23
valine	4.9	tryptophan	1.1	niacin	120~240
threonine	4.3	cystine	0.9	C	2,000~5,000

녹색 chlorella 분말이나 탈색한 균체를 각종 식품에 단백질이나 비타민 강화용으로 2~5%를 첨가한다. 면류, 된장, 비스킷, 껌 등에도 이용할 수 있다. 이때 일종의 향기를 내는데, 이것은 녹차나 청태의 성분인 methyl sulfide이며 불쾌한 냄새는 아니다.

Chlorella 균체를 묽은 산으로 처리하여 추출하면 젖산균의 생육촉진 물질을 얻을 수 있다. 또한 chlorella는 하수의 BOD를 85~90% 저하시키므로 하수처리에도 유용하다.

한편 지상에 도달하는 태양에너지의 이용률은 소맥이 1.2%인 데 비하여 chlorella는 이것의 3~10배를 이용할 수 있으며 토지의 이용성에서도 동일면적에서 벼, 소맥 및 대두에 비교하여 40~50배의 단백질을 생산할 수 있는 것으로 알려지고 있다. 따라서 값싸게 단백질함량이 높은 식품첨가물을 생산하려는 연구 및 우주식량으로 이용하려는 연구도 시행되고 있다.

그러나 영양가는 높으나 세포막이 두껍고 소화가 잘 안되며 맛이 그렇게 좋지 못한 결점이 있다.

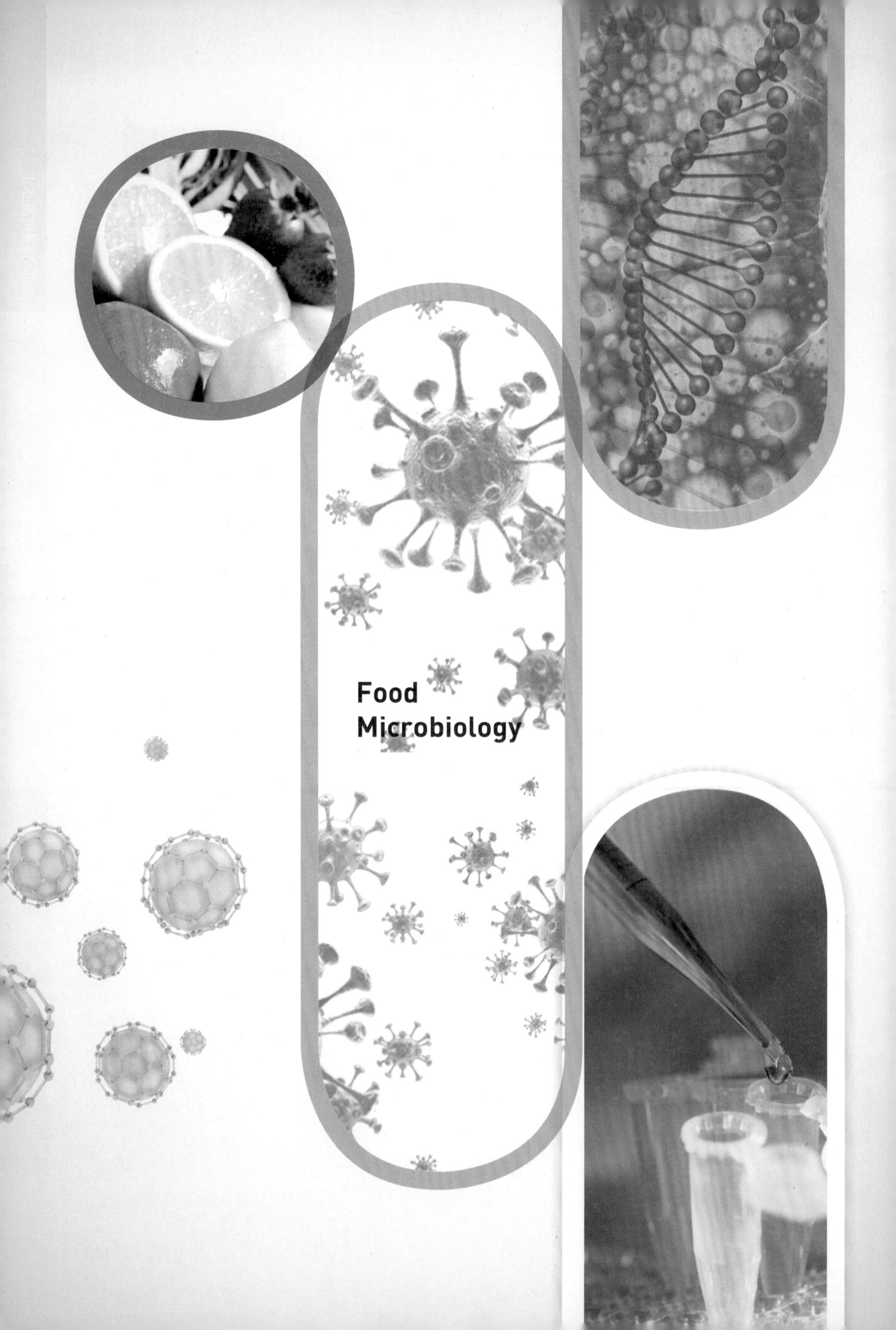
Food
Microbiology

CHAPTER

10

미생물 세포의 성분

미생물의 세포에는 생체를 구성하고 생명을 유지하기 위해 필요한 여러 가지 물질이 들어 있다. 이들 성분으로는 수분, 단백질, 지질, 탄수화물, 비타민, 핵산 등의 유기성분과 회분 등의 무기물질이 있으며 배지조성, 생육시기, 기능 등에 따라서 이들 성분이 다르다. 한편 세포의 특정구조물인 편모, 점질층, 세포벽, 핵 등에 특이적으로 존재하는 성분도 있다.

1 수분

수분은 미생물의 성장에 아주 중요한 것으로 미생물 균체의 약 70~85%가 수분으로 균체의 대부분을 점유하는데, 세균의 경우 균체 수분함량은 75~80%, 효모는 73%, 곰팡이는 80~85%나 된다.

포자의 수분함량은 종류와 조건에 따라 다른데 건조된 *Aspergillus oryzae*의 포자에는 수분함량이 약 17.4%이나, *Penicillium digitatum*의 포자는 약 6%밖에 되지 않는다.

수분은 세포 내외의 각종 유기물질을 용해하여 화학반응을 일으키는 매체일 뿐만 아니라 용질을 운반하는 중요한 역할을 한다. 또한 수소이온의 공여체로서 세포의 pH를 조절할 뿐만 아니라 온도를 조절하는데 열전도와 표면장력이 크다는 이점 때문에 원형질의 물리적 상태를 지탱하는 데에 지대한 영향을 끼친다.

세포 내 수분은 원형질 내에서 여러 가지 물질과 이온의 용매로서의 역할을 하며 종류로는 물질대사의 용매 구실을 하는 자유수(自由水, free water)와 균체의 성분과 결합상태로 있는 결합수(結合水, bound water)가 있다. 그러나 실제 자유수와 결합수의 경계가 확연히 구분되지는 않는다. 세포를 동결시키거나 건조시켰을 때 자유수를 잃기도 하는데, 이는 세포의 생사와는 관계가 없으나, 결합수를 잃으면 사멸한다. 균체의 영양세포에는 대부분 자유수이고, 포자 중에 함유된 수분은 거의 결합수다. 결합수는 용매로서 역할을 하지 못하고 화학반응에도 관여하지 못한다. 포자는 가열, 건조, 약물 등 외부환경에 대해 영양세포보다 저항력이 강하다. 이것은 포자의 수분함량이 적을 뿐만 아니라 대부분의 수분이 결합수로 존재하기 때문이다. **[표 10-1]**은 *Bacillus*속의 영양세포와 포자의 수분함량을 나타낸 것이다.

표 10-1 *Bacillus*속의 영양세포와 포자의 수분함량

균종 / 수분(%)	*Bac. subtilis*		*Bac. megaterium*		*Bac. mycoides*	
	세포	포자	세포	포자	세포	포자
유리수(%)	68.9	3.4	60.2	4.6	50.0	11.6
결합수(%)	10.0	69.0	17.7	62.6	28.2	58.7
합 계(%)	78.9	72.4	77.9	67.2	78.2	70.3

2 일반성분

수분을 증발시킨 건조세포에는 각종 유기성분과 무기물이 함유되어 있다. 이들 성분의 비율이나 탄소, 질소, 황 등의 원소비는 배지의 조성이나 배양조건에 따라 변한다.

[표 10-2]는 미생물 균체 중의 유기성분과 회분, 비타민의 함량을 표시한 것으로 단백질이 상당히 많은 부분을 차지하며 그 외 탄수화물, 지질 등의 순으로 들어 있다.

표 10-2 미생물 균체의 주요성분

(건물 100g 중의 함량)

성분 / 미생물명	탄수화물 (g)	지질 (g)	단백질 (g)	핵산 (g)	회분 (g)	비타민			
						A(I.U)	B_1(mg)	B_2(mg)	C(mg)
곰팡이	30~60	1~50	13~48	1~3	2.5~6.5	–	–	–	–
효모	24~37	2~60	38~70	5~10	3~9	0	0.5~2.5	2.5~8.5	0
세균	10~30	5~40	40~80	15~25	4.5~14	–	0.9~2.6	4~7	–
양송이	44.7	2.5	43.5	–	9.4	0	1.2	4.1	35
클로렐라	10~25	10~30	40~50	1~5	6~10	10,000~30,000	0.04~0.24	0.21~0.58	20~50

3 회분(灰分)

균체를 연소시키면 유기성분은 모두 타 버리고 회분만 남는다. 이들 회분 중에는 30~40종의 무기원소가 들어 있다. 일부는 용해상태로 자유수에 존재하고 나머지는 단백질, 탄수화물, 지질 등과 결합하여 유기물질을 구성하고 있다. 즉 Fe는 치토크롬이나 헤모글로빈에, Mg는 엽록체에 결합되어 여러 가지 생리작용을 하며 자유수에 녹아있는 무기물은 원형질 내의 삼투압 및 수소이온농도 조절에 관계한다. 무기물의 종류와 양은 균종과 배양조건에 따라 현저하게 달라진다[표 10-3]. 일반적으로 세균의 무기물 함량은 1~14%, 효모는 3~11%, 곰팡이는 2~13% 정도다.

표 10-3 *Saccharomyces cerevisiae*의 미량성분

효모	Al	Ba	B	Cr	Co	Cu	Fe	Pb	Mn	Mo	Ni	Sn	V	Zn
빵효모(I)	1,000	150	–	–	50	–	400	70	–	–	–	200	–	3,000
빵효모(II)	100	200	200	10	–	–	–	10	–	–	–	–	–	–
맥주효모(I)	–	–	–	–	5	40	90	–	5	–	–	–	–	–
맥주효모(II)	1	–	–	–	–	34	25	100	11	2.7	3	3	0.07	–

M. A. Rouf(1964)는 몇 종의 세균세포와 Bacillus cereus 포자의 무기성분을 분광분석(分光分析)하여 그 함량에 따라 다음과 같은 원소가 들어 있음을 증명하였다.

- 다량원소(major element): P, K, S, Mg
- 미량원소(minor element): Ca, Fe, Mn, Cu, Zn
- 흔적원소(trace element): Na, Al, Si, Cr, Ni, Sr, Ag, Sn, Ba, Pb, V, Mo, B, Ti

무기원소는 세포 내에서 무기태(無機態) 또는 여러 가지 유기화합물과 결합한 유기태(有機態)로 존재한다. 무기태원소는 주로 삼투압 및 세포의 투과성 등에 관계하고, 유기태원소는 여러 가지 생화학적 반응에 관여한다. 이들 주요 무기원소의 작용은 다음과 같다.

1) 인(P)

결핵균 및 일부 곰팡이의 세포질 중에 들어 있는 volutin(polymeta phosphate와 RNA로 된다)을 비롯하여 AMP, ADP, ATP, TPP, NAD, NADP, flavin 등의 조효소 또는 phosphatide의 구성요소로 체액의 완충작용, 세포 내의 에너지 대사에 중요한 역할을 하

며 고분자 화합물인 핵산과 단백질 등에도 들어 있다. 따라서 생명에 대하여 가장 본질적인 역할을 하는 원소 중의 하나이다.

2) 마그네슘(Mg)

마그네슘은 리보솜, 세포막, 핵산 등을 안정화시키고 많은 효소 특히 인산 전이효소의 조효소로 작용하며, 엽록소 중에 함유되어 있으므로 일반 녹엽식품에 상당량이 존재하는데 광합성 세균의 bacteriochlorophyll의 중요 금속이기도 하다. 이러한 이유로 많은 양이 생장증식에 필요한데 그람양성균에서는 RNA와 결합하여 존재하며 그람음성균보다 약 10배 정도 더 요구한다. 또한 세포분열에도 관여한다.

3) 철(Fe)

철은 혈액과 근육에 hemoglobin(혈색소), myoglobin(육색소)의 형태로 들어 있으며 또한 간과 내장에는 ferritin(Fe을 가진 단백질의 일종)에 함유되어 있고 나머지는 철효소인 cytochrome, catalase 및 peroxidase 등과 같은 porphyrin 효소의 구성성분으로 산화-환원 반응과정의 전자전달계에 필수적인 한 성분이다. 뿌리혹박테리아의 leghemoglobin도 철을 함유하고 있으며, 유리질소 고정균인 *Azotobacter*속과 *Clostridium pasteurianum*은 철이 부족하면 질소 고정능력이 없어지기도 한다.

4) 황(S)

황은 질소와 함께 cystine, cysteine, methionin 및 glutathione 등과 같은 아미노산의 구성성분이며 또한 coenzyme A를 비롯한 여러 가지 효소에는 sulfhydryl기(-SH)를 함유하여 활성기로 작용한다. 어떤 종류의 미생물은 유기황(-SH) 혹은 황화수소(H_2S)를 요구하나 대부분은 SO_4^{-2}를 영양물질로 받아들여 이를 환원시켜 유기황화물을 만든다. 비타민류(B_1, lipoic acid, biotin), 담즙산, 당지질(glycolipid), chondroitin 황산, mucoitin 황산 등에 함유되어 있다.

5) 칼륨(K)

일반적으로 미생물에 많이 요구되는 성분의 하나로 단백질 합성에 관여하는 효소를 활성화시키며 생체 내의 삼투압 및 pH조절에 중요한 역할을 한다. 인체 내에서는 주로 세포 내액 중에 염화물(KCl), 인산염(K_2HPO_4), 탄산염(K_2CO_3, $KHCO_3$)으로 존재한다. 체액의 산, 알칼리 평형과 세포의 삼투압을 조절한다.

6) 나트륨(Na)

생화학 반응에 촉매요소가 되는데, 바닷물과 같은 높은 Na 함량 환경에서 서식하는 미생물은 Na를 많이 요구하나 담수세균은 필요로 하지 않는다.

7) 칼슘(Ca)

Ca이온은 세균포자와 세포벽의 내열성에 중요한 역할을 하며 유기산 중화 및 효소활성에 중요한 요소다. 미생물은 고등생물과는 달리 칼슘을 그다지 필요로 하지 않는다. 그러나 *Proteus*속은 단백질 분해에 필요한 proteinase 합성에 칼슘이 관계하며 *Nitrosomonas*속 균의 발육에는 필수성분이다.

8) 코발트(Co)

비타민 B_{12}의 구성성분으로 백미, 땅콩 등에 비교적 많이 함유되어 있으며 인체의 경우 조혈작용(造血作用)에 관계한다. 배양조건에 B_{12}를 첨가시킬 경우 더 이상 Co를 필요로 하지 않는다. 비타민 B_{12}의 cobamide coenzyme으로 일부 효소작용에 관여하는 것이 밝혀졌다.

4 유기성분

균체에는 단백질, 핵산, 탄수화물, 지질, 비타민 등의 여러 가지의 유기물뿐만 아니라 여러 가지 미량성분들도 많이 함유되어 있다. 이들은 균체 내에서 단독으로 존재하는 것도 있으나, 대부분 복합체로 존재한다.

1) 단백질

단백질은 물과 더불어 생명현상에 가장 중요한 성분으로 세포의 구성성분일 뿐만 아니라 효소의 주성분이다. 건조균체 중의 단백질 함량은 **[표 10-2]**에 있는데 그 함량은 세균>효모>곰팡이 순으로 하등 생물일수록 그 함량이 많다. 즉 세균은 건물의 40~80%가 단백질이고 효모는 40~70%, 곰팡이는 10~50%가 단백질이다. 세포건조중량의 반 이상을 차지하고 있는 단백질은 보통 핵산, 지질, 당류 등과 결합해서 핵단백질, 지방단백질, 당단백질 등으로 존재한다. *Staphylococcus pyogenes*에서는 미생물의 특징을 나타내는 핵단백질이 80% 이상 차지하며 동물의 경우 핵에서 핵단백질은 histone이나 protamine 등 염기성 아미노산이지만 세균 핵단백질의 단백질 부분은 아직도 불분명한 점이 많다.

독립영양균을 제외한 대부분의 미생물은 영양원으로 단백질을 요구한다. 그러나 미생물들은 단백질을 직접 흡수하는 것이 아니고 단백질가수분해 효소를 분비하여 단백질을 아미노산이나 peptide로 분해 후 흡수한다. 균체 내의 아미노산은 단백질의 구성성분으로서 존재할 뿐만 아니라 유리상태의 아미노산으로 상당량 존재하는데 보통 자연계의 아미노산은 L형이나 세균세포벽에는 D형의 아미노산이 보고되고 있다. 고등 동물의 단백질 분해효소는 L-아미노산에만 작용하므로 세균의 세포벽은 이들에 대해서 강한 저항성을 가진다.

미생물의 단백질 아미노산 조성은 대체로 동식물과 비슷하나 효모, 곰팡이, 클로렐라 등에서는 함황아미노산인 methionine, cysteine 등이 적고, 세균에는 곡물에 결핍되기 쉬운 아미노산인 lysine을 많이 함유하는 특징을 가지고 있다. 따라서 균체단백질을 이용할 때는 몇 종류의 균체단백을 혼합하는 것이 좋다. 특정 균종에만 있는 아미노산은 인정되고 있지 않으나 예외로 a,e-diaminopimelic acid는 일부 세균, 방선균, 남조류에만 검출되고 곰팡이나 효모에는 아직 검출되지 않는다.

2) 핵산(核酸)

핵산은 생물체의 세포 속에 들어 있는 고분자물질로서, 유리상태로 존재하거나 단백질과 결합하여 핵단백질로 존재한다. 핵산은 ribose를 포함하는 ribonuclic acid(RNA)와 deoxyribose를 포함하는 deoxyribonuclic acid(DNA) 등 크게 2가지로 분류할 수 있으며, 또한 핵단백질의 경우는 protamine과 결합한 nucleoprotamine과 histone과 결합한 nucleohistone 등이 있다. 핵산은 탄소, 산소, 수소, 질소 이외에 다량의 인(燐)을 포함하고 산성을 나타낸다.

핵산의 구성단위는 유기염기인 purine염기(adenine, guanine), pyrimidine염기(thymine, cytosine, uracil), pentose(ribose, deoxydibose) 그리고 인산(燐酸)이다. 유기염기가 pentose와 결합한 것을 nucleoside라 하며 여기에 인산이 결합하면 nucleotide가 된다.

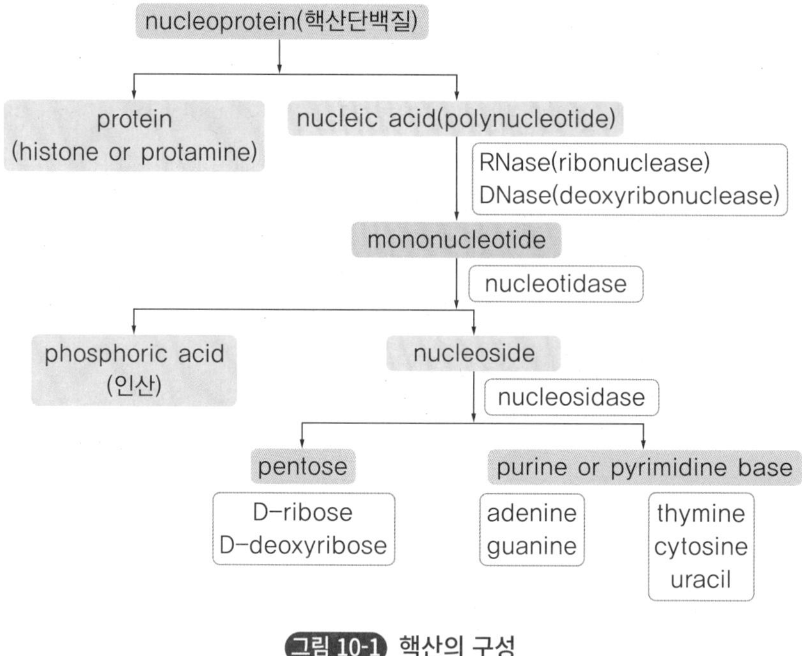

그림 10-1 핵산의 구성

많은 미생물은 핵산을 탄소원이나 질소원으로 이용한다. 즉, 뉴클레아제(nuclease)는 핵산을 nucleotide로 가수분해하여 사용하는데 nuclease 중에는 DNA와 RNA에 특이적으로 작용하는 RNase와 DNase가 있는데 nuclease는 세포막을 통과하지 못하는 고분자물질인 핵산을 세포막에 통과할 수 있는 저분자물질로 전환시켜 이용할 수 있도록 한다. 연쇄상구균이나 포도상구균과 같은 병원성화농균(pyogenic cocci)은 많은 양의 nuclease를 생산한다.

RNA는 원형질의 주요 성분인 단백질을 합성하는 데에 관여할 뿐만 아니라 세포질의 주요성분으로 주로 세포질 속에 있고 핵 내에서는 인에 함유되어 있다. 그리고 DNA는 자기와 같은 것을 복제(複製)하는 데에 관여하는 유전물질인데, 주로 핵 중에 함유되어 있으며 세포질에서는 미토콘드리아나 엽록체 등 특수한 세포소기관에 있다.

이들 핵산의 세포 내 함유량은 DNA는 항상 거의 일정하나 RNA는 배양시기에 따라 다르다. 즉 유도기에 RNA 함량이 급격히 증가하기 시작하며 균수가 대수적으로 증가하는 대수기에 가장 많고 그 후 다시 감소되어 대체로 일정하다.

균체에 함유된 RNA의 양은 항상 DNA보다 많은데 이는 균주와 배양시기에 따라 다르다. Purine 염기(A+T)와 pyrimidine 염기(G+C)의 비는 균종에 따라 일정하므로 균을 분류하는 데 주요한 지표가 된다.

3) 탄수화물

미생물의 중요한 에너지원일 뿐만 아니라 미생물의 세포벽(cell wall), 협막(capsule), 점막(slime layer), 저장산물(storage products) 등의 중요한 구성성분으로 건조균체량의 10~60%를 차지한다. 탄수화물은 단당류(單糖類, monosaccharide), 이당류(二糖類, disaccharide) 및 다당류(多糖類, polysaccharide)로 나눌 수 있다. 단당류와 이당류는 물에는 잘 녹고 결정화될 수 있으며 투석막(透析膜, dialyzing membrane)을 잘 통과하나 다당류는 결정화되지 않고 투석막도 통과하지 못한다.

일부는 핵산성분으로도 존재하며 단순 다당류 혹은 단백질, 지방과 결합한 복합다당류로도 존재한다. 화학적으로는 글리코겐, 전분유사물질, levan 등과 같은 에너지 저장물질로 세포 내에 축적된다. 구성당의 형태로 *Aspergillus*속과 *Penicillium*속에서는 glucose와 galactose가 많으며, 효모에서는 mannose도 많다. 다당류를 구성하는 단당류는 거의 pentose와 hexose이며, 다당류는 세균구별에 중요한 역할을 한다.

(1) 섬유소(cellulose)

섬유소는 고등 식물의 세포막을 이루는 주성분으로 자연계에 광범위하게 다량으로 분포되어 있는 탄수화물이다. 전분이나 glycogen과 다른 점은 전분은 포도당이 α-1, 4 결합인데 비해 섬유소는 D-glucose가 β-1, 4 결합으로 된 중합체로 직선상의 분자를 이루고 있다. 인체에는 섬유소를 분해하는 효소가 없으므로 식품 중의 섬유소는 거의 소화되지 않고 체외로 배설된다. 여러 종류의 진균은 cellulose를 소화시킬 수 있는 능력을 가지고 있다. 즉, *Aspergillus*속, *Rhizopus*속, *Neurospora*속, *Penicillium*속 등에 속하는 곰팡이와 *Mycobacteria*속, 방선균 등 몇 종류 세균류 중에서 cellulose의 소화능력을 가지고 있다. 혐기적으로 cellulose를 분해하는 것은 *Clostridium*속의 몇 종류가 있다.

(2) Glycogen

Glycogen은 식물의 전분에 상당하는 동물성 저장다당류로서 간(6%), 근육(0.7%), 조개류(5~10%)에 많고 균류 및 효모에 대체로 많이 함유되어 있는데, 영양상태가 좋은 효모에는 건물의 39%, 영양상태가 나쁜 효모에는 8% 정도밖에 함유되어 있지 않다. 효모의 glycogen은 동물이나 세균의 glycogen과 같이 분지된 polyglucosan으로 되어 있다.

(3) Dextran

포도당으로 구성된 수용성 다당류로서 *Leuconostoc dextranicum*, *Leuc. mesenteroides* 등을 설탕첨가배지에 배양하면 생성되며, 점성이 강한 물질로 혈액증량제나 대용혈장으로 이용된다. 또 dextran분자를 연결시키고 gel상의 물질인 sephadex를 물에 현탁, 팽윤시켜 고분자단백질을 분리, 정제할 수 있다.

(4) Levan

세균성 다당류인 polyfructosan의 일종이다. *Bacillus levaniformans, Bacillus subtilis, Bacillus megaterium, Aerobacter levanicum* 등을 설탕 또는 raffinose함유 배지에 배양하면 생긴다. 가수분해하면 levulose가 생성된다. 물에는 잘 녹으나 65% ethanol에는 녹지 않는다.

(5) Chitin

백색의 불용성 각질성 다당류로 절지동물의 껍질, 갑각층의 주성분이며 미생물의 세포벽을 구성하는 물질로 함질소물이다. Chitin은 사상균의 균사와 포자에도 함유되어 있다. 효모의 세포벽은 glucosamine의 polymer인 chitosan과 glucan 및 mannan으로 구성되어 있다. 물, 유기용매, 약산, 약알칼리 등에 불용이나 진한 염산, 질산, 황산 등에는 녹는다.

달팽이, 지렁이 또는 미생물의 Chitinase나 lysozyme에 의해서 N-acetyl-o-glucosamine과 oligosaccharide로 분해된다. Cellulose 다음으로 자연계에 풍부한 다당류다.

(6) Glucan

Glucose 잔기만으로 구성된 다당류로 효모 섬유소라고도 하며, 효모 세포벽을 구성하는 물질이다.

4) 지질

균체 내 지질 함량은 균주와 배양조건에 따라 다르다. 즉 적당한 탄소원과 통기를 하면 지질합성이 촉진되고, 배지 중에 질소 함량이 많으면 지방합성은 적어진다.

일반적으로 세균의 지질함량은 건조균체량의 10% 이하이나, *Rhodotonula glutinis, Lipomyces starkeyi* 등과 같은 유지효모(油脂酵母)들에서는 50~60%나 함유되어 있는 것도 있다. 균체의 세포 중에서 지질은 주로 과립, 세포벽, 지질봉입체(脂質封入體), 협막 등에 존재한다. 즉 원형질 내에서 저장물질로서 뿐만 아니라 표면막의 수분 소실을 억제하는 역할을 하고 또한 고농도로 농축된 에너지의 저장과 생체막의 구성성분이 된다. 세포 내 지질은 대부분은 단순지질이나 전체의 약 10~30%는 단백질과 다당류 등이 결합된 결합지질(結合脂質, bounded lipid)의 상태로 존재한다.

지질은 글리세롤과 지방산의 에스테르인데 미생물은 lipase를 분비하여 지질을 지방산과 글리세롤로 가수분해하여 이용한다. 지질함량이 많은 식품에 미생물이 오염 증식되면 지방산이 유리되어 불쾌한 냄새가 나므로 주의해야 한다.

5) 지방산

지질은 그 구조가 매우 복잡한 여러 종류의 물질을 포함하기 때문에 그 구조와 성질에 따라 분류하는데 그 구조에 따라 분류하면 단순지질(simple lipid), 복합지질(compound lipid) 그리고 유도지질(derived lipid) 등으로 나뉜다. 지방질은 알칼리에 의해 가수분해되는 지방질과 알칼리에 의해 가수분해되지 않는 지방질로 분류할 수도 있다. 알칼리에 의해 가수분해되는 지방질은 중성지방, 왁스류, 인지질 등이 여기에 속하며 또 알칼리에 의해서 가수분해되지 않는 것은 sterol류, 일부 탄화수소 등이 여기에 속한다.

균체지질 중에서는 유리지방산의 비율이 높아서 *Corynebacterium diphtheriae*와 *Sa lmonella typhosa* 등의 지질은 대부분이 유리지방산이며, *Lactobacillus acidophilus, Mycobacterium leprae* 등은 지질 중 25~28%가 유리지방산이다.

특수한 것으로 *Lactobacillus*속의 지방질에서 발견된 lactobacillic acid는 cyclopropyl 고리를 갖는 지방산이며 또 epoxy기를 갖고 있는 지방산도 발견되었다. 그리고 녹병균(rust)의 포자 중에서는 전체 지방산의 20%를 차지하는 9, 10-epoxyoctadecanoic acid가 대표적인 것이다. 또한 nemotinic acid는 *Basidiomycetes* 곰팡이가 배지에서 배설하는 매우 드문 지방산이다. Poly-β-hydroxyburyric acid는 *Azotobacter*속, *Bacillus*속의 일종의 저장지질형태의 과립을 가지며, 많을 때는 건조중량의 25%에 달한다.

6) 중성지방

지방산은 자연계에 유리상태로 존재하는 것은 드물고 보통 알코올류나 글리세롤과 결합하여 존재한다. 지방산과 글리세롤의 에스테르를 glyceride라 하며 글리세롤은 3가 알코올이므로 1분자의 글리세롤에 1~3분자의 지방산이 결합할 수 있다. *Lactobacillus acidophilus*는 중성지방 중 12%가 glyceride이며, 25%가 steroid ester이다. 효모나 곰팡이의 중성지방은 고등생물의 것과 비슷하다.

7) 인지질

중성지질에 인산(燐酸, H_3PO_4)과 질소화합물이 결합된 물질로 레시틴(lecithin), 세팔린(cephalin) 등이 대표적인 것이다. 인지질은 생체막의 주요 구성성분이며 신경이나 근육 등에서도 중요한 역할을 한다.

세균은 건물량의 0.4~6.5%의 인지질을 함유한다. 동물의 인지질과 다른 점은 인의 함량이 비교적 적고, 글리세롤은 거의 없으며, 당과 결합되어 있다는 것이다.

8) Sterol

고급환상(環狀)알코올로 지방산과 콜레스테롤(cholesterol)로 구성되며 각종 동식물의 호르몬, 비타민 D 등의 대사에 관여한다. Sterol류는 그 출처에 따라 동물성 지방질에서 발견되는 동물성 sterol류, 식물성 지방질에서 발견되는 식물성 sterol류, 효모 · 곰팡이가 생산하는 mycosterol(ergosterol) 등으로 분류한다. Ergosterol은 자외선 조사에 의해 그 B환이 쉽게 개열되어 calciferol이 되므로 provitamin D이다. 동물성 sterol의 일종인 chol esterol은 인지질과 함께 막 형성에 관여한다.

일반적으로 미생물 중의 sterol은 지질에 포함시키지만, 구조적으로 전혀 달라 cyclopentano-perhydrophenanthrene을 모핵으로 한 화합물로서 지방과 같이 생체 내에 함유되어 있다. *Saccharomyces*속에서는 지질의 1~9%가 sterol인데 주로 ergosterol이다.

9) 비타민

대부분의 비타민은 효소의 전구물질로 이것이 결핍되면 생장이 불가능하다. 어떤 균주는 복합비타민을 요구하는 반면 어떤 것은 몇 가지 비타민만을 요구한다. 예를 들면 유산균은 복합비타민을 사람보다 많이 요구한다.

균류는 일반적으로 비타민 B군을 다량 함유하는데 효모는 수용성 비타민인 thiamine을 비롯해서 많은 비타민을 함유하고 있어 좋은 비타민 급원이 될 수 있다. Chlorella와 서양송이에는 비타민 A와 ascorbic acid가 많이 함유되어 있다.

사료 중에 비타민 B_{12}가 부족하면 성장이 억제되고, 닭의 경우 산란은 하지만 그 알은 부화가 잘 되지 않는다. 비타민 B_{12}는 수중세균과 조류에서 필요하나 진균류에서는 필요로 하지 않는다.

10) Dipicolinic acid

미생물의 내생포자(內生胞子, endospore)는 같은 종(種)의 영양세포(vegetative cell)보다 내열성이 강하다. 이렇게 내생포자가 강한 내열성을 나타내는 이유는 다음과 같다. 첫째, 칼슘(Ca)과 함질소화합물인 디피콜론산(dipicolinic acid, DPA)이 복합체를 형성하기 때문이다. 내생포자에 많이 함유되어 있는 Ca-DPA 복합물질은 주로 포자의 포질(胞質, cortex)에 포함되어 있으며 이것은 포질의 구조를 안정시킨다. 둘째, 미생물세포의 원형질 내에 함유된 수분의 양으로 포자의 구성성분은 영양세포보다 수분이 적은데 이것은 세포를 구성하는 단백질이 수분이 많은 조건보다 수분이 적은 조건에서 열에 대하여 더 안정하기 때문이다.

5 편모와 선모

운동성을 가지는 미생물은 체외구조물인 편모(flagella)나 선모(pili)를 가진다. 편모는 세균의 운동기관으로 편모염색을 한 후 광학현미경으로 그 형태를 관찰할 수 있다. 편모는 세균을 격렬하게 흔들면 이탈되며, 그 구조는 나선상으로 길게 뻗은 섬유로서 균체보다 길다. 균체의 표층에 묻힌 기체(基體, basal body)와 섬유(filament) 및 기체와 섬유를 연결하는 후크(hook)의 3부분으로 되어 있다.

기체는 세포막과 세포벽에 묻혀 있으며 중축(中軸)의 간상체(桿狀體, rod)에 직경 20~50nm인 2개(Gram양성균) 또는 4개(Gram음성균)의 환상체(環象體, ring), 즉 L환, P환, S환 및 M환이 차바퀴 모양, 즉 원판과 축으로 이루어져 있다[그림 10-2].

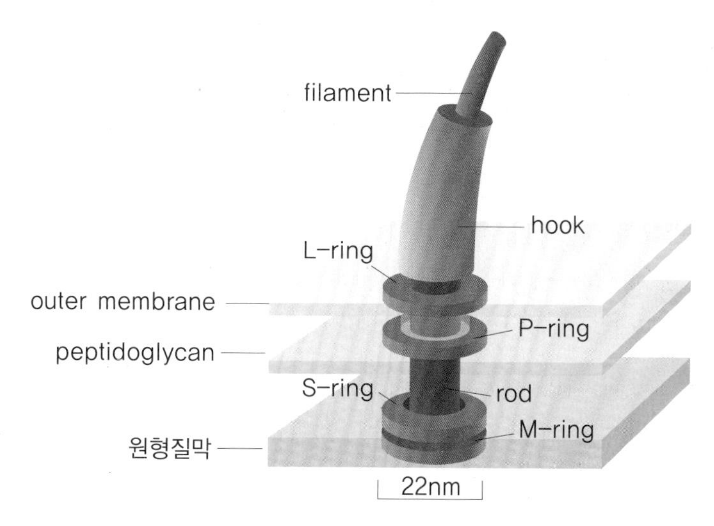

그림 10-2 Gram음성 세균의 편모(Flagella)구조

L환 및 P환은 세포벽의 lipopolysaccharide층과 peptidoglycan층에, S환 및 M환은 세포막의 상부 및 중부에 위치하고, L환과 P환 사이에는 원통상의 cylinder가 있고 그 안에 축이 통하고 있다. 즉 basal structure를 이루는 S환과 M환은 원형질막에 그리고 L환과 P환은 세포막과 outer membrane에 걸려 있다.

편모의 기체는 복잡한 구조로 당, 지방, 단백질로 구성되어 있으며 이 중 단백질이 98%로 대부분을 차지한다. 이 단백질은 flagellin이라고 하며 직경 5nm의 구상단백질로 8가닥의 원섬유가 시계 반대방향으로 나선모양으로 감겨져 관모양을 형성하고 있다.

진핵세포의 flagella는 원핵세포의 flagella보다 10배 이상 크며 main filament의 지름이 150~300nm 정도다.

대부분의 세균은 세포면에 편모와 비슷한 사상의 선모(線毛, pili 또는 fimbriae)를 가진다. 그러나 편모에 비해서는 길이가 훨씬 짧다. 선모는 pillin이라는 단백질로 분자량은 약 17,000이다. 그리고 비운동성의 세균에서도 발견되므로 운동기관이 아니며 Gram음성세균 특히 장내세균에서 많이 발견된다. 선모에는 2가지 종류가 있다. 하나는 일반선모로 영양 공급원의 부착기관으로 역할을 하며 다른 하나는 성선모(性腺毛, sex pili)로 두 세포의 접합(유성생식) 시 유전자 즉, 수세포의 DNA를 암세포에 전달하는 통로의 역할을 한다.

6 협막과 점질층

협막과 점질층은 세균의 건조나 독성물질로부터 자신을 보호하고 숙주의 식균세포나 조직세포로부터 포식되거나 소화되는 것을 방지할 뿐만 아니라 동식물에 기생하는 미생물의 경우 숙주 안으로 침입을 용이하게 하여 병원성에 관여한다. 일부 세균과 남조류는 세포벽의 표면에 점액물질을 분비한다. 이물질이 밀집되어 있지 않고 배양액에 용해되어 분리되는 성질을 가진 것을 점질층(黏質層, slime layer)이라 하며 점질층이 표면에 밀착되어 있는 것, 즉 단단하게 형성된 것을 협막(莢膜, capsule)이라고 한다. 그리고 그람음성균의 리포다당질과 같이 엷게 덮여 있는 것을 미크로협막(microcapsule)이라고도 한다**[그림 10-3]**.

협막과 점질층은 다당류, 폴리펩타이드(polypeptide), 지질로 구성된 화합물인데 균종에 따라 화학적 조성이 확연히 다르다. 예를 들어 폐렴쌍구균(*Pneumococci*), 일부 연쇄쌍구균(*Streptococci*), 그리고 Gram음성간균의 점질층은 다당류로 되어 있고 Gram양성 포자형성균의 협막과 점질층은 폴리펩타이드로 되어 있다.

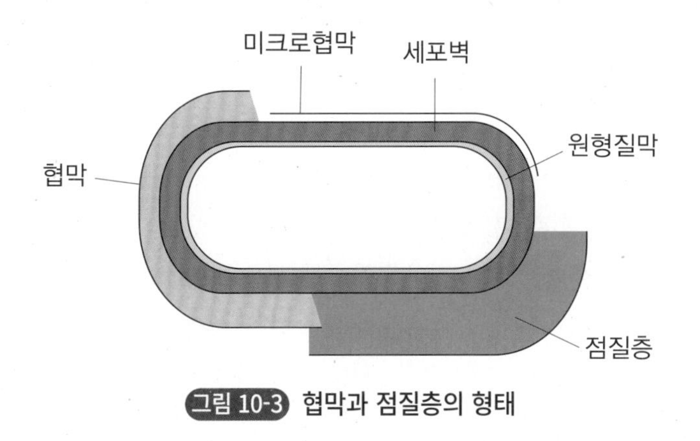

그림 10-3 협막과 점질층의 형태

협막과 점질층의 형성과 축적량은 세균의 유전적 특성이나 환경요인에 따라 달라진다. [표 10-4]는 세균의 협막과 점막에 함유된 물질을 나타낸 것이다.

표 10-4 세균의 협막과 점질층의 구성성분

균종	구분	구성성분	기본물질	비고
Bacillus megaterium	협막	polypeptide, polysaccharide	D-glutamic acid amino sugar	Gram양성균
Bacillus subtilis	점질층	polypeptide	D,L-glutamic acid	Gram양성균
Bacillus anthracis	협막	polypeptide	D-glutamic acid	Gram양성균
Leuconostoc mesenteroides	점질층	dextran	glucose	Gram양성균
Micrococcus luteus	협막	polypeptide	glucose, N-acetylman-nosaminuronic acid	Gram양성균
Streptococcus salivarius	점질층	levan	fructose	Gram양성균
Streptococcus(A,C)	협막	polysaccharide	hyaluronic, glucosamine, glucuronic acid	Gram양성균
Escherichia coli	협막	polysaccharide	fructose, galactose	Gram음성균
Haemophilus influenzae	협막	polysaccharide	polyribophosphate	Gram음성균
Salmonella typhi	미크로협막	polysaccharide	Vi항원	Gram음성균

이들의 구성성분은 함질소물과 무질소물로 나눌 수 있는데 무질소물로는 *Leuconostoc*의 dextran(대용 혈액), *Streptococcus* A 및 B의 hyaluronic acid(병원성), *Acetobacter xylinum*의 cellulose, *Salmomella typhi*의 Vi 항원(N-acetylgalacto saminouronic acid의 중합체로 독성에 관계하는 항원) 등이 있다.

*Leuconostoc mesenteroides*는 설탕용액에서 생육될 때에 dextrane협막을 형성하여 관을 막히게 하는 균이지만 설탕이 존재하지 않으면 생성하지 않는다. 폐렴쌍구균이나 탄저병균(*Bacillus anthracis*)은 협막이 있을 때 병원성을 가진다.

7 세포벽의 조성

세포벽은 세포질을 보호할 뿐만 아니라 세포 고유의 형태를 유지하고 세포 내부의 높은 삼투압에 의해서 세균이 파열·용해되는 것을 방지하는 역할을 한다. 즉 미생물은 보통 세포 내부보다 훨씬 낮은 삼투압의 환경 속에서 생활하고 있으므로 단단한 세포벽으로 보호되지 않으면 세포는 팽창되어 파열, 사멸한다.

원시핵균의 세포벽은 진핵균의 세포벽과 화학적으로나 구조적인 면에서 아주 다르다. 진핵세포의 세포벽은 주로 cellulose, glycogen, mannan, galactan, glucan, chitin, chitosan 등의 다당류가 주성분이며 소량의 단백질이 포함되어 있다. [그림 10-4]는 Gram 양성균과 음성균의 세포포위물의 구조비교와 Gram음성균의 외막을 구성하고 있는 지다당류의 원형구조를 나타내고 있다.

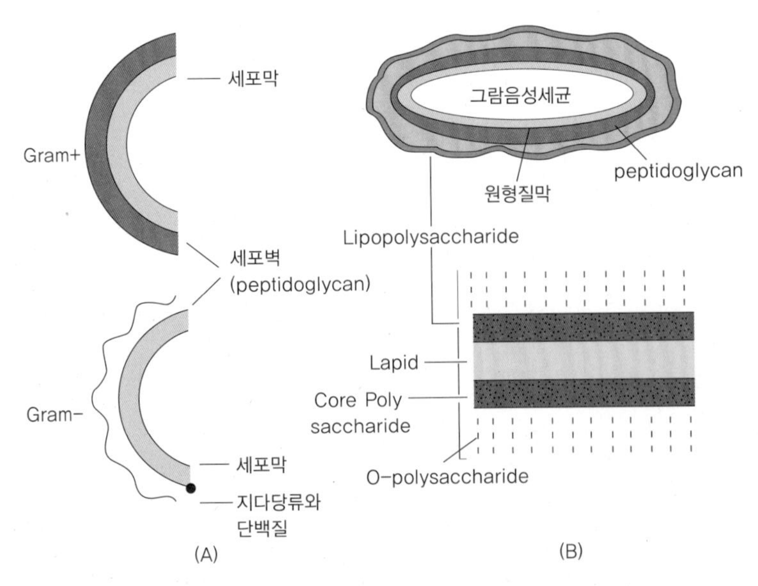

그림 10-4 Gram 양성 및 음성균의 세포막 및 세포벽의 구조

Gram양성균과 음성균의 세포벽의 화학적 조성은 매우 유사하며 주성분은 peptidoglycan(murein, mucopeptide, glycopeptide라고도 불린다)이다. Gram양성균은 음성균보다 peptidoglycan층이 두껍다. 음성균의 세포벽에는 peptidoglycan이 5~10% 정도 함유되어 있다.

각종 미생물의 세포벽 조성은 [표 10-5]와 같다.

표 10-5 미생물군의 세포벽 구성성분

미생물군	균류	구성성분
사상균	*Oomycetes* *Zygomycetes, Blastocladiales* *Endomycetaceae, Ascomycetes* *Basidiomycetes, Fungi imperfecti*	섬유소 chitin
효모	*Saccharomycetaceae*	glucan-protein, glucomannan-protein
녹조	*Chlorella pyrenoidosa* *Platymonas subcordiformis*	다당류, 단백질, 지방 다당류(galactose, uronic acid)
규조		silica, 다당류
세균	Gram양성균 Gram음성균	mucocomplex, teichoic acid 단백질, 지방, 다당류(mucocomplex도 소량 함유)
방선균		mucocomplex 등

Gram음성균의 세포벽은 엷은 내층인 세포막(원형질막)과 지다당류(lipopoly saccharide)와 단백질로 된 외막 사이에 샌드위치처럼 놓여 있다. 두께는 Gram양성균보다 훨씬 얇으며 주로 peptidoglycan으로 이루어진다.

세포막과 세포벽의 peptidoglycan층 사이에는 periplasm이라고 하는 좁은 공간이 있으며 가수분해효소나 영양성분을 세포 내로 끌어들이는 데 필요한 단백질이 존재한다.

Gram양성균의 세포벽은 엷은 내층인 세포막과 매우 두꺼운 세포벽으로 되어 있으며 Gram음성균과 같은 지다당류와 단백질의 외막은 없다. 또 세포벽은 peptidoglycan 이외에 teichoic acid, 다당류, 어떤 경우에는 teichuronic acid가 함유되어 있다.

효모의 세포벽 구성성분은 glucan, mannan, 다당류-단백질복합체, chitin, 지질로 되어 있다. 곰팡이의 세포벽 구성성분은 chitin, glucan, 그 밖의 중성다당류, chitosan, uronic acid, protein 등으로 되어 있다.

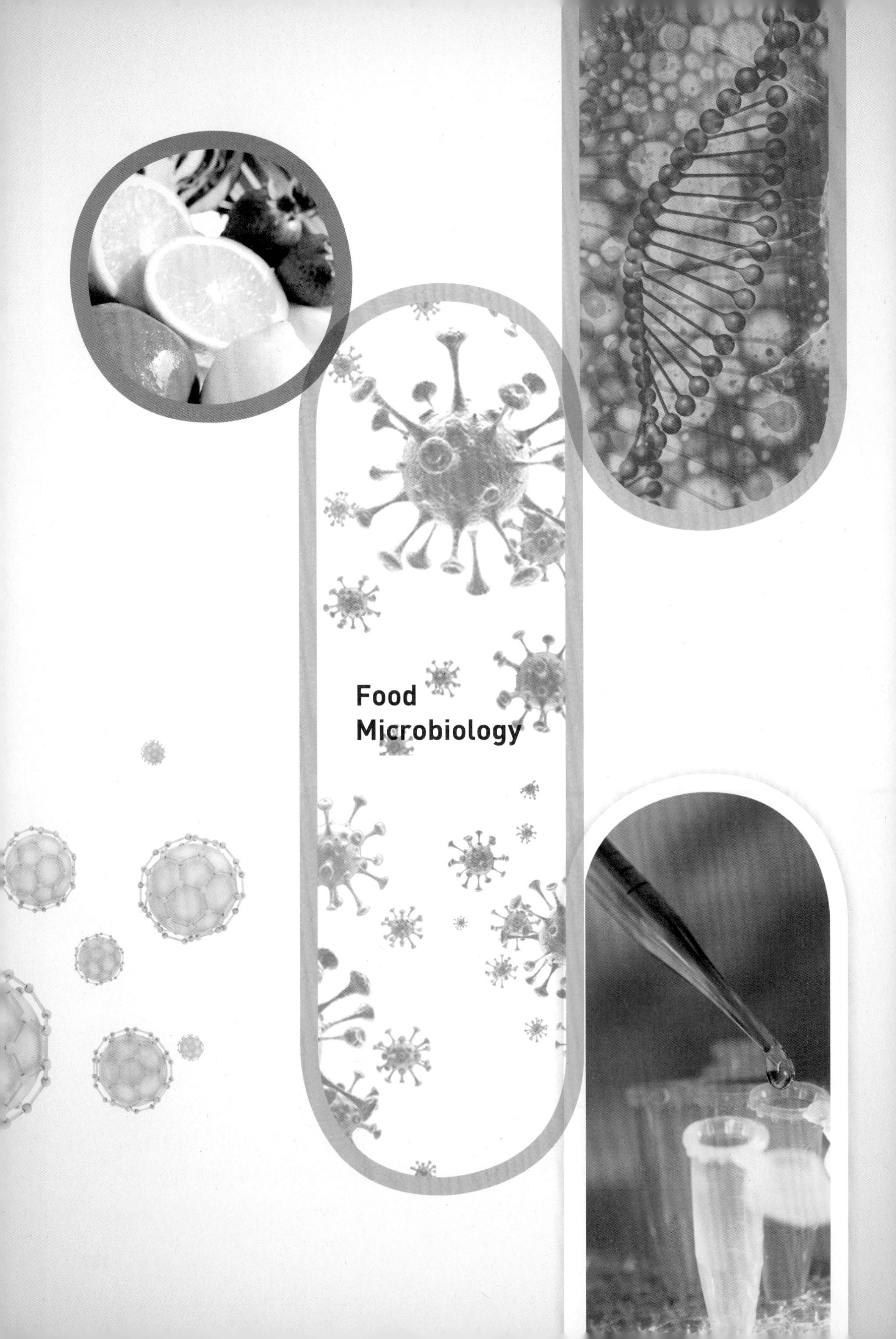
Food
Microbiology

CHAPTER

11

미생물의 일반 생리

1 미생물의 영양

1) 미생물의 영양소

미생물은 발육과 증식을 위하여 외부로부터 필요한 영양물질을 세포를 통하여 섭취한다. 섭취한 영양물질은 분해되어 에너지원과 균체성분의 구성요소로 사용된다. 일반적으로 미생물이 필요로 하는 영양성분은 탄소원, 질소원, 무기염류, 발육소 등으로 미생물의 종류에 따라서 이용되는 물질과 양식이 다르다. 그 이유는 각 미생물의 대사합성능력이 다르기 때문이며 유전적으로 지배되고 있다. 그러나 기본적으로는 많은 공통점을 가지고 있다.

미생물은 생활에너지와 균체성분을 합성하기 위하여 외부에서 영양분을 섭취하는데, 영양원으로 무기물을 이용하는가 유기물을 이용하는가에 따라서 무기영양균과 유기영양균으로 크게 나눌 수 있다.

무기영양균은 독립영양균(獨立營養菌, autotrophic microbe, autotroph)이라고도 하며 유기물을 필요로 하지 않고 무기물을 산화해서 생육한다. 반면 유기영양균은 종속영양균(從屬營養菌, heterotrophic microbe, heterotroph)이라고도 하며 유기물의 분해로 생기는 유리에너지를 이용하는 균, 즉 유기물을 탄소원으로 하고 질소원은 무기 또는 유기질소화합물로 생육한다.

식품미생물의 대부분은 종속영양균(從屬營養菌, heterotrophic microbe, heterotroph)에 속하는 것이 많다.

2) 탄소원(carbon source)

독립영양균을 제외한 일반 미생물은 유기탄소화합물(주로 탄수화물)을 필요로 한다. 탄소원은 세포구성 및 에너지원으로 이용된다. 미생물에 이용되는 탄소원(炭素源, carbon source)은 화합물의 형태나 균의 종류에 따라서 다르고 이용하는 양에도 차이가 있다.

그것은 그들 미생물의 유전적 형질에 의해서 결정되는 현상이지만, 생육환경, 즉 pH나 온도의 변화에 따라서 이용되는 탄수화물의 종류가 다르다.

일반적으로 세균, 효모, 곰팡이 등에 의해서 가장 잘 이용되는 탄소원 및 에너지원은 미생물의 종류에 따라 다르지만 glucose, fructose, mannose, galactose 등의 단당류와 sucrose, maltose 등의 이당류로 대부분의 탄수화물이 탄소원으로 이용된다. Xylose, arabinose 등은 세균, 곰팡이 등이 잘 이용한다. 장내세균, 일부 젖산균 그리고 곰팡이 등은 lactose를 잘 이용하며 *Saccharomyces fragilis*를 제외한 대부분의 효모는 이용하지 못한다. 곰팡이, 방선균 및 일부 세균(*Bacillus, Clostridium* 등)은 강력한 amylase를 분비하므로 전분이나 dextrin을 탄소원으로 잘 이용하지만 대부분의 효모나 일부 세균은 amylase를 분비하지 않으므로 이들을 이용하지 못한다.

이들 탄수화물 외에 citric acid, fumaric acid, malic acid, succinic acid, lactic acid 등의 일부 유기산과 fatty acid, polysaccharide 등도 이용되며 또한 methanol, ethanol, glycerol, mannitol, sorbitol 등과 같은 알코올류도 일부 미생물에서는 이용된다. 최근에는 n-paraffin, methane, ethane, propane, 석유 등과 같은 탄화수소를 이용하는 미생물도 많이 알려지고 있다.

배지 중에 2종류 이상의 당이 있을 경우 세균은 우선 이용하기 쉬운 것부터 이용한다. 어떤 미생물이 어떤 탄소원을 이용하는가 하는 것은 그 물질이 세포막을 투과하느냐에 따라, 다당류의 경우 그것을 단당류까지 분해하는 효소를 가지고 있느냐에 따라 다르다. 예를 들면 *Endomycopsis*속의 효모는 glucoamylase를 분비하기 때문에 전분을 탄소원으로 이용할 수 있으나 대부분의 효모는 이를 이용하지 못한다.

또한 세포 내에 그 물질을 필수대사 중간물질로 변화시키는 효소가 있는가, 유도효소(誘導酵素)를 가지고 있는 균의 경우 그 화합물에 적용되어 다른 물질로 전환되는가에 따라 다르다. 예를 들면 Chytridiomycetes는 glucose를 인산화시키는 효소를 구성효소로 가져 glucose를 이용하고 있으나 fructose, mannose의 인산화는 유도효소에 의하기 때문에 이용할 수가 없다.

미생물이 발육하는 데 적당한 당의 농도는 일반적으로 세균은 0.5~2.0%, 효모와 곰팡이는 2.0~10%이며 이보다 고농도가 되면 저해를 받는다.

3) 질소원(nitrogen source)

질소원은 단백질·핵산 등과 같은 균체성분의 합성에 필요하며, 배지 중의 질소량에 따라 미생물의 성장이 지배된다. *Azotobater*속, *Rhizobium*속, 일부 광합성균 그리고 질소고정균 등은 공기 중의 질소를 고정하여 이용할 수 있으나 대부분의 다른 미생물 즉 곰팡이, 효모 등은 공중질소를 이용하지 못한다. 따라서 배지에 무기 또는 유기태 질소화합물을 첨가해야 한다.

무기태 질소원인 $(NH_4)_2SO_4$, $(NH_4)_2HPO_4$ 등과 같은 암모늄염은 곰팡이, 효모 및 일부 세균(방선균, 대장균, 고초균 등)에 의해 잘 이용되고 질산염과 아질산염도 곰팡이나 일부 효모 및 젖산균에 의해서 이용되나 대부분의 효모는 이것을 질소원으로 이용할 수 없다. 따라서 이것이 효모 분류의 한 표식(標識)이 된다. 진균류는 대부분 암모늄염이나 질산염을 질소원으로 이용하는데 이들을 혼합하여 사용하면 일반적으로 암모늄염이 먼저 소비되고 다음에 질산염이 이용된다. 일반적으로 미생물에 의한 질소화합물의 동화과정은 NH_4(또는 NO_3) → 아미노산 → 단백질 순이다.

유기태 질소원으로 요소, 펩티드, 아미드 등이 곰팡이, 효모, 방선균에 의하여 잘 이용되며 peptone, yeast extract, meat extract, malt extract 등은 대체로 모든 미생물에 잘 이용된다. *Aspergillus*속, *Penicillus*속 등의 곰팡이와 *Bacillus*속, *Proteus*속 등의 부패세균은 강력한 단백질분해효소를 분비하므로 단백질이나 peptone을 질소원으로 이용한다.

대부분의 병원성 미생물은 유기질소화합물을 요구한다. 일반적으로 모든 미생물이 가장 잘 이용하는 질소원은 아미노산으로 균종과 균주에 따라서 다르다. 효모는 직접 단백질을 이용하지 못하나 아미노산으로는 aspartic acid, glutamic acid, asparagine, glutamine 등을 다른 아미노산보다 더 잘 이용한다.

미생물 생육은 암모늄이 있는 합성배지에서보다 여러 아미노산을 함유하고 있는 천연배지에서 더 잘 자란다. 일부 미생물은 영양요구성이 까다로워 한 가지 이상의 특정 아미노산이 없으면 성장하지 못한다. 예를 들면 젖산균은 일반적으로 영양요구성이 복잡해서 일부는 18종류의 아미노산이 모두 없으면 생육하지 않는다.

미생물을 배지에 배양할 경우 필요한 최적 질소함량은 0.1~0.5% 정도이다. 발효산업에서는 casein, 옥수수침지액(corn steep liqur), 콩깨묵, 요소, 면실박(棉實粕), 쌀겨, yeast extract, meat extract, 황산암모늄 등을 질소원으로 사용한다.

4) 무기염류(無機鹽類, inorganic salts, minerals)

무기염류는 세포 구성성분, 물질대사의 보효소(補酵素), 세포 내 삼투압 조절 등과 배지의 완충작용에 중요한 구실을 한다. 무기염류 중 비교적 많은 양을 필요로 하는 것은 P, Mg, S, K, 등이며 주로 KH_2PO_4, K_2HPO, $MgSO_4 \cdot 7H_2O$의 형태로 0.05~0.1% 정도 배지에 사용된다. 아주 소량 필요로 하는 미량원소는 Ca, Cu, Fe, Mn, Co, Cl, Zn, Mo 등으로 주로 기질에 대한 효소의 활성제 또는 보조인자의 성분으로 쓰인다.

미생물배지로서 peptone, yeast extract, malt extract 등을 이용하는 경우 그중에 섞여 있는 무기염으로 충분하기 때문에 따로 첨가할 필요는 없다. 그러나 합성배지에는 반드시 PO_4염, $MgSO_4$, NaCl, $FeSO_4$ 등과 같은 형태의 무기염류를 사용한다. 수돗물이나 우물물을 사용할 경우, 미량 금속은 그중에 용존하는 양으로 충분하므로 따로 첨가할 필요가 없다.

P은 생체 내에서 인단백질, volutin, lecithin, 인지질, 인산 에스테르의 구성성분으로서 필요하다. 특히 호흡이나 발효에 있어서 인산 ester로서 에너지대사에 ATP, ADP, NAD와 같은 보효소의 성분으로 중요한 역할을 한다. 대부분의 미생물은 인을 무기태 인(PO_4^{2-})의 형태로 섭취, 이용하나 유기태 인일 경우 미생물이 가지고 있는 phosphatase에 의해 유리된 무기태 인을 이용한다.

S는 cystine, methionine, glutathione, biotin, thiamine, lipoic acid 등의 구성성분이며 대부분의 세포가 이용하는 형태는 SO_4^{2-}나 HS^-같은 무기태이다. Mg는 해당작용의 효소촉매, 활성아미노산의 리보솜결합에 필요하다. Ca는 미생물에 반드시 필요한 것은 아니나 세포벽을 안정화하며 내생포자의 주요성분으로 포자의 열안정성과 관련이 있다. Fe는 cytochrome, catalase, peroxidase 등의 효소들의 보조인자로 비교적 많이 필요하다.

5) 발육소(發育素, growth factor)

미생물에 따라서는 탄소원, 질소원, 무기염류 이외에 생육에는 반드시 필요하나 균체 내에서 합성되지 않는 필수유기화합물이 있는데 이를 발육소(생육인자, growth factor)라고 한다.

발육소는 미생물의 종류 및 생육환경에 따라서 다르나 대개 비타민 B군, 아미노산 및 purine 과 pyrimidine 염기 등으로 미량을 필요로 한다. 생육인자와 영양물질과의 차이는 영양물질은 미생물에 의하여 분해되고 균체구성성분으로 비교적 많은 양을 필요로 하지만 생육인자는 분해되지 않고 미생물의 구성성분이 되는 유기화합물로 극히 미량을 필요로 한다. 생육인자의 필요량은 일반적으로 1: 10^5~10^9이다. **[표 11-1]**은 미생물이 요구하는 비타민류이다.

일반적으로 대부분의 곰팡이, 효모, 세균들은 비타민류를 합성할 수 있으므로 배지에 비타민류를 첨가하지 않아도 성장한다. 그러나 영양요구성이 강한 젖산균류에는 비타민 합성능력이 약해서 복합비타민을 요구하는 것이 있는데 이들은 비타민 B군을 첨가하지 않으면 생육하지 못하며 비타민류 이외에도 purine, pyrimidine과 같은 염기를 필요로 한다.

탄소원, 질소원, 무기염류 등을 첨가한 합성배지에 효모를 배양시키면 잘 증식하지 않는다. 그러나 여기에 효모추출액을 첨가하여 배양하면 왕성하게 증식하는데 이것은 효모추출액에 효모의 생육을 촉진시키는 미지의 물질이 있기 때문이며 이 미지의 효모 발육인자(bios)로는 biotin, pantothenic acid, inositol, thiamine(비타민 B_1), 비타민 B_6, nicotinic acid 등이 있다. ρ-Aminobenzoic acid도 *Saccharomyces cerevisiae*가 요구하는 생육인자의 하나다.

일반적으로 곰팡이, 방선균 등은 특별한 생육인자를 요구하지 않는다. 육즙, peptone, 맥아즙, 국즙 등을 사용하여 미생물을 배양할 경우에는 일반미생물이 필요로 하는 비타민류는 충분하다. 그러나 합성배지를 사용할 경우는 비타민 공급원으로서 yeast extract나 corn steep liquor 등을 첨가한다.

표 11-1 미생물이 요구하는 비타민 류

비타민류	균주
비타민 B_1(thiamine)	*Staphylococcus aureus, Lactobacillus fermentii* *Neisseria gonorrhoeae*
비타민 B_2(riboflavin)	*Lactobacillus casei, Streptococcus lactis* *Clostridium tetani*
비타민 B_6(pyridoxine 또는 pyridoxal)	*Lactobacillus casei, Streptococcus faecalis* *Clostridium perfringens*
pantothenic acid	*Saccharomyces cerevisiae, Proteus morganii* *Lactobacillus arabinosus, Lactobacillus casei* *Streptococcus*속, *Brucella*속
nicotinic acid	*Lactobacillus arabinosus,* *Proteus vulgaris*
biotin	*Saccharomyces carsbergensis, Bacillus natto* *Leuconostoc mesenteroides,* *Streptococcus bovis, Lactobacillus arabinosus*
엽산(folic acid)	*Lactobacillus casei* *Streptococcus faecalis*
ρ-aminobenzoic acid	*Acetobacter suboxidans* *Clostridium acetobutyricum*
비타민 B_{12}	*Lactobacillus leichmanii* *Lactobacillus lactis*

표 11-2 각종 영양원과 미생물의 이용

영양원 \ 미생물		영양소 이용 미생물
탄소원	무기탄소원	
	CO_2 또는 탄산염	아질산균, 질산균, 광합성황세균 및 메탄산화균이 주로 이용
	유기탄소원	
	단당류(포도당, 과당)	일반세균, 효모, 곰팡이류가 이용한다.
	2당류(서당, 맥아당)	
	젖당	젖산균, 장내세균이 이용한다.
	다당류(전분, 펙틴)	아밀라아제, 펙티나제를 가진 곰팡이, 방선균, 낙산균 등에 이용
	기타	유기산 염류나 알코올, 글리세린 등도 이용한다. 특히 초산균은 에탄올을 산화하여 초산으로 한다.
질소원	무기질소원	
	질산염, 아질산염	곰팡이, 탈질균, 질산균 등이 이용한다.
	암모니아염	대장균, 고초균, 효모, 곰팡이나 아질산균 등이 이용한다.
	유리질소가스	조균류, 공중질소 고정균이 이용한다.
	유기질소원	
	아미노산	곰팡이, 효모, 세균이 잘 이용한다.
	펩톤, 단백질	단백질 분해효소를 분비하는 곰팡이나 고초균이 이용한다.
무기염류	P, S, Mg Fe, Mn, Cu K, Na, Ca 등	호흡, 발효, 균체 성분으로서 미생물에 필요 미량원소로서 미생물의 생육에 필요
생육인자	비타민, 펩티드 유기염 등	상기의 탄소원, 질소원, 무기염류만으로는 생육할 수 없는 어떤 특정의 미생물에 필요한 생육인자

- 배지 중의 당 농도: 세균 0.5~2%, 효모 · 곰팡이 2~10% 필요함
- 배지 중의 질소원 함유량: 0.1~0.5%(질소로서) 필요함
- 배지 중의 P, Mg, S 양: 염으로 0.05~0.1% 필요함

2 영양요구성에 의한 미생물의 분류

1) 독립영양균(獨立營養菌 또는 自家營養菌, autotrophic microbe)

유기물을 필요로 하지 않으며 무기물(무기탄소원, 무기질소원)만으로 생육하는 것으로 CO_2, HCO_3^-와 같은 무기탄소원으로부터 탄수화합물을, NH_4^+, NO_3^-, NO_2와 같은 질소원으로부터 질소화합물을 합성한다. Nitrobacter는 아질산염(nitrite: $NaNO_2$, KNO_2 등)을 에너지원 혹은 질소원으로 하고 탄산염을 탄소원으로 하여 핵산, 단백질, 지방을 비롯하여 모든 복잡한 균체성분을 합성할 수가 있다.

에너지획득방법에 따라서 광합성균과 화학합성균으로 나뉜다. 즉 빛이 그 에너지원인 광합성 세균(photosynthetic 또는 photoautotrophic microbe)과, NH_3 · S 등과 같은 무기물을 산화하여 에너지를 획득하고 그 에너지로부터 CO_2를 동화하여 생육하는 화학합성균(chemoautotroph, chemotrophic microbe)으로 나뉜다.

(1) 광합성균의 특성

빛에너지를 이용하여 생체성분을 합성하는 미생물로 광합성 독립영양균(photoautotroph)이라고도 한다. 이들은 광합성 색소로 고등식물의 광합성색소인 chlorophyll a와 비슷한 bacteriochlorophyll을 균체 내에 가진다. 여기에 속하는 광합성세균은 *Cyanobacteria*, 홍색세균(purple photosynthetic bacteria), 녹색세균(green photosynthetic bacteria)의 3군이 알려져 있다. 일반적으로 광합성균은 편성혐기성균으로 광합성 대사에는 보통 H2S를 필요로 한다.

*Cyanobacteria*은 광합성 시 산소를 발생하며 진핵생물과 유사한 색소계를 가지고 있으며 균의 형태도 크고 다양하다. 질소고정과 산소발생적 광합성이 공존한다. 생활범위가 넓어서 사막이나 산성온천 같은 극단적인 환경조건에서 생육할 수 있는 것도 있다. 여기에 속하는 것으로는 *Anabaena*속, *Pseudoanabaena*속, *Oscillatoria*속, *Dermonarpa*속 등이 있다.

홍색과 녹색세균은 독특한 색소계를 가지고 있으며 광합성 시 산소를 발생시키지 않는다. 그리고 엽록소는 식물의 엽록소 chlorophyll과 동일한 기본구조를 가지며 같은 생합성 경로를 통하여 합성되지만 이들 세균에 국한되기 때문에 bacteriochlorophyll라 한다. 홍색황세균은 단세포로 간균, 구균, 나선균의 형태를 가지며 혐기적 상태에서는 빛 존재하에서 CO_2와 무기물을 이용하여 생육하는 특성을 지닌다. 그러나 빛이 없는 혐기성 상태에서는 되면 발효에 의해, 산소가 공급되면 호흡에 의해 생육하는 생활방식을 취하는 경우도 있다. *Rhodospirillum*속, *Rhodopseudomonas*속, *Rhodomicrobium*속 등이 있다.

홍색 황세균: $H_2S + H_2O + 2CO_2 \rightarrow 2HCHO + H_2SO_4$

(2) 화학합성균

무기물 즉 H_2, S, NH_3, NH_4^+, NO_2, S_2O_3, H_2S, Fe, Mn 등의 산화에 의해 나오는 에너지를 이용해서 CO_2를 고정하는 미생물을 화학합성균(화학합성독립영양균)이라 하며 호기적 조건하에서 발육한다. 질화세균, 유황산화세균, 수소세균, 메탄산화세균, 철세균, 일산화탄소세균 등이 포함된다.

황산화세균이 일반적으로 이용하는 황화합물은 H_2S, $S_2O_3^{2-}$(thiosulfate) 등이며 대표적인 것으로 *Thiobacillus*속, *Thiomicrospira*속, *Sulfolobus*속 등이다. 생육은 상당히 빠르며 H_2S가 고갈되면 부족되는 에너지는 황을 SO_4^{2-}로 산화함으로써 얻는다.

*Thiobacillus*속은 유리황이나 thio황산염($S_2O_3^-$)을 황산염으로 산화한다.

$$5Na_2S_2O_2 + H_2O + 2O_2 \rightarrow 5Na_2SO_4 + 5S + energy$$
$$S + 1\frac{1}{2}O_2 + H_2O \rightarrow H_2SO_4 + energy$$

질화세균(窒化細菌, nitrifying bacteria)은 토양 중의 암모니아가 질산으로 산화되는 데 관여한다. 여기에는 암모니아 산화균인 *Nitrosomonos*속과 아질산산화균인 *Nitrobacter*속이 있다. 중성 내지 알칼리성에서 잘 발육하며 생육 속도는 대단히 느리다. 즉, *Nitrosomonas*속균은 NH_3를 아질산으로 산화하여 에너지를 얻는다.

$$2NH_3 + 3O_2 \rightarrow 2HNO_2 + 2H_2O + energy$$

이때 생긴 아질산은 *Nitrobacter*속에 의해 NO_3로 산화하여 에너지를 얻는다.

$$HNO_2 + \frac{1}{2}O_2 \rightarrow HNO_3 + energy$$

철세균(鐵細菌)은 제1철을 제2철로 산화하여 생성되는 에너지를 동화작용에 이용한다. 대표적인 철세균으로는 *Thiobacillus ferrooxidans*로 제1철과 환원된 S를 이용하여 무기영양적으로 생육한다. 그리고 다른 균으로는 100℃ 산성온천수에 사는 *Archaebacteria*속 등이 있다.

메탄산화균(methylotrophic bacteria)는 탄소원과 에너지원으로 CO_2보다 더 환원된 메탄, 메탄올, 메틸아민 등의 C1화합물을 사용한다. 일반적으로 Gram음성이다.

2) 종속영양균(從屬營養菌, 他家營養菌, heterotroph, heterotrophic microbe)

필수유기대사산물을 합성할 능력이 없어, 유기물을 분해하여 생기는 유리에너지를 이용하여 생육하는 균이다. 유기물을 탄소원으로 하며 질소원으로는 무기 또는 유기물의 질소화합물을 이용한다. 자연에는 이런 종류의 미생물이 가장 많으며 대부분의 식품미생물과 부패미생물은 영양요구성으로 볼 때 종속영양균에 속한다.

종속영양균은 자연계에 존재하는 거의 모든 유기물을 이용할 수 있는데 유기화합물은 에너지원인 동시에 탄소원인 경우가 많다. 종속영양균들은 산소존재 여부에 따라 분해과정이 다르다. 산소가 있을 때는 호흡을 하고 없을 때는 발효를 하여 분해하는데 미생물에 따라서는 발효 대신 혐기적 호흡으로 생육하기도 한다. 종속영양균은 빛 에너지를 이용하지만 유기탄소원을 필요로 하는 광합성종속영양균, 세균, 곰팡이, 효모를 비롯한 대부분의 미생물이 속하는 것으로 유기화합물의 산화에 의하여 에너지를 얻는 화학합성종속영양균, 생물의 사체 또는 분비물을 이용하여 번식하는 사물기생균, 그리고 조류나 병원균과 같은 고등식물의 생세포나 생조직에 기생하여 생육하는 생물기생균으로 나눈다. 그리고 영양요구성에 따라서 분류하면 질소고정균(窒素固定菌, nitrogen fixing bacteria), 영양요구가 엄격하지 않는 nonexacting균, 영양요구가 엄격한 exacting균 및 발육인자를 요구하는 균으로 나눌 수 있다.

(1) 질소고정균(nitrogen fixing microbe)

공기 중의 유리질소를 고정하여 세포 내 질소화합물을 합성하는 균이다. 대표적인 것으로는 *Azotobacter*속, *Clostridium*속 및 *Rhizobium*속 등이 있으며 토양을 비옥하게 하므로 농업에 있어서 중요하다.

(2) Nonexacting균

생육에 특정 아미노산이나 발육인자를 필요로 하지 않는다. 탄소원으로 유기물을 요구하고 질소원으로 NH_4^+, NO_3^-와 같은 무기질소원과 무기태질소원을 이용하는 것으로 균체 성분을 합성할 수 있으므로 아미노산이나 발육소(비타민) 등을 필요로 하지 않는다. *E. coli, Aerobacter aerogenes, Pseudomonas*속, 대개의 효모, 곰팡이 등이 여기에 속한다.

(3) Exacting균

무기태 질소만으로 생육하지 못하고 아미노산과 같은 특정 유기질소원을 필요로 하는 아미노산요구균(예: *Salmonella typhosa*)과 비타민, 핵산과 같은 생육인자를 요구하는 균 그리고 생육인자와 아미노산을 모두 요구하는 균도 있다.

3 증식

1) 미생물의 증식 측정

미생물의 증식은 세포성분의 증가를 의미하며 여러 가지 환경요인에 의해 촉진되기도 하고 저해되기도 한다. 미생물은 증식할 때 외부로부터 영양물질을 흡수하여 RNA, DNA, 단백질, 효소 등을 합성하여 세포의 크기나 무게가 증가하고 세포벽 성분이 합성된다. 이렇게 되면 세포가 분열되어 새로운 세포가 된다. 세포분열이 수반되지 않는 특정 성분의 증가는 진정한 의미의 증식이 아니다. 세균과 효모와 같이 단세포로 된 미생물은 세포 수의 증가가 증식의 기준이 되지만 곰팡이와 일부 효모처럼 균사가 신장해서 번식하는 것은 세포 수만으로는 증식의 정도를 알 수 없을 뿐만 아니라 세포 수의 측정도 곤란하다. 그러므로 이런 경우는 세포량(cell mass, 건조균체중량) 또는 특정 세포성분(질소, 단백질 등)으로 증식도를 측정한다. 미생물의 증식도를 측정하는 방법은 여러 가지가 있으나 미생물의 종류나 용도에 따라 선택해서 사용한다. 측정방법으로는 건조균체량법, 균체질소량법, packed volumn법, 광학적측정법, 총균체수법, 생균수측정법 등이 있다.

(1) 건조균체량(乾燥菌體量, dry weight)

일정량의 배양액을 여과하거나 원심분리하여 균체를 분리한 다음 물로 깨끗이 세척한다. 105℃에서 항량이 될 때까지 건조한 후 중량을 측정한다. 위와 같은 방법으로 균체의 중량을 측정한 후 이들의 총균수를 현미경을 이용하여 계수한 것을 나누어 주면 단세포당 중량을 알 수 있다.

(2) 균체질소량

세포수나 양을 측정하기가 곤란한 경우 세포구성성분이나 대사산물의 양을 측정하면 증식도를 알 수 있는데 균체질소량법은 균체구성성분인 질소량을 측정하여 증식도를 측정하는 방법이다. 균체단백질을 알칼리로 추출해서 측정하는 동(銅)-Folin법과 단백질의 질소를 암모니아로 분해해서 암모니아를 정량하는 kjeldahl 분해법 등이 있다. 질소함량은 균종, 배양조건에 따라 다르다.

(3) Packed volume

일정량의 미생물배양액을 [그림 11-1]과 같은 부피를 알 수 있는 원심관에 넣고 일정한 조건으로 원심분리하여 얻은 침전된 균체의 용적을 알아보는 방법이다. 이 방법은 세포 자체의 용적 외에 세포와 세포 사이의 공간용적도 가산되므로 같은 양의 균체라 할지라도 균의 형태나 크기에 따라 용적이 달라진다. 세균류는 작기 때문에 원심침전이 쉽지 않으므로 효모와 같은 대형세포 생물에 사용한다.

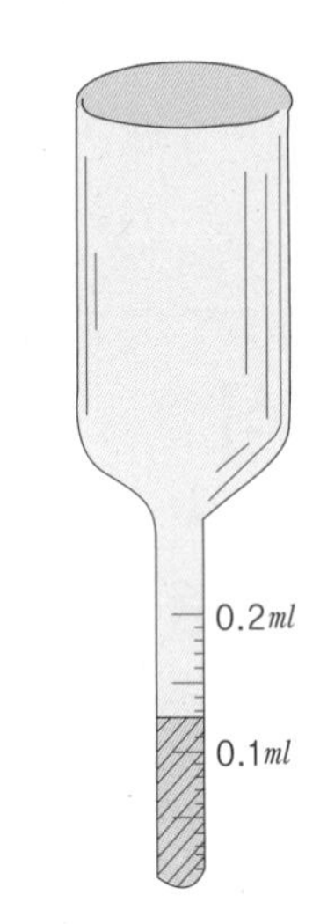

그림 11-1 균체량 측정용 원심관

(4) 광학적 측정법

세균이나 효모와 같이 균일한 세포집단의 증식을 간단하고 신속히 측정하는 방법으로 비탁법(比濁法, turbiditimetry, nephelometry)과 비색법(比色法, colorimetry)이 있다. 비탁법은 세포현탁액에 의하여 산란된 산란광의 양을 전기적으로 측정하여 균의 농도를 알아보는 방법이다.

비색법은 균체현탁액에 의한 빛의 흡수를 측정하는 것으로 660nm 부근의 적색광의 흡수를 측정하며 흡광도로 표시한다.

(5) 총균체수법(total cell count)

현미경을 이용하여 세균이나 효모의 수를 직접 세는 방법이다. 효모의 경우는 Haematometer(Thoma 혈구계수기, 血球計數盤)를, 세균의 경우는 Petroff-Hauser 계수반을 이용하여 세균 수를 헤아린다. 세균의 경우는 생균과 사균의 구별이 곤란하지만 효모와 같은 대형세포는 메틸렌 블루(methylene blue)로 염색하면 생균과 사균을 구별할 수 있다[그림 11-2].

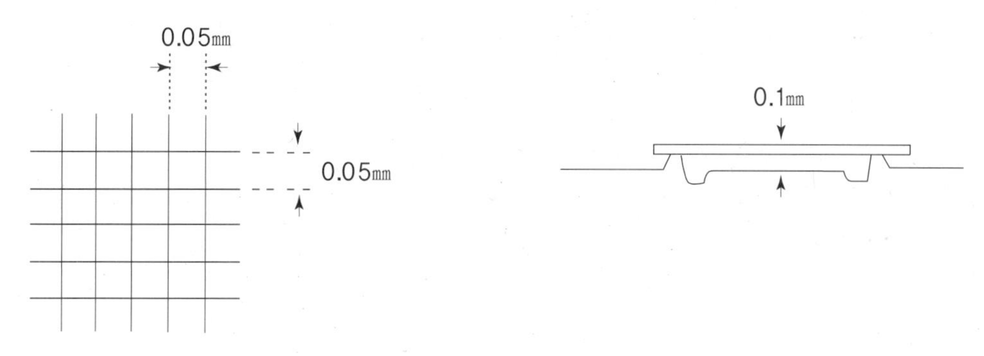

그림 11-2 혈구계수기를 이용한 총균수 측정

Haematometer를 사용한 효모세포 수의 계측은 다음과 같다. Thoma혈구계산판은 두꺼운 slide glass로 작은 소구획 16개가 대구획을 형성하며 그 대구획 16개가 slide glass에 새겨져 있다. 소구획은 중앙에 가로, 세로 0.05mm 간격으로 분획선이 그어져 있고, 완전히 평면으로 된 특별의 cover glass를 그 획선이 있는 평면 위에 얹으면 0.1mm 두께의 공간이 만들어진다. 따라서 slide glass의 1구획은 0.0025mm^{2}이 되고 slide glass의 밑면과 cover glass 사이 간격이 0.1mm이므로 그 입방체의 면적은 0.00025mm^{3}가 된다. 따라서 4구획이면 0.001mm^{3}로 되고 이것은 1mL의 100만분의 1로 된다. 4구획 중의 평균치를 100만 배(106배)하면 1mL 중의 균 수가 얻어진다.

1구획의 용적: 0.05mm × 0.05mm × 0.1mm = 0.00025mm^3
4구획의 용적: 0.00025mm^3 × 4 = 0.001mm^{3}로 1mL의 100만분의 1로 된다.

따라서 4구획의 평균치를 100만 배(10^6배)하면 1mL 중의 균 수가 얻어진다.

희석한 효모현탁액을 Thoma혈구계수기의 slide glass에 떨어뜨리고 액 중에 기포가 남지 않게 주의하여 cover glass를 얹는다. 현미경의 재물대 위에 고정시켜 가능한 한 약 확대(300~400배)로 검경하여 4구획 내에 존재하는 효모의 수를 헤아린다. 이때 분획선 위의 세포는 2변의 것만을 계산에 넣고 다른 2변의 것은 계산에 넣지 않는다. 즉 세로선 위의 것을 헤아리고 가로선 위의 것은 헤아리지 않거나 그렇지 않으면 상변과 우변위를 세고, 하변 및 좌변위의 균은 세지 않는다. 1구획에 5~15 정도가 적당하다.

세균의 수를 계측할 때는 Petroff-Hausser계수반을 이용한다. 계수반은 Haematometer와 마찬가지로 slide glass의 중앙에 0.05mm 간격으로 가로, 세로 평행선이 그어져 있고 완전히 평면으로 된 특별의 cover glass를 그 획선이 있는 평면 위에 얹으면 0.02mm

의 간격이 만들어진다. 따라서 slide glass의 획선에 의한 1구획은 0.0025mm^{2}의 면적이 되는 slide glass의 밑면과 cover glass 사이 간격이 0.02mm이므로 그 입방체의 면적은 0.00005mm^{3}가 된다. 1구획당 평균치를 구해 계수반의 체적에 따라 1mL 중의 전 균수를 얻는다. 세균의 경우 위상차현미경을 사용하여 600~800배 정도로 계측하는 것이 바람직하다. 시료의 세포 수가 10^{6}cell/mL 이하일 경우 적당하지 않다.

(6) 생균 수 측정(viable cell count)

식품 중에 존재하는 미생물의 양은 식품의 종류에 따라 다르지만 일부 무균식품을 제외하고는 어떤 형태로든지 미생물이 존재하고 있다. 일반적으로 식품 중의 생균 수는 매우 많아 일상식품은 10^4~10^7/g 정도인데 식품에 존재하는 일반 세균(병원균 제외)이 일정량 이하면 정상적인 식품이라 할 수 있다. 그러므로 식품 중에 존재하는 생균이 일정량 이상 측정되면 그 식품은 제조, 가공, 운반 및 저장 등의 과정이 비위생적이었다고 할 수 있다. 이와 같이 식품 중에 존재하는 세균의 수를 헤아려 식품의 신선도를 판별하거나 제조, 가공·공정 과정에서 위생적 취급 여부 등을 판별할 수 있다.

생균수측정법은 평판계수법(plate count) 또는 집락계수법(colony count)이라고도 한다. 즉 1개의 생균이 한 개의 집락을 형성한다는 가정하에서 측정한다. 그러나 실제 한 개의 집락은 한 개 이상의 생균이 모여서 형성된다. 평판계수법에는 표면평판법(spread plate method)이 있다.

주입평판법은 검체를 적당히 희석하여 그 일정량(1mL)을 petri dish에 넣고 45℃로 식힌 한천배지와 혼합·응고시킨 후 배양하여 발생된 집락(colony) 수를 측정하는 것이다. 곰팡이와 같이 단세포의 균일한 현탁액을 만들 수 없거나 단독집락(isolated colony)을 형성할 수 없는 경우에는 이 방법을 쓸 수 없다.

15~300개의 집락수를 얻은 희석단계의 평판에 대해서 집락수를 측정한다. 모든 희석단계에서 집락수가 300개 이상인 경우에는 300에 가까운 평판에 대하여 밀집평판 측정법에 따라 계산한다. 모든 희석단계에서 집락수가 15개 이하인 것밖에 얻을 수 없는 경우에는 그 희석배율이 가장 낮은 평판에 대해서 집락수를 센다.

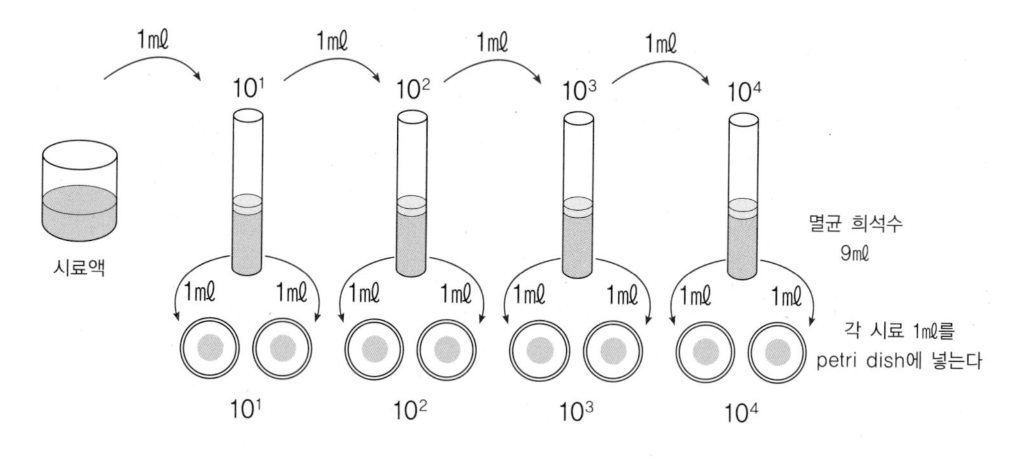

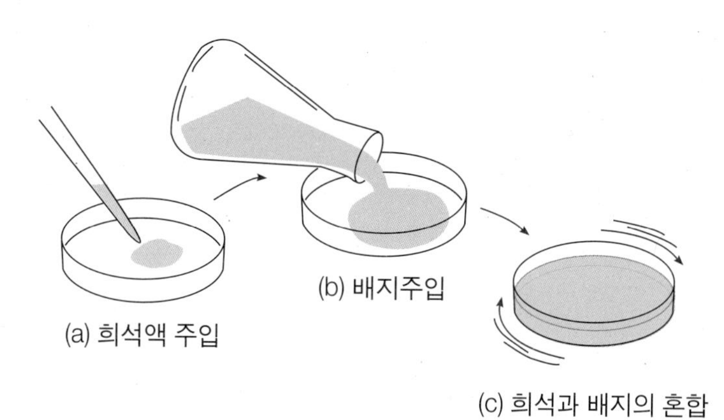

그림 11-3 혼합희석배양법에 의한 균 수 측정

(7) Membrane filte법

물이나 공기 중의 미생물과 같이 비교적 미생물 농도가 낮은 시료 중의 생균 수를 알기 위한 방법으로 일정량의 시료(예를 들면 물 100mL)를 millipore filter에 통과시키고 이 여과지를 적당한 배지에 얹은 다음 일정 시간 배양 후 생성된 colony 수를 세는 것이다. 이때 적당한 염료를 배지 중에 넣어 배양하면 특정한 균과 분리해서 계측할 수 있다.

(8) 간접적인 방법

위의 방법 이외에 미생물 배양 중의 산소흡수속도, 가스발생속도, 유기산의 생성량, 효소활성 측정 등으로부터 간접적으로 증식도를 측정하는 방법도 있다.

2) 증식의 세대시간

대부분의 세균은 증식하기에 적당한 배지에 접종(接種, inoculation)한 다음 배양하면, 일정한 시간이 지난 후에 분열하여 모세포와 똑같은 2개의 낭세포(娘細胞)로 된다. 즉 일정한 시간마다 세포 수는 2배가 된다.

새로운 세포가 생장해서 다시 2개의 세포로 될 때까지 소요되는 시간을 세대시간(世代時間, generation time 또는 dobuling time)이라고 한다. 세대시간은 미생물의 종류, 배지의 조성, pH, 온도, 산소공급량, 대사산물의 축적량, 미생물의 노화(老化) 등 여러 가지 조건에 따라 다르다. 이와 같이 세포 수가 2의 배수로 증가하는 시기를 대수증식기(logarithmic phase)라 한다.

지금 a개의 균이 증식을 시작하면 세포 수는 세대가 바뀔 때마다 2배가 된다. 즉,

제1세대 후 균 수: $a \times 2 = a \times 2^1$

제2세대 후 균 수: $a \times 2 \times 2 = a \times 2^2$

제3세대 후 균 수: $a \times 2 \times 2 \times 2 = a \times 2^3$

⋮

제n세대 후 균 수: $a \times 2 \times 2 \times 2 \times 2 \cdots\cdots = a \times 2^n$

따라서 최초의 균 수(접종균 수)를 a, n세대 후의 균 수를 b라 하면

n세대 후 균 수(b) $= a \times 2^n$ ··························· (1)

(1)식에 상용대수를 취하면 $\log b = \log a + n\log 2$ ··························· (2)

(2)식에서 세대 수(n)를 구하면 $n = \dfrac{\log b - \log a}{\log 2}$가 된다. ··························· (3)

n세대를 거치는 데 소요된 시간을 t라고 하면

세대시간 (g)는 $g = \dfrac{t}{n}$이다. ··························· (4)

그러므로 (4)식의 n을 풀어서 (3)식에 대입하여 g를 구하면

세대시간(g)은 $g = \dfrac{t \log 2}{\log b - \log a} = \dfrac{t \times 0.301}{\log b - \log a}$이 된다. ··························· (5)

동일균주, 동일배양조건에서는 g와 loga는 일정하므로 대수기에는 세포 수의 대수(logb)와 시간(t)은 직선관계에 있다.

세대시간(g)은 증식이 빠를수록 그 값이 작다. 즉 최적조건에서 대장균이나 젖산간균의 세대시간은 15~20분, 고초균 30분, 효모 1시간, 결핵균 약 18시간이며 특히 독립영양균은 세대시간이 대단히 길다.

세대시간이 30분인 고초균의 경우 증식속도를 계산하면 이론상으로는 엄청나게 균수가 늘어나나 실제 여러 가지 제약조건 즉 영양물질의 소모, 대사산물의 축적 또는 기타 여러 가지 이유로 인해 증식은 억제되고 사멸하는 균이 많아 계산대로는 되지 않는다. 곰팡이의 경우 균사가 연속해서 자라서 길어지므로 균체 수에 의한 세대시간을 계산할 수 없으므로 균체량의 증가로 생육을 비교한다.

3) 증식곡선

세균이나 효모를 새로운 액체배지에 접종·배양하면서 생균 수를 측정하여 보면 **[그림 11-4]**와 같은 긴 S자 모양의 곡선이 얻어진다. 이것을 증식곡선(增殖曲線, growth curve)이라 하며 일반적으로 4단계로 구분하여 생각할 수 있다. 미생물을 새로운 배지에 접종·배양하면 바로 일정한 속도로 분열을 시작하는 것이 아니고, 얼마 동안은 증식이 일어나지 않고 정지상태를 유지한다.

이 시기를 유도기(誘導期, lag phase, induction period)라고 하며 그 후 배양시간이 지남에 따라 증식이 매우 활발하게 일어나는 시기를 대수기(對數期, increased logarithmic growth phase)라 하고, 그 뒤 증식속도가 감소되어 생균수가 일정한 시기를 정상기(定常期, stationary phase)라 한다. 이후 시간이 경과함에 따라 생균 수가 감소하는 시기를 사멸기(死滅期, death phase)라고 한다. 각 증식기에 따라 세포의 생리적 성질은 큰 차이가 있다.

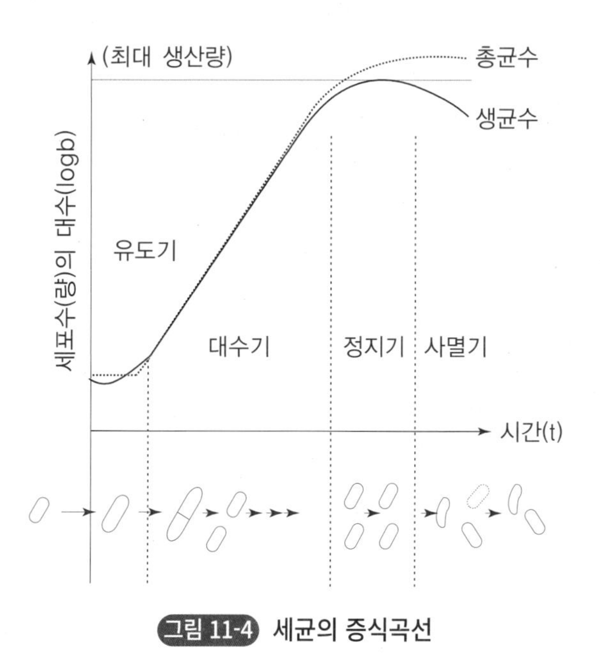

그림 11-4 세균의 증식곡선

(1) 유도기

이 시기에는 세포가 새로운 환경에 적응하여 증식을 준비하는 기간으로 세포의 증식은 거의 없으나 세포의 크기는 2~3배로 증가한다. 또 이 시기에는 균체 내부에서는 새로운 환경에서 증식하는 데 필요한 각종 효소를 생합성하는 등 대사활동이 활발하며 또 호흡기능이 활발하고 세포 내의 RNA 함량은 증가하나 DNA 함량은 일정하다. 그리고 세포투과성이 증가하고 온도에 민감하며 정상기 세포보다는 쉽게 사멸한다. 유도기는 왕성한 발육을 하는 균을 접종하는데, 접종 전후의 배지조성이 비슷하면 짧아지나 배지조성이 다르거나 접종균량이 적으면 길어진다.

(2) 대수기

유도기에서 새로운 환경에 대한 적응준비가 끝나면 세포는 대수적으로 급속히 증식하기 시작한다. 대수기에는 세포의 생리활성이 가장 강한 시기로 세포질 성분의 합성속도와 세포분열 속도가 거의 일치해서 세포수의 증가속도가 최대로 된다. 증식속도는 배지의 영양, pH, 온도 및 산소분압 등의 환경인자에 의해서 결정된다. 배지 중의 영양분은 균체합성에 사용된다. 따라서 균의 생육에 반비례하여 배양액 중의 잔류당, 가용성 질소, 무기인과 같은 각종 성분은 감소하고 대사산물은 증가한다. 또한 세대시간이 가장 짧고 일정하며 세포의 크기도 일정하다. 대사물질이 세포질 합성에 가장 잘 이용되는 시기로 배양균을 접종하기에 가장 좋은 시기이며 물리적, 화학적 처리에 대한 감수성이 높다. 그리고 RNA 함량은 일정하고 DNA는 증가한다. 대수기의 지속기간은 배지의 조성이나 물리적인 상태 또는 접종량에 따라서 다른데 일반적으로 액체배지에서는 수시간에 불과하고 그 후 생육속도는 점차로 감소한다.

(3) 정상기(정지기)

대수기 이후 생균 수가 거의 일정하고, 전체 배양기간을 통해서 세포 수가 최대에 달하는 시기로 세포의 형태가 정상인 시기이다. 이 시기는 증식하는 세포 수와 사멸하는 세포수가 동일하다. 또 이 시기는 영양물질의 고갈, 유해한 대사산물의 축적, 배지 pH의 변화, 균의 과밀화 등으로 환경이 부적절하여 세포증식속도가 감소하여 결국 생균 수가 증가하지 않는다. 정상기는 보통 몇 시간에서 며칠 동안 계속되고, 내생포자를 형성하는 세균은 보통 이 시기에 포자를 형성하며 항생물질과 같은 생산물도 이 시기에 최대량으로 되는 것이 많다. 정상기에 생균 수가 거의 일정하게 유지되는 것은 세포증식이 정지되거나 일부의 세포가 사멸하는 대신 다른 일부의 세포가 증식하여 사멸세포 수와 증식세포 수가 거의 같기 때문이다. 정상기 세포는 대수기 세포에 비해서 세포성분이 불균등(unequal rate)하게 합성되는 비정상적인 증식(unbalanced growth)을 하여 세포의 화학적 조성이 대수기의 세포와 다르며, 또한 세포의 크기가 작고 물리화학적 작용이나 화학약품에 대한 내성이 강하다. 보통 배지에서 정상기의 세포 수는 세균이 10^9/mL이고 효모는 10^8/mL 정도다.

(4) 사멸기

배양의 최종기로서 증식세포 수보다 사멸세포 수가 증가하여 생균 수가 감소하는 시기이다. 사멸속도는 증식과 같이 대수적으로 진행된다. 세포의 사멸원인과 속도는 균의 종류나 배양조건에 따라 다르다. 세포가 사멸하는 원인은 각종 효소에 의한 세포구조의 파괴(핵산분해효소에 의한 DNA 및 RNA의 분해, 단백질 분해효소에 의한 단백질분해, 세포벽 분해효소에 의한 세포벽 분해 등), 효소 단백질의 변성 및 실활, 세포 내 영양물질의 고갈, 산·알코올 등 유해한 대사산물축적, 배지의 pH 변화 등이다. 균이 죽고 용균(溶菌)되기 쉬운 조건에서는 생균 수의 감소와 더불어 흡광도(吸光度)와 탁도(濁度)도 감소된다. 대부분의 세포가 사멸되면 몇몇 잔존 미생물이 장기간 혹은 수개월 남아 있는 경우도 있다.

4 미생물의 증식과 환경

미생물의 증식과 생리적 성질은 주변의 환경에 의해서 좌우되는데, 생활에 적합한 환경과 그렇지 않은 환경이 있다. 이것을 알아내어 미생물에 적합한 환경을 만들어 증식시켜 유용하게 이용할 수도 있으며 그와 반대로 부적합한 환경을 만들어 증식을 억제하거나 사멸시킬 수 있다. 미생물의 증식에 영향을 미치는 요인으로는 수분, pH, 산소, 식염, 화학물질 등의 화학적 요인과 온도, 광선과 방사선, 압력 등의 물리적 요인, 그리고 공생, 길항 등의 생물학적 요인이 있다.

1) 물리적 요인

(1) 온도

온도는 미생물의 생존과 생육에 가장 중요한 환경요인이다. 일반적으로 미생물이 성장할 수 있는 온도는 -10~95℃ 범위이나 모든 미생물이 그런 것은 아니며 미생물의 종류에 따라 온도 범위가 각각 다르다.

❶ 미생물의 생육과 온도

미생물이 생육하는 데 필요한 온도를 생육온도라고 한다. 미생물이 생육하는 데 가장 알맞은 온도를 최적온도(optimum temperatuer), 생육 가능한 가장 낮은 온도를 최저온도(minimum temperature), 생육 가능한 가장 높은 온도를 최고온도(maximum temperature)라고 한다[표 11-3]. 이러한 온도는 완전한 것이 아니며 영양이나 환경 등의 조건에 따라 변할 수 있다. 최고온도는 실제 최적온도보다 약 5~12℃ 높다. 따라서 최고온도 이상에서는 성장이 중단되고 세포가 위험에 처할 수 있다. 따라서 각 미생물은 생육에 요구되는 온도 범위가 다른데 미생물의 생육 최적온도 범위에 따라 고온균, 중온균, 저온균 등 3균으로 나눌 수 있다[표 11-3].

표 11-3 생육온도 범위에 따른 미생물의 분류

미생물 분류	생육온도(℃)			예
	최저	최적	최고	
저온균	0 또는 그 이하	15~25	25~35	수중세균, 일부 효모(*Candida*속, *Torulopsis*속), 일부 곰팡이
중온균	0~15	25~40	45~55	대부분의 효모, 곰팡이, 부패균, 병원균
고온균	25~45	50~60	70~80	퇴비 또는 온천에 있는 세균, 젖산균, 일부 포자형성균(*Bacillus* 및 *Clostridium*속)

최적온도가 15~25℃의 균을 호냉균(저온균, psychrophiles), 25~40℃의 균을 중온균(호온균, mesophiles), 50~60℃의 균을 호열균(고온균, thermo philes)이라 부른다. 고온균 중에서 37℃에서부터 생육이 가능하며 55℃ 또는 그 이상에서도 생육하는 것을 통성고온균(facultative thermophiles), 37℃에서 생육이 불가능하며 55℃ 이상에서만 생육하는 것을 편성고온균(절대호열세균, obligate thermophiles)이라고 하며 또 상온이나 고온에서 다 같이 생육하는 것을 내열성균(thermoduric microorganisms or thermotolerant)이라고 한다. 일반적으로 고온균은 여름철 한낮 햇볕을 쪼인 토양, 퇴비, 발효 중인 물질, 화산지대 그리고 온천 등에 생육하며 고온미생물로는 *Bacillus*속, *Clostridium*속, *Sarcina*속, *Staphylococcus*속, *Streptococcus*속 등의 세균, *Thermoactinomyces* 등의 방선균 그리고 *Mucor*속, *Penicillium*속, *Humicola sp.* 등의 곰팡이에서 볼 수 있다.

대부분의 미생물은 중온균에 속하는데 포유동물의 장내미생물이나 병원성 미생물, 각종 세균, 효모, 곰팡이 등이 여기에 해당한다. 중온균의 생육최적온도는 그 미생물의 생육장

소와 밀접한 관계를 가진다.

저온균은 0℃ 이하에서도 증식할 수 있는 미생물로 해수, 담수, 토양, 어패류, 저온에 저장한 식품 등에 비교적 널리 분포되어 있다. 여기에 해당되는 균으로는 *Pseudomonas*속, *Vibrio*속의 세균이 많고 그 외 *Achromobacter*속, *Flavobacterium*속, *Alcaligenes*속, *Bacillus*속 및 *Clostridium*속 등의 일부 세균과 *Candida*속, *Torulopsis*속의 대부분의 효모와 일부 *Cryptococcus*속, *Saccharomyces*속, *Hanseniaspora*속 등의 효모, 그리고 *Aureobasidium*속, *Botrytis*속, *Geotrichum*속, *Cladosporium*속, *Sporotrichum*속, *Fusarium*속 등의 곰팡이가 있다.

미생물의 생육속도는 최적온도와 최저온도 사이에서는 온도상승과 더불어 촉진되는데 온도계수(Q_{10})는 2이다. 즉 온도가 10℃ 상승함에 따라 생육속도는 약 2배가 증가한다. 그러나 최적온도보다 고온에서는 Q_{10}은 감소되고 온도가 더 높아지면 효소단백질의 열변성에 의해 생육은 저해된다.

❷ 미생물의 온도요구의 실용화

미생물은 일반적으로 열에 저항성이 약한데 대부분의 미생물은 55~60℃에서 30분간 가열하면 사멸되지만, 세균의 포자는 저항성이 강하여 습열로 100℃ 이상 가열하지 않으면 사멸되지 않는다. 그러나 미생물은 저온에 대해서는 저항성이 매우 강한데 세균 중에는 액체공기(-190℃)와 액체수소(-250℃)로 급랭하여도 사멸하지 않는 경우가 많다. 미생물의 활성은 환경의 온도에 따라 크게 영향을 받는다. 따라서 온도를 그 미생물의 최적온도로 조절하면 활성이 증가하고 반대로 온도를 미생물이 불활성화될 때까지 높이거나 내리면 미생물의 활동을 억제할 수 있다. 이러한 원리를 이용해 식품을 보존하는 한 가지 방법이 저온에 식품을 보존하는 것이다. 이것은 품질저하가 가장 적은 방법으로 미생물의 발육을 억제하고 동시에 세포 내 효소 반응을 억제하기 때문이다.

동결은 식품가공기술의 측면에서는 미생물의 발육을 억제하여 장기간 저장하는 것이지만 위생적인 측면에서는 병원미생물이나 그 독소는 그대로 있으므로 잠재적으로 위험성이 있다. 또 냉동식품을 해동시켰을 때 동결과정 중에 식품의 조직이 손상되어 미생물이 내부로 쉽게 침입될 수 있고 또한 미생물이 번식하기에 적합하게 변해있어 부패가 더 빨리 진행되기 쉽고 또한 해동으로 나오는 침출액(drip)에는 미생물이 자라기에 적합한 많은 영양원을 함유하여 미생물의 생육에 적합한 배지가 된다. 따라서 해동한 냉동식품은 단시간 내에 처리하는 것이 바람직하다. 해동한 식품에는 일반적으로 저온균이 많다.

❸ 미생물의 포자발아와 온도

곰팡이와 세균은 생육최적온도와 포자발아 최적온도가 일치한다. 포자를 단시간 가열하여 휴면상태에 있는 포자에 활성을 부여하면 발아가 촉진된다. 이와 같은 가열처리를 heat shock 또는 heat activation이라 하며 *Bacillus*속은 60℃ 30분, *Neurospora tetrasperma* 등의 곰팡이는 50℃ 5분 정도 처리로 활성화된다.

(2) 내열성

미생물은 생육최고온도 이상으로 가열하면 사멸하는데 이것은 열에 의한 단백질의 응고 특히 효소의 불활성화에 의한 것이다. 미생물의 내열성은 미생물의 종류나 여러 가지 환경조건에 따라 다른데 미생물의 내열성은 다음과 같다.

❶ 동일한 조건하에서는 처리온도가 높을수록 사멸시간이 단축된다.

❷ 세포농도가 높을수록 내열성이 커진다.

❸ 생육에 적합한 배지에서 생육한 것일수록 내열성이 크다.

❹ 생육최적온도에 가까운 온도에서 배양한 것일수록 내열성은 높다.

❺ 미생물증식곡선의 내열성은 유도기 후반에 가장 강하고 대수기에는 가장 약하며 정상기 중에서는 거의 동일한 내열성을 나타내며 그 이후는 내열성이 저하한다. 미숙한 포자는 성장한 포자보다 내열성이 약하다.

❻ 기질의 pH가 중성부근일 때 내열성이 강하고 산성 또는 알칼리성일 경우 특히 산성일 경우 내열성이 약하다.

❼ 식염은 저농도(0.5~3.0%)에서는 일부 세균에 대해서 보호작용을 하나, 보다 고농도가 되면 열에 의한 사멸이 촉진된다.

❽ 저온균은 열에 대해서 민감하고, 고온균이 보다 내열성이다.

❾ 포자는 그 영양세포보다 내열성이 강하다. 내생포자가 내열성을 가지는 것은 두꺼운 피층(cortex)에 싸인 core(protoplast) 중에 존재하는 Ca^{2+}와 dipicolinic acid의 결합체 때문이며 dipicolinic acid가 없는 내생포자나 Ca^{2+} 대신 Sr^{2+}나 Ba^{2+}가 dipicolinic acid와 결합한 물질을 함유하는 내생포자는 내열성이 낮다.

❿ 자유수가 적은 건조세포나 포자는 자유수가 많은 영양세포보다 내열성이 강하다.

⓫ 습도에 따라서도 내열성은 달라진다. 즉 습한 환경보다 건조된 환경에서 내열성이 높아진다. 그러나 모든 세균이 그런 것은 아니다.

⓬ 단백질과 지질은 가열에 대해 세포를 보호한다.

⓭ 산소의 농도가 높을수록 살균속도는 빨라진다.

(3) 압력

보통 미생물은 1기압의 대기압에서 생육하며 30℃, 300기압 이상이 되면 생육이 억제되기 시작하며 400기압에서는 거의 생육이 정지된다. 하지만 일부 미생물들은 1,000기압에서도 생육하는 것이 있다. 이와 같이 높은 기압하에서 생육하는 균 중에는 상압보다 고압하에서 더 잘 자라는 것이 있는데 이들을 호압균(barophilic microorganism)이라고 한다. 이들은 심해 밑 또는 깊은 유전층에 생육하며 *Bacillus submarinus*와 *Pseudomonas xanshocrus* 등이 대표적인 균이다.

표 11-4 세균의 생육에 대한 압력과 온도와의 관계

기압	300기압			400기압			500기압			600기압		
균명 \ 온도(℃)	20	30	40	20	30	40	20	30	40	20	30	40
육상균												
Clostridium sporogenes	−	+++	++++	−	++	+++	−	−	−	−	−	−
Baciilus subtilis	−	+++	++++	−	++	++++	−	−	+++	−	−	++
Pseudomonas fluorescens	++	+++	++++	−	++	++++	−	−	+++	−	−	−
해수서균(海水棲菌)												
Achromobacter thalassius	−	++++	++	−	−	+++	−	−	−	−	−	−
Bacillus submarinus	++	++++	++++	+	++++	++++			++++		+++	+++
Pseudomonas xanthocrus	++++	++++	−	++++	+++		++	++	++	−	−	−

− : 생육하지 못함, +, ++, +++, ++++ : 생육함

이와 같이 일반 세균은 압력에 대해서 강한 저항성을 가지므로 생육을 억제시키는 방법으로 압력을 이용한다는 것은 실용상의 의의가 적다. 그러나 압력에 의해서 원형질의 점도나 탄성 등이 변화하고 대사활성도 영향을 받아서 생육속도가 저하된다. 압력에 의한 생

육저해의 정도는 온도, pH 등 환경요인에 따라 다른데 온도가 상승할수록 저해가 적어진다. 이것은 압력이 단백질의 열에 의한 변성을 억제하기 때문이라 생각된다.

(4) 삼투압(滲透壓)

삼투압이란 반투막(半透膜)을 경계로 농도가 다른 용액이 존재할 때에 생기는 힘을 말하는 것으로 미생물은 세포막과 그것을 보호하는 세포벽에 의해서 삼투장벽(osmotic barrier)를 구성한다.

미생물 세포 내에는 비교적 높은 농도로 물질이 용해되어 있어서 삼투압이 높으며 단단한 세포벽에 의해 그 형태가 유지된다. 따라서 미생물은 일반적으로 삼투압에 대해서 민감하지 않으나 동물세포는 세포벽이 없으므로 삼투압에 아주 민감하다.

수분은 미생물의 생육에 중요한 요소이지만 배양 시 수분의 공급보다는 수분에 녹아있는 저분자 물질에 의한 삼투압이 오히려 미생물의 생육에 실제적인 요소가 된다. 미생물세포의 삼투압은 NaCl, 당류 및 K, Mg, Mn, Ba, Ca, P 등의 무기염류 등에 의해 이루어진다.

이들은 효소반응, 막평형의 유지 또는 세포 내 삼투압의 조절 등에 관여한다. 하지만 이들이 고농도로 존재하면 그 자체의 독성이나 삼투압 등으로 미생물의 생육을 어렵게 한다. 일반 미생물이 생육할 수 없는 높은 기질농도에서도 생육하는 내삼투압성 미생물 중에는 고농도의 당에 의한 고삼투압에서도 생육하는 호당성균(saccharophilic microbe)과 고농도의 식염에 의한 고삼투압하에서 생육하는 호염성균(halophilic microbe) 등이 있는데 호당성균의 대부분은 효모이다.

당용액의 삼투압은 같은 농도의 경우 분자량이 적은 당이 삼투압증가가 높다. 따라서 동일한 농도에서는 glucose나 fructose 등과 같은 단당류가 sucrose나 maltose 같은 이당류보다 삼투압이 2배 정도 높다.

소금농도의 삼투압은 당류에 비해서 낮기 때문에 삼투압만으로 생육을 저지하기가 어렵다. 소금에 대한 미생물의 내성은 각 균주에 따라 다르며 일반적으로 2% 식염의 존재로 생육 유무를 나타낸다.

- 비호염성균(nonhalophile): 소금농도가 2% 이하에서 생육이 양호한 균
- 호염성균(halophile): 소금농도가 2% 이상에서 생육이 양호한 균

일반적으로 대부분의 미생물은 비호염성균에 포함된다. 호염성균을 다시 분류하면

- 미호염성균(slight halophile): 2~5%의 식염농도에서 생육이 양호한 균
- 중등도호염성균(moderate halophile): 5~20%에서 생육이 양호한 균

- 고도호염성균(extreme halophile): 20~30%에서 생육이 양호한 균

등으로 나눌 수 있다.

미호염성균은 *Pseudomonas*속, *Vibrio*속, *Achromobacter*속, *Flavobacterium*속 등으로 주로 해수세균이며 증식속도는 빠르고 바닷고기의 부패세균의 대부분을 차지한다.

중도호염성균은 대부분 해양미생물로 *Pseudomonas*속, *Achromobacter*속, *Vibrio*속, *Brevibacterium*속, *Bacillus*속, *Bacteroides*속, *Lactobacillus*속, *Micrococcus*속, *Sarcina*속, *Streptococcus*속, *Staphylococcus*속 등 많은 속 중에서 볼 수 있고 된장, 간장, 바닷고기, 염장어, 식염 등에서 분리되고 있으며 10% 전후의 식염을 함유하는 염장식품의 변패 원인이 되는 경우가 많다. *Pediococcus halophilus, Saccharomyces rouxii, Torulopsis versatilis, Torulopsis etchellsii* 등 간장양조에 관여하는 미생물은 15% 이상 식염농도에서 생육한다.

고도호염균은 *Halobacterium*속, *Halococcus*속, *Micrococcus halodenitrificans*와 *Micrococcus costicolus*가 대표적인 균이며 소금이 석출되는 건어물의 표면에 서식하며 이들 세균은 식품을 부패시키지 않으나 염장품을 붉게 하는 원인균이다.

미호염균은 저온에서도 증식하나 고도호염균 및 중도호염균은 저온에서는 거의 생육하지 않는다. 그러므로 염장품을 저온에 저장하는 것은 효과적인 저장법이다. 편성혐기성의 포자형성균은 염류에 가장 감수성이 있고 대개의 균은 식염 5%로 증식이 저지된다. 호기성의 포자형성균은 내염성이 있고 15% 혹은 20% 식염 중에서도 증식된다. 또 일반적으로 Gram음성균은 염류에 감수성이 높고 Gram양성균은 내염성이 강하다.

일반적으로 세균의 경우 구균이 간균보다 식염에 대한 내성이 강하고 병원성균은 식염내성이 약하다. 장내세균은 8~9% 식염농도에서, *Clostridium botulinum*은 6.5~12%의 식염농도에서, 포도상구균은 15~20%의 식염농도에서 생육이 저지된다.

식염이 미생물의 생육을 저해하는 이유는 다음과 같다.

❶ 삼투압에 의한 세포 내 원형질분리
❷ 탈수작용에 의한 세포 내 수분의 유실
❸ 호흡저하로 호흡관계 효소활성의 저해
❹ 산소용해도의 감소
❺ 세포의 CO_2에 대한 감수성 증가
❻ Cl^-의 독작용

(5) 광선과 방사선

❶ 자외선

엽록소를 함유하는 고등식물에서는 광선이 개화와 발아에 커다란 영향을 주고 있으나, 광합성세균이나 chlorella와 같은 일부 미생물을 제외한 대부분의 미생물은 밝은 장소보다 어두운 곳에서 잘 증식하고 햇빛은 오히려 생육에 유해하다. 그러나 곰팡이류의 경우 포자형성, 포자발아 및 균사생육 등에 대한 가시광선의 영향은 광선의 종류에 따라 다르나 균사의 생육은 대체로 저해를 받는다.

태양광선을 파장에 따라 분류하면 자외선, 가시광선 및 적외선 등으로 나뉜다. 가시광선과 적외선은 살균력이 없으나 자외선은 강한 살균력을 가진다. 자외선 중에서 살균효과가 가장 큰 파장은 2,500~2,600Å 부근이다. 그러나 살균작용이 강한 단파장의 자외선은 대부분 대기권을 통과하지 못하고, 지표에 도달하는 것은 2,900Å 이상의 장파장의 자외선이므로 태양광선의 살균력은 예상보다 약하다. 따라서 살균력이 강한 자외선을 인공적으로 방출시키는 자외선살균등을 사용하여 식품공장과 실험실 등의 소독에 많이 사용한다. 자외선등에서 방출되는 자외선의 파장은 2,537Å으로 이것은 생물체의 핵산의 흡수극대치(2,600~2,650Å)에 가깝고 조사하면 DNA에 흡수되어 손상을 주기 때문에 사멸된다. 또 자외선은 살균작용과 동시에 변이를 일으키는 작용이 있어 자외선 조사 후에 살아남은 생존균주 중에는 변이주(mutants)가 많다.

자외선의 살균작용은 조사선의 세기와 조사된 시간의 상승적 효과에 의해서 살균작용이 결정된다. 이것을 조사량(照射量, dose)이라고 한다. 살균작용은 조사량에 대해서 대수적이다. 방사선이 생물에 조사되면 세포 내의 수분과 산소분자가 이온화되어 여러 가지 영향을 생물체에 미치는 것으로 생각된다.

자외선 살균은 모든 균종에 유효하다. 그러나 미생물의 종류와 계통에 따라서 저항성은 다르다. 세균의 경우 일반적으로 Gram양성 구균은 Gram음성(*E. coli*나 *Salmonella* 등은 감수성이 가장 높다)구균에 비하여 내성이 강하며 건조세포는 수분이 많은 습한 세포보다, 포자를 가지는 세포는 영양세포보다 내성이 강하다. 효모는 Gram양성의 포자와 같은 정도의 내성이 있으며 곰팡이는 저항성이 아주 강하다. 색소(色素)를 가지는 세포는 색소가 없는 세포보다 저항성이 강한데 이것은 자외선이 색소에 흡수되어 핵부위에 도달하게 되는 자외선이 감소되기 때문이다.

자외선 조사로 거의 증식력을 잃은 세균에 가시광선(3,700~4,000Å)을 조사하면 일부 세포는 다시 증식력을 회복하는 경우가 있다. 이것을 광회복(光回復 또는 光再生, photoreactivation, photorecovery)이라고 한다.

❷ 방사선

방사선은 보통 200nm 이하의 짧은 파장을 가지는 것으로 a, β, γ, X선 및 우주선 등이 있다. 이들 중 γ선, X선, β선 등과 같은 광선은 높은 에너지를 함유하고 있어 투과력이 강하다. 이들을 세포에 투과하면 세포를 구성하고 있는 어떤 물질이 이온화되고 이 이온화된 전자는 다른 물질에 부가되어 그 물질의 화학결합을 변화시켜 분자구조가 달라지게 되고 그 결과 그 물질은 기능성을 상실하게 된다. 이와 같이 물질을 이온화시키는 방사선을 전리방사선(電離放射線, ionizing radiation)이라 한다.

생물체에 전리방사선의 조사선량(dosage)을 어느 양 이상 높이면 생물에 치사효과를 나타내거나 돌연변이와 같은 효과를 나타낸다.

방사선의 살균력은 자외선의 살균력과는 달리 투과성이 강하므로 미생물의 내부까지 살균할 수 있는 장점이 있다. 감수성은 일반적으로 하등한 생물일수록 방사선에 대한 저항성이 강한데 고등식물, 곤충, 미생물, 미생물의 포자, 바이러스 순으로 저항성이 커진다. 그리고 Gram양성균이 Gram음성균보다 방사선 저항성이 가장 강한 *Micrococcus radiodurans*를 제외한 포자형성균이 무포자균보다 방사선 저항성이 강하며, 효모가 곰팡이보다 방사선 저항성이 강하다. 그러나 이들은 Gram양성균보다는 약하다. 또한 세포 수가 많을수록, 단백질이 많을수록, 산소는 없을수록 같은 영양세포라도 건조된 상태의 세포가 습한 상태의 세포보다 저항성이 강하며, 유도기의 세포가 저항성이 가장 강하며 대수기 말기의 세포는 저항성이 가장 약하다.

전리방사선을 식품에 조사하면 조사대상물의 온도상승 없이 살균되는 냉살균(cold sterilization)이 되기 때문에 식품에 대량 살균처리가 가능하다. 또한 식품을 밀봉한 상태 그대로 조사살균이 가능하다. 방사선 식품조사는 살균뿐만 아니라 발아·발근방지, 살충, 숙도조절, 품질개선 등의 목적으로도 사용한다.

(6) pH

❶ 미생물의 생육과 pH

미생물의 생육, 대사 및 화학적 활성은 pH에 의해서 크게 영향을 받으며, 균의 종류에 따라 각각 증식에 가장 알맞은 최적 pH(最適 pH, optimal pH)가 있다. 대부분의 자연환경은 pH 5~9 범위이며 이 범위 내의 최적 pH를 가진 미생물들이 많다. 그러나 pH 2.0 이하 또는 pH 10.0 이상에서 살 수 있는 미생물도 있다. 대부분의 곰팡이와 효모의 최적 pH는 약산성인 pH 4.0~6.0이며, 대부분의 세균과 방선균의 최적 pH는 중성 내지 미알칼리성인 pH 7.0~8.0이다. 그러나 세균 중에서도 젖산균과 낙산균은 pH 3.5 정도의 낮은 pH에서도 생육하며 황세균(*Thiobacillus thiooxidans*)은 pH 2.0의 아주 낮은 pH에서도 잘 생육한다. 한편 *Nitrobacter*는 pH 10.0 부근에서도 생육한다. 따라서 산성식품에는 곰팡이, 효모 및 초산균 등이 발생하기 쉽고 중성이나 알칼리성 식품에는 세균이 발육하기 쉽다. 하지만 일반 식품들은 약산성이므로 세균, 효모, 곰팡이 등 여러 가지 균이 발생하여 부패를 일으킬 수 있다.

각종 산류가 미생물의 생육을 저지하는데 같은 pH에서는 HCl, H_2SO_4와 같은 무기산보다 초산, 젖산, 프로피온산 등과 같은 유기산이 생육억제 작용이 강하다.

미생물을 배양하면 배양 중의 대사산물 즉, 젖산균에 의한 젖산(lactic acid)생성으로 인한 산성화나 아미노산 및 질소화합물의 탈아미노작용에 의해 방출되는 암모니아에 의한 알칼리화 등에 의해 배지의 pH가 생육범위를 넘어서는 일이 있으므로 배지 중에 인산염 등의 완충물질이나 탄산석회($CaCO_3$) 등을 가하여 배양액 중의 pH 변화를 막는다. 미생물의 종류에 따라 그의 생육 최적 pH가 다른데 이것은 각 미생물이 합성하고자 하는 물질의 대사에 관여하는 효소의 최적 pH가 각각 다르기 때문이다.

미생물은 넓은 pH 범위의 환경에서 생존하고 있지만 미생물 세포 내의 pH는 중성 부근이다. 미생물의 생육과 마찬가지로 포자의 발아도 pH의 영향을 받는다. 곰팡이 포자의 발아는 pH 3~7에서 잘 일어난다.

❷ 미생물의 효소계 및 효소생성에 대한 pH 영향

미생물은 배지의 pH에 따라서 미생물의 효소계 또는 효소생성량에 많은 차이를 나타낸다. 예를 들면 *E. coli*를 pH 4.5~6.0인 산성배지에 배양하면 glutamic acid decarboxylase가 생성되나 pH 7.0~8.0인 중성 내지 약알칼리성 배지에 배양하면 glutamic acid deaminase를 더 많이 생성한다.

미생물의 효소생산의 최적 pH는 그 균의 생육최적 pH와는 다소 차이가 있다. 예를 들면 *Aspergillus oryzae*의 생육최적 pH는 5.4이지만 그 α-amylase 생산의 최적 pH는 6.0이다. 이것은 효소생산이 pH에 의해서 영향을 받으며 또한 생성된 효소의 안정성에도 pH가 관련이 있음을 나타낸다.

❸ pH 변화에 따른 저항성

미생물은 pH가 낮아지면 생육이 억제되면서 점차 사멸된다. 대부분의 부패균은 pH 5.5 이하에서 생육이 억제되며 단백질 분해력이 강한 균은 알칼리성 식품에서도 생육한다. 그리고 젖산균 등과 같은 산생성균은 어느 정도의 낮은 pH에서도 생육할 수 있으나 젖산균 자신도 그 자신이 생산한 산의 과도한 축적으로 pH의 저하가 심하면 생육에 저해를 받고 결국은 사멸하게 된다. 일반적으로 미생물은 낮은 pH에서는 온도의 영향을 크게 받으며 같은 pH에서는 고온이 될수록 사멸속도는 빨라진다. 5℃ 정도의 저온에서는 낮은 pH에서도 사멸속도는 크게 저하된다. 그리고 균주의 차이는 있으나 pH 5~6 사이에서는 비교적 안정하다. 또 미생물 생육곡선의 정상기에 있는 미생물은 낮은 pH에 대한 저항성이 크다. 당류와 식염 등 삼투압을 높여 사멸을 촉진하는 물질의 영향도 낮은 pH에서 크게 나타나고 배지의 조성에 따라서도 낮은 pH에 대한 내성이 달라진다.

2) 화학적 요인

(1) 수분

❶ 식품미생물의 종류와 수분활성

미생물의 영양세포는 75~85%가 수분이고 또한 세포 내의 여러 가지 화학반응은 각 물질이 녹아있는 상태에서 일어나므로 수분은 미생물의 생육에 반드시 필요하다. 식품 중의 수분은 단백질, 탄수화물과 수소결합으로 되어있는 결합수와 열역학 운동이 자유로운 자유수가 있는데 미생물이 이용하는 것은 자유수 및 대단히 약하게 결합한 일부의 결합수다. 잼이나 물엿 등의 당제품, 젓갈이나 절임 등의 염장품의 수분은 대부분 결합수의 형태로 존재하기 때문에 미생물이 잘 번식하지 않는다. 예를 들면 잼은 수분이 20~30%로 많지만 설탕분자에 의해서 강하게 결합되어 있으므로 미생물이 번식하기 어렵고 건조된 곡류는 수분함량이 12~18%로 훨씬 적지만 이용할 수 있는 수분이 많기 때문에 미생물에 의해서 변패된다. 이것은 수분의 존재형태가 다르기 때문이다. 따라서 미생물이 식품 중의 수분을 어느 정도까지 이용할 수 있는가 하는 것은 식품 중의 전체 수분함량(%)으로 표시하기보다는 화학반응이나 미생물의 성장에 이용할 수 있는 수분의 양인 수분활성(Aw)으로 표시하는 것이 타당하다.

식품은 보존하는 동안 환경조건에 따라서 그 수분함량이 계속 변화한다. 즉 대기가 건조하고 습도가 낮으면 식품의 수분은 감소되고 반대로 습도가 높으면 흡습해서 수분이 증가되며 일정 기간이 경과하면 평형수분에 도달하게 된다. 이때의 상대습도를 평형상대습도 또는 수분활성이라고 한다.

수분활성(Aw)은 일정한 온도에서 나타나는 식품 고유의 수증기압(P1)과, 같은 온도에서의 대기 중 수증기압(P_0)의 비다.

$$\text{수분활성(water activity): } Aw = \frac{P_1}{P_0} \qquad Aw = \frac{RH}{100}$$

Aw값은 0에서 1까지의 범위를 갖는데 용질의 농도와 관계가 있어 수용액 중의 용질농도가 높아지면 저하된다. Aw 1.00은 순수한 물로 여기에는 영양성분이 없어서 미생물이 생육할 수 없다. 또한 수분활성이 0.65~0.60 이하가 되면 미생물은 활동이 정지된다[표 11-5]. 미생물의 건조상태에 대한 저항성을 보면 일반적으로 큰 세포보다 작은 세포가, 간균보다 구균이, 세포막의 두께가 엷은 것보다 두꺼운 세포막을 가진 것이 그리고 영양세포보다 포자가 저항력이 강하다.

미생물에 따라서 그 최저 Aw는 다르다. 일반적으로 세균, 효모, 곰팡이의 순으로 최저 Aw가 낮아진다.

미생물은 최저 Aw 이하의 환경에서는 생육할 수 없다. 따라서 미생물에 의한 식품의 변패를 막으려면 식품의 Aw를 가능한 한 낮게 유지하는 것이 수분 측면에서의 식품보존원리이다.

표 11-5 부패미생물 생육 가능 최저 Aw

미생물명	최저 Aw	미생물명	최저 Aw
세균	0.91	호염세균	0.75
효모	0.88	내건성곰팡이	0.65
곰팡이	0.80	내압효모	0.60

Aw를 낮추는 방법은 다음과 같다.

- 설탕, 식염 등 용질을 첨가한다.
- 농축, 건조 등에 의해 수분을 제거한다.
- 냉동온도 조절(동결)에 의해 Aw를 저하시킨다.

❷ 식품의 수분활성

식품의 수분활성이 0.7 이하면 세균과 효모뿐만 아니라 낮은 Aw를 가진 곰팡이도 생육할 수 없으므로 미생물에 의한 변패를 막아 식품을 장기간 보존할 수 있다. 육류, 어류, 과실 및 채소 등과 같은 신선식품의 Aw는 0.99~0.98이므로 여러 종류의 미생물이 번식하기 쉽다.

건조식품은 건조 정도에 따라서 변패되는 시기가 달라진다. Aw가 0.75면 낮은 온도인 경우 수개월간 저장이 가능하지만 높은 기온에서는 장기간 저장하기 위해서는 0.70도 안전하지 못하다. 보리, 쌀, 밀 등의 곡류는 수분 13% 이하로 건조시키고 흡습이 안 되게 보관해야 한다. 건조식품을 안전하게 저장할 수 있는 최대수분은 육류, 어류, 유제품은 3%, 야채류는 5%, 곡물류는 약 12%다. 수분이 15%인 쌀의 경우 수개월 저장할 수 있으나 16%에서는 2~3주 정도면 변패가 일어난다.

가당식품과 염장식품은 용질의 농도를 높여서 Aw을 낮춤으로써 미생물의 증식을 억제하여 변패를 방지하는 것이다. 그러나 용질의 증가만으로 미생물에 의한 변패를 방지할 때까지 이들 물질을 첨가하여 Aw를 낮추는 것은 품질측면에서 볼 때 바람직하지 않기 때문에 변패원인균의 침입방지, 보존료첨가, 산도저하, 냉장 등을 병용하는 것이 효과적이다.

(2) 산소

고등동식물은 호흡을 위하여 산소가 반드시 필요하지만 미생물 중에는 산소가 반드시 필요한 것, 산소가 없어도 생존할 수 있는 것, 산소가 있으면 오히려 생육에 나쁜 영향을 미쳐서 생육할 수 없는 것 등이 있다. 이것은 미생물이 에너지를 획득하는 대사계가 다르기 때문이다. 호기성균은 주로 산소호흡 혹은 산화적 대사에 의해 에너지를 얻으나 혐기성균은 혐기적 발효 또는 분자 간 호흡에 의하여 에너지를 얻으며 통성혐기성균은 양쪽의 대사계를 모두 가진다. 이와 같이 미생물들은 산소요구성의 차이에 따라 다음 4군으로 분류할 수 있다.

❶ 편성(절대)호기성균(偏性好氣性菌, obligate aerobes, strict aerobes)

산소가 없는 상태에서는 증식할 수 없고 유리산소가 있어야만 생육할 수 있는 균이다. 호흡 또는 산화적 대사에 의해서 에너지를 획득한다. 일반적으로 cytochrome과 catalase는 양성이다. 고층 한천배지의 상층이나 표면에서 생육한다.

대부분의 곰팡이, 산막효모, *Acetobacter, Pseudomonas*, 대부분의 *Bacillus, Micrococcus, Sarcina, Achromobacter, Flavobacterium*, 일부 *Brevibacterium*균이 여기에 해당한다.

❷ 통성혐기성균(通性嫌氣性菌, facultative anaerobes)

유리산소의 존재 유무에 관계없이 생육하는 균으로 산소가 없는 환경보다 산소가 존재하는 환경에서 더 잘 생육한다. 호기적 상태에서는 산화적 대사에 의해서, 혐기적 상태에서는 발효에 의해서 에너지를 획득한다. 고층한천배지의 표면과 심층부위의 구별 없이 균일하게 생육한다. 일반적으로 cytochrome 및 catalase는 양성이지만 예외도 있다. 대부분의 효모와 세균이 여기에 해당된다.

❸ 편성(절대)혐기성균(偏性嫌氣性菌, aerophobic anaerobes, obligate anaerobes)

유리산소가 있으면 오히려 생육을 저해하여 발육하지 못하고 산소가 없는 환경에서만 생육하는 균이다. Cytochrome계의 효소를 가지고 있지 않으며 산소는 이용하지 못한다. 산소가 존재하면 대사에 의해 H_2O_2가 생성되고 이것이 유해작용을 하고 또 산화환원전위를 상승시켜 생육하지 못한다. 발효나 광합성에 의해 에너지를 획득한다. 고층배지의 아랫부분에 생육한다. 통조림을 부패시키고 동물장관과 토양 중에 광범위하게 분포하는데 여기에 속하는 것으로는 *Clostridium, Bacteroides, Methanococcus, Bifidobacterium, Ruminococcus, Desulfotomaculum, Propionibacterium* 등이 있다.

❹ 미호기성균(微好氣性菌, microaerophiles)

미량의 유리산소를 요구하는 것으로 대기압보다 낮은 산소분압에서 잘 생육하는 균으로 산소가 어느 정도 이상 존재할 때 해를 입는다. 산소호흡에 의한 산화적 인산화로 에너지를 획득한다. 일반적으로 cytochrome과 catalase은 음성이다. 그러나 예외도 있다. 고층한천배지의 표면보다 약간 아래층에서 잘 생육한다. *Leuconostoc, Lactobacillus, Streptococcus, Pediococcus* 등의 젖산균과 *Campylobacter* 등이 여기에 속한다. 산소는 미생물의 생육과 포자형성에도 관여하는데 *Bacillus*의 포자형성에 산소가 반드시 필요하다.

일반적으로 호기성미생물이 필요로 하는 산소는 식품 중에 용해되어 있는 양만으로는 충분하지 못하다. 이러한 이유로 호기성균은 공기와 접촉하는 표면에만 발육하고 공기가 없는 곳에서는 발육하지 못하므로 곰팡이는 식품의 표면에 생기고 초산균이나 산막효모 등은 액체배지의 표면에 막을 만들어 증식한다. 따라서 간장의 표면에 기름을 띄우거나 된장 표면을 황산지 등으로 씌우는 것은 공기의 접촉을 막아서 표면에 생기기 쉬운 산막효모, 곰팡이 등이 번식하지 못하게 하는 것이다.

혐기성균은 혐기적 발효나 분자 간 호흡에 의해서 에너지를 획득한다. 그리고 액체배지 아랫부분에 성장한다. [그림 11-5]는 한천배지를 녹여서 이것에 세균을 혼합한 후 냉각하여 굳힌 다음 배양했을 때 산소의 요구 정도에 따라 생육하는 부위가 다른 것을 나타낸 것이다.

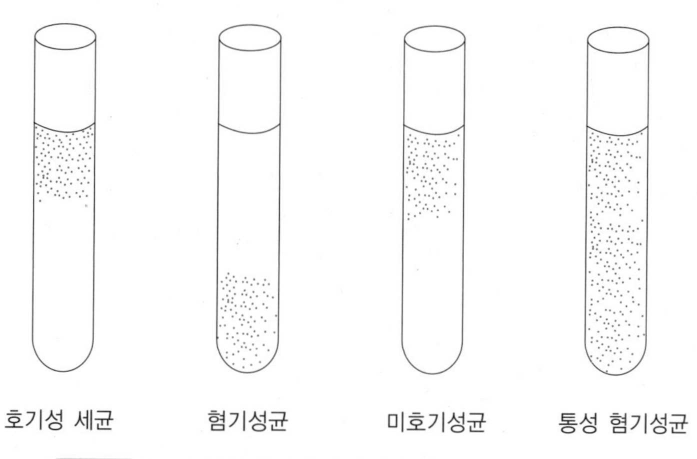

그림 11-5 고층한천배지에 있어서의 각종 미생물의 생육상태

일반적으로 세균은 전자전달계를 통해서 전자를 산소에 전달하여 에너지를 얻는다. 이 과정에서 중간물질로 H_2O_2(peroxide)를 생산하며 또한 적은 양이지만 유리반응기인 superoxide(O_2^-)가 생성된다. 이들은 모두 반응성을 가지며 세포에 독성을 가지는 물질이다. 그러나 호기성균이나 통성혐기성균에는 superoxide dismutase나 catalase와 같은 효소를 가지고 있어 이들이 독성물질을 분해시킴으로써 세포가 파괴되는 일은 없다.

Superoxide dismutase는 superoxide를 산소와 H_2O_2로 되는 반응을 촉매한다.

$$2O_2^- + 2H^+ \xrightarrow[\text{superoxide dismutase}]{} H_2O_2 + O_2$$

또한 이들 미생물은 거의 모두 catalase를 가지고 있어 H_2O_2를 O_2와 H_2O로 분해한다.

$$2H_2O_2 \xrightarrow[\text{catalase}]{} 2H_2O + O_2$$

젖산균은 catalase를 가지고 있지 않지만 H_2O_2는 거의 대부분 peroxidase에 의해서 분해되어 H_2O로 되기 때문에 축적되지 않는다.

$$H_2O_2 + NADH + H^+ \xrightarrow[\text{peroxidase}]{} 2H_2O + NAD^+$$

이와 같이 superoxide dismutase, catalase, peroxidase는 모두 산소대사의 결과 생성되는 유해물질로부터 세포를 보호하는 역할을 한다.

(3) 탄산가스

독립영양균은 동화작용으로 CO_2를 유일한 탄소원으로 이용하여 유기물을 합성하지만, 종속영양균은 생육하기 위해서 아주 미량의 CO_2를 필요로 한다. 종속영양균의 경우 CO_2를 탄소원으로 이용하는 것이 아니라 미생물의 물질대사 중간체 화합물의 일부로 얻어지는 CO_2가 대사계에 흡수되어 생육개시와 생육지속에 작용한다. 이때 CO_2의 요구 정도는 대사과정에서 생성된 CO_2로 충분하지만 일부의 균은 생육을 위하여 외부로부터 소량의 CO_2를 공급받기도 한다.

CO_2는 물에 녹아 탄산으로 존재하는데 그 용해도는 온도가 상승함에 따라 감소하고 또 많이 녹을수록 용액의 pH가 낮아지므로 균의 영양요구가 증가할 경우 충분히 검토해야 한다. 예를 들면 *Lactobacillus plantarum*을 39℃에서 배양시킬 경우 tyrosine, phenylalanine을 보충해야 하는데 이것은 이 온도에서는 배지 중에 CO_2가 결핍되기 때문이다. 또 *Clostridium botulinum* 등 편성혐기성균의 포자 수를 측정할 때 CO_2를 생성하는 $NaHCO_3$를 미량 첨가하면 포자발아가 촉진되어 측정이 용이하게 된다. 이것 역시 CO_2가 생육을 촉진하기 때문이다.

이와 같이 소량의 CO_2는 어떤 특정 미생물의 생육은 촉진하지만, 대부분의 미생물은 CO_2의 농도가 높아지면 미생물의 증식이 억제되고 살균력을 가진다. 이 살균력을 이용하여 식품의 저장 기간을 연장시킬 수 있다. 예를 들면 신선식품의 가스저장, 고압탄산가스를 함유하는 병음료의 제조 등이다. 탄산가스의 농도가 높을수록 미생물에 의한 변패는 늦출 수 있으나 효모, 젖산균 등은 비교적 CO_2 내성이 있어 억제가 어렵고 또 고농도의 탄산가스는 식품에 나쁜 영향을 줄 수도 있으므로 저온과 CO_2를 병용한다. 호기성 세균과 곰팡이는 비교적 CO_2 내성이 약하다.

3) 생물학적 요인

자연계에는 많은 종류의 미생물들이 공존하며 서로 영향을 주고받으며 생활한다. 이와 같이 미생물 간의 상호작용을 생물학적 요인이라 하며 여러 형태가 있다. 즉 서로 경쟁적으로 영양물질, 산소, 생활공간 등을 차지하는 경합(競合, competition), 다른 미생물의 생육을 억제하는 길항(拮抗, antagonism), 서로 간에 이익을 주기도 하고 받기도 하는 공생(共生, symbiosis), 서로 상대방에게 전혀 영향을 미치지 않고 생육하는 불편공생(不偏共生,

neutralism, neutralistic symbiosis), 또 서로 다른 미생물이 공동으로 새로운 기능을 나타내는 공동작용(共同作用, synergism) 등으로 구분할 수 있다.

(1) 공생

❶ 상리공생(상호공생, 相利共生, mutalisticsymbiosis, mutalism)

공존하는 각 미생물이 서로의 생육, 생존에 도움을 주고받는 것이다. 예를 들면 해조류는 대사에 비타민 B_{12}가 필요하지만 이것을 합성할 능력이 없다. 그러나 *Pseudomonas*속, *Achromobacter*속, *Bacillus*속, *Erwinia*속 등의 세균을 해조류 표면의 점질물질 중에 부착, 생존시키면서 점질물질을 분해하여 비타민 B_{12}를 공급받고 동시에 미생물들은 생육인자, 영양소 등을 공급받으면서 생활한다. 또 치즈 발효 시 가루진드기는 곰팡이 포자를 분산시켜 주고 분해된 치즈를 먹고 산다.

❷ 편리공생(偏利共生, commensalism, metabiosis)

공존하는 미생물 중에서 한쪽이 다른 쪽의 생장, 생존에 대해서 유리하게 작용하는 것이다. 예를 들면 호기성균과 편성혐기성균을 함께 배양하면 호기성균에 의해서 배양환경 내에 있는 산소가 소비되어 편성혐기성균의 생육이 가능해진다. 또 섬유소분해균이 섬유소를 분해해서 glucose를 생성하면 공존하는 섬유소비분해균이 이것을 이용하여 증식한다.

❸ 공동작용(共同作用, synergism)

각 균들이 단독으로 존재할 때 볼 수 없었던 기능이 2종 이상의 미생물이 공존함으로써 발현되는 경우다. 예를 들면 유제품에 *Pseudomonas syncyanea*가 단독으로 생육할 때 담갈색을 나타내나 *Streptococcus lactis*와 공존하면 선명한 청색을 나타낸다. 또, *Penicillium verruculosum*과 *Trichoderma*속이 공존할 경우 균체 내와 배지 중에 적색 색소를 생성하는 것도 있다.

❹ 중립공생(中立共生, neutralism, neutralistic symbiosis)

공존하는 각 미생물이 서로의 생장, 생존에 아무런 영향을 주지 않는 경우다. 불편공생(不偏共生)이라고도 한다.

(2) 길항(拮抗, antagonism)과 경합(競合, competition)

여러 종류의 미생물이 혼재할 때 어떤 균이 생성하는 대사산물로 인해서 다른 균의 생육이 억제되는 현상을 길항이라 하며, 경합은 2종류 이상의 미생물이 공존할 경우 어떤 영양분, 산소, 공간 등을 서로 경쟁해서 차지하는 것이다. 예를 들면 젖산균이 당을 발효하여 젖산을 생성하면 pH가 낮아지므로 다른 부패균의 생육이 억제된다. 이러한 원리를 이용하여 식품 제조 시의 변패방지, 김치 · 피클(pickle) · 사워크라우트(sauerkraut) 등의 발효식품 제조, 청주 제조 등에 길항현상이 이용되고 있다. 또 효모에 의해 pH가 5.0 이하가 되고 알코올이 생성되면 세균과 곰팡이의 생육이 억제된다.

세균과 효모 등에는 특정 균종 간에 다른 세포를 죽이는 물질을 세포 밖으로 분비하는 미생물이 있는데, 세균의 경우에는 이 인자를 bacteriocin이라 부르며 효모의 경우에는 이 물질을 생성하는 균을 killer주라 부른다. *E. coli* 등과 같은 장내세균, *Pseudomonas aeroginosa, Bacillus megaterium, Streptococcus lactis* 등은 colicin, pyocine, megacin 및 nicin 등을 생성한다.

CHAPTER

12

미생물의 대사

1. 탄수화물 대사
2. 유기질소화합물의 대사
3. 지질대사
4. 식품의 풍미

1 탄수화물 대사

미생물의 호흡, 발효 및 부패작용 등으로 식품에 존재되어 있는 당류는 분해된다. 호흡은 호기적 상태에서 산소를 최종 전자 수용체로 하여 기질을 완전하게 산화시켜 필요한 에너지를 얻는 생리대사작용이며 또한 탄산가스와 물 등을 생산한다. 발효작용은 유기화합물을 최종 전자 수용체로 하는 산화환원반응으로 일반적으로 혐기적인 조건하에서 이루어지고 에너지를 생산하는 반면에 알코올 또는 젖산과 같은 불완전 산화물 등을 생산한다. 포도당의 알코올 발효작용에서는 58kcal의 열량이 나오고 호흡작용에서는 686kcal가 생산된다.

알코올 발효: $C_6H_{12}O_6 \rightarrow 2C_2H_5OH + 2CO_2 + 58kcal(2ATP)$
호흡 작용: $C_6H_{12}O_6 + 6O_2 \rightarrow 6CO_2 + 6H_2O + 686kcal(38ATP)$

1) 당류의 분해

가수분해(hydrolysis) 또는 가인산분해(phosphorolysis)에 의하여 당류의 분해가 이루어진다. 즉 amylase는 전분을 맥아당, 포도당 등으로 가수분해하고 sucrase, maltase, lactase 등은 각각의 기질이 되는 자당, 맥아당, 유당 등을 가수분해한다. 또한 전분은 phosphorylase에 의하여 가인산분해를 받아 glucose-1-phosphate로 되며 자당, 맥아당 등의 2당류도 가인산분해를 받는다는 것이 알려지고 있다.

$$\text{sucrose} + H_3PO_4 \xrightarrow{\text{sucrose phosphorylase}} \text{glucose-1-phosphate} + \text{fructose}$$

2) 당류의 혐기적 발효

• Embden-Meyerhof-Parnas scheme(EMP 경로)

탄수화물이 피루브산(pyruvic acid)까지 혐기적으로 분해되는 과정을 해당(glycolysis)작용이라 하고 Embden-Meyerhof-Parnas 경로라고 한다. 즉, 당류의 혐기적 분해는 우선 EMP 경로에 의하여 pyruvic acid가 생성되어 여러 가지로 변화하는 것이 주요한 과정이다. 근육 내의 glycogen에서 젖산이 생성되는 해당작용도 같은 대사경로에 의한 것이다. EMP 경로에 의한 탄수화물의 알코올 발효기작을 보면 [그림 12-1]과 같다.

[그림 12-1] 경로에서 aldolase에 의해 생성된 D-glyceraldehyde-3-phosphate와 dihydroxyacetone는 균형이 이루어지지만 D-glyceraldehyde-3-phosphate가 triose phosphate dehydrogenase에 의하여 수소가 탈리되어 pyruvic acid로 된다. 이때 생긴 $NADH_2$가 alcohol dehydrogenase를 작용시켜 acetaldehyde의 공역적 환원에 이용되면 알코올 발효가 이루어지고 반면에 lactate dehydrogenase에 의하여 pyruvic acid의 공역적 환원에 이용되면 정상젖산발효를 일으킨다.

그러나 발효 초기에는 acetaldehyde가 생성되지 않으므로 glyceraldehyde phosphate와 dihydroxyacetone phosphate의 사이에 $NADH_2$를 통하여 공역적 산화환원이 이루어져 dihydroxyacetone phosphate가 환원되고 glycerol phosphate를 거쳐서 glycerol이 형성된다.

EMP 경로에서 수소전달체가 되는 조효소는 NAD이며 NADP는 관여하지 않는다. 또한 이 경로에 의한 알코올 발효와 젖산발효에서는 1mol의 포도당에서 2mol의 ATP가 생성된다.

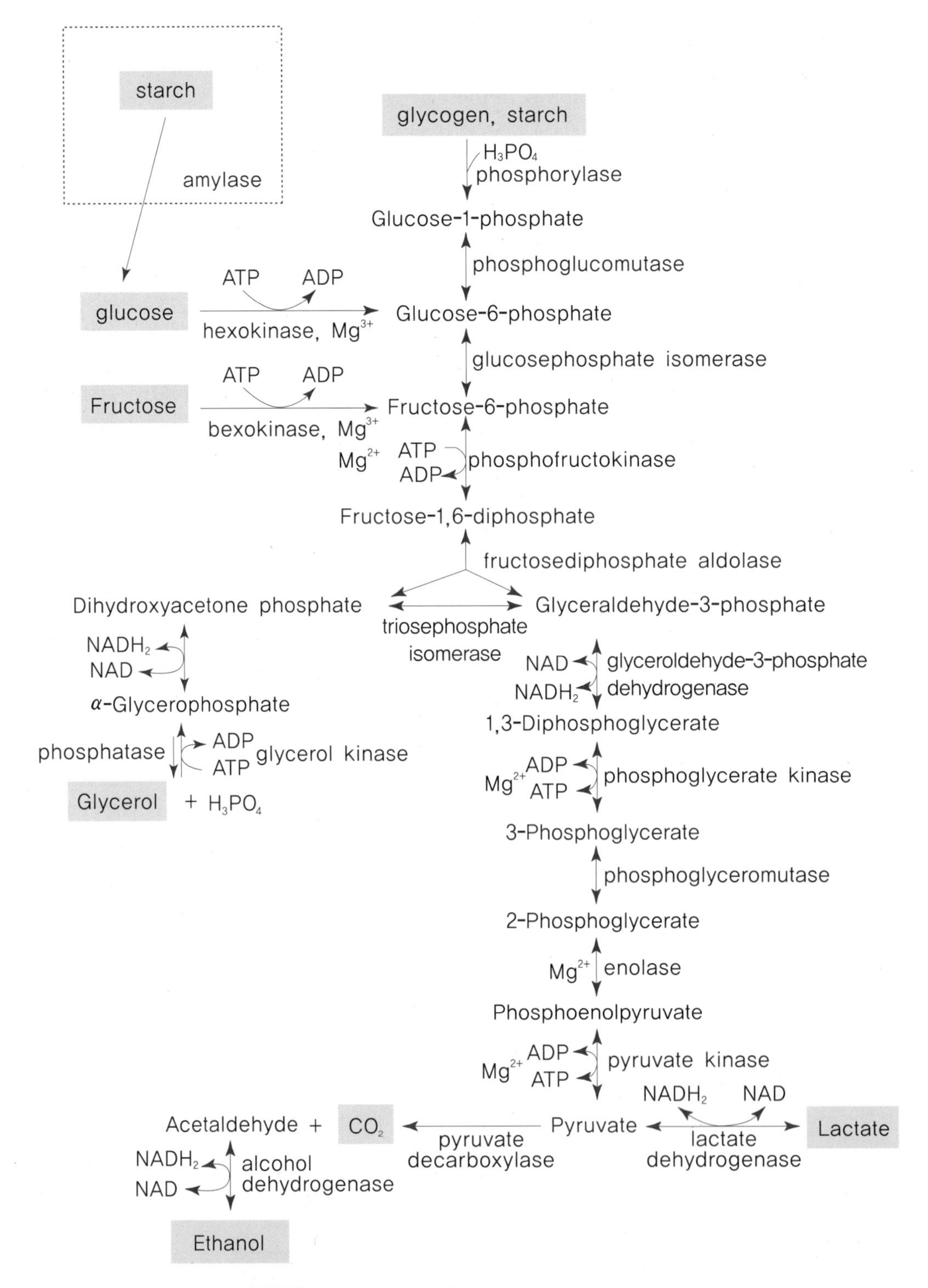

그림 12-1 EMP 경로에 의한 해당작용과 주정발효기작

3) 당류의 호기적 산화

(1) Tricarboxylic acid cycle

Tricarboxylic acid cycle(TCA회로, Krebs회로, 구연산회로)은 EMP 경로 등에서 생성된 pyruvate가 호기적으로 대사되어 [그림 12-2]와 같이 citrate, α- ketoglutarate 등을 거쳐 물과 탄산가스로 완전산화되는 대사경로이다.

$$C_6H_{12}O_6 \rightarrow 2CH_3COCOOH \rightarrow 6CO_2 + 6H_2O$$

TCA회로에서 dehydrogenase의 수소를 수용하는 조효소는 2개 위치를 제외하고는 모두 NAD이며, 환원된 1mol의 $NADH_2$는 cytochrome의 말단산화효소계에 의하여 산화적 인산화(oxidative phosphorylation, 호흡효소계에 의하여 산소를 최종 전자 수용체로 하는 기질의 산화로 ATP가 합성됨)가 진행되어 3mol의 ATP가 생성된다. $NADPH_2$와 $FADH_2$(flavoprotein의 환원형)도 transhydrogenase 혹은 기타의 기작에 의하여 NAD에 수소를 전달하므로 TCA회로를 한 바퀴 돌면 1mol의 pyruvate에서 15mol의 ATP가 생성된다. 따라서 1mol의 포도당은 EMP와 TCA회로의 모든 과정에서 대사가 될 때 38mol의 ATP가 생성된다.

TCA회로는 미생물, 동물 조직, 일반 생물에서 에너지 공급원의 메커니즘이며 중간생성물인 α-ketoglutarate나 fumarate와 NH_3에서 glutamic acid와 aspartic acid 등이 생성되고 이들 아미노산에서 각종의 아미노산과 핵산염기 등이 생성되므로, 생체성분의 생합성계로서 매우 중요하다. TCA회로에 관여하는 일련의 효소계를 cyclopherase라고 총칭하며 세포 내 미토콘드리아에서 발견된다.

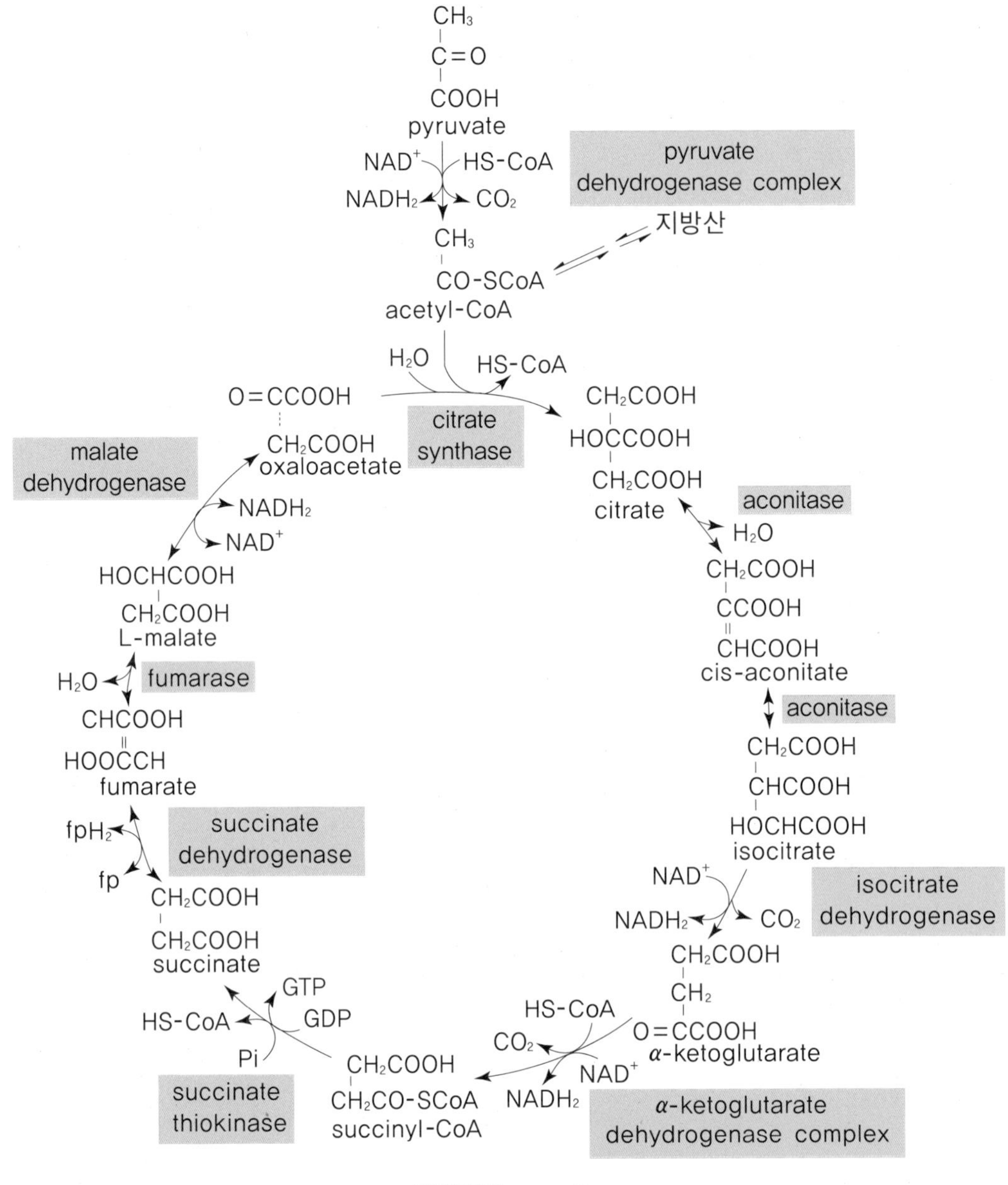

그림 12-2 TCA 회로

(2) Glyoxylate cycle

TCA회로에서 acetyl CoA는 C4의 oxaloacetate와 축합하여 회로에 들어가지만 oxaloacetate는 미리 C_3의 pyruvate에 탄산가스가 고정되는 반응으로 공급된다. 그러나 에탄올 또는 초산 등의 C_2 화합물에 균이 생육할 때는 [그림 12-3]과 같은 glyoxylate회로에 의하여 우선 glyoxylate와 acetyl CoA가 축합하여 C_4 화합물을 공급하여야 한다.

Glyoxylate cycle에서는 isocitrate가 isocitrate lyase에 의하여 glyoxylate와 succinate로 나뉜다. 전자에 C_2가 합하여 malate로 되어 1mol의 isocitrate에서 결국 2mol의 C_4 화합물을 생성하는 것이 된다. 이것은 확실히 1mol의 isocitrate에서 1mol의 C_4 화합물을 생성하는 보통의 TCA회로에 다시 1mol의 C_4 화합물을 보급하는 의미를 가지며, 균세포에서 아미노산 및 기타 물질을 합성하는 전구체로서 TCA회로에 의하여 많이 소비되는 그 대사중간체를 보충하므로 미생물의 생합성계에 중요한 의의를 가진다.

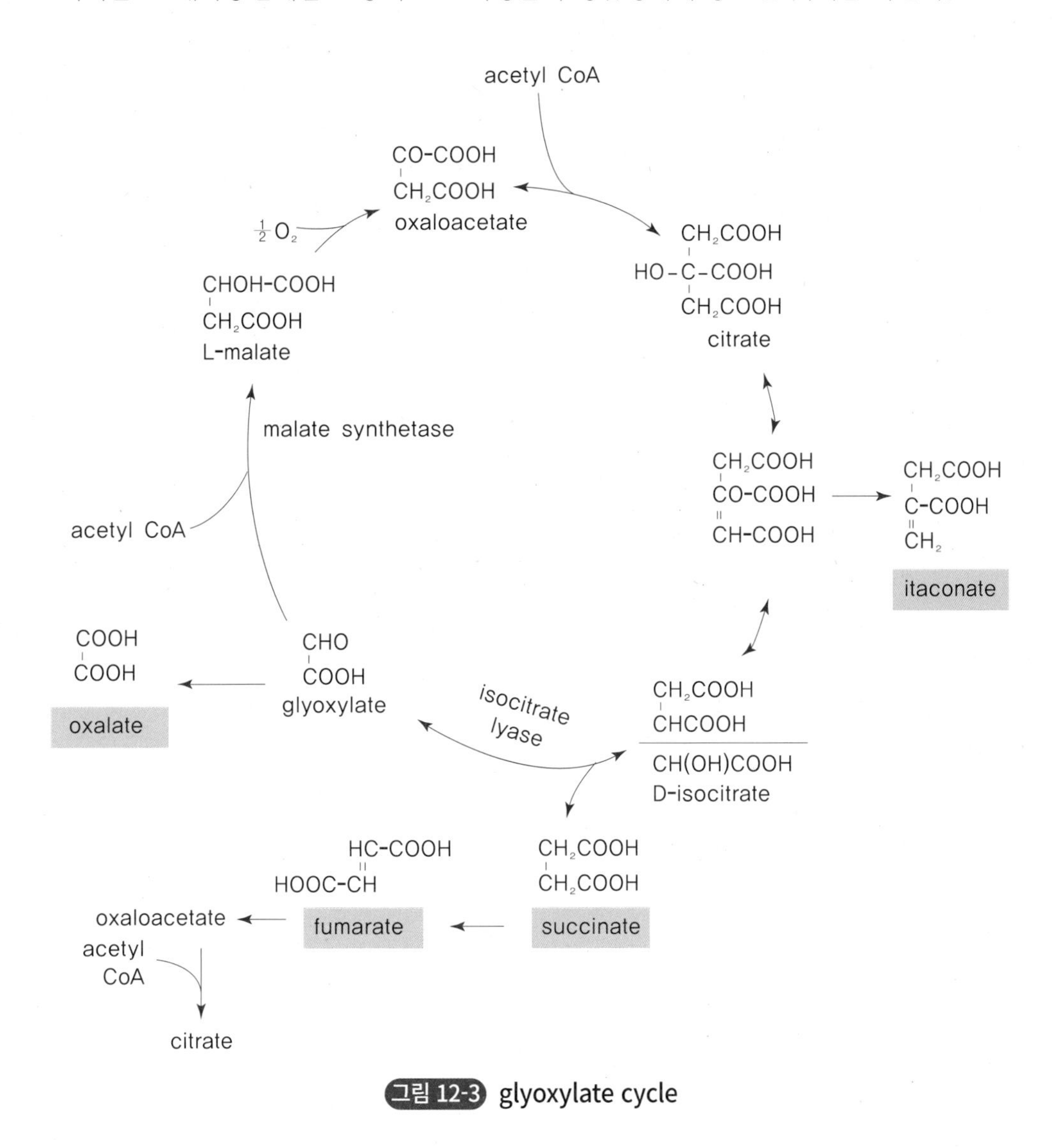

그림 12-3 glyoxylate cycle

(3) 육탄당 인산회로(HMP 경로)

육탄당 인산회로(hexose monophosphate shunt, HMP경로)는 오탄당 인산회로(pentose phosphate cycle 또는 Warburg-Dickens pathway)라고도 한다. [그림 12-4]와 같이 glucose-6-phosphate는 $NADP^+$를 조효소로 하는 glucose-6-phosphate dehydrogenase와 lactonase에 의하여 산화·가수분해되어 6-phosphogluconic acid로 되고 다시 같은 $NADP^+$를 조효소로 하는 6-phosphogluconic dehydrogenase에 의하여 D-ribulose-5-phosphate가 된다. 이때 1mol의 탄산가스가 유리하고 이어서 epimerase와 isomerase의 작용으로 각각 xylulose-5-phosphate와 ribose-5-phosphate가 된다.

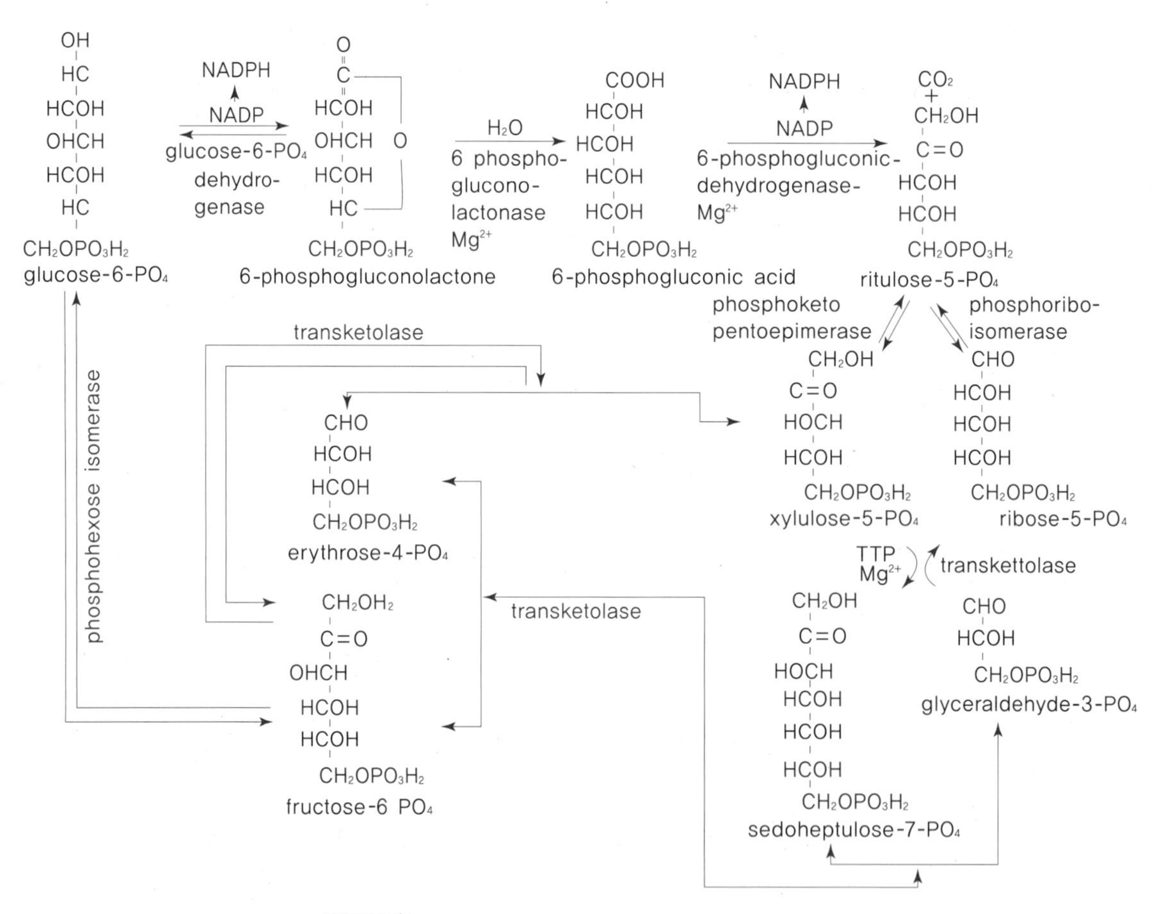

그림 12-4 HMP 경로(hexose monophosphate shunt)

이와 같은 pentose-5-phosphate들은 thiamine pyrophosphate(TPP)와 Mg^{2+}를 조효소로 하는 transketolase와 transadolase의 작용을 연이어 받아서 대사가 된다. 그리고 일부는 glucose-6-phosphate로 되어 재차 이 회로에 들어간다.

이 회로에서 다음과 같이 요약할 수 있다.

$$6\text{glucose-6-ⓟ} + 12NADP + 6H_2O \rightarrow 5\text{glucose-6-ⓟ} + 6CO_2 + 12NADPH_2 + H_3PO_4$$

이 경로에서는 glucose-6-phosphate의 탄소원자 1개당 $2NADPH_2$ 즉 호기적으로는 6ATP가 생성되는 것으로 보아 1mol의 포도당이 이 경로로 완전산화되면 66-1=35ATP가 생성된다(1mol의 ATP은 glucose가 인산화에 소비된다).

HMP경로의 탈수소효소는 $NADP^+$를 조효소로 하는 것이 특징이며 또 $NADPH_2$의 생체 내에서의 의의는 지방산, 아미노산 등 생체성분이 환원적으로 생합성되는데 수소 공여체가 되는 중요한 역할을 한다. 그리고 이 경로는 pentose의 대사와 shikimic acid와 같이 핵산, 방향족 아미노산 등 주요 생체성분의 합성재료를 공급하고 heptose생합성에도 관여한다. 일반적으로 미생물은 EMP와 HMP의 대사경로를 가지지만 *Leuconostoc mesenteroides, Acetobacter suboxydans* 등은 당을 거의 100%로 HMP 경로에 의하여 대사한다.

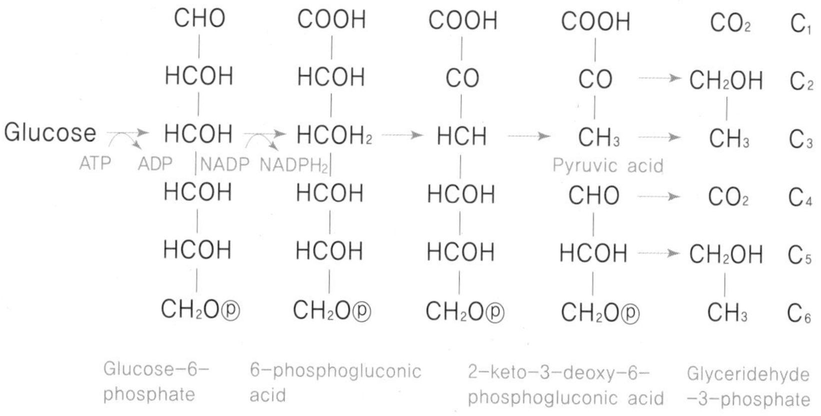

	Glucose-6-phosphate	6-phosphogluconic acid	2-keto-3-deoxy-6-phosphogluconic acid	Pyruvic acid /	Glyceridehyde-3-phosphate	
	CHO	COOH	COOH	COOH	CO_2	C_1
	HCOH	HCOH	CO	CO	CH_2OH	C_2
Glucose → (ATP → ADP)	HCOH → (NADP → $NADPH_2$)	$HCOH_2$ →	HCH →	CH_3 (Pyruvic acid) →	CH_3	C_3
	HCOH	HCOH	HCOH	CHO →	CO_2	C_4
	HCOH	HCOH	HCOH	HCOH →	CH_2OH	C_5
	CH_2Oⓟ	CH_2Oⓟ	CH_2Oⓟ	CH_2Oⓟ	CH_3	C_6

그림 12-5 Entner-Doudoroff 경로

그리고 기타 당대사의 경로는 *Zymomonas mobilis*를 비롯하여 *Pseudomonas saccharophila, Streptococcus faecalis*와 많은 *Pseudomonas*속균에서 볼 수 있는 Entner-

Doudoroff 경로이다. 이것은 [그림 12-5]와 같이 glucose-6-phosphate가 2-keto-3-deoxy-6-phosphogluconate을 거쳐서 pyruvate와 3-phospho- glyceraldehyde로 되고 후자는 EMP 경로로 들어가서 pyruvate로 된다는 것이다. 이 경로는 혐기적으로 진행되면 포도당 1mol에서 2ATP만이 생성된다.

4) 미생물의 다당류 합성

세균은 세포벽 외부에 점질층 혹은 협막 등 젤리상의 점질물을 합성하여 세포를 싸고 있다. 세균 이외의 미생물도 점질층을 형성한다. *Leuconostoc mesenteroides*와 같이 당에서 점질물인 dextran을 많이 생산하는 것은 공업적 제조에 이용되기도 한다. 점질물의 성분은 다당류의 것이 많아 glucan과 같은 단순 다당류 및 아미노산 등과 같은 복합다당류 등 종류가 다양하다. 식품에 세균이 증식했을 때 점질물은 식품의 외관상에 영향을 주는 원인이 된다.

❷ 유기질소화합물의 대사

질소화합물 중 아미노산의 아미노기를 제거한 것은 탄수화물의 대사경로에 들어가 대사가 되며, 반대로 미생물의 발육증식에 필요한 아미노산, 핵산 및 단백질 등의 질소화합물은 그 대사산물에서 합성된다.

1) 아미노산의 분해

식품 중의 질소화합물은 주로 단백질이며 미생물이 생산한 효소 및 식품 중의 효소에 의하여 가수분해되어 peptide 및 아미노산이 되며 peptide는 식품의 쓴맛에 영향을 주기도 한다. 아미노산은 탈아미노반응, 전이적 탈아미노반응, 탈탄산반응 및 병행반응 등에 의하여 분해되어 불쾌취가 나는 NH_3, H_2S, indole 및 유독성 아민류 등이 생성된다.

(1) 탈아미노반응(deamination)

❶ 호기적 탈아미노반응

α-Keto산과 NH_3가 생성된다.

$$R \cdot CH \cdot NH_2 \cdot COOH \xrightarrow{+\frac{1}{2}O_2} R \cdot CO \cdot COOH + NH_3$$

amino acid

❷ 혐기적 탈아미노반응

Glutamic acid가 glutamic dehydrogenase에 의하여 α-ketoglutaric acid와 NH_3로 분해된다.

$$R \cdot CH \cdot NH_2 \cdot COOH \xleftrightarrow{+ NADP(NAD),\ H_2O} R \cdot CO \cdot COOH + NH_3$$

glutamic acid

❸ 환원적 탈아미노반응

Aspartic acid에서 호박산이 생성된다.

$$R \cdot CH \cdot NH_2 \cdot COOH \xrightarrow{+ 2H} R \cdot CH_2 \cdot COOH + NH_3$$

saturated fatty acid

❹ 불포화적 탈아미노반응

Aspartase에 의하여 aspartic acid에서 fumaric acid가 생성된다.

$$R \cdot CH_2 \cdot CH \cdot NH_2 \cdot COOH \longrightarrow R \cdot CH{=}CH \cdot COOH + NH_3$$

unsaturated fatty acid

❺ 가수적 탈아미노반응

Alanine에서 젖산 혹은 aspartic acid에서 사과산이 생성된다.

(2) 전위적 탈아미노반응(transamination)

아미노산과 α-keto산과의 사이에 아미노기 전위가 일어나 새로운 아미노산과 α-keto산이 생성되는 반응이다. 이와 같은 가역적인 아미노기 전위 반응을 촉매하는 효소를 총칭하여 전위적 탈아미노반응이라고 한다.

transaminase

$$R_1 \cdot CH \cdot NH_2 \cdot COOH + R_2 \cdot CO \cdot COOH \longrightarrow R_1 \cdot CO \cdot COOH + R_2 \cdot CH \cdot NH_2 \cdot COOH$$

L-glutamic acid + pyruvic acid ⟷ α-ketoglutaric acid + L-alanine

(3) 탈탄산반응(decarboxylation)

아미노산 탈탄산효소가 아미노산의 α-carboxyl기를 탈리하여 아민을 생성하는 것과 같이 부패에 의한 유독물질의 생성 등을 비롯하여 생리적으로 중요한 경우가 있다.

즉 histidine에서 histamine, tyrosine에서 tyramine, lysine에서 cadaverine 그리고 arginine에서 agmatine 등이 생성되며 이 과정에서 decarboxylase의 효소가 작용한다.

탈탄산효소 ↓

histidine ⟶ histamine

$$R \cdot CH_2 \cdot CH \cdot NH_2 \cdot COOH \longrightarrow R \cdot CH_2 \cdot CH_2 \cdot NH_2$$

아미노산 아민

(4) Ehrich 반응(Ehrich mechanism)

Fusel유의 주성분이 되는 고급알코올은 발효성 당류의 존재하에 효모의 작용으로 각종 아미노산에서 그 탄소가 1개 적은 알코올이 되는 반응에 의하여 생성된다고 Felix Ehrich가 발표하였다(1905~1909). 그리고 그 기작은 아미노산에서 deamination과 decarboxylation으로 해당되는 aldehyde를 중간체로 하는 다음의 식으로 설명되고 있다.

$$R \cdot CH \cdot NH_2 \cdot COOH \xrightarrow{O} RC(COOH) - NH_3 \xrightarrow{OH} R \cdot CO \cdot COOH + NH_3 \quad \cdots\cdots (1)$$

$$R \cdot CO \cdot COOH \longrightarrow R \cdot CHO + CO_2 \quad \cdots\cdots (2)$$

$$R \cdot CHO + 2H \longrightarrow R \cdot CH_2OH \quad \cdots\cdots (3)$$

Ehrich반응은 주류에 함유되는 고급알코올의 생산 원인을 밝힌 주요한 것이라고 하겠다.

$$HOOC \cdot CH_2 \cdot CH_2 \cdot CHNH_2 \cdot COOH + H_2O$$

glutamic acid

$$\downarrow$$

$$HOOC \cdot CH_2 \cdot CH_2 \cdot CO \cdot COOH + NH_3$$

α-ketoglutaric acid

그리고 호기적 조건에서 α-keto산은 가장 먼저 생성되는 것으로 예를 들면 α-ketoglu taric acid는 glutamic acid에서 생성되어 호흡으로 이용되고 또 이때 탈리된 암모니아는 단백질로 된다.

2) 아미노산의 합성

대다수의 아미노산 분해반응은 가역적이므로 합성반응에 적용된다. 특히 아미노산 합성에 중요한 것은 glutamic dehydrogenase, aspartase, alanine dehydrogenase 등에 의한 glutamic acid, aspartic acid 및 alanine의 생성과 transaminase에 의한 transamination이다. NH_3는 아미노산의 아미노기로 되고, 이어서 transamination에 의하여 여러 keto산으로 바뀌어 다시 다른 아미노산의 아미노기로 된다. 즉 pyruvic acid에서 alanine, oxaloacetic acid에서 aspartic acid, α-ketoglutaric acid에서 glutamic acid가 생성된다. 이때 필요한 keto산은 TCA회로의 중간생성물에서 얻어진다. 각종 아미노산의 생합성에는 다음과 같은 주요 경로 등이 알려지고 있다.

(1) Glutamic acid 계열

당은 EMP경로를 거쳐 TCA회로에 들어가서 생성되는 α-ketoglutaric acid가 다음의 아미노화 반응에 의하여 glutamic acid로 되고 다시 [그림 12-6]과 같이 아미노산으로 변하게 된다.

$$\alpha\text{-ketoglutaric acid} + NH_4 + \xrightarrow[NADPH_2]{\text{glutamic dehydrogenase}} \text{glutamic acid} + H_2O + NADP$$

여기서 생성된 NADP는 TCA회로에서 다시 환원된다.

여기서 생성된 arginine은 arginase에 의하여 분해되어 urea cycle을 거쳐 ornithine과 요소로 된다. 포유동물이 여분의 질소를 요소로 하여 배출하는 기작과 동일하다.

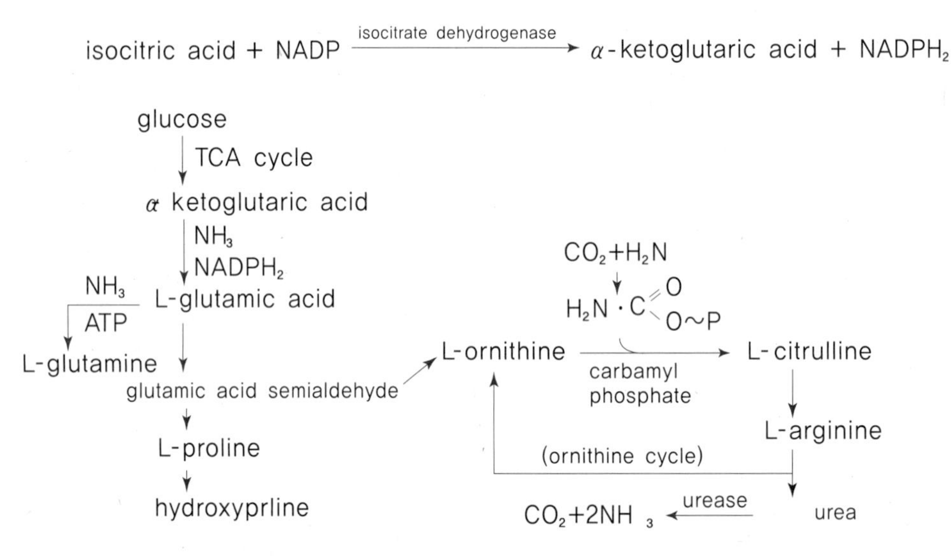

그림 12-6 glutamic acid 계열 아미노산의 생합성 기작

(2) Aspartic acid 계열

Lysine, methionine, threonine 및 isoleucine은 [그림 12-7]과 같이 합성된다.

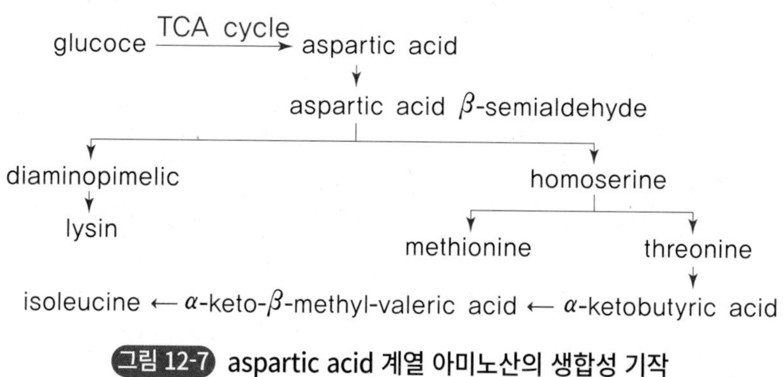

그림 12-7 aspartic acid 계열 아미노산의 생합성 기작

(3) Pyruvic acid 계열

Alanine, serine, cystine, valine, leucine, glycine 및 methionine 등은 [그림 12-8]과 같은 경로에 의하여 합성된다.

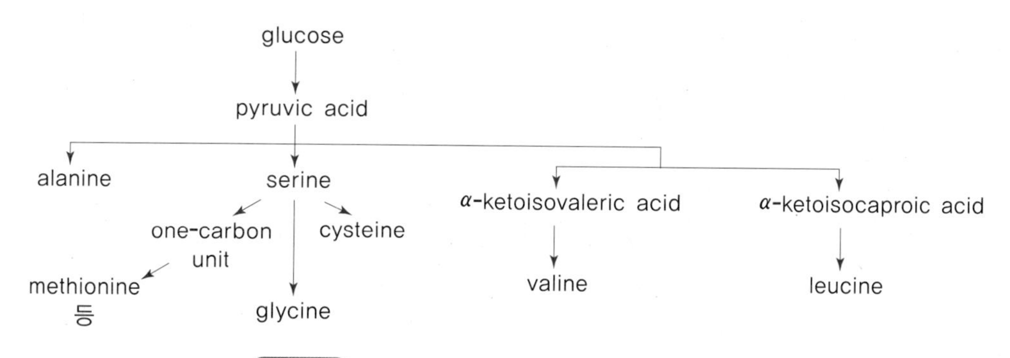

그림 12-8 pyruvic acid 계열 아미노산의 합성기작

(4) 방향족 아미노산 계열

[그림 12-9]에서와 같이 EMP경로의 phospho-enol-pyruvate와 HMP경로의 erythrose-4-phosphate으로부터 시작하여 여러 효소의 순차적인 작용으로 인하여 chorismate가 되고 여기서 phenylalanine, tryptophan 및 tyrosine이 합성된다. 그러므로 7개의 효소 중 어느 것이라도 손상을 받은 변이주는, 동시에 많은 방향족 아미노산을 요구하는 다영양요구 변이주가 된다.

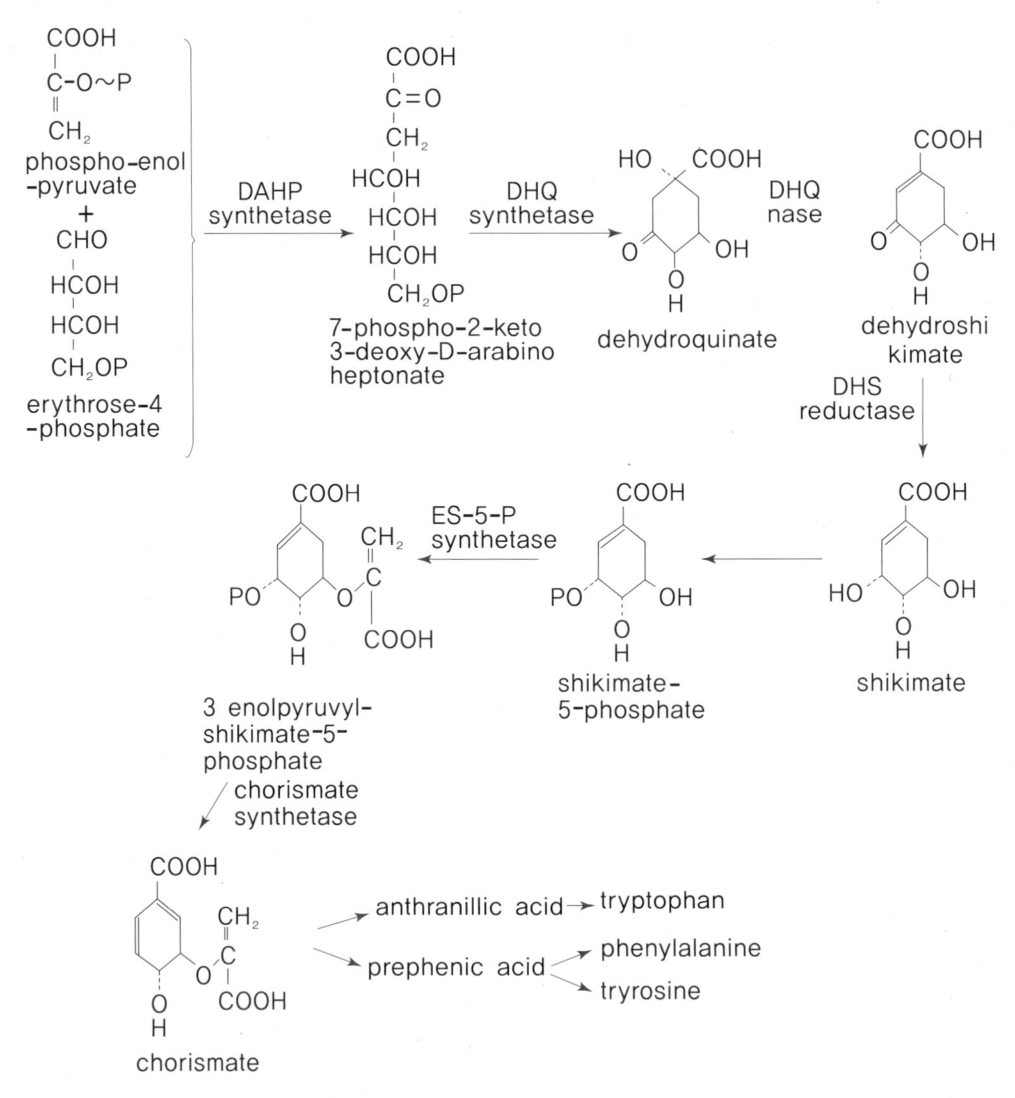

그림 12-9 방향족 아미노산의 합성기작

3) Purine nucleotide의 합성기작

Purine nucleotide의 합성경로를 보면 [그림 12-10]과 같다. 즉, HMP경로의 ribose-5-phosphate에서 복잡한 과정을 거쳐서 최종적으로 purine nucleotide는 합성이 된다.

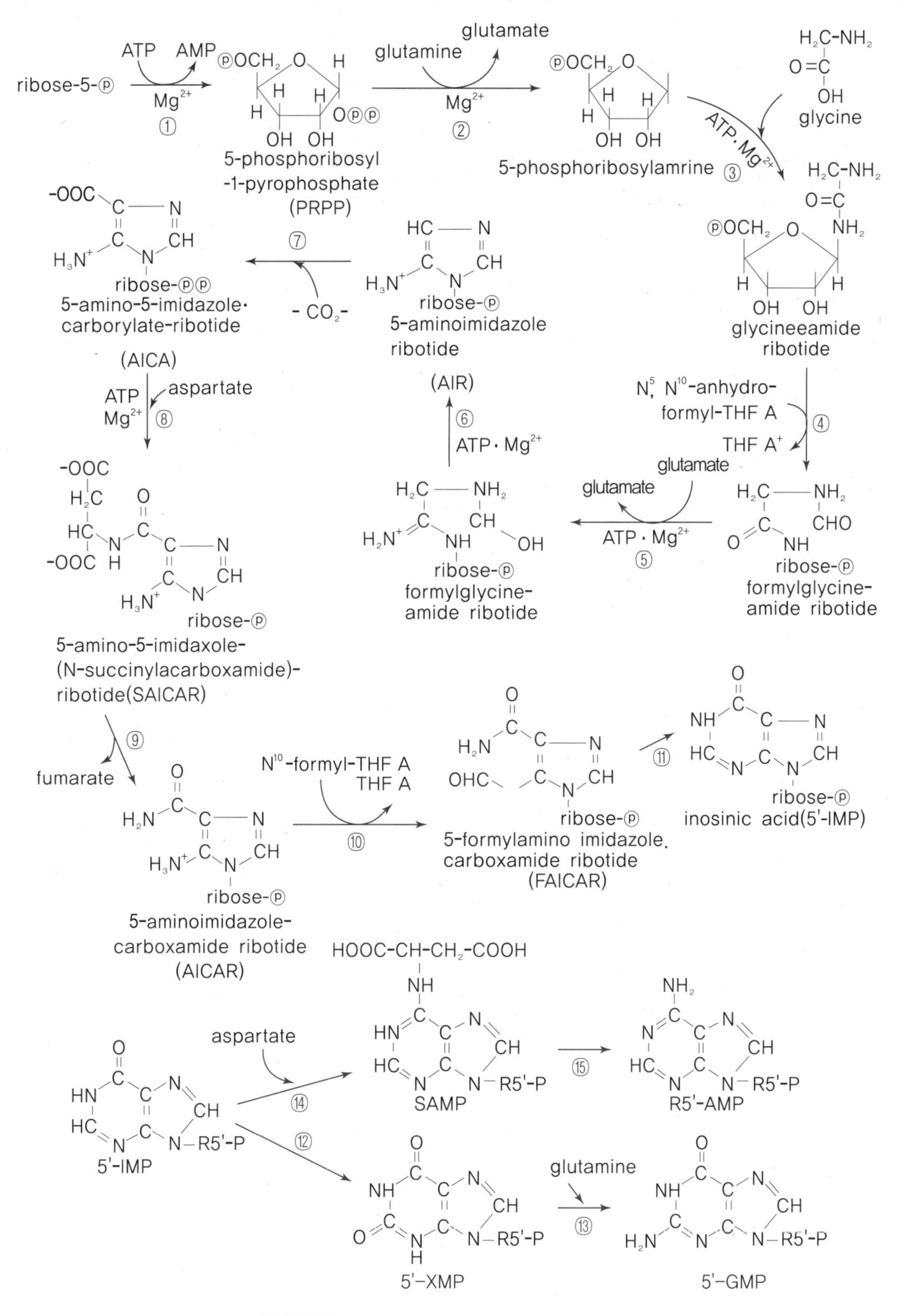

그림 12-10 purine nucleotide의 생합성기작

그리고 이 합성에서도 feedback 조절을 받으므로 배지 중에 많은 nucleotide를 축적시키려면 영양요구 변이주를 쓸 필요가 있다. 즉 5'-inosinic acid는 adenine의 요구주에 의하여 축적된다.

배지 중의 다량의 nucleotide를 생산하기 위해서는 사용균주로서 영양요구 변이주를 사용한다. 당의 5'위치에 인산, purine의 C_6 위치에 OH기를 가지는 nucleotide이다.

4) 단백질의 합성

생체 내에서 합성된 아미노산은 [그림 12-11]에서와 같이 세포질에 있는 ribosome에서 단백질로 합성되며 그 합성기구는 다음과 같이 표시할 수 있다.

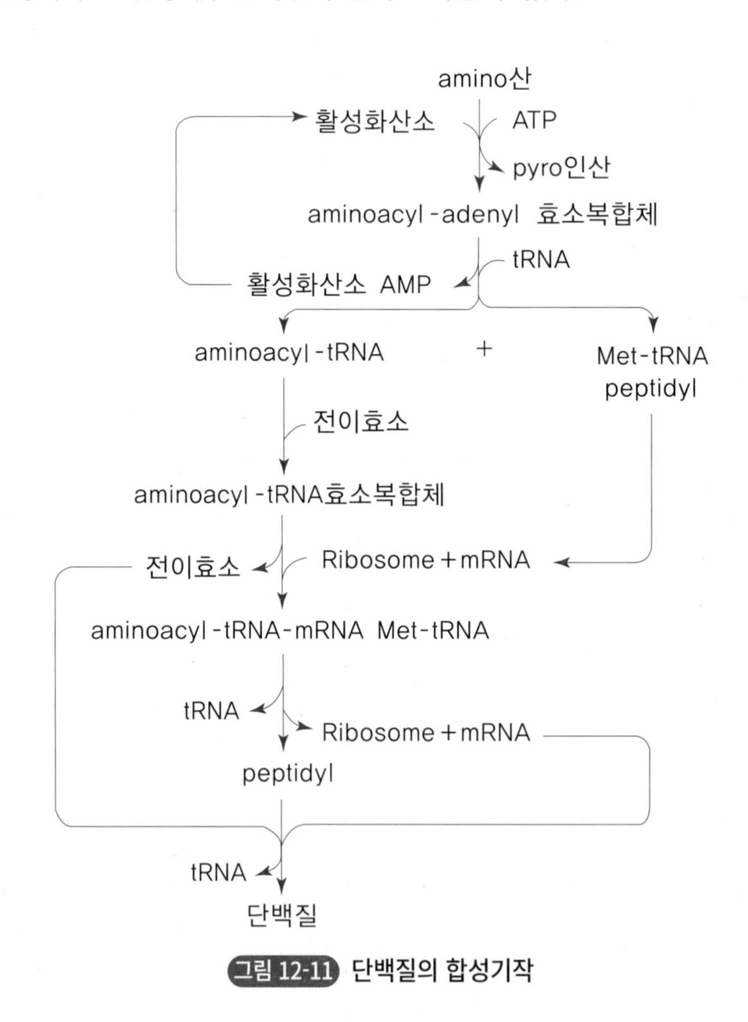

그림 12-11 단백질의 합성기작

각 아미노산은 먼저 aminoacyl synthetase에 의하여 활성화되고 이들에 특이한 sRNA(soluble RNA)와 결합하여 AA~sRNA가 된다. 한편 핵 또는 핵 부위에 있는 DNA의 유전정보는 mRNA(messenger RNA)에 전달된다. mRNA는 몇 개의 ribosome과 결합하여 polysome을 형성하고 있으나 각 ribosome의 아미노산 합성 부위에 유전정보를 전하여 준다. 따라서 mRNA 또는 ribosome의 이동으로 mRNA 위의 유전정보는 순차로 전달되어 그것에 따라 단백질 합성효소는 단계적으로 AA~sRNA를 부가한다.

그러므로 [그림 12-11]과 같이 같은 polysome에 있는 ribosome의 peptide사슬은 긴 것에서 짧은 것에 이르기까지 연속적으로 존재한다. 어떤 아미노산의 합성을 위한 DNA의 유전정보는 어느 인접한 세 개의 nucleotide 즉, codon에 새겨져 있다. 예를 들면 phenyl alanine, proline, lysine의 codon은 각각 UUU, CCC, AAA이다.

③ 지질대사

식품 중에 함유된 지방은 대부분 중성지방(glyceride)이지만 소량의 지방산, 탄화수소, sterol, 단백질, 함질소화합물, 인지질 및 색소 등을 함유한다. 지방은 glycerol과 지방산의 ester결합이며 lipase에 의하여 분해된다.

Glycerol은 phosphoglycerol를 거쳐서 dioxyacetonephosphate로 되어 EMP경로에 따라 대사되며 탄화수소는 보통 지방산으로 변화 후에 대사된다.

1) 지방산의 대사

지방산은 먼저 CoA와 결합하여 acyl CoA로 되어 대사과정에 들어간다. [그림 12-12]에서와 같이 acyl CoA는 수소탈리, 수화 그리고 다시 수소가 분리하게 되어 β-산화(β-oxidation)를 받아서 탄소 2와 3위치가 절단되어 acetyl CoA를 유리시키고 탄소 수가 2개 적은 acyl CoA로 된다. 이와 같은 반응을 되풀이하여 지방산은 acetyl CoA로 되어 TCA회로에 들어가서 대사된다.

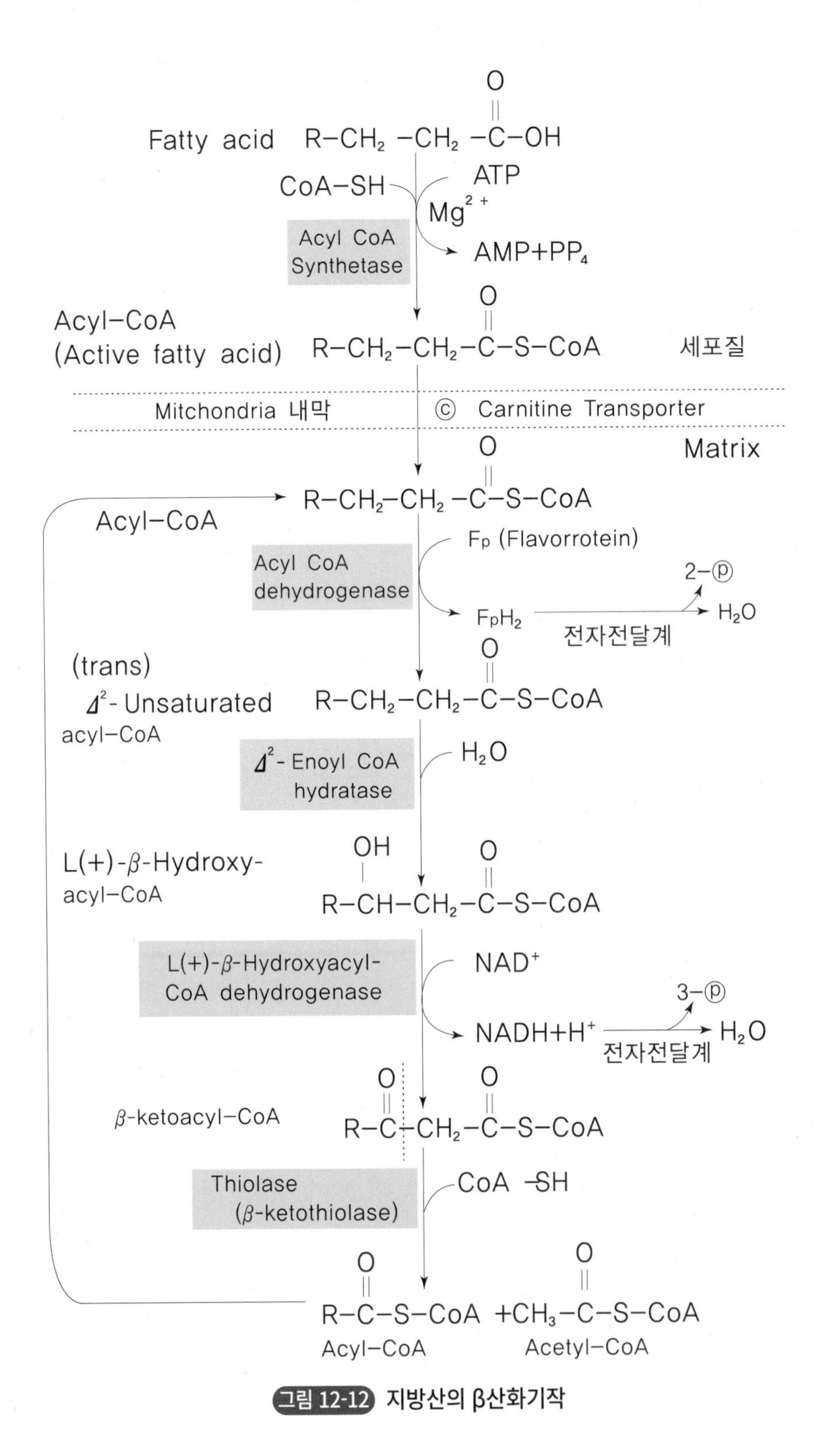

그림 12-12 지방산의 β산화기작

2) 지방산의 합성

지방산의 합성은 [그림 12-13]에서와 같이 acetyl CoA에 탄산이 고정되어 생성된 malonyl CoA와 acyl CoA가 결합하고 탈탄산이 되어 탄소 수가 2개 많은 β- ketoacyl CoA가 생성된다.

다음 β-산화와 반대의 경로로 환원, 탈수 다시 환원이 되어 탄소가 2개 많은 acyl CoA로 되며 이 반응이 계속적으로 되어서 최종적인 고급지방산이 생성된다. 이때 합성의 최초반응에서 acetyl CoA가 ATP를 필요로 하는 탄소고정이 이루어진다. 이것을 촉매하는 acetyl CoA carboxylase가 biotin효소라는 것이다. 따라서 지방산대사에 필요한 비타민으로는 biotin(acetyl CoA carboxylase), pantothenic acid(CoA), nicotinamide(NAD, NADP), B_2(FAD), B_1(TPP) 등의 조효소 이외에 Mn^{2+}, Mg^{2+}도 중요한 구실을 한다.

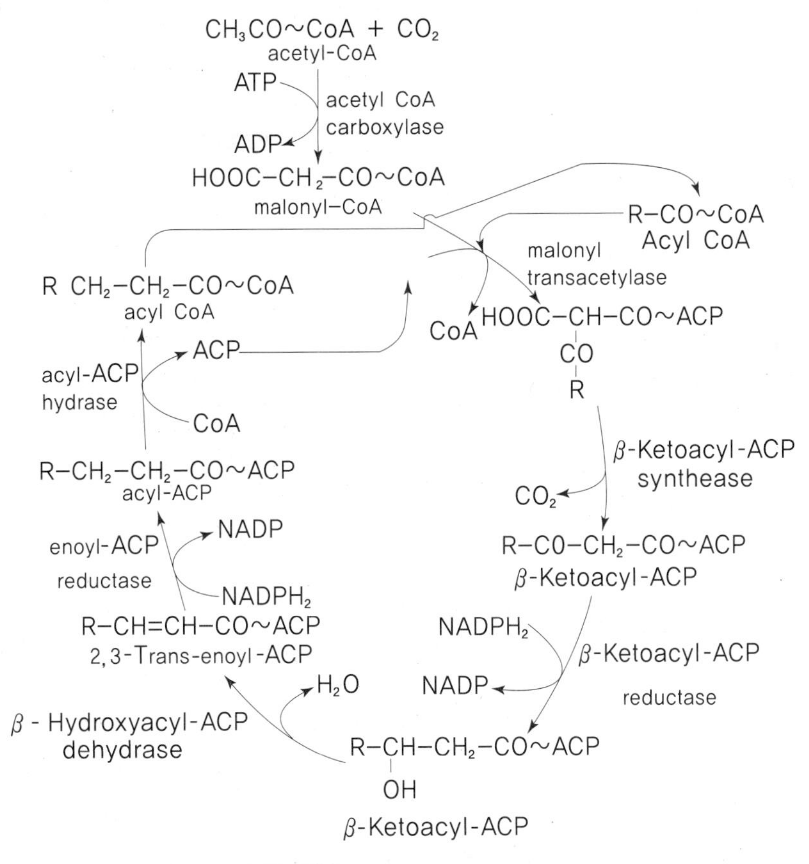

그림 12-13 지방산의 생합성 기작

3) 세균의 색소와 식품의 변색

세균은 carotenoid, xanthophyll 및 형광물질 등의 색소를 생성하며 또한 과산화물, 아질산, H_2S 등을 생성하여 식품을 변색시키는 경우도 있다. 세균에 의한 식품색소의 분해와 탈색의 예를 들면 치즈에서 세균이 생성한 sulfhydryl 그룹이 아나토(annatto)를 홍색 내지 흐린 색조로 변화시키고, *Pseudomonas, Micrococcus, Alcaligenes, Bacillus* 속 등의 균주가 생성하는 환원효소는 단무지의 tar계 색소 DNNS의 적변, SCAP의 탈색 등을 시킨다.

표 12-1 식품의 변색과 관련 있는 세균

색	균의 종류	색소의 성질	식품의 종류
황색계 (황, 등, 황록)	*Micrococcus, Staphylococcus* *Flavobacterium* *Ps. fluorescens*	지용성 xanthophyll 지용성 xanthophyll 황록색의 형광	저장육, 육제품 및 어육육, 육제품, 우유의 황변, 저장어육, 우유의 황변, 찐쌀
갈색계	*Ps. nigrifaciens* *Bac. subtilis var. aterrimus* *Ps. fluorescens, Bac. subtilis var. niger*	녹색에서 점차 갈색화 tyrosin의 효소적 산화로 갈색화	버터 표면(적갈색) 생국수 등(회갈색) 우유의 갈색화, 연질 치즈 등
적색 ~홍색계	*Serratia marcescns* *Sarcina lutea* *Bac. coagulans, Bac. firmus* *Mc. roseus* *L. plantarum var. rudensis* *Halobacterium salinarium*	 xanthophyll 적갈색~흑색 적갈색 carotenoid(황 → 등 → 적의 脂油性)	염장어 수산화제품, 육제품, 달걀, 적변한 빵 어육, 염장생선 어육소시지의 적색 반점육 어육 적변우유(적색침전) 체더 치즈의 적갈색 반점 염장어
녹색계	*Ps. fluorescens* *Lactobacillus, Leuconostoc*	담록색 과산화물의 생성에서 유래	저장 중의 난백 소시지, 생육
청색	*Ps. syncyanea*		육표면, 우유에서 St. lactis와 함께 짙은 청색
흑색계	*Proteus, Pseudomonas* *Aeromonas, Cl. nigrificans*	H2S 생성균에 의한 흑변	침채류, 난황, 치즈 숙성중, 통조림
형광	*Pseudomonas, Alcaligenes* *Proteus, Flavobacterium* *Paracolobactrum*	녹, 황, 적, 무색 혼합의 형광	달걀, 닭고기 (형광색소 proverdine)

미생물에 의한 식품의 착색 및 변패상태는 [표 12-1]과 [표 12-2]에 표시하였다.

표 12-2 식품의 변색과 관련 있는 곰팡이

색	식품의 종류 및 상태	관련 곰팡이
황색 ~ 등색	달걀의 적은 황색 반점 버터의 황, 등색 반점 황변미	*Penicillium* *Oospora(Geotrichum)* *Pen. citrinum, Pen. islandicum*
갈색	가당연유의 갈색 반점 버터의 갈색부위 발생	흑종의 곰팡이 *Phoma, Alternaria*
적색 ~ 연분홍	버터의 담적색~연분홍부분 달걀의 연분홍 반점 생국수(포장국수) 붉게 된 빵	*Fusarium culmorum* *Sporotrichum* *Fusarium* *Monilia sitophila*
녹색	달걀의 녹색 반점(껍질 안에도 발생) 달걀의 흑록색 반점 버터의 녹색화	*Penicillium* *Cladosporium* *Penicillium*
청색	달걀의 청색 반점	*Penicillium*
흑색	달걀의 흑색 반점 버터의 흑색(때로는 녹색 부분) 흑색빵	*Cladosporium* *Alternaria, Cladosporium* *Oidium(Geotrichum) aurantiacum*

4 식품의 풍미

미생물의 대사산물에서 에스테르, 알데히드, 알코올, 케톤, 아민, 암모니아, 휘발산 등의 휘발성물질이 식품의 향취 및 악변시키는 데 관여한다. 식품의 향기에 특징으로 관여하는 미생물의 작용을 보면 다음과 같다.

1) Diacetyl 성분

포도주의 향기 성분인 diacetyl은 발효유제품의 주요 향기 성분이지만 맥주와 청주의 이취의 원인도 된다. 버터 치즈 및 발효유에서는 *Leuconostoc citrovorum, Streptococcus diacetilactis* 등 젖산균이 우유 중의 구연산에서 diacetyl을 생성하고 맥주, 청주와 같은 양조물에서는 *Saccharomyces cerevisiae* 등의 효모가 pyruvic acid에서 생성된 α-acetolactic acid를 전구체로 하여 acetoin을 거쳐서 **[그림 12-14]**와 같은 경로로 diacetyl을 생성한다.

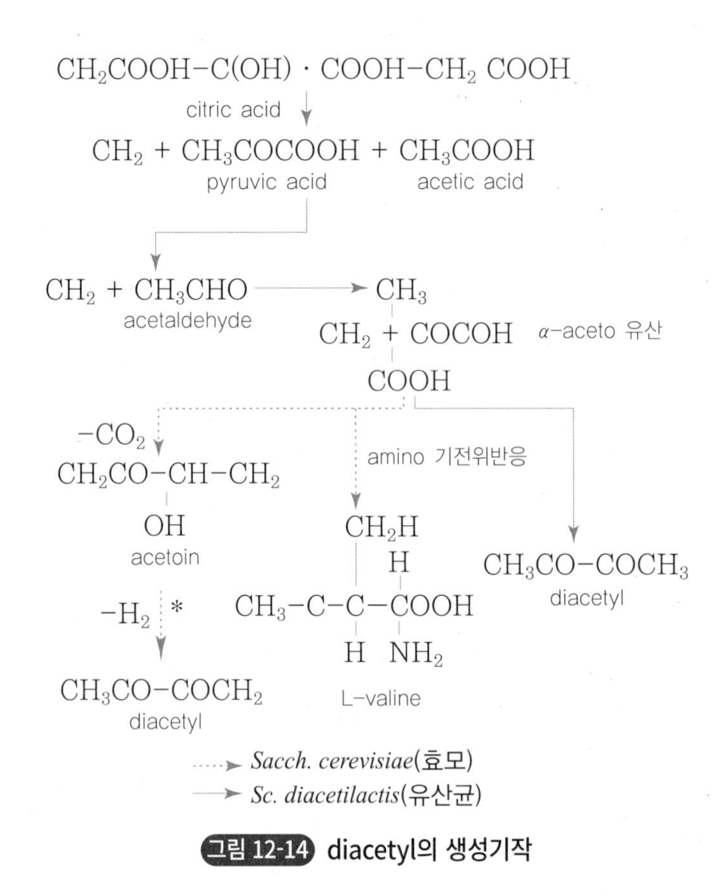

그림 12-14 diacetyl의 생성기작

발효버터에서는 diacetyl이 중요한 풍미가 된다는 것은 오래전부터 인정되어 왔으며 발효버터의 풍미를 향상시키려면 diacetyl/acetaldehyde의 일정한 비가 중요하다. 즉 이 비가 3.2~4.7의 범위에서 방향을 내고 1.1 이하에서는 풋내가 나며 5.5 이상에서는 조화되지 않는 풍미를 낸다고 한다. 요구르트의 방향성분은 젖산균의 대사산물인 acetaldehyde 및 diacetyl도 있다. 치즈의 풍미개량에 diacetyl 생성능이 있는 *Leuconostoc. citrovorum*이 이용된다. 그러나 유제품 저장 중에는 젖산균, 대장균군, 호냉균 등에 있는 diacetyl 환원효소가 작용하여 diacetyl을 acetoin으로 변화시키므로 그 풍미를 저하시킨다.

또한 [그림 12-14]와 같이 효모도 diacetyl을 생성하지만 효모의 생육대수기에는 diacetyl 환원효소의 생성도 현저하여 맥주의 주발효 말기에는 diacetyl이 0.2ppm 이하로 감소되어 이때에 맥주의 이취는 소멸된다. 맥주에서 0.35ppm 이상의 diacetyl이 있으면 불쾌취가 난다. 청주의 부패취는 발효 중 효모에 의한 diacetyl의 생성 이외에 저장 중의 가열살균 등으로 산화환원전위가 상승하여 산화상태가 되어 acetoin에서 diacetyl이 생성되고 또한 젖산균 혹은 화락균의 혼입으로 diacetyl과 acetoin 등의 생성이 많아진 경우에 볼 수 있다. Diacetyl이 5ppm 이상 존재하면 군내가 나는 것으로 알려진다.

2) 4-Ethylguajacol(4-EG)성분

4-EG은 특징적인 간장 향기를 내는 중요한 향기 성분이며 *Torulopsis versatilis*, *T. etchellsii*, *T. anomala*, *T. nodaensis*, *T. halophilus* 등에 의하여 생성된다. *Saccharomyces rouxii*는 4-EG의 생성능이 없으므로 간장의 발효효모로는 *Torulopsis*속이 중요하다. 4-EG 생성의 전구물질이 되는 ferulic acid는 간장 코오지의 소맥에서 유래되고 원료소맥의 제국과정에서는 코오지균의 작용으로 [그림 12-15]와 같이 생성된다.

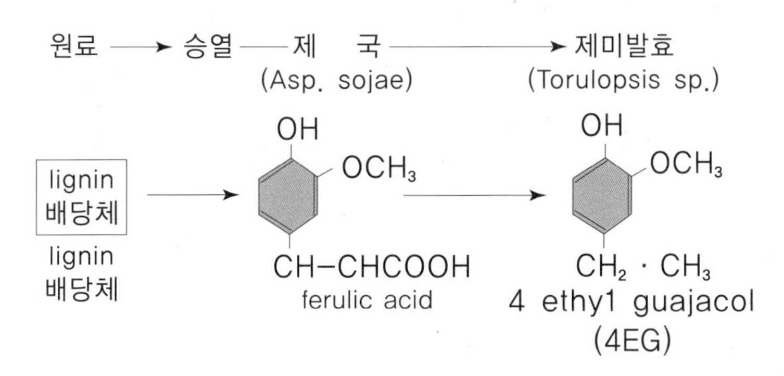

그림 12-15 간장양조에서 4-ethylguajacol의 생성

3) Maltol 성분

Maltol의 생산은 코오지균의 대사산물인 국산(kojic acid)에 *Arthrobacter ureafaciens* 또는 *Fusarium sp.* 등이 관여하여 meconic acid를 거쳐서 maltol을 얻을 수 있다[그림 12-16]. Maltol은 아이스크림, 케이크, 분말과즙음료 등에 달콤한 향기를 주는 풍미증진제 역할을 하며 아미노산액이나 간장에도 함유된다.

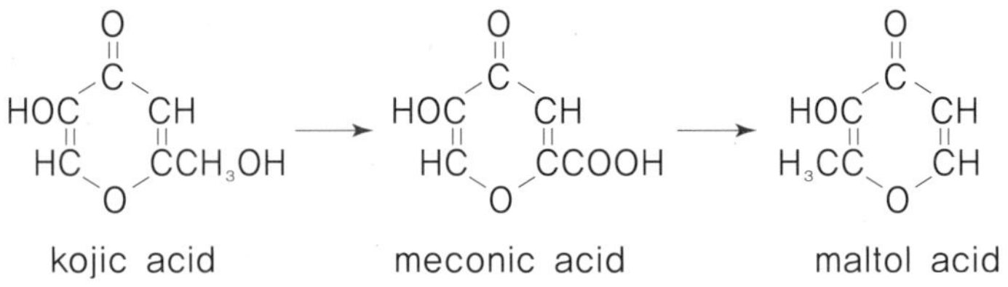

kojic acid → meconic acid → maltol acid

그림 12-16 kojic acid에서 maltol의 생산

4) 단백질 분해산물

치즈 생산에 있어서 casein 분해물인 peptide를 가수분해하는 protease가 결여된 젖산균을 종모로 쓰면 쓴맛의 peptide를 집적시킬 수 있다. 우유에 생기는 쓴맛도 저온균에 의한 단백분해산물에 의한다. *Pseudomonas synxantha*는 쓴맛 생성의 대표균으로 알려지고 *Micrococcus*, 대장균군 등도 단백질을 분해할 때에는 쓴맛을 생성한다.

젖산균 세포 내에 있는 proteinase는 균의 사멸 후 자기소화로 균체 외로 나와 치즈 숙성에 관여한다. 치즈 숙성 중에 단백질의 변화는 적지만 관여하는 protease는 대부분 젖산균에 유래하고 peptide, 수용성 단백, 약간의 아미노산 등이 생성된다.

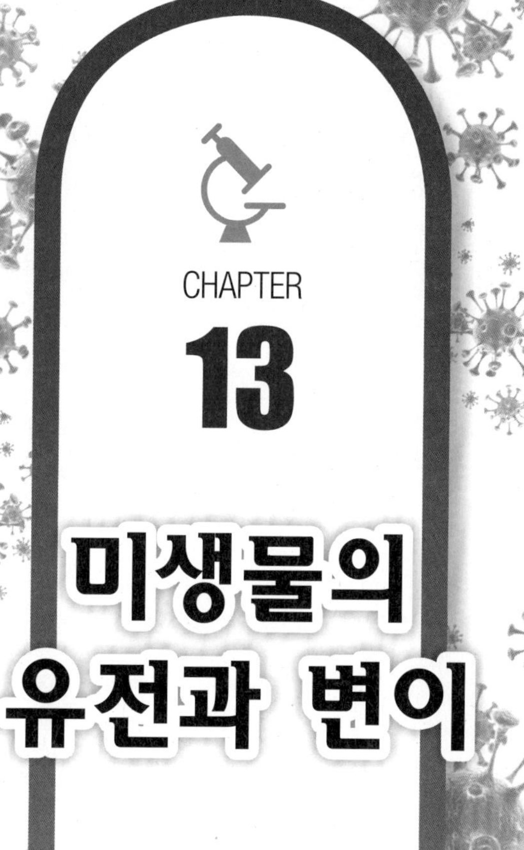

CHAPTER

13

미생물의 유전과 변이

1. 유전학의 발달
2. 유전자의 본체 및 화학적 구성

1 유전학의 발달

유전자의 개념을 처음으로 명시해 준 사람은 Mendel(1822~1884)이다. 그는 잠두콩의 여러 품종간 교배를 통해 특정 형질이 나타나는 데 일정한 법칙이 있는 것을 발견하여, 1866년에 연구논문을 발표하였다. Mendel의 위업은 이 법칙을 유전의 기본단위를 나타내는 요소(element)라는 개념으로 설명한 것이다. Mendel의 법칙은 그 후 잠깐 동안 인정되지 못하였으나, 1900년에 이르러 de Vries, Corrins, Tschermack가 각각 독립적으로 꼭 같은 특징을 발견하여 일약 서광을 받게 되었다. 이 element라는 개념은 1909년 Johansen에 의하여 유전자(gene)로 명명되었다.

핵산은 1869년에 Miescher에 의하여 발견되었다. 이는 Mendel의 법칙 발표와 거의 같은 시기였으나 핵산이 유전자의 본체임이 실증된 것은 그로부터 75년 후의 일이었다.

Avery, McLeod, McCarthy는 1944년에 유전자의 화학적 본체가 DNA인 것을 밝혔다. 그 형질 전환 실험은 DNA가 유전자의 역할을 하는 것을 처음으로 밝혔다. 대장균의 phage T2는 주로 DNA와 단백질로 된 간단한 구조를 가진다. Hershey와 Chase(1952)는 35S와 32P를 써서 단백질 부분과 DNA 부분을 레이블하여 파지의 DNA 부분만이 대장균에 주입되어 자손에게 전해지는 것을 증명함으로써 DNA가 유전자인 것을 보여주었다. 한편 담배 mosaic virus는 단백질과 RNA로 되어 있다. 이 RNA만을 추출하여 담뱃잎에 감염시키면 자손 바이러스가 생산된다. 이 실험은 RNA도 유전자의 역할을 하는 것을 나타내고 있다.

Watson과 Crick는 1953년에 당시 보고된 DNA의 X선 해석 Data와 모순되지 않고, 2중 나선구조로 염기가 외측으로 향하는 Pauling 등의 model의 어려운 점을 해결할 수 있는 model을 고안하였다. 이 모형은 [그림 13-1]에 표시하였다.

이 모형은 물리화학적인 data를 만족시킬 뿐만 아니라 DNA가 유전자로서 생물학적인 성질을 만족시킨다는 점에서 중요한 의미가 있다.

Watson-Crick의 모형은 이들의 여러 점을 잘 해명하고 있다. 즉 첫째로, 복제 시에

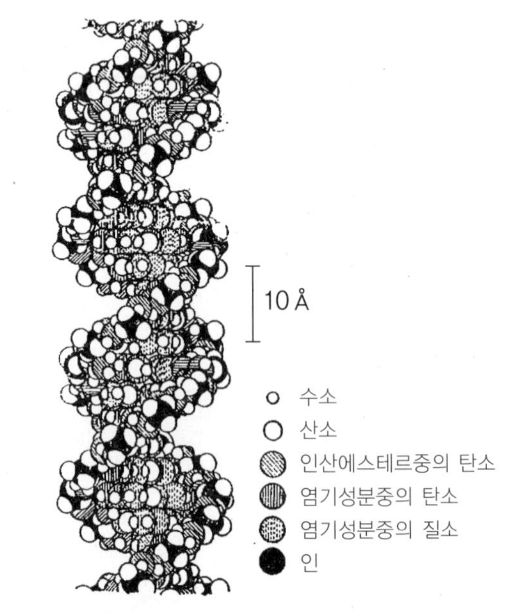

그림 13-1 Watson-Crick의 DNA의 2본쇄 구조 모델

이 2본쇄가 떨어져서 각각의 사슬 위에서 상보적인 사슬이 만들어지고 결과적으로 원래의 2본쇄와 똑같은 두 개의 2본쇄가 된다. 둘째, 긴 nucleotide 사슬의 ATGC의 배열순서는 무한에 가깝고, 많은 유전형질을 결정할 가능성이 있다. 셋째, 어느 특정 장소의 염기가 변화된 결과 복제 후에 최초와 다른 염기 배열로 되어 이것이 원인이 되어 다른 형질을 발현한 돌연변이를 일으킨다. 이들은 A의 이성화에 의하여 AT pair가 AC pair를 만들 수 있는 가능성을 나타낸다. 넷째, 이 nucleotide 사슬이 끊어져 다른 nucleotide 사슬과 연결되면 조환의 현상이 설명된다는 것 등이다.

❷ 유전자의 본체 및 화학적 구성

1) 유전자의 조성과 구조

생물의 유전적 형질을 지배하는 유전자가 DNA라는 사실은 앞에서 언급한 대로 1944년 Avery 등의 *Diplococus pnewmonia*의 형질 전환 연구에서 밝혀졌다.

유전자의 DNA는 염기, deoxyribose 및 인산으로 구성되어 있어서 정제된 DNA를 가수분해하면 purine 또는 pyrimidine 염기와 deoxyribose 및 인산이 같은 mol씩 생성된다.

이때 purine 염기는 adenine(A)과 guanine(G)이고, pyrimidine 염기는 cytosine (C)과 thymine(T)이다.

DNA에 함유된 염기의 비는 G와 C의 분자비, A와 T의 분자비가 항상 같아 G/C=1, A/T=1임이 밝혀졌고 DNA 중의 G와 C의 mol 수가 전체염기 mol 수의 몇 %인가(GC 함량)를 알면 그 생물의 중요한 특성을 파악할 수 있다. 생물의 GC 함량은 하등동물일수록 일정치 않고 고등 생물에서는 그 차이가 심하지 않다. GC 함량은 고등 생물에서는 40~45%이지만, 미생물에서는 30~75%로 광범위하게 분포한다[표 13-1].

표 13-1 각종 DNA의 염기 mol비

DNA의 종류	adenine	guanine	cytosine	thymine	5-metyl-cytosine
소의 흉선	28.2	21.5	21.2	27.8	1.3
소맥의 맥아	27.3	22.7	16.8	27.1	6.0
효모	31.3	18.7	17.1	32.9	
결핵균	15.1	34.9	35.4	14.6	
파지øX174	24.3	24.5	18.2	32.3	

※ 고등생물에서는 cytosine의 일부가 5-methylcytosine으로 되어 있다.

DNA는 deoxyribonucleotide가 서로 deoxyribose의 3'과 5'에서 phosphodiester bond로 연결된 것이 기본구조를 이루는 고분자의 polyuncleotide이다.

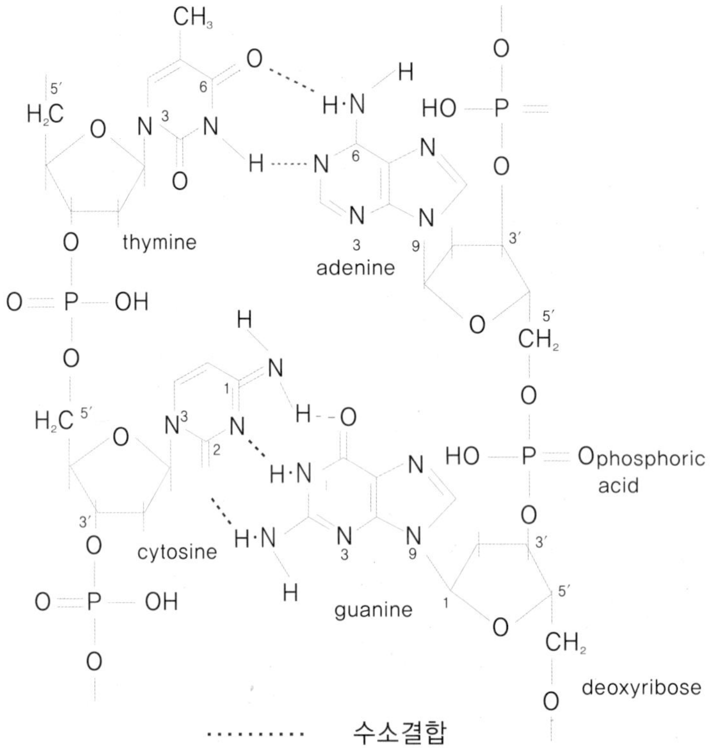

·········· 수소결합

그림 13-2 DNA의 구조

Watson과 Crick이 DNA가 세포 내에서 두 가닥의 polynucleotide가 2중 나선구조를 이루고 있음을 밝혀냈는데 Watson-Crick의 DNA 모형에 의하면 ① DNA는 두 줄의 rib onucleotide 사슬로 된 나선구조를 하고 있다. ② 당-인산 사슬로부터 염기가 옆으로 나와 맞은편의 사슬로부터 나온 염기와 수소결합을 한다. 즉 A와 T, G와 C 사이의 수소결합으로 서로 연결된다. ③ 나선의 회전 반경은 10Å이며 nucleotide 간 거리는 2.4Å, 나선 1회전의 거리는 34Å이다. ④ 나선을 구성하는 nucleotide 사슬의 방향은 5'→ 3', 다른 한쪽은 3'→ 5' 방향이다[그림 13-2].

2) 유전자의 복제

Watson-Crick의 model에 따라 복제를 생각할 경우, 처음에 DNA의 2본쇄가 풀리어 각각의 상보적인 염기를 갖는 nucleotide가 배열하고 이들이 인산의 diester 결합을 하면 어버이 DNA와 같은 nucleotide 배열을 가지며 어버이 DNA를 1본씩 가진 자식 DNA 2본이 된다. 이와 같은 복제를 반보존적 복제(semiconservative replication)라고 한다.

Kornberg 등은 대장균으로부터 추출한 효소 DNA polymerase가 다음의 반응으로 DNA를 복제함을 시험관 내(*in vitro*)의 실험으로 증명하였다.

즉 3'-인산은 주형으로 되는 DNA의 존재하에서 DNA polymerase에 의해 pyrophosp hate를 유리하며 계속 새로운 사슬을 형성한다. 이 경우에 주형으로 되는 원래의 DNA는 **[그림 13-3]**에 표시한 것과 같이 염기간의 수소결합이 전달되어 2중 사슬이 풀리어 외사슬로 되고 여기에 상보적으로 복제가 진행된다. 이렇게 하여 만들어진 DNA는 그 염기배열도 주형의 DNA와 동일하고, 박테리오파지 øX174의 실험에서는 *in vitro*로 만든 자손 파지가 생리활성을 나타내는 것이 증명되었다.

DNA의 복제에 관여하는 DNA polymerase(DPase)는 세 종류 Ⅰ, Ⅱ, Ⅲ가 알려져 있다. 가장 먼저 발견된 것은 DPase Ⅰ으로 대장균당 약 1만 분자가 존재하는 것으로 생각된다.

그 후 이 효소를 없앤 대장균의 변이균주가 발견되었고, 정상적인 성장을 하는 것도 관찰되었다. 그래서 이 변이대장균에서 새로운 DPase Ⅱ와 Ⅲ이 분리되었다. DPase Ⅱ는 세포당 400분자 정도 존재하며 몇 가지의 성질은 DPase Ⅰ과 다르나, 그 효소의 생리적 의의는 불명으로 이 효소를 없애도 대장균은 생장되었다.

DPase Ⅲ은 대장균에 대하여 필수적이고, 세포당 10분자 정도만 있으나, *in vitro*에서 DNA를 복제하는 것으로 알려져 있다. 이 DPase Ⅲ도 primer DNA, 주형 DNA와 Mg^{2+}가 필요하다.

DPase Ⅱ와 Ⅲ도 5'→3' 방향으로 DNA를 합성한다. 현재로는 이 DPase Ⅲ이 주로 복제에 관여한다고 생각하고 있으며 DPase Ⅰ은 자외선 등으로 손상을 받으면 DNA의 수복이나 DNA 단편을 이어 붙이기 위해 필요한 효소로 생각된다.

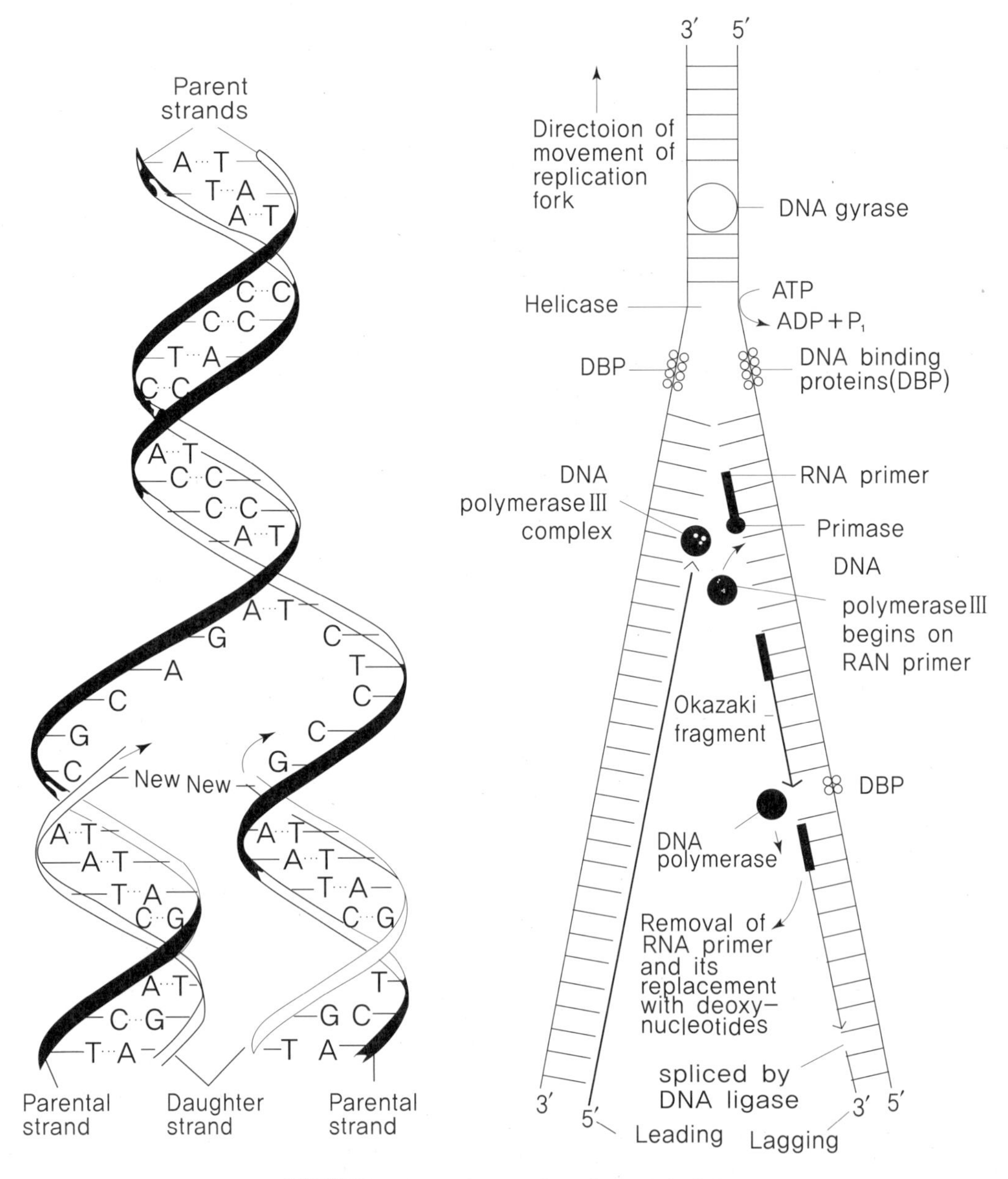

그림 13-3 이중나선 DNA의 복제 및 복제 단계

대장균의 DNA합성에 관여하는 유전자는 오늘날까지 DNA A, B, C, (D), E, F, G 등이 발견되어 있으며, 이들 중 어느 하나가 없어도 균은 성장하지 않는다. A와 C(D)는 DNA 합성의 개시에 관계가 있고 E(*pol* C)는 DNA polymerase Ⅲ, F는 ribonucleotide reductase, G는 rifampicin 저항성 RNA polymerase의 구조유전자이다. 이외에 polymerase Ⅰ, Ⅱ의 유전자(*pol* A, B), ligase의 유전자(*lig*)도 알려져 있다.

3) 인공적 돌연변이주 DNA염기의 변화

(1) 변이주 DNA염기의 변화수식

물리적 또는 화학적 처리에 의해 얻어진 변이주는 DNA의 일부 염기가 변화되어 있는데 Freese(1959)는 이중 나선 구조 DNA의 염기의 변화를 다음의 3종으로 나누었다[그림 13-4].

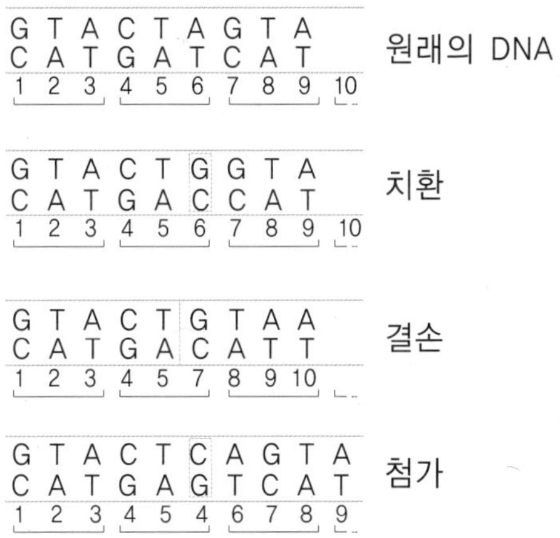

G T A C T A G T A
C A T G A T C A T
1 2 3 4 5 6 7 8 9 10
원래의 DNA

G T A C T G G T A
C A T G A C C A T
1 2 3 4 5 6 7 8 9 10
치환

G T A C T G T A A
C A T G A C A T T
1 2 3 4 5 7 8 9 10
결손

G T A C T C A G T A
C A T G A G T C A T
1 2 3 4 5 4 6 7 8 9
첨가

그림 13-4 염기쌍의 변화

❶ 염기치환

DNA분자 중의 어느 염기가 다른 염기로 변화하는 것을 염기치환이라고 한다. Purine에서 다른 purine 염기로, 혹은 pyrimidine에서 다른 pyrimidine으로의 치환을 염기전이(transition, [그림 13-5]에서 대각선상의 변화)라 부르고, purine에서 pyrimidine, 또는 그 역의 치환([그림 13-5]에서 종이나 횡의 변화)을 염기전환(transversion)이라고 한다.

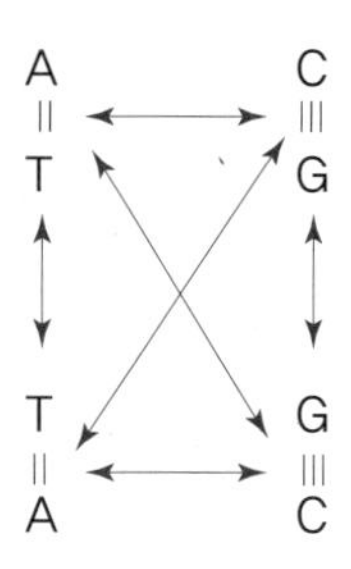

그림 13-5 Transversion과 transition

❷ 염기의 첨가, 결손

Frame shift란 한 개 내지 몇 개의 염기가 DNA에 첨가 혹은 결손되어 생기는 변이를 말한다. 세 개의 염기가 하나의 아미노산에 대응하고 있으나, 염기가 부가 혹은 결실하게 되면 mRNA상의 세 개의 염기의 구절(句切)이 벗어나 야생형의 것과는 전혀 다른 아미노산 배열을 가진 polypetide가 되거나 혹은 구절이 벗어나서 mRNA의 도중에 nonsense codon이 생겨 완전한 polypetide가 될 수 없게 된다.

Frame shift는 한 개 내지 수 개의 염기가 첨가되거나 결손되어 생기나, 유전자 전부 혹은 유전자 내의 일부를 결실하거나 또는 유전자 내에 새로이 다른 DNA 단편이 가해져 돌연변이체를 만드는 수도 있다.

4) 타세포 DNA의 삽입에 의한 DNA의 재조합

(1) 형질전환(transformation)

형질 전환은 [그림 13-6]과 같이 특정한 균주를 어떤 조건하에서 배양할 때 세포 외에 첨가한 DNA를 세포 내로 도입하여 재결합함으로써 공여된 DNA의 유전형질을 얻게 되는 것을 말한다.

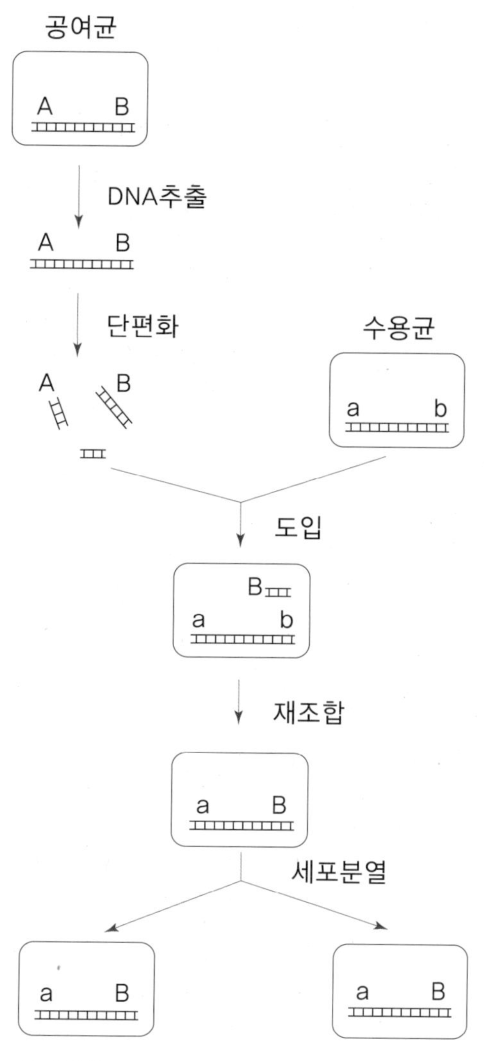

그림 13-6 형질전환에 의한 유전정보의 전달

(2) 형질 도입(transduction)

형질 도입은 [그림 13-7]에 표시된 것과 같이 숙주 세균 세포의 형질이 파지(phage)의 매개로 수용균의 세포에 운반되어 재조합에 의해 유전 형질이 도입된 현상을 말한다. 즉 형질도입은 세균의 DNA가 파지에 혼합된 후 이 파지가 다른 세균에 침입하여 세균의 유전적 성질을 변화시키는 것으로 파지가 유전 정보의 운반자 역할을 하는 것이다.

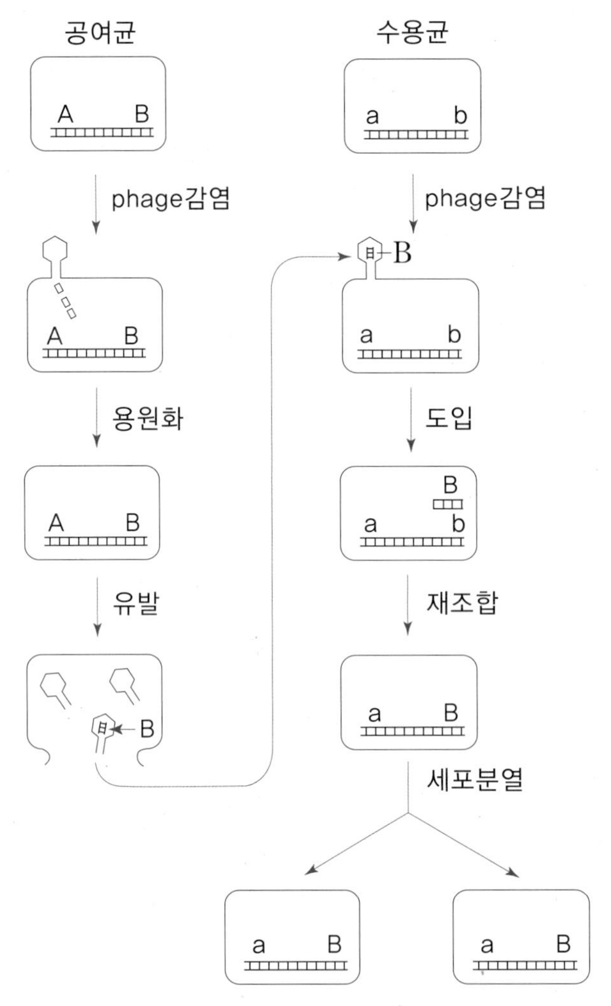

그림 13-7 형질도입에 의한 유전정보의 전달

(3) 세균의 접합(bacterial conjugation)

접합은 세균에 자웅이 있어 접합에 의해 DNA의 변환이 일어나는 것인데 Lederberg와 Tatum(1946)이 대장균을 이용한 실험 결과를 보고하였다. 세균의 번식은 보통 무성적으로 일어나고 유성생식은 극히 희박하다. 그러나 접합은 그 외 세균에서도 확인될 뿐만 아니라 서로 다른 종류 사이에도 접합이 될 수 있다고 알려져 있다.

즉, [그림 13-8]과 같이 선모를 갖는 자성(F−)과 선모가 없는 웅성(F^{+})을 만나게 하면 직접 접합이 일어나서 수컷의 DNA가 암컷에 이행하기 시작한다. Hfr주 웅성의 DNA는 선상으로 그 선단(기점)에 유성인자(수정인자, fertility factor; F^{+})가 위치하므로, 계속하여 일정한 순서로 배열된 각종의 유전자가 암컷에 이행한다. 유성인자를 이행 받는 암컷균주는 수컷의 성질을 나타내게 된다.

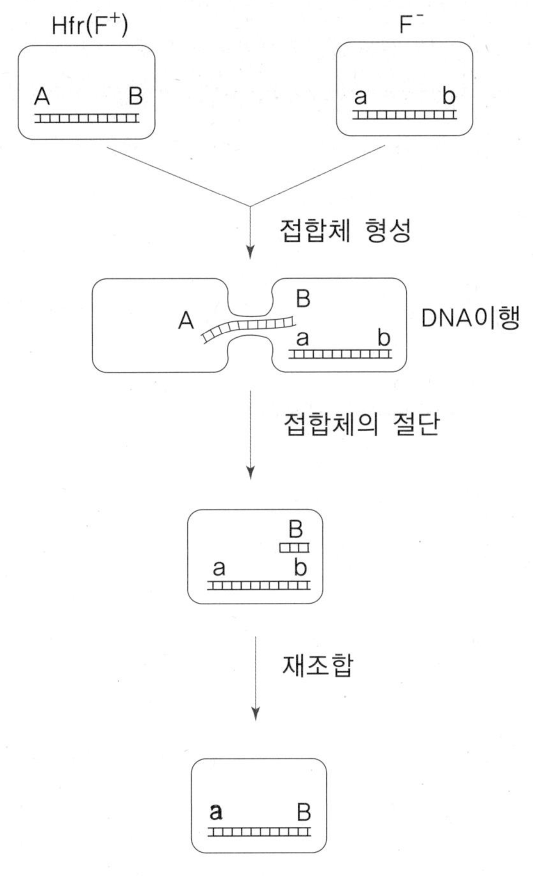

그림 13-8 접합에 의한 유전정보의 전달

5) 돌연변이

유전정보의 본질적인 성질은 그것이 안정되어 있는 것이다. 따라서 부모의 유전자는 정확히 자식에게 전해지지만, 극히 드문 일로서 어떤 때에는 유전정보의 전사에 착오가 일어나서 부모의 형질과 다른 형질이 자식에게 나타날 수가 있다. 이것을 변이(mutation)라고 한다.

돌연변이는 분자적으로는 세포 내외에서 어떤 인자의 영향에 의하여 DNA염기의 배열순서가 변화함에 따라 일어난다. 이 변화에 의하여 단백질을 구성하는 아미노산의 배열이 변하여 변이균주로 된다.

변이균주는 자연의 상태에서도 낮은 빈도로 생기나, 방사선이나 어떤 종류의 화학물질을 쓰면 높은 빈도로 유도할 수 있다.

(1) 유기 돌연변이(Induced mutation)

1927년에 Mueller는 초파리의 정자에 X선 조사를 하면 돌연변이율이 높아지는 것을 발견하였으나, 그 후 γ선, a입자, β입자나 자외선 등의 방사선에도 돌연변이 유기작용이 있는 것을 발견하였다. 화학물질로서 1943년 Auerbach가 초파리를 사용하여 mustard gas에도 돌연변이 유기작용이 있는 것을 발견한 것이 최초의 일이나, 오늘날에는 수많은 화학물질에 돌연변이 유기작용이 있는 것으로 알려져 있다[표 13-2].

표 13-2 돌연변이 유기인자

물리적 인자	방사선(X선, gamma선, 자외선, 중성자선, 생체 내로 들어간 동위원소), 고온 처리, 산성 처리
화학적 인자	1) 염기 합성저해제: azaserine, caffeine, 6-mercaptopurine, 2) 염기 analogue: 5-bromouracil, 5-bromodeoxyuridine, 2-aminopurine 3) 색소류: proflavin, acridine orange, ICR-170 4) 염기와 화학반응을 하는 것 (1) 아질산 (2) Hydroxylamine, hydrazine (3) Alkyl화제: ethyl methane sulfonic acid(EMS), methyl methane sulfonic acid(MMS), ethyl ethane sulfonic acid(EES), nitrogen mustard, dimethyl sulfonic acid(DMS), diethyl sulfonic acid(DES) 5) 발암제: 4-Nitro-quinoline-N-oxide, N-methyl-N'-nitrosoguanidine 방향족 다환 탄수화물의 epoxide류, N-nitroso-N-methyl urethane nitrofuran 화합물 등. 6) 기타 화합물: $K_2Cr_4O_7$, $MgCl_2$

돌연변이 유기인자가 발견됨으로써 여러 변이균주가 쉽게 분리되게 되었고, 이것을 이용하여 유전현상이나 생체반응의 해석 및 동물, 식물, 미생물의 품종개량에까지 이르렀다. 의약품의 분야에서는 항생물질이나 발효생산균주의 개량, 약독(弱毒) 바이러스에 의한 백신의 개발 등에 유효하게 이용되고 있다.

(2) 화학물질에 의한 돌연변이

❶ DNA의 화학구조를 변화시키는 변이유기체

가. 아질산은 아미노기를 가진 염기 adenine, guanine, cytosine에 작용하여 탈아미노화하여, 각각 hypoxanthine, xanthine, uracil을 생성한다. 탈아미노화된 염기는 염기대합(pairing)을 만들고, AT→GC 혹은 GC→AT의 transition을 일으킨다.

나. **Hydroxylamine(HA)**: Hydroxylamine(HA)은 0.02M 산성용액 중에서 G→T의 transition을 일으키는 특이적인 변이원이다. HA는 cytosine 및 uracil과 강하게 반응하나, thymine과의 반응은 약하다.

다. **Alkyl화제**: Methylmethane sulfonic acid, ethylmethane sulfonic acid, ethylethane sulfonic acid, epoxide, mustard gas 등은 중성부근에서 주로 guanine의 7위를 alkyl화시킨다. 그 외 약간이기는 하나 adenine의 N_3과 N_1, cytosine과 thymine의 1위를 alkyl화한다. Nucleotide 사이를 연결하는 인산기와도 반응한다.

Methylmethane sulfonic acid를 작용시킬 때 DNA의 탈purine 및 인산결합이 절단된다.

N-methyl-N'-nitrosoguanidine(MNNG)은 아주 강한 돌연변이 유기작용을 가지며 동시에 강한 발암작용을 가진 물질이다.

❷ DNA에 결합하는 변이 유기체

Proflavin이나 acridine orange 등은 DNA의 염기대와 이웃의 염기대 간에 삽입된다. 이것 때문에 DNA의 정상적인 복제나 조환에 이상이 일어나서 DNA 염기배열에 한 개의 염기대를 부가하거나 결실되거나 하여 frame shift 변이를 유기한다.

❸ 핵산염기 analogue

5-Bromouracil(BU)이나 2-aminopurine(AP)은 bacteriophage, 세균이나 포유동물 세포의 DNA 중에 thymine이나 adenine 대신에 삽입되어 돌연변이를 일으킨다.

(3) Missense mutation과 nonsense mutation

DNA의 염기가 다른 염기로 치환되면 polypetide 중에 대응하는 아미노산이 야생형과는 다른 것으로 치환되거나 또는 아미노산으로 번역되지 않는 짧은 peptide 사슬이 된다. Polypeptide 중의 아미노산이 다른 아미노산으로 치환되어도 단백질로서의 기능을 가질 때 표현형으로서는 정상이다. 그러나 물리화학적인 성질이 크게 변하면 활성이 없는 단백질이 된다. 이와 같이 야생형과 같은 크기의 polypetide 사슬을 합성하였으나 그중의 아미노산이 바뀌어졌으므로 변이형의 표현형이 되는 것을 missense 변이균주라 하고, 이 변이를 missense 변이라고 한다.

또한 UAG, UAA, UGA codon은 nonsense codon이라고 불려지며 이들 RNA codon에 대응하는 aminoacyl tRNA는 없다. mRNA가 단백질로 변이될 때 nonsense codon이 있으면 그 위치에서 peptide 합성이 정지되고, 야생형보다 짧은 polypeptide 사슬이 합성된다. 이와 같은 peptide 사슬을 만드는 변이를 nonsense변이라고 한다.

(4) 생체 내에서의 DNA의 수복 작용

인공적 돌연변이주의 DNA염기의 변동이 실제 일어나도 생체 내에는 장해를 받는 염기가 원상태로 되돌아가는 사실이 알려져 있다. 이것을 DNA의 수복작용(repairing action)이라 한다. 실제로 방사성 인을 포함하는 세균 바이러스 DNA는 인의 β-붕괴에 의해 절편으로 되지만 바이러스 중의 수복 효소는 DNA나 RNA의 생합성 과정에서도 중요한 역할을 한다.

6) DNA의 유전정보와 단백질의 생합성

생체 내에서 합성된 아미노산은 세포질에 있는 ribosome에서 단백질로 합성된다. Watson이 설명한 단백질 합성 기구를 간단히 살펴보면 다음과 같다. 먼저 각 아미노산은 aminoacyl synthetase에 의하여 활성화되고 이들에 특이적인 sRNA(soluble RNA, 또는 tRNA라고도 한다)가 결합하여 AA~s~RNA로 된다. 한편 핵 또는 핵 부위에 있는 DNA의 유전 정보는 mRNA(messenger RNA)에 전달되고 mRNA는 몇 개의 ribosome과 결합하여 polysome을 형성하고 각 ribosome의 아미노산 합성 부위에 유전 정보를 전하여 준다. 따라서 mRNA(또는 ribosome)의 이동으로 mRNA상의 유전 정보는 순차로 전하여진다.

이와 같이 DNA에 암호화되어 있는 유전 정보가 mRNA를 거쳐서 단백질의 아미노산 배열 순서로 번이되는 과정에서 tRNA, mRNA, ribosome 및 기타 여러 가지 효소나 단백질 등 100종류 이상의 고분자 물질이 작용한다. 단백질 생합성은 아미노산의 활성화, polypeptide 사슬의 합성 개시, polypeptide의 신장, 합성 종료의 4단계로 구분된다.

(1) 단백질의 합성과 RNA

DNA는 유전자로서 유전정보에 없어서는 안 될 물질이며, RNA는 단백질 합성에 중요한 역할을 한다.

Jacob와 Monod는 DNA의 유전정보가 단백질의 구조에 전달되는 과정에 아주 불안정한 mRNA를 생각하게 되었으나, 곧 이어 그의 실제가 증명되었고, 다시 DNA를 주형으로 하여 ATP, GTP, CTP, UTP를 써서 RNA를 합성하는 RNA polymerase(RPase, DNA의존성 polymerase)의 존재도 알게 되었다.

이 반응은 다음과 같다.

$$\begin{matrix} n_1\ \text{ATP} \\ n_2\ \text{GTP} \\ n_3\ \text{CTP} \\ n_4\ \text{UTP} \end{matrix} \ \underset{\text{주형 DNA, } Mg^{2+} \text{ 또는 } Mn^{2+}}{\overset{\text{RNA polymerase}}{\rightleftharpoons}} \ \begin{matrix} \text{AMP}\ n_1 \\ \text{GMP}\ n_2 \\ \text{CMP}\ n_3 \\ \text{UMP}\ n_4 \end{matrix} + (n_1 + n_2 + n_3 + n_4)\text{PPi}$$

RNA의 합성은 DNA의 합성과 마찬가지로 5'→ 3'의 방향으로 이루어진다. 그 속도는 37℃에서 대장균이 정상적으로 생육할 때 1초간에 약 30~40nucleotide이다. mRNA는 세포 내 RNA의 약 2~3%(103개/대장균)를 차지하며 분자량은 일정하지 않고(수십만~수백만), 각 operon의 길이에 관계한다. 그러나 평균적인 크기는 900~1,500nucleotide에 상당하는 것이 많다. mRNA의 유전정보가 전사되는 것으로 단백질 중의 아미노산 배열은 이 mRNA의 정보에 따라 결정된다.

단백질 합성 때에 전이 RNA(transfer RNA, tRNA)는 활성화된 각종의 아미노산과 특이적으로 결합하는 adapter로서 작용한다. 이 아미노산을 붙이는 tRNA(aminoacyl tRNA)는 ribosome 상에서 mRNA의 정보에 따라 부분적으로 특이적인 수소결합을 만들어 이 정보를 아미노산의 배열에 반영시키는 역할을 한다.

아미노산을 붙인 tRNA는 단백질 합성의 장소인 ribosome의 표면에 부착한다. Ribosome은 AA-tRNA와 mRNA와는 올바르게 배향되어 mRNA의 유전암호를 AA의 배열에 치환시키는 작용을 한다.

(2) 단백질의 합성

합성에 관여되는 단백질성 인자는 mRNA의 암호에 따라 단백질이 합성되는 데는 앞서 설명한 ribosome, 각종의 tRNA나 아미노산 활성효소 이외에 단백질 합성의 개시인자(initiation factor) IF-1, 2, 3 등의 여러 인자가 관여하고 있다.

mRNA 상에는 몇 개의 단백질(polypeptide)의 합성개시를 지시하는 codon AUG가 있어 세균에서는 이것에 대응하여 대개의 단백질이 formyl methionine을 N말단으로 합성한다.

Peptide 사슬의 합성은 읽기·끝내기의 codon(UAG, UAA, UGA)에 도달하면 tRNA에서 절단되어 ribosome에서 유리(release)된다. 대장균에서는 이 과정을 촉매하는 세 종류의 단백질성 종결인자(RF-1, 2, 3)의 존재가 알려져 있다. RF-1은 UAG 및 UAA, RF-2는 UAA 및 UGA에 각각 특이적으로 작용하여 peptide 사슬을 유리시킨다[**그림 13-9**].

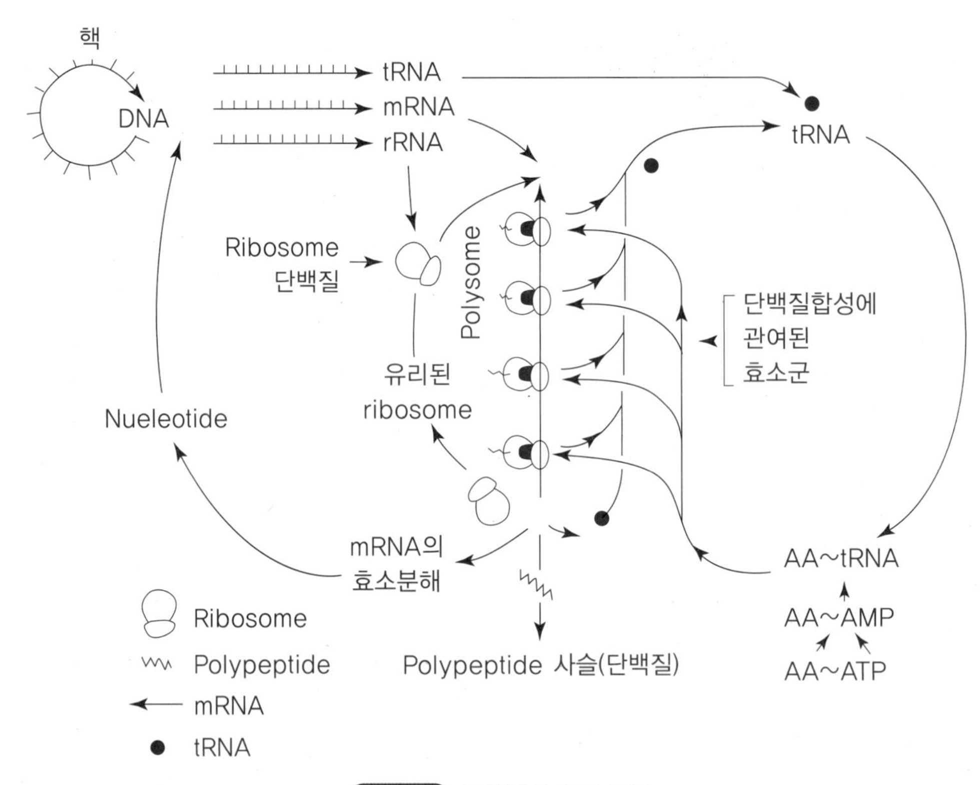

그림 13-9 단백질의 합성 기구

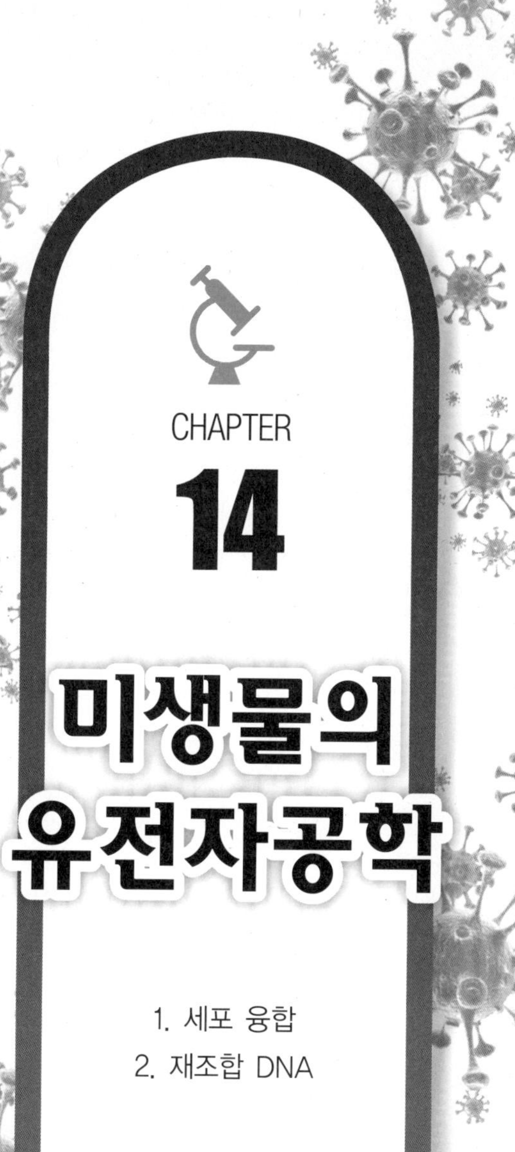

CHAPTER

14

미생물의 유전자공학

1. 세포 융합
2. 재조합 DNA

세균에 있어서 타 세포의 유전자가 이행하여 원래 모균주와 같은 성질을 갖는 자세포가 되는 현상에 형질전환, 형질도입 및 접합이 알려져 있다.

이러한 현상을 이용하여 원래 균주에는 없는 별도의 유전자를 조합에 의해 획득하여 새로운 성질을 갖는 미생물을 인공적으로 만들어내는 연구가 각광받기 시작했다. 즉 insulin, interperon 등의 생산능력을 갖는 대장균의 육성에 성공한 것이 그 대표적인 예이다. 이런 새로운 학문분야를 유전자공학이라고 칭한다.

현재의 유전자공학은 분자유전학이나 분자생물학을 기초로 하여 응용미생물 분야에서 가장 발달되어 가고 있다. 오늘날 유전자공학이라고 하는 것은 세포 융합(cell fusion)과 재조합 DNA(recombinant DNA)의 두 가지가 있다.

1 세포 융합(cell fusion)

세포 융합은 일명 protoplast fusion이라고도 한다. 그 특징은 생물이 독자적으로 갖고 있는 성적 능력에 의한 것이 아니고 인위적, 물리적으로 세포를 융합하여 신종 세포를 얻는 방법이다. 동물 세포와 식물 세포 그리고 미생물 세포는 각각 그 구조가 상이하기 때문에 세포 융합의 조작도 꼭 동일하지만은 않다.

1) 동물

동물 세포는 세포벽을 갖고 있지 않기 때문에 세포 그대로의 형태로 융합제에 의해서 처리된다. 융합제로서 처음에는 선태 바이러스가 사용되었으나 현재로는 ethylene glycol이 널리 사용되고 있다.

2) 식물 · 미생물

식물 및 미생물의 세포는 동물 세포와 달리 세포막 외측에 세포벽이 둘러싸여 있어서 이 세포벽을 제거한 후에 protoplast 융합을 행한다. 효모의 세포 융합을 예로 들면 **[그림 14-1]**과 같다.

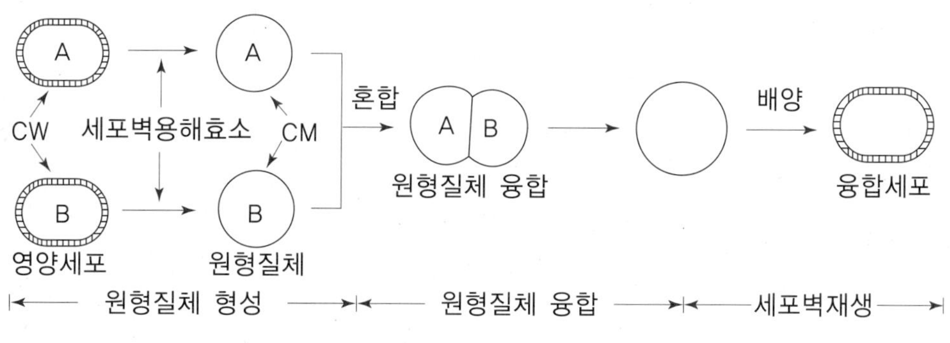

그림 14-1 효모의 세포 융합

2 재조합 DNA(recombinant DNA)

재조합 DNA를 만들기 위해서는 외래의 DNA공여체(donor DNA)와 벡터로 사용되는 plasmid나 공생성 바이러스의 자기 증식성 소형 DNA와의 결합으로 두 종류의 잡종 DNA분자(재조합체 DNA)를 만든다. 재조합체 DNA를 숙주세포에 되돌려 넣고 숙주세포 내에서 재결합체 DNA만을 우선적으로 증식시키는 cloning이 필요하다.

[그림 14-2]에 표시된 바와 같이 제한 효소 EcoRI는 5'GAATTC 3'를 인식하여 G와 A 사이를 절단하므로 생산물은 어느 것이나 말단에 외줄 사슬 구조를 갖는다. 이 nucleotide끼리는 상보 관계에 있다.

EcoRI 효소로 절단한 외래 DNA와 plasmid DNA의 양단은 서로 상보적이기 때문에 DNA ligase를 작용시켜 재조합체 DNA가 만들어진다.

DNA를 숙주세포의 내부에 넣는 과정은 형질전환에 의한다. 재조합 DNA에는 CaCl2로 처리된 세균 세포가 사용된다. 일반 형질전환과 다른 점은 plasmid DNA의 경우에는 일반적으로 숙주 염색체에 들어가지 않는 점이며 재조합체 DNA가 숙주세포 내에서 plasmid로서 안정된 때에는 cloning되었다고 한다. Cloning에는 목적으로 하는 유전자를 갖는 단편만을 농축하여 제한 효소로 처리하는 경우와 전혀 농축하지 않고 제한 효소로 처리하는 경우(shot gun method)가 있다. 단백질 구조 또는 RNA의 염기 배열로부터 그 DNA의 구조를 추정하여 그것을 기본으로 하여 화학적으로 합성한 DNA를 이용한 경우도 있다.

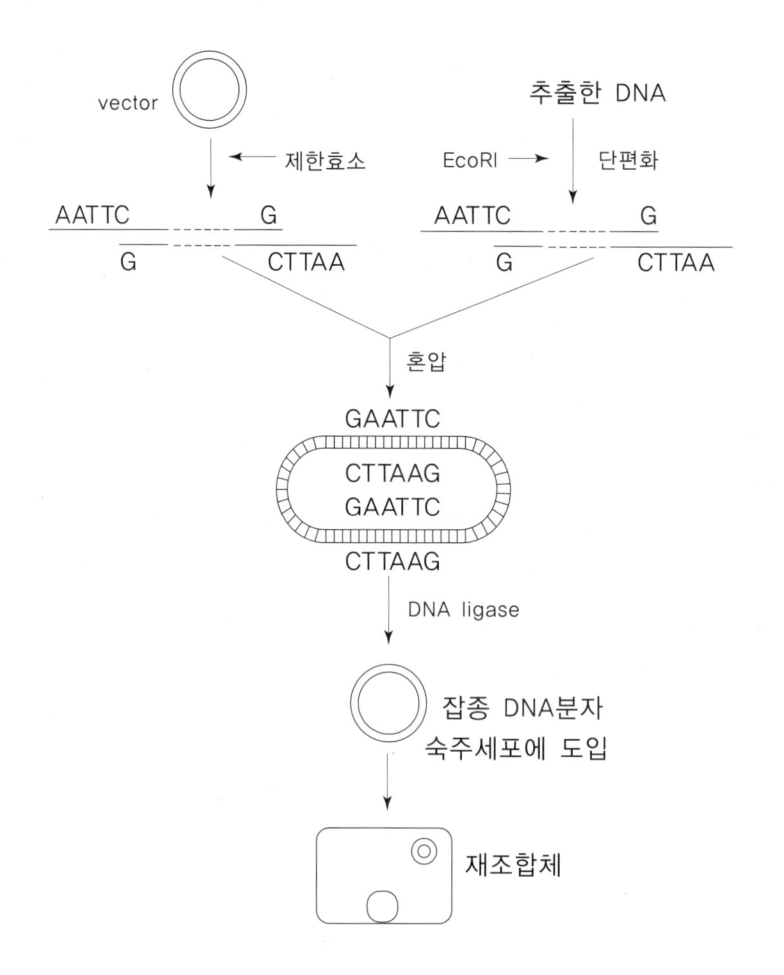

그림 14-2 제한 endo nuclease법에 의한 DNA의 조합

이러한 발전은 4가지의 신기술이 등장한 덕분이다. 첫째는 plasmid를 분리하는 기술이 확립되었다. 이 plasmid는 세포에 있어서 꼭 필요한 것은 아니며 약품처리로 세포에서 제거하거나 넣을 수 있다. 이 plasmid의 존재유무에 따라 성질은 차이가 있다. 예를 들면, R plasmid의 penicillin에 대한 저항성 유전자가 있는 경우에는 저항성이 되나, 없는 경우에는 감수성이 된다. 이러한 plasmid의 분리를 손쉽게 만든 것은 1970년경에 ethidium bromide와 calsium chloride를 이용하는 초원심 분리법의 개발이었다.

둘째는 restriction endonuclease의 발견이다[**표 14-1**].

표 14-1 제한효소의 종류와 기질특이성

균주	효소명	기질특이성	
Escherichia coli KY13	EcoRI	5' GAA CTT	TTC AAG
Hemophilus influenzae Rd	Hind Ⅱ Hind Ⅲ	5' GTP$_Y$ CAPU	P$_U$AAC P$_y$TG
Hemophilus parainfluenzae	Hpa Ⅰ Hpa Ⅱ	5' GTT CAA 5' CC GG	AAC TTG GG CC
Hemophilus aegypitius	Hae Ⅲ	5' GG CC	CC GG

이 효소는 DNA 상에 존재하는 특이한 염기배열을 인식해서 절단하는 효소이다. 예를 들면 EcoRI의 경우는 약 4,000개의 염기배열 중 한 곳 정도를 절단한다. 이러한 제한 효소는 속속 발견되고 있으며, 현재 수십 종류가 알려져 있다.

셋째로는 DNA ligase의 발견이다(1967). 이것은 제한효소에 의해 절단된 단편을 연결시켜 원모양으로 만들 수 있다. 넷째는 형질전환이 대장균을 이용하여 가능하게 되었다. 대장균을 염화칼슘 처리하여 DNA를 고빈도로 형질 전환 가능하도록 한 것은 1970년도이다 [그림 14-3].

이러한 기술은 Cohen과 Boyer가 최초로 시험관 내에서 recombinant DNA를 만들고 대장균 내로 도입하는 데 성공함으로써 확립되었다. 이러한 세포는 손쉽게 증식시킬 수 있었으며, 이로써 새로운 생명체를 손쉽게 만드는 것이 가능해졌다.

유전자의 구조를 알 수 있다면 직접 합성하여 이용할 수도 있을 것이다. 이러한 방법을 제시한 사람이 1960년경의 Kohrana이다. 이러한 시도는 유전자의 구조를 합성하여 유전자 발현에 이용하기에 앞서 번역과정을 이해하는 데 가장 큰 공헌을 하였다. 이러한 공헌에 힘입어 지금은 진핵세포의 클로닝이 손쉬워졌다. 그리고 지금은 적은 양의 DNA가 있을지라도 클로닝이 가능한 PCR법도 개발되었다.

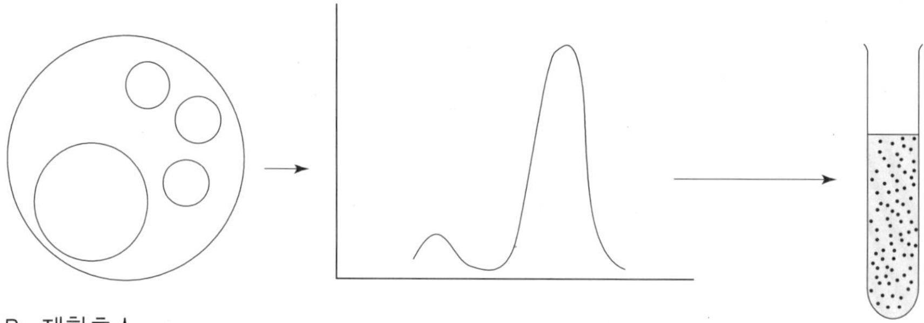

B. 제한효소

restriction endonuclease

```
  ↓
-GAATTC-         -G          AATTC-
-CTTAAG-   →     -CTTAA   +       G-
       ↑
```

C. 연결효소

ligase

```
-G             AATTC-         -GAATTC-
-CTTAA    +         G-    →   -CTTAAG-
```

D. 형질전환

tansformation

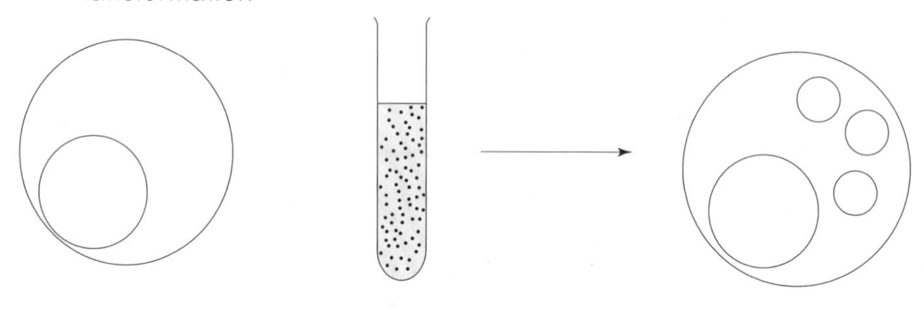

그림 14-3 유전자조작에 사용되는 효소

한편 다음과 같은 유전자의 조작을 이용하는 방법이 개발되기 시작했다. ① 지금까지 언급한 시험관 내의 유전자조작법 ② 생체 내에서의 유전자조작법, 유전자 교차법이라고도 할 수 있으며, 어떤 균의 유전자를 plasmid에 도입 후 다른 세포로 주입하여 발현시키는 경우이다. 이러한 예는 Klebsiella 질소고정유전자를 대장균에 전이시키는 경우이다. ③ 시험관 내 돌연변이법을 이용하는 것으로 대표적인 방법이 site-directed mutagenesis법 ④ transposon을 이용하여 생체 내에서 돌연변이를 유도하는 생체 내 돌연변이법 ⑤

DNA를 직접 세포 내로 주입하는 DNA주입법이 개발되었다. 이러한 방법들의 개발로 산업적 이용이 가능해졌다. 아울러 지금까지 연구가 불가능했던 진핵생물의 유전자의 연구도 가능해졌다. 예를 들면, 발암에 관여하는 유전자, 광합성에 관여하는 유전자, 면역에 관여하는 유전자의 구조해석 등이 가능해졌다.

• Plasmid

Jacob와 Wollman(1958)은 F인자나 temperate phage와 같이 세포질 내에 있는 균 염색체와는 독립적으로 증식하는 자율적 상태(autonomous state)와 숙주균 염색체에 조입된 상태(integrated state)를 하고 있는 인자를 episome이라 이름지었다. 그러나 같은 인자로 된 유전자의 기능이 탈락하면 이미 균 염색체에 취입되지 않는 예, 혹은 숙주 염색체에의 조입을 확인할 수 없는 세포질성 인자의 예 등이 많이 발견되어 최근에는 plasmid라는 개념이 일반적으로 쓰여지게 되었다.

Plasmid란 세균·세포 내에서 자율적으로 복제되는 유전인자로 세균·세포 자체의 증식에는 없어도 되는 것으로 정의되고 있다. Plasmid는 F인자 이외에 약제내성 인자(R인자), colicine인자(colicinogenic factor) 등이 있다.

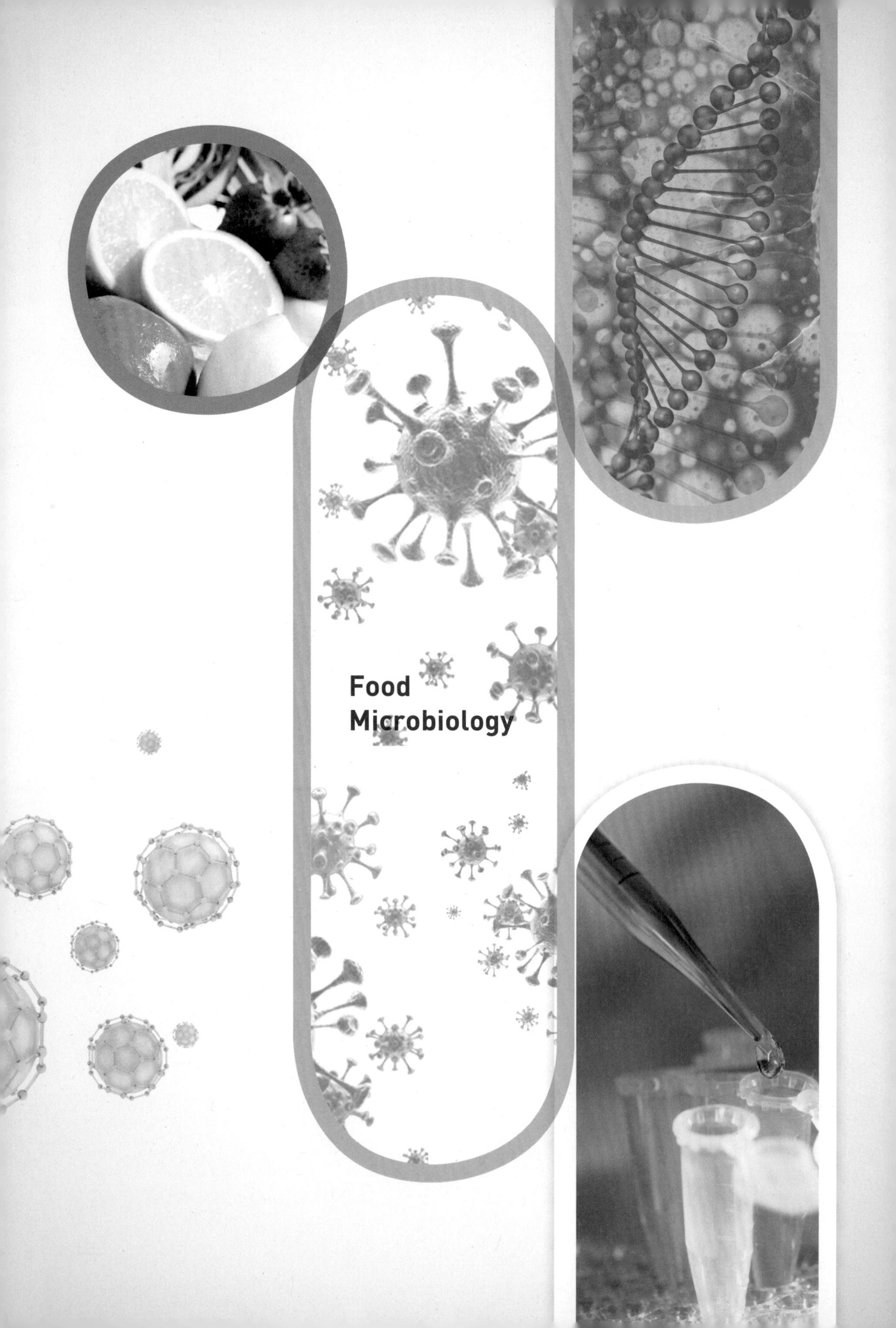
Food
Microbiology

CHAPTER

15

주류 및 식초

1. 주류
2. 탁주 · 약주
3. 청주
4. 맥주
5. 과실주
6. 증류주
7. 식초

1 주류(酒類)

주류(술)는 인류의 역사와 더불어 발달되어 왔으며 전 세계적으로 광범위하게 이용되고 있는 발효식품이다. 전분질이 많은 곡류 · 서류(薯類, 감자류)와 과일, 유류(乳類) 및 사탕수수의 즙액 등과 같이 당류를 함유하는 것에 효모를 비롯한 여러 가지 미생물을 작용시켜 에틸알코올(ethyl alcohol)을 생성시킨 가공 식품이다. 주류 중에는 발효 후에 증류하여 알코올 함량을 높인 증류주와 또는 다른 재료를 섞어서 만든 재제주도 있다.

• 주류의 분류

술(liquor)의 종류에는 여러 가지가 있는데 이들을 학술적으로 분류하면 다음과 같다[그림 15-1].

양조주(fermented liquor)는 과일 중에 함유되어 있는 과당을 즉시 발효시키거나 곡물 중에 함유되어 있는 전분을 당화하여 효모의 작용으로 발효시켜 만든 알코올음료(alcoholic beverage)를 말하며, 맥주, 막걸리, 포도주, 청주 등이 여기에 속한다. 양조주는 알코올 함량이 비교적 낮아 일반인이 부담 없이 즐길 수 있는 음료이며 특유의 향기와 부드러운 맛이 있다.

1) 양조한 것을 직접 또는 여과하여 마시는 술이며 Ex분이 많다.
2) 원료 속의 주성분이 당분으로서 효모만의 작용에 의해서 만들어지는 술
3) 원료 속의 주성분인 녹말질이 당질까지 분해되지 못한 상태로 있기 때문에 당화의 공정을 필요로 하는 것.
4) 당화와 발효의 공정이 분명히 구별되는 것.
5) 당화와 발효의 공정이 분명히 구별되지 못하고 두 가지 작용이 병행해서 이루어지는 것.
6) 양조주 또는 그 술 찌꺼기를 증류한 것. 또는 처음부터 증류하기 위한 목적으로 만든 술덧(酒醪)을 증류한 것으로서 extract분이 적고 주정도(酒精度)가 높다.
7) 양조주 또는 증류주에 조미료, 향료 또는 색소 등을 가하여 가공한 것.

그림 15-1 주류의 분류

증류주(distilled liquor)는 발효된 양조주를 다시 증류시켜 알코올 함량을 높인 술이다. 증류주는 알코올 함량이 매우 높고 잘 변하지 않으며, 종류에 따라서는 나무통 속에서 숙성시키기도 한다. 곡물을 원료로 한 그레인 위스키(grain whisky), 맥아 원료의 몰트 위스키(malt whisky), 과일 원료의 브랜디(brandy) 등과 보드카(vodka), 럼(rum), 진(gin) 등이 있다. 증류주는 칵테일(cocktail)의 밑술로 많이 쓰인다.

재제주(再製酒, compounded liquor)는 증류주나 양조주에 향료나 약초 또는 초근목피 등의 휘발성 향유를 첨가하고 설탕이나 꿀 등으로 당화하여 만든 알코올음료로서, 주로 식후에 많이 사용되며 칵테일 등이 여기에 속한다.

우리나라의 주세법상 주류의 정의(법 제3조)를 보면 '주류라 함은 주정(희석하여 음료로 할 수 있는 것을 말하며, 불순물이 포함되어 있어서 직접 음료로 할 수는 없으나 정제하면 음료로 할 수 있는 조주정을 포함한다.)과 알코올분 1도 이상의 음료(용해하여 음료로 할 수 있는 분말 상태의 것을 포함하되, 약사법에 의한 의약품으로서 알코올분 6도 미만의 것을 제외한다.)를 말한다.' 로 되어 있다.

주류의 에탄올 함량 등은 주세법에 의해 규정되어 있지만 성분 규격 등은 식품 위생법에 따르도록 되어 있다.

❷ 탁주 · 약주

탁주(막걸리)와 약주는 우리나라 고유의 전통술로서 서민층에서 많이 애용하였다. 탁주 · 약주는 원래 찹쌀이나 쌀, 누룩 및 물을 원료로 하여 제조하였으며, 발효가 끝난 후 용수 등을 사용하여 술덧에서 맑은 윗물만을 분리한 것이 약주(藥酒)이며, 숙성된 술덧에 뒷물 섞기를 한 다음 고운 체 등으로 걸러낸 술을 탁주(濁酒)라 하였다. 그러나 현재에는 전분질 원료로서 쌀 이외에도 옥수수 가루, 고구마 전분, 밀가루, 보리쌀 가루 등을 사용한다.

1) 분류

(1) 탁주(막걸리)

식품 공전상 탁주의 정의와 규격은 다음과 같다.

❶ 정의

전분질 원료와 국(麴)을 주원료로 하여 발효시킨 술덧(주료: 酒醪)을 혼탁하게 제성(製成)한 것 또는 제성 과정에 탄산가스 등을 첨가한 것을 말한다.

❷ 규격

가. **성상**: 고유의 색택을 가진 액체로서 특유의 향미가 있어야 한다.
나. **에탄올**(v/v%): 주세법의 규정에 의한다(알코올분 3도 이상이었으나 2003년부터 폐지됨).
다. **총산**(w/v%): 0.5 이하(초산으로서)
라. **메탄올**(mg/mL): 0.5 이하
마. **진균수**: 음성이어야 한다(단, 살균 탁주에 한한다).
바. **보존료**(g/kg): 소브산(소르빈산)으로서 0.2 이하

(2) 약주

식품 공전상 약주의 정의와 규격은 다음과 같다.

❶ 정의

약주라 함은 전분질 원료와 국을 주원료로 하여 발효시킨 후 술덧(주료)을 맑게 여과하여 제성한 것 또는 발효·제성 과정에 주정 등을 첨가한 것을 말한다.

❷ 규격

가. **성상**: 고유의 색택을 가진 액체로서 특유의 향미가 있어야 한다.
나. **에탄올**(v/v%): 주세법의 규정에 의한다(알코올분 13도 이하이었으나 2003년부터 폐지됨).
다. **총산**(w/v%): 0.7 이하(초산으로서)
라. **메탄올**(mg/mL): 0.5 이하
마. **진균수**: 음성이어야 한다(단, 살균 약주에 한한다).
바. **보존료**(g/kg): 소브산으로서 0.2 이하

2) 탁주의 제조 공정

(1) 원료 및 원료 처리

탁주와 약주의 주원료로는 쌀, 밀가루, 보리쌀, 전분(옥수수, 고구마 등), 누룩 등이 있다.

쌀은 세척하고 침지하여 25~30%의 흡수율이 되게 한다. 침지 중에 세균이 증식할 우려가 있으므로 젖산이나 구연산을 첨가해서 pH를 4.5 이하가 되게 하거나 침지수를 1~2회 갈아준다. 침지 후에는 2시간 정도 물빼기를 하고 시루에서 증숙한다. 증숙 시간은 김이 충분히 오른 후 30~40분 증숙한다. 수분 흡수가 잘 되지 않은 경질미는 1차 증숙한 것을 퍼내어 뜨거울 때 필요한 양의 물을 뿌리고 다시 증숙하면 좋아진다.

밀가루 사용 시에는 약 30%의 물을 가해서 과립화시켜 시루에 넣고 증숙한다. 이때 가장 중요한 점은 수분이 균일하게 분산되고 과립의 입도가 고르게 돼야 한다.

(2) 발효제 준비

발효제는 공통적으로 여러 종류의 효소를 분비하고 있으며, 발효제 자체도 역시 이들 효소의 작용을 받아 대사 산물을 만들게 된다.

발효제는 국(麴)과 주모(酒母)로 구분되며, 국(koji)은 전분질과 기타 재료를 혼합한 것에 곰팡이류를 번식시킨 것으로 술덧에서 국자체 및 사용원료에 작용하며 발효제 중의 amylase 효소는 전분을 분해시켜 당분을 만들며, protease의 효소는 단백질을 분해시켜 아미노산을 만든다.

주모(밑술)는 효모를 배양증식한 것으로서 당분을 함유하는 물질을 알코올 발효시킬 수 있는 것을 말하며, 술덧 중에서 생성된 당분을 알코올로, 아미노산을 향기 성분 등으로 변화시킨다. 국에는 고유의 전통적인 누룩(곡자)과 순수 배양한 곰팡이류를 인위적으로 증식시킨 입국(粒麴), 그리고 1960년대 이후 사용되고 있는 조효소제 및 정제효소제 등이 있다.

❶ 국(koji)

가. 누룩(곡자; 曲子)

누룩은 거칠게 빻은 밀에 물을 가하여 성형한 후 발효시킨 것으로 amylase 및 protease의 중요한 급원이 되며 효모와 젖산균의 급원이 되기도 한다. 누룩은 곡류 자체에 함유된 여러 가지 효소와 곡류에 *Rhizopus*속, *Aspergillus*속, *Mucor*속 등의 곰팡이와 효모 등이 번식하여 생성, 분비한 효소를 가지고 있으며 특히 많은 야생 효모를 가지고 있으므로 밑술의 모체 역할을 하는 당화 및 알코올 발효제로서도 사용된다. 완성된 곡자는 그 단면이 내부까지 균이 충분히 번식하여 황백색 내지 회백색이 되고 곡자 특유의 향기가 나는 것이 좋다.

누룩은 밀의 분쇄도에 따라 다음과 같이 나눈다.

ㄱ) 조곡(粗麴): 밀을 비교적 거칠게 부순 것으로 만든 누룩이며, 약주와 소주 양조용으로 쓰인다.

ㄴ) 분국(粉麴): 밀을 비교적 곱게 부순 것으로 만든 누룩이며 주로 약주 양조에 쓰인다. 특히 밀기울이 섞이지 않은 순 밀가루로 만든 누룩을 백국(白麴)이라 한다.

나. 입국(粒麴)

입국은 주조 원료를 증자한 후 곰팡이류를 번식시킨 것으로서 전분질을 당화시킬 수 있는 것을 말한다. 탁·약주용 입국은 대부분 백국균(白麴菌)을 사용하고 있다. 이는 황국균(黃麴菌)과는 달리 산 생성능력이 강하므로 술덧에서 잡균의 오염을 방지하기 때문이다. 현재 널리 사용되고 있는 백국균은 흑국균(*Aspergillus niger*)에서 변이된 변이주의 일종으로서 *Aspergillus kawachii*라 불린다. 이 백국균은 내산성 당화 효소와 구연산을 생산하는 특성이 있다. 따라서 이 곰팡이로 제조한 입국은 자체의 구연산으로 술덧의 pH를 산성으로 유지시켜 안전한 발효가 진행되게 할 뿐만 아니라 탁주에 신맛을 주는 효과도 있다. 이러한 특성 때문에 백국균으로 제조한 입국은 오늘날의 탁주 양조에 필수 불가결한 주 발효제가 되고 있다. 백국균은 주로 1단 담금에 쓰이고, 황국균을 이용한 곡자는 2단 담금에 사용된다.

다. 조효소제와 정제효소제

고체 및 액체 배지에 균을 배양시켜 전분 당화 효소를 추출 분리한, 독특하고 구수한 향취가 풍기는 회백색의 과립 상태의 제품으로 이취가 나는 것은 좋지 않다. 이 효소제는 내산성 당화력이 있으므로 1단 담금 또는 본 담금 시에 사용한다. 이는 입국의 불균형에서 오는 역가 부족을 보강하여 발효의 안정도를 높이기 위해 사용하고 있다. 정제 효소제는 조효소제를 정제한 것이다. 정제효소제는 2단 담금 시에 급수에 첨가하여 사용한다.

❷ 주모(밑술)

주모는 술덧의 활발한 발효를 진행시키기 위해 양조용 효모를 대량 배양해 놓은 것으로 밑술이라고도 하며 일반적으로 *Saccharomyces cerevisiae*가 많이 사용된다. 술덧을 발효시키는 데는 많은 효모가 필요하나 단번에 대량의 효모를 증식시키기 어려우므로 효모가 안전하게 증식할 수 있는 산성 조건하에서 단계적으로 그 양을 늘려 간다. 효모를 늘리는 첫 단계가 주모이고, 두 번째 단계가 1단 담금이며, 세 번째 단계가 2단 담금이다. 주모 육성과정의 주목적이 알코올 생산이 아니고 활력이 높은 순수한 효모 균체를 다량 얻는 것이므로 반드시 잡균을 도태시킬 수 있는 산성 조건하에서 적당한 통기를 시키면서 육성해야 한다.

❸ 배양 효모와 종국(種麴)

가. 배양 효모: 주모 제조에 사용할 목적으로 효모를 순수 배양한 것을 말한다.

나. 종국: 국을 제조할 때에 종균(種菌)으로 사용되는 배양된 곰팡이류(포자가 형성된 것)를 말한다.

(3) 술덧의 제조 공정

술덧(주료)이란 주모, 입국, 곡자 또는 효소제를 담금 급수에 첨가한 전체 물료(物料)를 말하며 입국, 곡자, 효소제 등의 효소 작용으로 원료를 당화시킴과 동시에 효모의 왕성한 발육으로 알코올 발효가 일어나게 된다.

❶ 1단 담금

1단 담금(mashing)에 필요한 재료는 입국, 주모 및 용수이다. 먼저 담금 용기에 급수와 주모 및 입국을 넣어 혼합하여 담금을 완료한다. 담금 품온은 23~24℃로 하는 것이 좋다. 1단 담금으로부터 2단 담금까지 걸리는 시간은 20시간부터 48시간 정도이다. 이 기간 중 1일 1~2회 정도 교반하여 준다. 1단 담금 기간 중 최고 품온은 30℃ 미만이 좋다.

표 15-1 탁 · 약주 술덧의 정상적인 발효경과의 예

경과시간	pH	산도(mL)	알코올(%)	품온	환원당
1단 담금 24시간	3.4	17.1	0.5	23	3.8
2단 담금 직후	4.1	7.0	3.5	20	1.9
2단 담금 12시간	3.9	7.4	9.2	28	0.4
2단 담금 24시간	4.0	7.7	12.5	32	0.4
2단 담금 36시간	4.1	8.0	14.0	32	0.2
2단 담금 60시간	4.2	8.0	14.8	27	0.1
2단 담금 80시간	4.3	8.2	15.2	24	0.1

❷ 2단 담금(본담금)

1단 담금 후 24시간 내지 48시간 정도 경과한 후에 1단 담금 술덧에 증미와 물을 가하여 담금하며, 누룩이나 분국을 사용할 경우에는 이때 첨가한다. 2단 담금 시의 초기 품온은 1단 담금보다 1~2℃ 낮게 하는 것이 보통이며 대략 20~23℃ 정도로 한다. 2단 담금이 끝난 후 10시간 정도 경과하면 담금 물료(物料)는 효소가 침출된 물을 충분히 흡수해 부풀었다가 내려앉으며 품온이 상승된다. 이때 고루 저어주어 품온이 균일하게 하고 당화와 효모증식을 촉진한다. 2단 담금 후 20~30시간이 경과하면 품온은 최고에 도달하여 30~33℃로 되며, 발효도 아주 왕성하다. 술덧의 안전 관리상 이때가 가장 중요한 때인데 최고 품온이 30~33℃ 이상으로 오를 우려가 있을 때는 냉각수를 돌려서 더 이상의 품온 상승을 막아야 한다.

만약 품온이 35℃ 이상으로 오르게 되면 효모의 알코올 발효 능력이 현저히 저하되고, 당화 작용은 촉진되어 당분이 축적되며, 이때 *Bacillus*가 증식하면 감패(甘敗, sweetification) 현상을 초래하게 된다. 또 이때 고온에서 잘 증식하는 젖산균이 증식하게 되면 산패(酸敗, acidification)현상을 나타낸다.

주모 및 1단 담금 술덧의 산도 부족에 의한 잡균증식과 지나친 품온 상승이 병행될 때에 이러한 현상이 상승적으로 나타나게 된다. 그러므로 감패와 산패를 억제하기 위해서는 입국이 정상적으로 제조되어 충분한 산도를 유지해 주어야 한다. 양조장에서는 술덧 10mL를 중화시키는 데 소요되는 0.1N-NaOH의 mL수를 술덧의 산도라고 한다. 만약 1단 담금 술덧의 산도가 15 이하일 때에는 젖산이나 구연산을 첨가하여 산도가 15 이상 되게 하는 것이 좋다.

2단 담금 술덧이 정상적으로 발효될 때에는 산도의 급격한 증가나 pH의 변화가 거의 없으며, 발효 초기에 환원당이 신속히 감소하고 알코올 함량이 급격히 상승된다.

(4) 제성(製成)

2단 담금 후 3~4일(탁주의 경우) 또는 4~5일(약주의 경우) 후에 술덧을 가공해서 포장할 수 있는 제품으로 만들게 되는데 이 과정을 제성(finishing)이라 한다.

2단 담금 후 알코올 함량이 14~15%가 될 때 실시하며 후수를 가하여 주박 분리기로 걸러서 제성한다. 탁주는 미숙주 상태에서 제성하므로 제성 후에도 후발효가 진행되며, 후발효가 지속되는 동안은 탄산가스 발생으로 상쾌한 청량감이 더욱 느껴진다.

3 청주(淸酒; sake)

청주는 보통 약주 또는 정종으로 알려진 맑은 술로 탁주와 반대되는 용어인데, 탁주 제조 시 술덧에서 떠낸 맑은 윗물을 말한다. 청주는 쌀을 주원료로 하여 국(koji)으로 당화시켜 발효한 병행 복발효주이다.

1) 정의 및 성분 규격

식품 공전상 청주의 정의와 규격은 다음과 같다.

(1) 정의

청주라 함은 곡류 중 쌀(찹쌀 포함)과 국을 주원료로 하여 발효시킨 술덧(주료)을 여과 제성한 것 또는 발효 제성과정에 주류 등을 첨가한 것을 말한다.

(2) 규격

❶ 성상: 고유의 색택을 가진 투명한 액체로서 특유의 향미가 있어야 한다.
❷ 에탄올(v/v%): 주세법의 규정에 의한다(알코올분 14도 이상이었으나 2003년부터 폐지됨).
❸ 총산(w/v%): 0.3 이하(호박산으로서)
❹ 메탄올(mg/mL): 0.5 이하

2) 주원료와 제조공정

(1) 원료

청주의 원료로서 중요한 것은 쌀과 물이다. 청주용 쌀은 다음과 같은 것이 좋다.

- 쌀은 알맞게 익은 굵은 알로서 잘 마른 연질미가 좋다.
- 단백질의 함량이 적고 탄수화물이 많이 들어 있는 것이 좋다.
- 도정도가 높은 쌀이 좋다.

물은 직접 청주의 성분이 될 뿐만 아니라 미생물의 증식에도 영향을 미치므로 적당한 경도(硬度)를 가지는 물이 좋다. 즉 K, P, Mg 염류를 다량 함유하는 물이 주조상 좋은 물이며 강한 발효를 일으킨다. 그러나 다량의 철, 암모니아, 유기물 등을 함유하는 물은 좋지 않다.

(2) 청주용 국자의 제조

원료인 쌀의 일부를 물로 씻고 침지한 다음 술밥으로 찌고 여기에 황국균(*Aspergillus oryzae*)을 발육시켜서 청주용 국자(koji)를 만든다. 국을 만드는 목적은 당화효소(amylase)를 생성시키는 데 있다.

① 청주용 국자 제조

종국

백미 → 수세 → 침지 → 증자 → 술밥 → 냉각 → 제국 → 국자

② 청주의 담금과 숙성

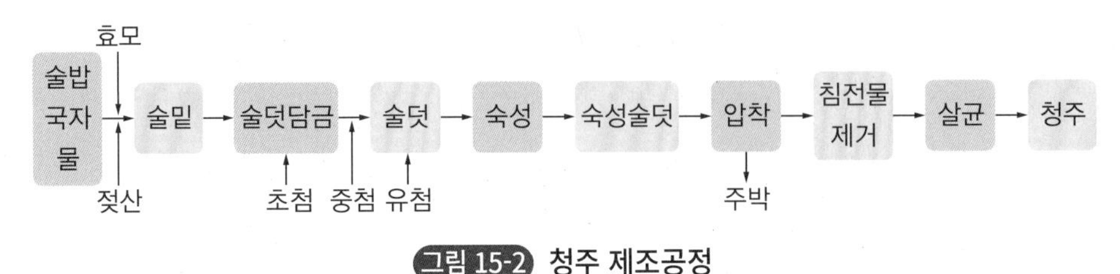

그림 15-2 청주 제조공정

(3) 술밑(酒母)과 술덧

청주의 발효를 안정하게 하기 위해서는 활력이 좋은 많은 양조 효모(*Saccharomyces cerevisiae*)가 필요하다. 이를 위해서 원료 백미에 순수 배양한 효모를 접종시켜 대량으로 효모를 배양한 것을 술밑이라 한다. 술밑의 배양은 호기 상태에서 진행되므로 잡균의 번식 우려가 있다. 이를 방지하기 위한 술밑 제조에는 젖산균에 의해서 젖산을 생성시키는 재래 방법과 직접 75% 젖산을 첨가하는 속양법(速釀法)이 있다. 술덧에서는 국에 의한 당화와 효모에 의한 알코올 발효가 동시에 일어난다. 만약 당화가 한꺼번에 진행되어 당의 농도가 높아지면 효모의 증식 및 발효가 억제되므로 점차로 당분이 알코올로 변하도록 하여야 한다. 술덧은 주모를 기준으로 약 15배의 혼합물(국, 증미, 물)을 3단계로 나누어 4일간 걸쳐 담는데(최초 첨가는 초첨(初添), 두 번째는 중첨(仲添), 세 번째는 유첨(留添)이라 함) 그 이유는 일시에 많은 원료를 첨가하면 산도가 저하되어 유해 세균이 자라기 때문이다. 초첨 후의 품온은 11~12℃, 중첨 후는 9~10℃, 유첨 후는 7~8℃로 하며, 보통 술덧의 발효 기간은 20~22일 정도이고 이때의 알코올 농도는 20% 정도이다.

(4) 술덧의 처리와 충진

숙성된 술덧은 압착, 침전, 살균 과정을 거쳐 청주를 만든다. 숙성된 술덧은 여과·압착하고, 여액을 약 10일 동안 방치하여 침전물을 제거하고 상등액을 활성탄이나 규조토를 이용하여 여과한다. 맑게 된 술은 60~65℃에서 5~15분간 살균한 다음 저장하거나 출하한다. 이 열처리가 적절하지 못하면 화락균(火落菌, *Lactobacillus homohiochii*와 *L.*

heterohiochii)에 의하여 품질이 저하되는데, 이것을 화락현상이라 한다.

화락균은 알코올 15% 이상의 청주에서도 잘 견디며, 이들은 생육인자로서 hiochic acid(火落酸, mevalonic acid)를 요구한다.

3) 합성 청주

합성 청주는 원래 쌀을 절약하기 위해 고안된 것인데, 고구마 전분 등에서 만들어진 알코올에 유기산, 아미노산, 당, 무기염류, 점조성 물질, 향료 등을 첨가해서 만든 술이다.

4 맥주(beer)

맥주(麥酒)는 맥아(麥芽, 엿기름)의 침출액에 호프(hop)의 추출물을 가하여 알코올 발효를 시키고, 이때 생성되는 탄산가스(CO_2)를 용해시킨 비교적 알코올 함량이 적은(2~5%) 술이며 단행복발효형식으로 양조되는 제품이다.

식품공전상 정의 및 성분규격은 다음과 같다.

1) 정의 및 성분 규격

(1) 정의

맥주라 함은 맥아 또는 맥아와 전분질 원료, 호프 등을 주원료로 하여 발효시켜 여과·제성한 것 또는 발효·제성 과정에 탄산가스, 주정 등을 혼합한 것을 말한다.

(2) 규격

❶ 성상: 고유의 색택을 가진 액체로서, 특유한 향미가 있어야 한다.

❷ 에탄올(v/v%): 주세법의 규정에 의한다(제한 규정 없음).

❸ 메탄올(mg/mL): 0.5 이하

2) 맥주의 제조 방법

맥주의 제조는 맥아 제조공정, 맥아즙 제조공정 및 발효 공정으로 크게 나눌 수 있다.

그림으로 나타내면 [그림 15-3]과 같다.

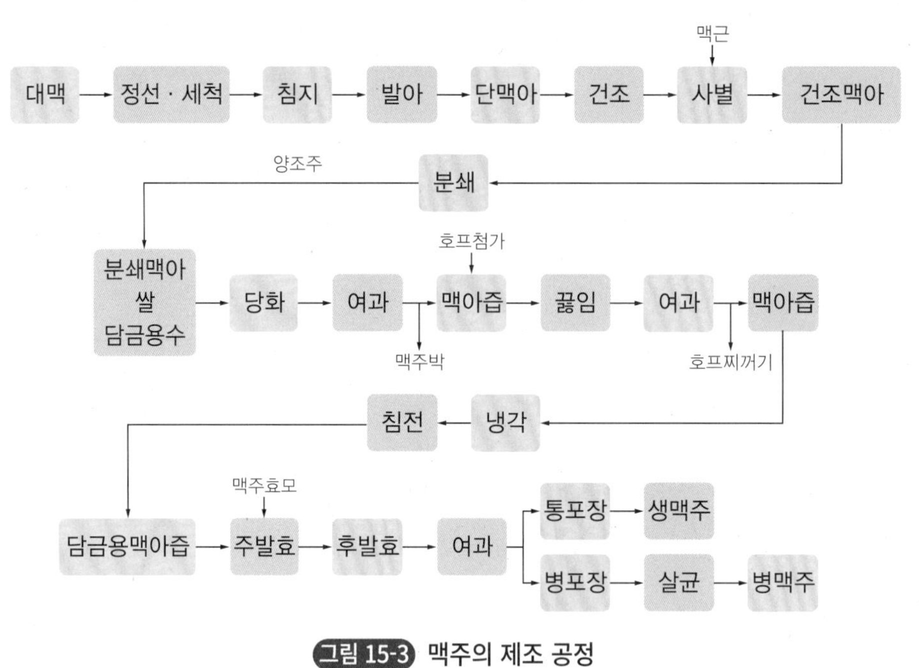

그림 15-3 맥주의 제조 공정

(1) 맥아 제조

맥주의 주원료는 보리, 호프(hop), 효모 및 물이다. 맥아 원료 보리로는 두줄보리(이조종, 二旱種)가 쓰이는데, 원료 보리는 녹말이 많고 단백질이 적은 것이 좋으며 골든 멜론(golden melon) 등이 많이 쓰인다.

보리를 정선 · 수세해서 침지통에 넣어 12~14℃의 찬물에서 약 40~50시간 침지시킨다. 담글 때 보리의 호흡 작용이 잘 일어나도록 가끔 공기를 불어넣거나 물을 갈아준다. 그 후 발아실에서 14~16℃의 공기를 불어넣으면서 발아시킨다. 약 7~10일이 지나면 뿌리가 보리 길이의 1.5배, 싹이 1/2~2/3 정도 되었을 때 발아를 끝낸다. 이 때의 맥아를 단맥아(short malt)라 하고, 싹이 붙어 있기 때문에 녹맥아(green malt)라고도 한다. 발아하는 동안에 보리알 내부에서는 amylase, maltase, protease, phosphatase 등의 효소가 증가된다.

녹맥아(綠麥芽)는 수분이 약 45%이고 살아있는 상태이므로 곧 건조를 한다. 맥아의 효소를 파괴하지 않기 위해 수분 10%까지는 건조 온도를 50℃ 이하로 유지하고 수분 10% 이하에서는 온도를 점점 올려 80~85℃에서 3~5시간 열처리하여 수분 함량이 1.5~3%가 되게 한다.

이와 같은 열처리에 의한 건조를 배조(焙燥, kilning)라 하는데, 이것은 녹맥아의 생장과 용해 작용을 정지하여 저장성을 높이고, 풋내를 가시게 하며, 맥주 특유의 향기와 색깔을 주고 뿌리 제거를 용이하게 하기 위해서이다.

위의 방법은 담색 맥주용 맥아의 제조법이며, 농색 맥주(stout나 흑맥주)용 맥아는 100~105℃의 고온으로 건조시킨다. 고온 배조된 맥아는 효소가 거의 파괴된 상태이므로 이것 단독으로는 사용이 어렵기에 담색 맥주용 맥아와 섞어서 사용한다. 맥아는 효소원이면서 전분원이기도 하다. 따라서 발아에 따르는 당질과 단백질의 소모를 가능한 한 억제하면서 충분한 효소력을 갖도록 해야 한다.

(2) 맥아즙(麥芽汁, wort)의 제조

맥아의 amylase로 맥아 자체의 전분질을 당화하여 맥아즙을 얻는 공정이다. 맥아는 β-amylase와 aα-amylase를 가지고 있는데, 전자의 최적 온도는 60~65℃이고, 후자의 최적 온도는 70~75℃이다. 이 두 가지 amylase의 혼합 작용의 최적 온도는 62~66℃여서 이보다 온도가 높아지면 덱스트린(dextrin)이 증가한다. 보통 담색 맥주 제조 시에는 맥아당(maltose)과 덱스트린이 1:0.54~0.40이 되게 당화한다.

먼저 분쇄 맥아에 물을 가하여(맥아 중량의 5~6배) 60℃ 정도로 가온해서 30분 정도 유지시키고, 이후 온도를 더 올려 최종 온도가 75℃가 되었을 때 이 온도에서 30분간 유지한 후 여과한다.

이 과정에서 50℃ 부근에서는 단백질이 분해되고 65℃ 부근에서는 당화가 활발히 진행된다. 맥아를 당화시킬 때에 전분질의 보충을 위하여 맥아의 20~30% 정도 되는 쌀이나 전분을 증자해서 당화조에 함께 넣어 준다. 당화가 끝나면 한번 끓인 후 여과하여 맥아박(麥芽粕)을 제거하는데 이 찌꺼기는 가축사료로 이용된다.

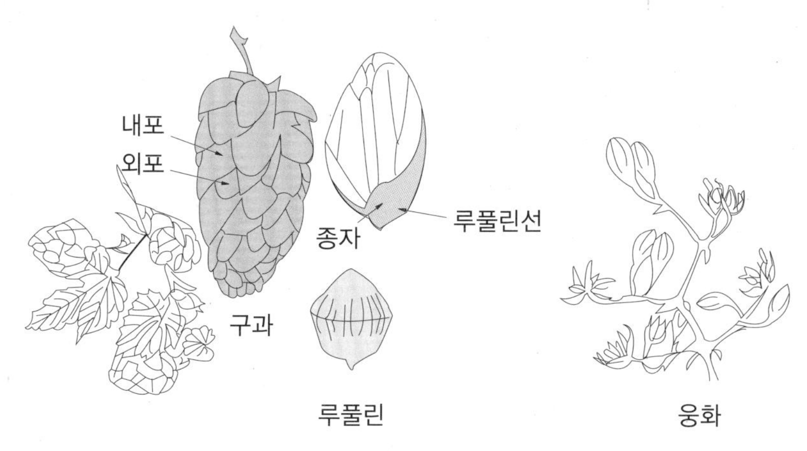

그림 15-4 호프구과(미수정 자화)와 웅화

여과한 맥아즙에 원료 보리의 1~2%에 해당하는 호프를 첨가하고 1~2시간 동안 끓이는데, 이 과정에서 효소의 불활성화, 맥아즙의 살균과 농축, 호프 성분의 추출, 응고 단백질의 석출 등이 일어난다. 호프는 고미와 상쾌한 향미를 부여하는 외에 거품의 지속성, 항균성 등의 효과가 있고 또 호프의 탄닌(tannin)은 양조공정에서 불안정한 단백질을 침전제거하고 맥주의 청징에 도움을 준다. 맥아즙은 고유한 쓴맛과 향기를 갖게 된다. 호프의 추출이 끝나면, 호프 분리기로 호프박을 분리한 다음 2단계의 냉각과정을 거쳐 5~6℃로 냉각시키고 응집물을 제거한다.

(3) 맥아즙의 발효

냉각된 맥아즙을 발효조로 옮기고 순수 배양된 효모(상면효모-*Saccharomyces cerevisiae*, 하면효모-*Sacch. carlsbergensis*)를 접종한다. 하면발효 시에는 5~10℃에서 10일 정도 주발효(主醱酵)를 시키고, 이것을 밀폐 탱크로 옮겨 0~2℃에서 30~90일간 후발효시킨다. 후발효 기간 중에도 발효가 완만하게 진행되어 맥주는 강압하에서 탄산가스를 함유하게 된다. 하면발효 맥주를 lager beer라고 하는 것은 후발효 저장을 한 맥주라는 뜻이다. 상면발효는 15~20℃에서 4~6일간 발효시킨 뒤 맥주를 맑게 하기 위해 1주일가량 완성기간을 거친다.

(4) 여과 및 살균

후발효가 끝난 맥주는 효모 등으로 혼탁하므로 이것을 여과해서 병 또는 통에 담아 생맥주로 출하한다. 살균 맥주는 병 또는 통에 담은 생맥주를 온탕 중에서 60℃로 30분 정도 가열 처리하거나 병에 담기 전에 70℃에서 20초 정도 살균한다. 최근에는 가열 살균을 하지 않고 cellulose acetate나 ceramic filter를 사용하여 무균 여과한 제품이 제조되기도 한다.

3) 맥주 효모

맥주 효모는 알코올 발효력, 향미 생성, 응집성, 침강성 등 맥주 양조에 적합한 성질을 지닌 것을 사용한다.

발효 말기에 효모균체의 침강 여부에 따라 상면 발효 효모(top yeast)와 하면 발효 효모(bottom yeast)로 구별한다. 하면 발효 효모는 발효 말기에 균체가 응집하여 바닥에 침전하며 *Saccharomyces carlsbergensis*(*Sacch. uvarum*과 동일효모)가 여기에 속한다. 상면 발효 효모는 균체가 응집하여 침전하지 않고 탄산가스에 흡착되어 술덧 표면으로 떠오르며,

*Sacch. cerevisiae*가 여기에 속한다. 상면 발효법에 의한 맥주 제조는 영국 등에서 이루어지고 있고, 하면 발효법에 의한 맥주 제조는 독일, 일본, 미국 및 우리나라 등에서 이루어지고 있다.

*Sacch. carlsbergensis*와 *Sacch. cerevisiae*는 이당류인 melibiose의 발효 능력에 차이가 있는데, 전자는 균체외 효소(exoenzyme)인 α-galactosidase(melibiase)를 생성하고 이로써 melibiose를 이용한다. 반면 후자는 α-galactosidase를 생성하지 못해 melibiose를 이용하지 못한다. 그러나 최근 효모 분류에서는 이 두 효모를 모두 *Sacch. cerevisiae*로 통합한 학자도 있다.

5 과실주

식품 공전상 정의를 보면 '과실주라 함은 과실 또는 과즙을 주원료로 하여 발효시킨 술덧(주료)을 여과 제성한 것 또는 발효 과정에 과실, 당질 또는 주류 등을 첨가한 것을 말한다.' 로 되어 있다. 또한 성분규격은 아래와 같다.

❶ 성상: 고유의 색택을 가진 액체로서 특유한 향미가 있어야 한다.
❷ 에탄올(v/v%): 주세법의 규정에 의한다(제한규정 없음).
❸ 메탄올(mg/mL): 1.0 이하
❹ 보존료(g/kg): 다음에 정하는 보존료는 아래 기준에 적합하여야 한다.
소브산으로서 0.2 이하

메탄올 규격에서 일반 주류와 다른 점은 메탄올이 mL당 1.0mg 이하로 되어 있는 점이다. 일반 주류(mL당 0.5mg 이하)보다 더 높은 이유는 과실의 껍질에 존재하는 펙틴(pectin)의 발효과정에서 메탄올이 생성되기 때문이다.

1) 포도주(wine)

포도주는 포도과즙을 효모로 발효시켜서 만드는 단발효주의 일종이다. 원래 와인이라 하면 넓은 뜻으로는 과실주를 뜻하는 것인데 좁은 뜻으로는 포도주를 뜻한다.

따라서 포도 이외의 다른 과실주를 말할 때는 apple wine(사과주)처럼 원료 과실의 이름을 앞에 붙여서 표시하는 것이 습관으로 되어 있다.

포도주는 제조 방법과 이용 방법 등에 따라 다음과 같이 여러 종류로 구분할 수 있다.

가. 색상에 의한 구분

- 적포도주(red wine): 적색 포도를 과피와 함께 발효시켜서 색소를 용출시킨 것
- 백포도주(white wine): 과피를 제거한 적색 포도 또는 청포도로 제조한 것
- 홍포도주(rose wine): 적색 포도를 껍질째 담갔다가 발효 도중에 껍질을 제거해서 핑크색을 띠게 한 것

나. 맛에 의한 구분

- 생포도주(dry wine): 감미가 없는 것
- 감미 포도주(sweet wine): 감미를 느낄 정도의 당분을 함유한 것

다. 발포성에 의한 구분

- 발포성 포도주(sparkling wine): 감압하에서 많은 탄산가스를 함유케 한 것
- 비발포성 포도주(still wine): 탄산가스를 함유하지 않은 것

라. 용도에 의한 구분

- 식전 포도주(appetizer wine): 식욕 촉진을 위해 식사 전에 마시는 것
- 식탁용 포도주(table wine): 식사 중에 마시는 것
- 후식 포도주(dessert wine): 식사 후에 마시는 것

(1) 적포도주의 제조

가장 보편적인 포도주로서 적색 또는 검정 빛깔의 포도를 원료로 하여 과피를 제거하지 않고 양조함으로써, 과피의 안토시아닌(anthocyanin)계 색소와 탄닌(tannin) 성분이 침출되어 적포도주 특유의 빛깔과 향미를 가지게 한다.

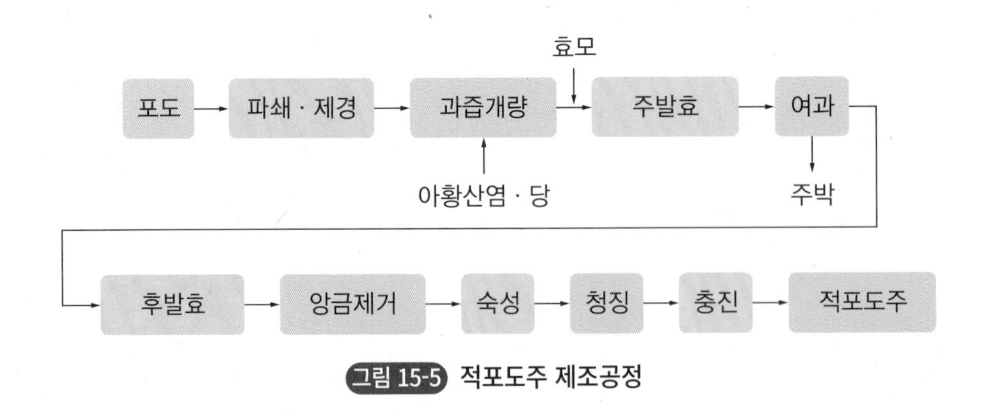

그림 15-5 적포도주 제조공정

❶ 포도즙의 제조

포도를 제경파쇄기(除梗破碎機)로 포도의 꼭지를 제거하고 으깬 다음, 여기에 아황산(sulfur dioxide, SO_2)을 100~200mg/L 첨가한다. 아황산은 유해균의 번식 억제와 산화효소에 의한 갈변을 방지한다. 다음에 이 으깬 액을 모두 발효 탱크에 넣고, 설탕 또는 포도당으로 24% 정도의 당함량이 되게 한다. 또 산도가 지나치게 높은 경우에는 탄산칼슘($CaCO_3$)을 가하고, 낮은 경우에는 주석산(tartaric acid)이나 구연산(citric acid) 등을 가하여 산도가 0.5~0.7% 정도 되도록 조정한다.

표 15-2 포도즙의 주요 성분

성분	함량(%)	성분	함량(%)	성분	함량(%)
수분	70~85	총산	0.3~1.3	탄닌	0~0.2
ex분	15~30	사과산	0.1~0.5	질소화합물	0.01~0.2
환원당	12~27	주석산	0.2~0.8	회분	0.2~0.6
펙 틴	0.1~1.0	구연산	흔적		

❷ 발효 및 숙성

조정이 된 과즙에 순수 배양한 포도주 발효 효모(*Saccharomyces ellipsoideus*)를 첨가시켜 20~25℃로 약 7~10일간 발효시킨다. 이 과정을 주발효라 하며 발효 초기에 하루에 한 번 이상 교반하면 색소와 탄닌 등이 잘 침출된다.

주발효가 끝나면 여과하여 포도주와 주박(酒粕)을 분리시키는데, 주박은 다시 압착하여 즙액은 포도주에 합치고 찌꺼기는 식초 제조 등에 이용한다.

주발효가 끝난 포도주에는 1~2%의 발효성 당이 잔존하는데, 발효마개가 부착된 발효조에서 잔당량이 0.2% 이하로 될 때까지 13~15℃에서 최소한 2~3년간 다시 발효시킨다.

❸ 앙금제거와 저장

발효를 마친 포도주는 마개를 단단히 하여 저장한다. 저장하는 동안 부유물은 침전되고 주질도 한층 좋아진다. 약 한 달 동안 저장한 후에 윗물은 다른 용기에 옮기고 다시 마개를 잘 하여 저장한다. 그 다음에는 3개월마다 이 조작을 되풀이하여 침전물을 완전히 제거하고 적어도 1년 후에 제품화한다.

병 저장 시 병을 눕혀서 저장하는데, 이것은 head space의 공기를 병 중에 가두고 코르크를 젖은 상태로 유지하여 아황산 손실과 공기의 침입을 방지하기 위해서이다.

2) 샴페인(champagne)

프랑스의 샹파뉴 지방에서 생산되는 발포주(發泡酒)로 생포도주에 설탕을 가하고 재발효시켜 많은 탄산가스를 함유시킨 포도주이다. 인공적으로 포도주에 탄산가스를 불어 넣은 모조품도 많다.

3) 셰리(sherry)

스페인의 Jerez지방의 유명한 포도주인데 알코올은 19~20%이고 셰리향이라는 독특한 방향(芳香)이 있다. 포도를 수확해서 햇볕에 1~2일 건조하여 당분을 높혀 발효시킨 포도주를 셰리 효모(*Saccharomyces oviformis* 등)가 존재하는 술통으로 옮겨서 산막을 형성시켜서 방향을 내게 한다. 이와 같은 셰리주를 특별히 산막 세리주(flor sherry)라 부르는데 그 외에 약식으로 만든 셰리주도 많다.

4) 귀부 포도주

프랑스의 소테른(Sauterne) 지방에서 생산되는 유명한 포도주로서 감미(甘味) 포도주이다. 이 지방에서는 포도의 완숙기가 되면 귀부균(noble mold)인 *Botrytis cinerea*가 만연되어 껍질에 존재하는 wax성분을 분해함으로써 수분이 증발되어 당분이 농축되게 되고 산이 감소하며 글리세린이 증가하게 된다. 따라서 이 포도는 감미가 높아지게 되는데 이 포도로 만든 포도주를 소테른(sauterne) 또는 귀부 포도주(botrytised wine)라 한다.

5) 사과주(cider)

애플 와인(apple wine)이라고도 하는데, 당함량이 높고 탄닌함량이 적은 종류의 사과를 세척, 파쇄 · 압착하여 과즙을 분리한 후 아황산염과 당을 첨가하여 과즙을 조정한 다음 효모를 접종하여 발효시킨다. 약 1주일 정도 발효시킨 후 침전물을 제거하고, 다시 2~3개월간 숙성시켜서 제품화하는데, 프랑스의 노르만디 지방과 영국의 프리스톨이 세계적으로 유명한 사과주의 산지이다. 사과주 제조에는 *Saccharomyces maliduclaux, Saccharomyces cerevisiae, Saccharomyces malirisler* 등이 사용된다.

6 증류주(蒸溜酒)

증류주는 발효주를 술덧과 같이 증류기(pot still)로 증류하여 술덧 중의 알코올과 특유한 향기 성분을 함께 유출(溜出)시킨 알코올 음료이다.

증류주에는 위스키(whisky), 브랜디(brandy), 진(gin), 보드카(vodka), 럼(rum) 등의 양주를 위시하여 우리나라의 소주, 중국 고량주 등 그 종류가 많으며, 대부분 알코올 함량이 높다.

1) 소주(燒酒)

보통 소주라 함은 20~25% 알코올 농도를 가진 증류주의 하나로, 원래는 무색투명해야 하나 실제 제품은 적당하게 조미 가공하여 만들기 때문에 약간의 색을 가진 제품도 있다.

소주에는 증류식과 희석식이 있는데 희석식은 연속식 증류기를 사용하여 얻은 순수 알코올 95%를 희석하여 20~25% 정도로 만든 것이다. 증류식 소주는 술이나 주박(酒粕)을 증류하거나 또는 곡류 · 전분 · 감자류 등을 원료로 하여 알코올 발효시킨 술덧을 증류하여 만든 것이다. 식품 공전상 소주의 정의와 규격은 다음과 같다.

(1) 정의

소주라 함은 전분질 원료, 국을 원료로 하여 발효시켜 연속식 증류 의외의 방법으로 증류 제성한 것 또는 주정을 물로 희석하거나 이에 주류나 곡물 주정을 첨가한 것을 말한다.

(2) 성분규격

❶ 성상: 투명한 액체로서 특유의 향미가 있어야 한다.
❷ 에탄올(v/v%): 주세법의 규정에 의한다(제한규정 없음).
❸ 알데히드(mg/100mL): 70.0 이하
❹ 메탄올(mg/mL): 0.5 이하

(3) 증류식 소주

❶ 쌀을 비롯하여 보리, 밀, 옥수수 등의 곡류나 고구마 또는 전분을 원료로 하고 탁주의 술덧과 유사한 방법으로 술덧을 담그며, 국자(*koji*)를 만들 때에 흑국균(*Aspergillus usamii*)이나 백국균(*Asp. kawachii*) 등이 종균으로 사용된다.
❷ 술덧은 담금 후 10~15일이 지나면 발효가 완료되며, 이때의 알코올 함량은 14~18%

정도가 되는데, 냉각기가 부착되어 있는 단식 증류기로서 증류하여 알코올 함량이 약 40% 정도 되도록 한다.

❸ 증류가 끝나면 5~8℃로 12시간 정도 냉각시켜 둔 후에 여과하여 유성(油性) 불순물(고급지방산 에스테르류)을 제거하고, 스테인리스 스틸제 용기에 넣어 3개월 이상 저장하여 숙성시킨 다음, 여과 등의 방법으로 정제한다.

❹ 정제한 것은 다른 주류와 적당히 조합하고, 알코올 농도를 20~25% 정도로 조정하여 제품으로 한다.

(4) 희석식 소주

❶ 우선 감자류, 전분, 당밀이나 곡분 등을 원료로 하여 술덧을 만들어 발효시키고 발효가 끝나면 연속식 증류기를 사용하여 95%의 알코올 제품을 만든 다음 물로 희석한다.

❷ 알코올을 40~45% 정도로 희석하고 활성탄을 사용하여 정제한 다음 적당히 희석하고 설탕 · 포도당 · 구연산 · 아미노산류 · 소르비톨(sorbitol) · 무기염류 등을 2% 이내로 첨가하여 조미(調味)한다.

❸ 조미가 끝나면 알코올 함량이 20~25%인 제품이 완성된다.

2) 고량주(高粱酒)

고량주는 백주(白酒) 또는 빼갈(白乾兒)이라고도 하는 증류주로서 원료는 수수(高粱)이며, 주로 만주지역에서 생산되나 근래에는 우리나라에서도 양조되고 있다.

고량주는 거칠게 분쇄한 수수를 20% 정도의 분쇄 곡자(麯子)와 소량의 물을 가해 반고체상으로 성형한 것을 땅속에 묻은 발효탱크에 담고 뚜껑을 진흙으로 봉하여 당화 · 발효한다. 약 10일 후에 숙성한 덧을 꺼내서 증류 장치가 붙은 시루에 얹어 원료를 찌면서 증류를 한다. 증류찌꺼기는 새 곡자(누룩)를 가하여 두 번째 당화 · 발효를 한다.

다음으로는 새로 첨가할 고량분(高粱粉)의 양을 차차 줄이면서 적어도 5회 되풀이한 후 증류찌꺼기를 버린다. 따라서 제품을 얻으려면 최저 45일간이 필요하다.

전분 이용률은 40~50% 정도밖에 안 되므로 최근에는 누룩 대신 국균(麴菌)과 황국균을 번식시킨 밀기울국을 사용하고 다시 옥수수를 원료로 한 주모를 사용해서 발효시켜 그 이용률을 68%까지 올리고 있다.

3) 위스키(whisky)

위스키는 맥아(malt)의 효소로 원료 곡류의 전분질을 당화하고 여기에 효모를 첨가하여 발효시킨 술덧을 증류한 후, 증류액을 떡갈나무(oak) 술통에 넣어 숙성시킨 알코올 농도가 40~50%인 증류주이다.

원료에 따라서 위스키의 이름이 달라진다. 맥아만을 사용하여 만든 몰트위스키(malt whisky), 옥수수, 라이맥(호밀), 또는 연맥(燕麥, 귀리)을 맥아로 당화한 것을 원료로 하여 만든 위스키를 곡류 위스키(grain whisky), 몰트위스키와 곡류위스키를 블렌딩(blending)한 것을 블렌디드 위스키(blended whisky), 중성 알코올에 향료, 조미료, 착색료 등을 첨가하여 만든 위스키의 맛과 향을 내도록 만든 것을 모조 위스키(imitation whisky)라 한다. 미국에서는 원료의 51% 이상을 옥수수를 사용하는데 이러한 것을 버번위스키(burbon whisky)라 한다. 식품공전 중의 정의와 규격은 다음과 같다.

(1) 정의

위스키라 함은 발아된 곡류 또는 이에 곡류를 넣어 발효시킨 술덧(주료, 酒醪)을 증류하여 나무통에 넣어 저장한 것이나 또는 이에 주류 등을 첨가한 것을 말한다.

(2) 성분규격

❶ 성상: 고유의 색택을 가진 액체로서 특유의 향미가 있어야 한다.
❷ 에탄올(v/v%): 주세법의 규정에 의한다(제한규정 없음).
❸ 메탄올(mg/mL): 0.5 이하
❹ 알데히드(mg/100mL): 70.0 이하

(3) 몰트 위스키의 제법

맥주보리(golden melon 종)를 맥주 제조 때보다는 물을 더 써서 함수량 42~ 45%로 하고 뿌리가 곡립 길이의 1/2~2/3로 자란 녹맥아(green malt)를 무연탄과 이탄(泥炭, peat)을 섞은 것으로 훈연 건조해서 맥아에 위스키 고유의 연기취를 흡수시킨다. 이어서 건조맥아의 뿌리를 제거해서 분쇄하고 온수를 가하여 당화한다. 거기에 위스키 효모(*Saccharomyces cerevisiae*)를 가하여 25℃ 정도로 3~4일간 알코올 발효를 하면 5~8%의 알코올 발효액이 얻어진다.

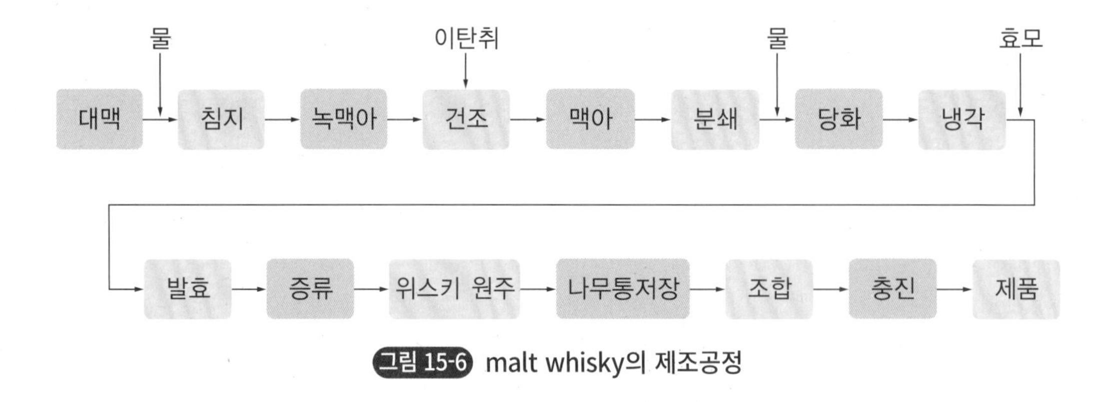

그림 15-6 malt whisky의 제조공정

일반적으로 증류주 제조를 목적으로 하는 발효는 발효주의 경우보다 단시간으로 끝나게 한다. 이어서 발효액은 단식 증류기(pot still)로 증류해서 원료의 휘발 성분을 모아 풍미(風味)를 높인다.

첫 번째 증류로 얻어진 것은 조류액(粗溜液, low wine)이라고 하며 알코올을 18~24% 함유한다. 조류액은 다시 두 번째 증류를 하게 되면 초기 유출분(初期溜出分)에는 퓨젤유(fusel oil)나 알데히드 등 자극이 강한 성분이 나오게 된다. 후기 유출분에는 불쾌한 유상 물질(油狀物質)이 함유된다. 그래서 이들 초기와 후기 유출분은 모두 다음의 재증류(再蒸溜)로 되돌린다. 증류 중기의 알코올 60~70%인 유분(溜分)을 위스키용으로 사용한다.

위스키나 브랜디의 증류 원액은 무색 액체로 조금 불쾌한 향을 가지고 있는데 이것을 장기간(4~10년) 참나무통에서 숙성하여 독특한 풍미를 내게 한다. 즉, 이것을 알코올 60%가량으로 해서 200~600L들이 통에 저장한다. 그러면 여러 물리 · 화학적 변화가 일어난다. 물리적인 변화로는 장기저장 중에 액체 구조가 변화하고 분자 간 회합이 일어나 알코올의 자극이 적어져 맛이 순해진다.

나무통을 통해서 공기와 술이 접촉해서 물분자가 목질(木質)을 통해서 휘발한다. 그래서 술의 양이 해마다 수 %씩 줄고 성분이 농축되며 성분 조성비가 변한다.

또 공기 중의 산소가 술에 흡수되어 완만한 술의 산화가 일어나고, 이어서 화학변화를 일으켜 숙성향이 생성된다. 오크(oak)통 중의 탄닌, 리그닌(lignin) 등이 용출되어 이것이 산화 반응에 의해 변화하고 바닐린(vanillin) 등 향기 성분이 증가한다.

나무통에서 녹아 나오는 물질로 kasilactone이라는 방향 성분이 있어 숙성향에 중요한 역할을 한다. 이것은 일부 탄닌질과 결합해 있다. 그 밖에도 나무통에서 당류, 색소 등이 용출되며 위스키, 브랜디에 적당한 감미와 색을 주게 된다.

숙성한 몰트 위스키는 다시 숙성도가 다른 것, 제조장이 다른 것과 곡류 위스키 등을 혼합해서 이른바 조합(調合, blending)을 하여 알코올 농도 40~50%인 제품으로 만든다.

4) 브랜디(brandy)

브랜디는 포도, 사과, 버찌 등 과일류의 알코올 발효액을 증류해서 알코올 함량을 40~50%로 한 제품이다. 단순히 브랜디라고 하는 것은 포도 브랜디를 말하며, 프랑스산의 꼬냑(Cognac)과 아르마냑(Armagnac)이 매우 유명하다. 브랜디는 포도의 압착즙을 완전히 발효시킨 후 2~3회 증류해서 58~60%의 알코올 농도로 한다. 이것을 참나무통에 담아 5년 이상 숙성한 후 물을 가해서 알코올 함량을 조절하고 병에 담아 저장 기간을 표시해서 판매한다. 브랜디는 그대로 향미를 음미하며 마시거나 칵테일 베이스(cocktail base)로도 쓰인다.

포도 이외의 과실로 만들어진 브랜디는 cherry brandy, apple brandy와 같이 과실명을 앞에 붙여 포도 브랜디와 구별하며, 사과 브랜디로서는 프랑스산 칼바도스(Calvados)가 유명하다.

식품 공전상 브랜디의 정의와 성분 규격은 다음과 같다.

(1) 정의

브랜디라 함은 과실(과즙 포함) 또는 이에 당질을 넣어 발효시킨 술덧(주료)이나 과실주(과실주박 포함)를 증류하여 나무통에 넣어 저장한 것 또는 이에 주류 등을 첨가한 것을 말한다.

(2) 성분규격

❶ 성상: 고유의 색택을 가진 액체로서 특유의 향미가 있어야 한다.
❷ 에탄올(v/v%): 주세법의 규정에 의한다(제한규정 없음).
❸ 메탄올(mg/mL): 1.0 이하
❹ 알데히드(mg/100mL): 70.0 이하

5) 보드카(vodka)

보드카는 보리, 밀, 라이맥(호밀)을 원료로 해서 만들어지는 증류주인데, 러시아를 중심으로 발달된 술이다. 곡류를 보리 또는 라이맥의 맥아로 당화한 후 발효시켜 증류를 한 술은 맛과 향이 거칠어 자작나무(白樺)숯을 통과시켜 정제한다. 알코올이 45~60%이며 무색이고 순수한 알코올에 가깝다. 칵테일 베이스로 많이 이용되고 있다.

6) 진(gin)

알코올 함량이 40~50%의 무색 증류주인데 네덜란드의 대표적인 술로서 독특한 송진 냄새가 있다. 맥아, 라이맥, 옥수수의 발효액을 단식증류기로 증류하고 재증류할 때 유액이 노간주나무 열매(juniper berry, 杜松實) 층을 통과해서 나오도록 하는 과정에서 독특한 향미가 가미되도록 하고 있다. 진의 향기 성분은 산화되면 테르펜(terpene) 냄새를 내기 때문에 진은 숙성을 하지 않는다. 진은 그대로도 음용하지만 칵테일용으로도 많이 사용된다. 스위트 진(sweet gin)은 드라이 진(dry gin)에 설탕(2~4%)과 글리세린(1~2.5%)을 가하여 만든다.

7) 럼(rum)

사탕수수의 주산지인 서인도 제도의 자메이카, 푸에르토리코 등에서 발달된 증류주이다. 사탕수수의 당밀이나 제당 시의 부산물을 원료로 해서 효모로 발효시키고 증류한 다음 떡갈나무 술통에 3년 이상 저장하여 숙성시키며 알코올 농도는 40~50% 정도이다.

증류 시에 삼엽초 잎이나 아카시아 껍질 또는 파인애플 등을 가하여 향을 부여하기도 하며, 착색료로는 캐러멜 색소를 사용한다. 발효에 관여하는 미생물로는 *Saccharomyces*, *Schizosaccharomyces*, *Torula*, 낙산균, 식초산균 등이 있고 이들이 함께 생육함으로써 독특한 방향성 에스테르를 만든다.

8) 리큐르(liqueur)

발효주, 증류주 또는 알코올에 과실 · 과즙 · 약초 등의 성분을 첨가하고 설탕 · 포도당 · 꿀 · 시럽 등의 감미료를 섞어 만든 혼성주(混成酒)의 총칭으로서 대표적인 것은 버무쓰(vermouth)와 페퍼민트(peppermint) 등이 유명하다.

식품 공전상 정의와 성분규격은 다음과 같다.

(1) 정의

리큐르라 함은 전분질 또는 당분질을 주원료로 하여 발효시켜 증류한 주류에 인삼, 과실(포도 등 발효시킬 수 있는 과실은 제외) 등을 침출시킨 것이거나 발효, 증류, 제성 과정에 인삼, 과실(포도 등 발효시킬 수 있는 과실 제외)의 추출액을 첨가한 것, 또는 주정, 소주, 일반 증류주의 발효, 증류, 제성 과정에 주세법에서 정한 물료를 첨가한 것을 말한다.

(2) 성분규격

❶ 성상: 고유의 색택을 가진 액체로서 특유의 향미가 있어야 한다.
❷ 에탄올(v/v%): 주세법의 규정에 의한다(제한규정 없음).
❸ 메탄올(mg/mL): 1.0 이하

9) 일반 증류주

일반 증류주에 속하는 주류에는 주정, 소주, 위스키, 브랜디를 제외한 고량주, 보드카, 진, 럼 등이 속한다.
식품 공전상 규격은 다음과 같다.

(1) 정의

일반 증류주라 함은 전분질 또는 당분질을 주원료로 하여 발효, 증류한 것, 또는 증류주를 혼합한 것으로서 주정, 소주, 위스키, 브랜디 이외의 주류로서 주세법에서 규정한 것을 말한다.

(2) 성분규격

❶ 성상: 고유의 색택을 가진 액체로서 특유의 향미가 있어야 한다.
❷ 에탄올(v/v%): 주세법의 규정에 의한다(제한규정 없음).
❸ 메탄올(mg/mL): 0.5 이하
❹ 알데히드(mg/100mL): 70.0 이하

7 식초(vinegar)

식초(食醋)는 술과 함께 인류의 식생활사에서 가장 오랜 역사를 갖는 발효 식품 중의 하나로 4~5%의 초산을 주성분으로 하는 산성조미료로 초산 이외에 각종 휘발성 및 비휘발성 유기산류, 당류, 아미노산류, 에스테르류를 함유하여 식욕을 자극하는 방향과 맛을 가지고 있다. 또한 식초는 식품 방부제, 의약용으로도 사용되어 왔다.
식품 공전상 식초의 정의, 종류 및 성분 규격은 다음과 같다.

1) 정의

식초라 함은 곡류, 과실류, 주류 등을 주원료로 하여 발효시켜 제조하거나 이에 곡물당화액, 과실착즙액 등을 혼합·숙성하여 만든 발효식초와 빙초산 또는 초산을 먹는 물로 희석하여 만든 희석초산을 말한다.

2) 종류

(1) 과실 발효 식초

과실 술덧(주료), 과실 착즙액(식초 1L에 대하여 과즙으로 300g 이상이어야 한다), 주정 및 당류 등을 원료로 하여 초산 발효한 액을 말한다. 이 중 감(100%)만을 원료로 하여 초산 발효한 액을 감식초라 한다.

(2) 곡물 발효 식초

곡물 술덧(주료), 곡물 당화액(식초 1L에 대하여 곡물 사용량 40g 이상, 맥아 식초의 경우는 맥아 40g 이상이어야 한다), 알코올 및 당류 등을 원료로 하여 초산 발효한 액을 말한다.

(3) 주정 식초

주정, 당류, 식품첨가물 등의 원료를 혼합하여 초산 발효한 액을 말한다.

(4) 희석 초산

빙초산 또는 초산을 음용수로 희석하여 만든 액을 말한다.

(5) 기타 식초

(1)~(4)에 정하여지지 아니한 식초를 말한다.

3) 성분 규격

❶ 성상: 고유의 색택과 향미를 가지고 이미·이취가 없어야 한다(단, 합성 식초는 무색 투명하여야 한다).

❷ 총산(초산으로서, w/v%): 4.0~29.0 미만(다만, 감식초는 2.6 이상)

❸ 타르색소: 검출되어서는 안 된다.

❹ 보존료(g/L): 다음에서 정하는 보존료는 아래의 기준에 적합해야 한다.

파라옥시안식향산 메틸 파라옥시안식향산 부틸 파라옥시안식향산 에틸 파라옥시안식향산 프로필 파라옥시안식향산 이소부틸 파라옥시안식향산 이소프로필	0.1 이하(파라옥시안식향산으로서)

4) 식초의 제조 방법

양조 식초는 여러 가지 주류에서는 직접, 당류에서는 알코올 발효가 된 후, 전분질 원료에서는 당화 후 알코올 발효를 거쳐서 생산된다. 알코올 산화 발효에 이용되는 초산균은 *Acetobacter aceti*(쌀식초, 주정식초), *Ac. schtzenbachii*(속초균), *Ac. rancens*(쌀식초, 주박식초), *Ac. acetosus*(맥아식초), *Ac. oxydans*(속초균), *Ac. orleanse*(포도식초), *Ac. curvum*(속초균) 등 다양하며, 이들을 배양하여 종초(種醋)로 이용한다. 이들 초산균은 편성 호기성 세균, 그람 음성균으로 초산을 생산하는 데 이용되었으나 상업적으로는 *Ac. aceti*와 *Ac. schutzenbachii*가 널리 사용되고 있다.

*Ac. xylinum*과 *Ac. xylinoides* 등은 점질 물질(polysaccharide)을 생성하는 균으로서 식초의 품질 유지와 발효 관리상 어려움을 준다.

식초 발효법은 정치 발효법(표면 발효법)과 통기 발효법과 심부 발효법이 있다.

(1) 정치 발효법(静置醱酵法)

정치 발효법은 예로부터 실시되고 있는 방법으로, 조작이 단순하나 발효 기간이 길고 대량 생산에 부적당하다. 항아리에 술을 담금하여 술이 되고, 다음 초가 되는 전통적인 방법도 정치법이라 볼 수 있다.

프랑스의 포도주초는 오르레안법(Orleans process)이라고 알려져 있는 정치법으로 만들어지는데, 이 방법은 일종의 연속식 공정이다. 즉 통의 중간쯤에 완성된 초를 쏟을 수 있는 구멍이 있는데 이 구멍으로 쏟은 양만큼 통바닥까지 닿아 있는 호스를 통해 원료 포도주를 공급할 수 있게 되어 있다.

(2) 통기 발효법

독일 Frings에 의해 완성된 발효탑(generator)에 의한 초산 발효법으로 속초법(quick

vinegar process)이라고 부른다. 이 방법은 단시간에 많은 양의 식초를 제조하기 위해서 고안된 것이다. 이 방법의 요점은 술이나 알코올 용액을 되도록 얇은 층이 되도록 하여 작용이 쉽게 이루어지게 한 것이다. 보통 25℃ 정도의 발효실 안에 장치한 발효통(vinegar generator)에 종초(種醋)를 담근 대팻밥을 채운다. 이어서 발효통의 주위나 밑창에 뚫려 있는 작은 구멍에서 공기를 불어넣어 대팻밥의 켜를 거슬러 올라가게 한다. 발효통의 위에서 원료 용액을 때때로 뿌려주어 대팻밥 사이를 통과하는 동안에 알코올이 산화되어 초산이 되게 하는 제조 방법으로 1회로 모든 알코올이 완전히 산화되지 않으므로 흘러내린 액은 같은 방법으로 3회 반복한다. 원료용액은 알코올을 물로 희석시킨 것에 이미 만들어진 초를 소량 섞어 쓰며 대팻밥에 묻어 있는 초산균(*Acetobacter schutzenbachii, Acetobacter curvum*)의 영양을 보충하기 위해서 맥주 또는 포도주를 가하기도 한다.

(3) 심부 발효법(深部 醱酵法)

심부 발효법(submerged aeration process)은 담금액에 순수 배양한 초산균이나 종초를 가하고 공기를 송입하여 강하게 교반하면서 액 내 전면에서 신속하게 초산으로 산화시키는 발효법이며, Mayer가 고안한 연속 발효 장치인 Cavitator[그림 15-7]와 독일 Frings가 고안한 Frings acetator[그림 15-8]가 이용된다.

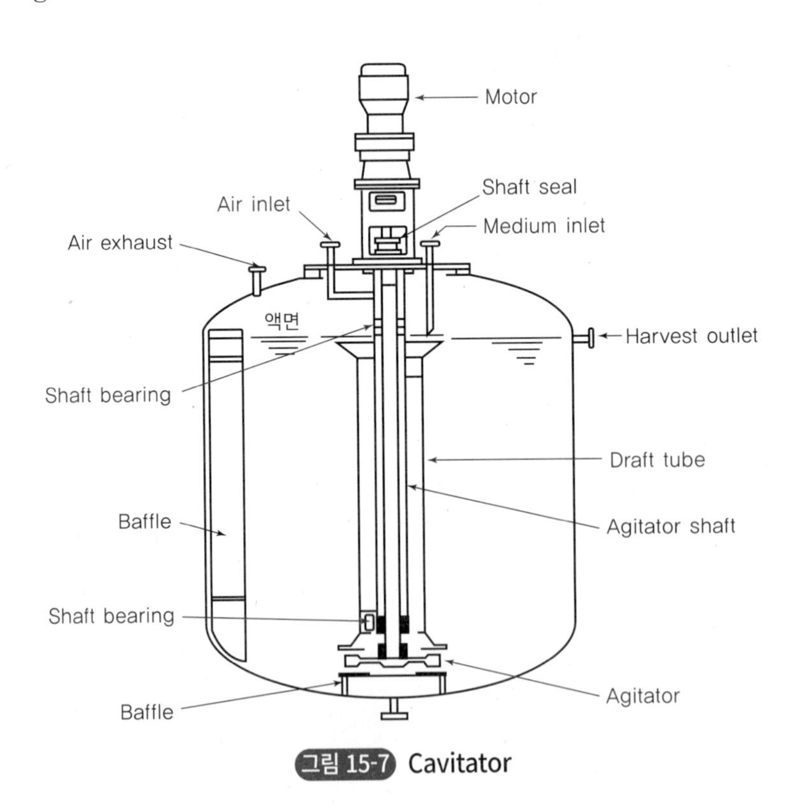

그림 15-7 Cavitator

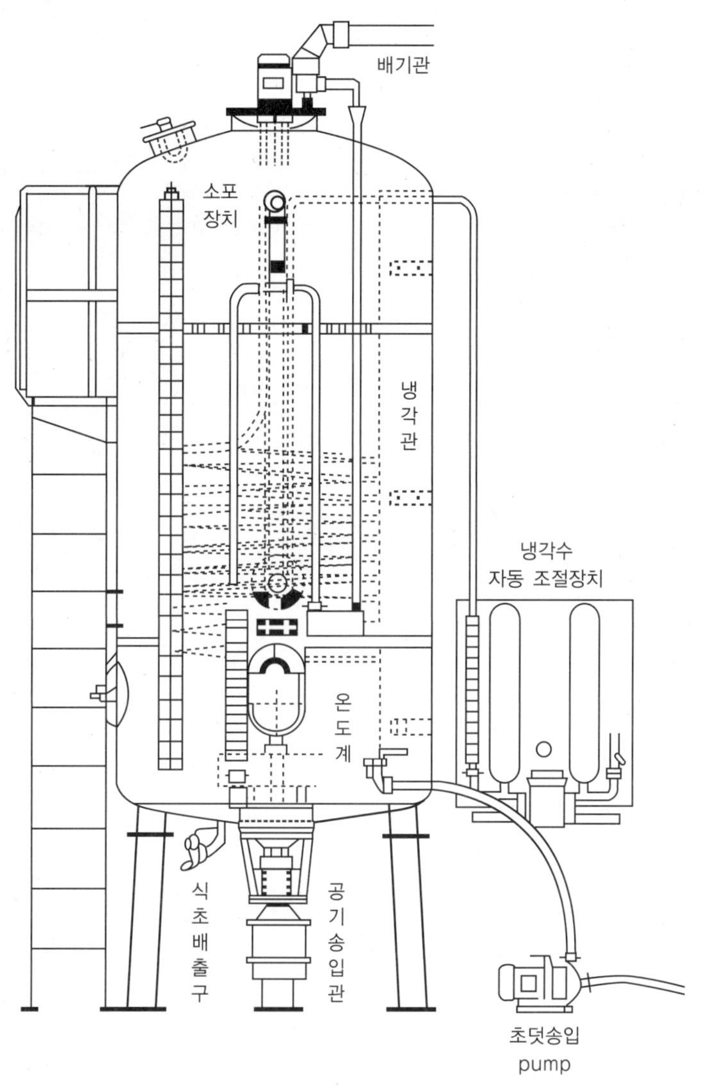

그림 15-8 Frings acetator

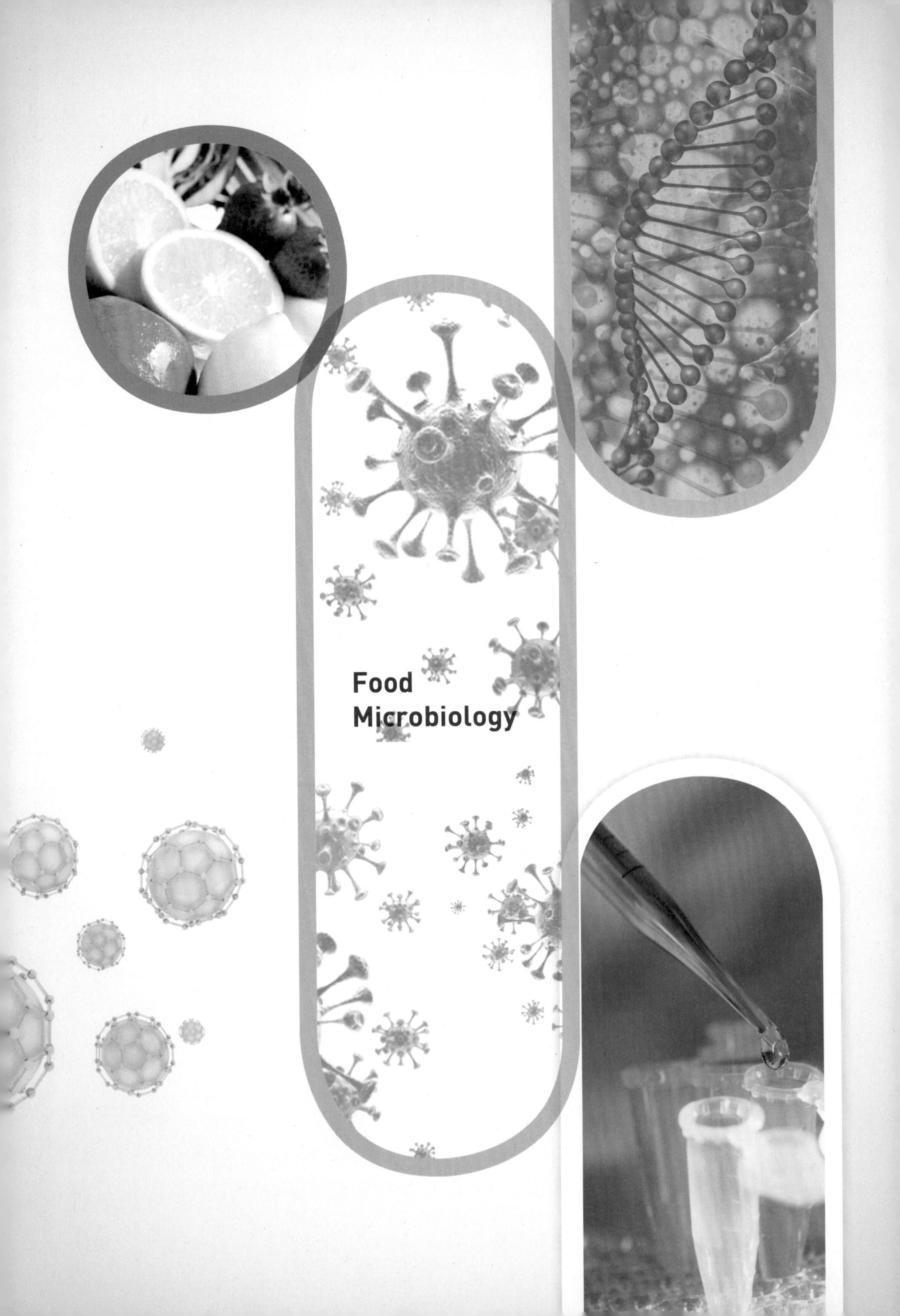

Food Microbiology

CHAPTER

16

발효 식품

발효 식품(Fermented food)이란 미생물의 작용을 받아서 제조된 식품을 말하는데, 엄밀히 따지면 미생물이 생산하는 효소를 유기질의 식품재료에 작용시켜서 유익한 물질이 만들어진 식품이라고 정의할 수 있다.

발효 식품은 세계의 각 지역별로 특성을 갖고 있는데, 이것은 그 지역 사람들의 생활 관습과 그들이 이용할 수 있는 원재료의 종류 및 그 지역에 존재하는 미생물의 종류 등에 따라서 달라지기 때문이다.

1 장류(醬類)

장류는 우리나라의 전통적인 발효 식품으로 채식 위주의 식생활에서 중요한 조미료인 동시에 부식으로 애용되어 왔다. 장류는 주로 콩을 미생물로 발효시켜 만드는 식품으로서, 감칠맛을 가지는 글루타민산이 많이 들어 있고, Ca과 같은 무기질이 많아 맛과 영양이 좋은 식품이다.

콩으로 만들어진 장류는 농경 생활을 하는 우리에게 부족하기 쉬운 단백질의 중요한 급원 식품의 역할을 해왔다.

표 16-1 여러 종류의 발효 식품

발효 식품	주원료	관여 미생물
쿼크(quark)	우유	유산균
요구르트	우유	유산균
사워크라우트(sauerkraut)	양배추	유산균
고다치즈(gouda cheese)	우유	유산균
발효 소시지	돼지고기 또는 소고기	유산균
발효 빵	밀가루	효모
맥주	보리, 호프(hop)	효모
포도주	포도	효모
그뤼에르(Gruyere)치즈	우유	유산균 + 프로피온산균
카망베르(camembert)치즈	우유	유산균 + 곰팡이
간장	콩, 밀	곰팡이 + 유산균 + 효모
템페(tempeh)	콩	유산균 + 곰팡이 + 효모

1) 간장(soysauce)

간장의 기원은 농경과 함께 시작되었을 것으로 추측하는데, 우리나라의 콩을 이용한 식품의 역사는 매우 오래되었을 것으로 생각된다.

간장은 과거 음식 조리 시에 없어서는 안 되는 필수적인 조미료였으며, 최근까지 간장 제품은 재래식 간장과 개량식 간장 및 아미노산 간장 등으로 구분하였으나, 현재는 제품이 다양하게 만들어지고 있다.

식품 공전상 간장의 종류를 보면 한식 간장(재래식, 개량식), 양조 간장, 혼합간장, 산분해간장, 효소분해간장으로 나뉘어 있는데, 통념상 재래식 간장은 콩만을 원료로 사용하고 있고 개량식 간장은 콩 또는 탈지 대두와 곡류를 사용하며, 분해법으로 만드는 간장은 콩이 아니라도 단백질 또는 탄수화물을 함유한 원료를 재료로 사용할 수 있으며, 혼합간장은 이렇게 만든 2종류 이상의 간장을 섞은 제품이다.

그러나 화학간장이라고도 불리는 아미노산 간장, 특히 산분해간장은 제품 특성상 간장으로 취급되지만 엄밀하게 분류하면 발효 식품으로 볼 수는 없다.

(1) 정의와 종류

식품 공전상 간장의 정의를 보면 '단백질 및 탄수화물이 함유된 원료로 제국(製麴)하거나 메주를 주원료로 하여 식염수 등을 섞어 발효한 것과 효소 분해 또는 산 분해법 등으로 가수분해하여 얻은 여액을 가공한 것' 이라고 되어 있다.

또한 공전상 간장의 종류와 그 정의는 다음과 같다.

❶ 양조간장

대두, 탈지대두 또는 곡류 등을 제국하여 식염수 등을 섞어 발효·숙성시킨 후 그 여액을 가공한 것을 말한다[탈지대두 7.0% 이상(대두 또는 탈지대두를 혼합 사용하는 경우에는 9.0% 이상)].

❷ 혼합간장

한식간장 또는 양조간장에 산분해간장 또는 효소분해간장을 적정비율로 혼합하여 가공한 것이나 산분해간장 원액에 단백질 또는 탄수화물 원료를 가하여 발효·숙성시킨 여액을 가공한 것 또는 이의 원액에 양조간장 원액이나 산분해간장 원액 등을 적정비율로 혼합하여 가공한 것을 말한다.

❸ 산분해간장

단백질을 함유한 원료를 산으로 가수분해한 후 그 여액을 가공한 것을 말한다.

❹ 효소분해간장

단백질을 함유한 원료를 효소로 가수분해한 후 그 여액을 가공한 것을 말한다.

❺ 한식 간장

가. **재래한식 간장**: 한식 메주를 주원료로 하여 식염수 등을 섞어 발효·숙성시킨 후 그 여액을 가공한 것을 말한다.

나. **개량한식 간장**: 개량 메주를 주원료로 하여 식염수 등을 섞어 발효·숙성시킨 후 그 여액을 가공한 것을 말한다.

※ 한식메주: 대두(95% 이상)를 주원료로 하여 증숙, 성형하여 발효시킨 것을 말한다.

※ 개량메주: 대두(85% 이상)를 주원료로 하여 원료를 증자한 후 선별된 종균을 이용하여 발효시킨 것을 말한다.

(2) 성분규격

식품 공전상 간장의 성분규격은 [표 16-2]와 같다.

표 16-2 간장의 성분규격

항목 구분	양조간장, 혼합간장, 산분해간장, 효소분해간장	한식 간장
(1) 성상	고유의 색택과 향미를 가지고 이미·이취가 없어야 한다.	고유의 색택과 향미를 가지고 이미·이취가 없어야 한다.
(2) pH	4.0~5.5	4.0~6.8
(3) 총질소(w/v%)	0.8 이상	0.7 이상
(4) 순추출물(w/v%)	9.0 이상	6.0 이상
(5) 타르색소	검출되어서는 아니 된다.	검출되어서는 아니 된다.
(6) 보존료(g/L)	다음에서 정하는 보존료는 아래 기준에 적합하여야 한다.	
	안식향산 안식향산나트륨 안식향산칼륨 안식향산칼슘	0.6 이하(안식향산으로서)
	파라옥시안식향산메틸 파라옥시안식향산부틸 파라옥시안식향산에틸 파라오식안식향산이소프로필	0.25 이하 (파라옥시안식향산으로서)

(3) 재래한식 간장의 제조

원래 재래한식 간장과 된장은 전통적으로 가정에서 담가온 제품인데 1년에 1회만 양조를 했고, 음력 10월경에 메주콩을 삶아 메주를 만들어 2~3개월간 발효·숙성시킨다. 재래한식 간장의 제조 공정은 [그림 16-1]과 같다.

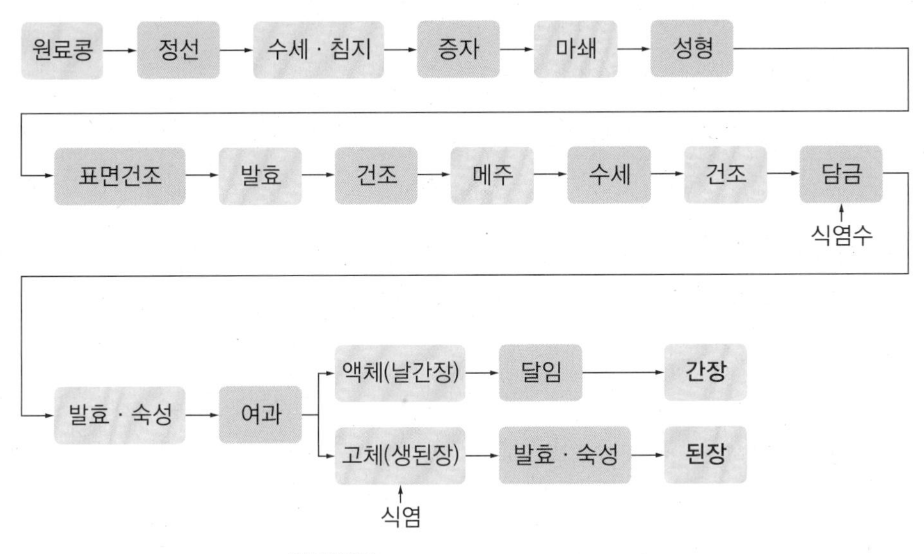

그림 16-1 재래한식 간장의 제조공정

❶ 원료콩 처리

장태(醬太)라고 하는 잘 여문 백태(白太)를 선별하여 물에 잘 씻은 후 8~12시간 정도 침지시킨다. 침지된 콩에 물을 가하여 삶거나 증자를 하는데 시간은 100℃로 수증기가 오른 후 3~4시간 지속한다. 식기 전에 마쇄한 후 적당한 크기와 모양으로 성형한다.

❷ 메주의 발효

성형한 것은 볏짚을 깐 방에서 표면을 건조시킨 다음, 볏짚으로 엮어서 15℃ 정도에서 적당히 통풍이 되도록 매달아 약 1개월간 발효시킨다. 이 과정에서 특히 주의할 점은 표면의 수분을 말리는 일이다. 표면 수분이 마르기 전에 곰팡이가 자라게 되면 그중에는 곰팡이독(mycotoxin)을 생성하는 *Penicillium*이나 *Aspergillus flavus* 등의 곰팡이가 자랄 수 있기 때문이다.

재래식(한식) 메주에는 볏짚이나 공기 중에 분포하는 여러 가지 종류의 미생물이 침투하여 발육하기 시작하고, 시간이 지나 메주 표면이 갈라지면 그 틈으로 털곰팡이(*Mucor sp.*)

와 거미줄 곰팡이(*Rhizopus sp.*)가 주로 자라게 되며, 메주의 내부에는 주로 고초균(枯草菌, *Bacillus subtilis*)이 증식하게 되는데, 이때 독특한 메주 냄새를 내고 단백질 분해 효소 등 각종의 효소를 분비함으로써 활발한 발효 현상이 진행된다.

❸ 식염수 제조

간장용 식염은 천일염을 사용하는데 물에 용해 후 침전물을 충분히 가라앉힌 후 윗물만을 사용한다. 이때 식염수의 농도는 18~22% 정도, 식염수의 양은 메주량의 2~3배 정도가 적당하다.

❹ 담금 · 숙성

메주는 표면에 자란 곰팡이 등을 물로 깨끗이 씻고 2~3쪽으로 쪼개어 햇볕에 충분히 말려서 이용한다. 항아리 속에 먼저 메주를 차곡차곡 쌓아 넣은 다음, 위에서 식염수를 부어 채운다.

표 16-3 재래 한식 간장덧 중의 미생물

호기성 세균	젖산균	효모
Bacillus subtilis *Bacillus pumilus* *Micrococcus caseolyticus*	*Pediococcus halophilus* *Leuconostoc mesenteroides* *Lactobacillus casei* *Lactobacillus plantarum*	*Zygosaccharomyces rouxii* *Torulopsis dattila*

담금이 끝나면 액면 위로 노출된 부분에는 잡균이 발육하지 못하도록 식염을 한 줌씩 얹어 놓는다. 또 숯이나 붉은 통고추를 띄우는데, 숯은 나쁜 냄새를 흡착시키기 위함이며 통고추는 유해 미생물의 발육을 억제하기 위한 것이다.

간장 숙성 중에 관여하는 미생물로는 호기성 세균인 *Bacillus*와 내염성 젖산균 및 내삼투압성 효모류가 알려지고 있는데, *Bacillus*는 간장 숙성에 별로 영향을 미치는 것 같지 않으나 내염성 젖산균과 내삼투압성 효모류는 많은 영향을 미쳐서 간장의 독특한 풍미 형성에 기여하는 것으로 보인다.

❺ 된장 분리와 간장 달임

숙성이 끝나면, 윗물(생간장 또는 날간장)을 다른 간장독에 옮기고, 밑에 남은 된장은 체로 여과해서 간장을 분리한 다음, 된장독에 꼭꼭 눌러 담고 표면에 소금을 뿌려 숙성시킨다.

날간장은 풍미가 좋지 못하고 혼탁하며 각종 효소나 미생물이 있기에 풍미 개량과 저장성 향상의 목적으로 장달임을 한다. 장달임은 10~20분간 끓이는 것인데, 끓이는 과정에서 나쁜 냄새 성분이 제거되고, 살균과 농축에 의한 저장성이 향상되며 단백질 등이 응고·제거됨으로써 투명도가 좋아진다.

(4) 양조간장의 제조

우리나라의 식품 공장에서 대량으로 생산되는 간장 제조법은 원래 일본의 간장 제조 방법을 이용한 것으로서, 곰팡이를 순수 배양하여 발효에 이용한다.

이 제품은 우리나라의 재래 한식 간장에 비해 짠맛이 약하고, 단맛과 향기가 있어 조리용으로 많이 이용된다.

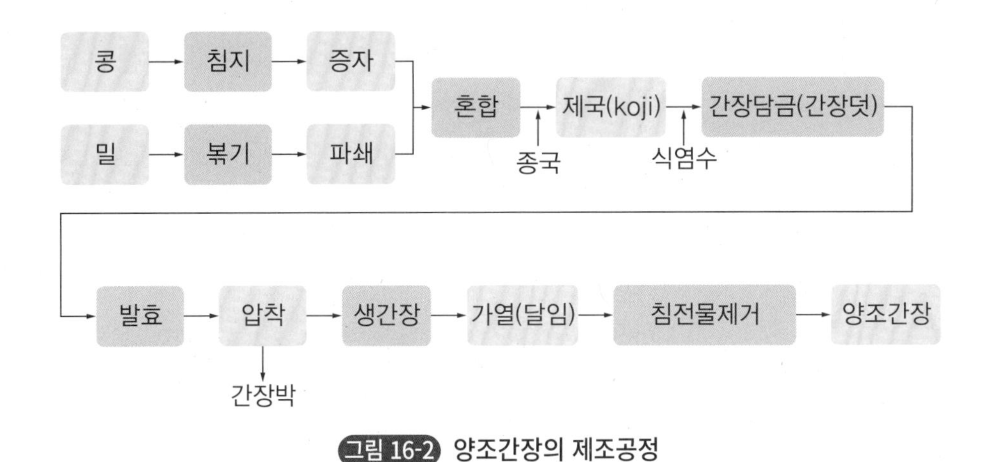

그림 16-2 양조간장의 제조공정

❶ 원료

양조간장에 있어서 중요한 원료는 탈지 대두와 밀, 그리고 식염, 캐러멜 색소 등이다.

양조간장의 제조에서는 통콩보다는 탈지 대두를 주로 사용하고 있다. 간장 제조 후 남은 찌꺼기인 간장박(粕)은 식용이 불능한 폐기물이기 때문에 탈지 대두를 주로 이용하게 되는 것이다.

전분질 원료로서는 주로 밀이 이용되는데, 밀은 60~70%의 전분질을 함유하며 이것이 간장덧 중에서 발효를 유도하며 독특한 향기나 색택을 형성하는 데 주도적 역할을 하게 된다.

❷ 제조

가. 원료 처리

ㄱ) 콩의 처리: 대두나 탈지 대두가 미생물 효소의 분해 작용을 잘 받게 하기 위해서는 삶아서 무르게 해야 한다. 이렇게 콩을 익히는 목적은 살균·세포벽의 파괴, 단백질 변성으로 요약할 수 있는데 간장이나 된장을 담그는 데 있어서 위의 3가지 조건은 매우 중요하다.

ㄴ) 소맥(밀)의 처리: 소맥의 열처리는 살균할 목적도 있지만 전분질을 α화하여 국균(麴菌)의 아밀라아제 작용을 용이하게 하고 증자된 대두의 표면 수분을 조절해서 제국(製麴) 중 잡균 오염을 억제하며 제국 조작을 용이하게 하기 위해서이다. 따라서 증기를 이용해서 밀을 증자하는 방법은 부적당하며 볶아서 파쇄하는 방법이 가장 적당한 처리 방법이 되는 것이다.

롤러를 이용해 밀알이 4~5쪽이 되도록 파쇄한다. 이때 굵은 입자와 함께 가루도 생기는데 굵은 입자는 증자된 대두의 사이사이에 공기 유통을 용이하게 해주고 가루는 증자대두 표면을 덮어서 수분 조절에 도움을 주어 제국을 용이하게 한다.

나. 제국(製麴)

ㄱ) 제국의 뜻: 증자된 대두 또는 탈지대두와 파쇄된 소맥을 혼합해 종국(種麴)을 접종해서 국균을 증식시켜 필요한 효소를 생성케 하는 작업을 제국이라 한다.

ㄴ) 종국과 국자(麴子, koji): 종국(seed koji)이란 좁쌀, 밀, 쌀, 보리 등에 적당한 곰팡이를 배양하여 포자(spore)를 형성시킨 후 건조시킨 것을 말하며, 국자(또는 국)를 제조할 때 종균(種菌)으로 사용한다.

국자란 곡류나 콩을 수증기로 증자한 다음 종국을 가하여 국균(麴菌)을 발육시킨 것으로서, 이 균들이 생산하는 당화효소(amylase) 또는 단백질 분해효소(protease) 등을 이용하여 장류(醬類)와 주류(酒類)를 제조한다.

간장용으로 흔히 쓰이는 종균은 *Aspergillus oryzae*(황국균)와 *Aspergillus sojae*가 있다. 이 곰팡이들은 같은 균주라도 배양 방법에 따라 그 성질이 많이 달라지는데, 황국균을 예로 들면, 25℃ 전후에서 배양하면 단백질 분해효소(protease)의 작용이 강하게 되고, 35~40℃로 배양하면 아밀라아제(amylase)의 작용이 강하며, 33~35℃로 배양할 때는 균의 발육이 왕성해진다.

ㄷ) 제국(製麴): 압력솥에서 찐 후 냉각시킨 콩과 파쇄한 밀 및 종국을 잘 혼합하여 간장용 국자를 만든다. 원료의 배합 비율은 콩과 밀을 거의 동량으로 섞고, 종국은 이들 양에 대하여 0.5~1.0%를 첨가하고 혼합한다.

25~30℃의 국자실에서 표면에 황록색의 포자가 충분히 생성되도록 약 70시간 정도 배양한다.

다. 담금과 숙성

담금은 국자를 식염수에 담그는 과정인데, 국자를 식염수에 섞어 담은 것을 간장덧이라 한다. 원료 1L에 대하여 1.1~1.3L의 염수를 사용하는 것이 일반적이다. 담금에서 식염의 농도는 보통 B 19~20° (NaCl 23.1~24.6%)의 식염수를 사용하며 간장덧 중의 최종 식염 농도는 16.5~18%의 범위를 벗어나면 좋지 않다. 즉 너무 낮은 염도에서의 발효는 바람직하지 못한 미생물균이 작용할 수가 있고, 또 너무 높은 염도에서는 국자의 효소 작용에 지장을 주게 된다.

숙성과정에서 각종 효소 작용으로 단백질이나 전분질이 분해되고 내염성의 여러 미생물이 발효작용에 관여하는데, 발효·숙성에 크게 영향을 주는 것으로는 내염성 젖산균과 내염성 효모가 있다.

내염성 젖산균으로는 *Pediococcus sojae, Pediococcus halophilus*가 주동적인 것으로 알려지고 있고, 이 균은 정상형(homo type) 젖산 발효균으로서 젖산만을 생산한다. 그 외 단백질 분해력이 있는 Bac. subtilis도 관여한다.

내염성 효모로서는 *Zygosaccharomyces rouxii*가 주동적이며 왕성하게 알코올 발효를 한다. 이 알코올은 그 자체가 향기물질로서의 구실을 할 수도 있지만 젖산균이 생성한 젖산과 화합해서 에스테르를 만들기도 하여 간장의 향기 구성에 대단히 중요한 역할을 한다. 그 외의 효모로서 *Candida polymorpha*가 있고 발효 후기에는 *Candida versatilis*가 관여한다.

이들 효모는 간장덧의 숙성이나 향기 생성에 중요한 구실을 하는 효모들이지만 간장덧의 표면에 산막을 생성하여 향미에 지장을 주는 것들도 있는데, 예를 들면 *Hansenula anomala*나 *Pichia sp.*의 효모들은 식염의 존재 유무에 관계없이 덧의 표면에 막을 형성하여 미관이나 향미를 해친다.

숙성이 완료된 간장덧은 질퍽한 죽 모양이므로 압착기로 압착하여, 생간장(날간장)과 간장박(粕)으로 분리한다. 여기서 분리된 간장박은 된장을 만들거나 가축의 사료로 이용되기도 하나, 식염 농도가 높으므로 이용도는 낮고 폐기하는 경우가 많다.

라. 간장 달임과 불순물 제거

생간장은 달임 전에 성분을 조정하고 필요에 따라 부원료(설탕, 캐러멜 등)를 넣는다. 다음 80℃ 정도로 가열을 해서 달이게 되는데, 달이는 중에 미생물이 살균되고 열응고성 물질(미분해 단백질 등)이 응고·침전되며, 나쁜 냄새 성분이 제거되고, 투명도와 빛깔 및 풍미가 향상됨과 동시에 저장성도 커지게 된다.

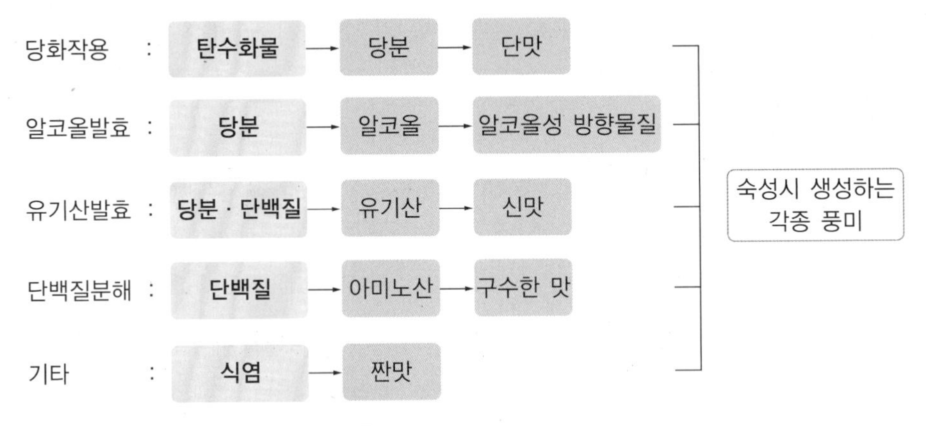

그림 16-3 간장 숙성 과정 중의 변화

(5) 아미노산(amino acid) 간장의 제조

원래 아미노산 간장은 화학간장이라고도 불리는 산분해간장을 일컬었으나 현재는 효소를 이용하여 분해한 효소분해간장도 포함하며, 법적인 용어가 아닌 일반적인 용어이다.

아미노산 간장은 탈지대두와 같은 단백질 원료를 산으로 가수분해한 후 알칼리로 중화시키거나, 효소로 가수분해하거나 아미노산 액에 여러 가지 부원료를 첨가하여 맛과 색상을 조정한 제품이다.

아미노산 간장은 한식 간장이나 양조간장에 비해 제조기간이 짧고, 원료의 이용률이 높으며(질소 이용률: 한식 또는 양조간장 70% 정도, 아미노산 간장 80~ 90%) 아미노산 함량도 많고 경비가 저렴하다는 이점이 있다. 그러나 발효 간장에 비해 풍미가 떨어지는 것이 단점이다.

❶ 원료

가. 단백질 원료: 탈지 대두나 밀 글루텐을 주로 이용하나 탈지면실박, 땅콩박, 어박(魚粕), 번데기 등이 사용되기도 한다.

나. 분해제(산): 염산을 주로 이용한다.

다. 중화제(알칼리): 탄산나트륨(Na_2CO_3) 분말을 주로 사용하나, 경우에 따라서는 수산화나트륨(NaOH) 포화용액을 사용하기도 한다.

라. 효소제: *Bacillus subtilts* 등이 생산하는 단백질 분해 효소제 등을 사용한다.

❷ 제조공정

산분해간장의 제조 공정은 [그림 16-4]와 같다.

가. 단백질 원료(탈지대두 등)에 염산을 16~20% 농도가 되도록 첨가하여 분해조에 넣고, 증기로 106~110℃로 10시간 또는 80℃로 60시간 동안 분해시킨다. 80℃의 저온에서 분해시키면 제품의 분해취가 감소하게 된다.

나. 분해 처리가 끝나면 60℃로 냉각시킨 후 수산화나트륨이나 탄산나트륨 등의 알칼리를 사용하여 pH 5.2까지 중화시킨다.

다. 중화된 분해액은 검정색의 혼탁액이므로 압착 여과하여 아미노산 액을 분리해 낸다.

라. 아미노산 액은 수증기 증류하거나 또는 1% 정도의 활성탄을 첨가하여 불쾌한 분해취를 제거하고, 관능과 상품성을 높이기 위해 조미료, 향미물질, 소금 및 캐러멜 색소 등을 첨가해서 가열 · 살균 처리한다.

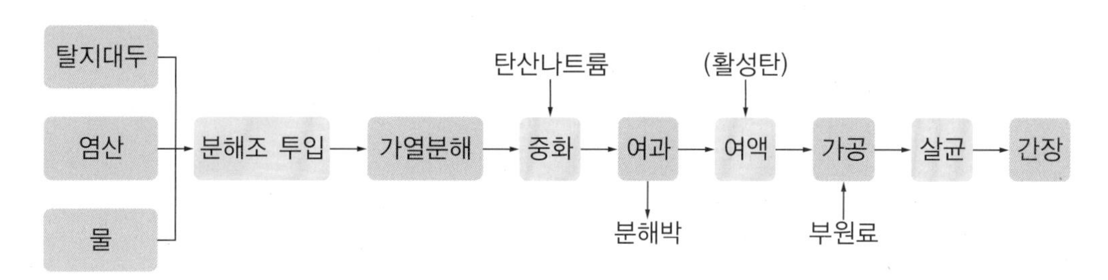

그림 16-4 산분해간장의 제조공정

2) 된장

된장은 예전부터 우리의 전통 식생활에서 간장, 고추장과 함께 중요한 조미료로 광범위하게 애용되어 왔으며, 그 자체의 영양적인 가치보다는 다른 식품들과 잘 조화되는 독특한 풍미로 식욕을 돋우는 역할을 하며, 단백질성 식품의 가열 조리 중에 생성되는 변이 원성 물질 등 유해 물질의 제독 기능을 가지고 있는 것으로 알려져 있다.

(1) 정의와 종류 및 규격

식품 공전상의 된장의 정의를 보면 '된장이라 함은 대두, 쌀, 보리, 밀 또는 탈지대두 등을 주원료로 하여 종국을 섞어 제국하고 식염을 혼합하여 발효 · 숙성시킨 것 또는 콩을 주원료로 하여 메주를 만들고 식염수에 담가 발효하고 여액을 분리하여 가공한 것을 말한다.' 로 되어 있다.

된장의 종류에는 '한식 된장' 과 '된장(개량식 된장에 해당됨)' 이 있는데, '한식 된장' 은 우리가 전통적으로 이용해 온 재래식 된장을 말하며 '된장'은 일본에서 사용하던 양조법으로 식품공장에서 생산되는 개량식 된장을 말한다.

된장의 성분 규격에는 조단백질 8.0% 이상, 조지방 2.0% 이상, 타르색소는 검출되어서는 안 되는 것으로 되어 있다. 또한 저장성을 높이기 위해 보존료를 사용할 수 있는데 사용할 수 있는 보존료는 소르빈산과 소르빈산 칼륨이며 사용량은 소르빈산으로 제품 1kg당 1g 이하 사용하도록 되어 있다.

(2) 제조공정

❶ 한식(재래식) 된장

우리나라의 한식 된장은 한식 메주를 사용해서 간장을 제조할 때 여액을 분리한 나머지 고체 부분에 식염을 첨가하여 숙성시킨 것이며, 이것의 양조 방법은 앞의 재래 한식 간장에서 살펴보았다.

한식 된장은 단맛과 감칠맛 등은 개량식 된장(공전 분류상 '된장' 임)에 비하여 다소 떨어지는 편이지만, 저장성이 좋고 또한 토장국 등에 사용하면 고유한 풍미를 발현하는 등 우수한 조미 능력을 가진다.

❷ 개량식 된장(공전 분류상 '된장'에 해당됨)

개량식 된장 양조의 특징은 콩과 함께 쌀 또는 보리나 밀과 같은 곡류로 된장 국자(koji)를 만드는 점과 또한 간장을 분리해 내지 않고 숙성시키는 점이다.

콩은 일반적으로 백색종이나 황색종으로 단백질과 지질이 많은 것, 쌀은 정백한 멥쌀로 입질이 균일하고 국자를 만들기 쉬운 것이어야 한다. 쌀은 세척해서 증자한 후 종국을 접종하면 3시간 후에 발아하게 된다. 균사 성장 온도는 30~33℃이며 잘 교반하면서 48시간 정도 배양한다. 국자를 배양할 때 온도, 습도를 잘 조절하여야 amylase와 protease의 역가(力價)가 좋아진다.

개량식 된장의 일반적인 제조공정은 [그림 16-5]와 같다.

콩은 정선, 세척한 후 15~20℃에서 8~9시간 정도 침지한 후 증자하고, 파쇄하여 여기에 스타터(starter)를 혼합한다. 쌀 · 콩 · 보리 이외 식염(순도가 95% 이상인 것)을 비롯하여 종국, 조미료, 보존료, 영양강화제, 주정 등이 사용된다.

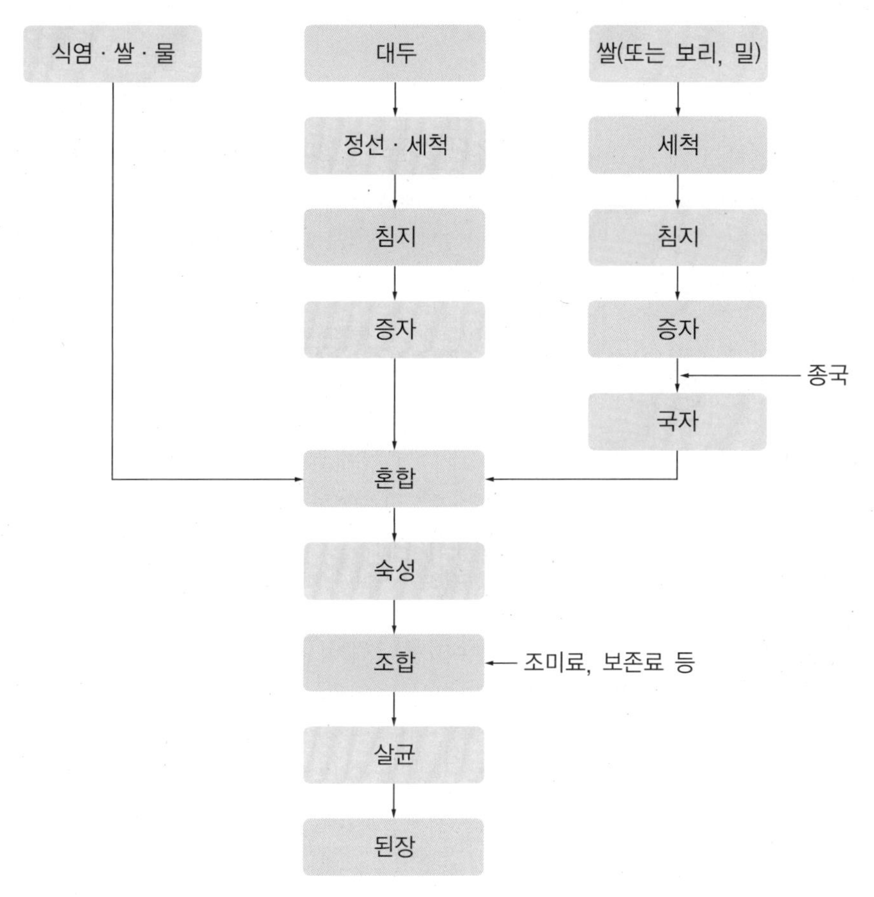

그림 16-5 개량식 된장의 일반적인 제조공정

스타터로는 효모로서 *Zygosaccharomyces rouxii*나 *Torulopsis versatilis*, 세균은 유산균(젖산균)인 *Pediococcus halophilus* 등을 혼합 사용한다. 효모류는 내염성 효모로서 알코올을 생성하고, 향기 생성에 기여한다. 유산균도 내염성 유산균으로 유산(젖산)을 생성해서 pH를 내리고 효모의 증식을 촉진한다. 또 콩냄새를 제거하는 데도 효과가 있다.

숙성은 된장 중에 있는 국자 곰팡이, 효모, 그리고 세균 등의 상호 작용으로 일어나는데 그 변화는 비교적 느리게 일어난다. 주요 숙성 변화는 미생물이 분비하는 효소에 의하여 전분을 덱스트린 및 당으로 분해시키고 이들 당의 일부는 다시 알코올 발효에 의해 알코올을 생성하며 동시에 향기 성분을 생성한다. 또 그 일부는 세균에 의해서 유기산과 에테르가 생겨 된장의 또 다른 향기를 부여한다.

이러한 알코올과 유기산은 에스테르(ester)를 형성하여 향기를 발생하며, 또 아미노카르보닐 반응(maillard 반응) 등에 의하여 착색물질이 생성된다.

단백질은 protease에 의해 펩타이드로 분해되고 다시 아미노산으로 분해되어 감칠맛(旨味)을 부여하게 된다.

3) 고추장

고추장은 콩과 전분질에 고춧가루를 혼합해서 발효시킨 우리나라 특유의 발효식품이다. 전분질의 가수분해로 생긴 단맛, 고추의 매운맛과 고추의 빨간색, 그리고 단백질 분해로 생긴 아미노산의 감칠맛, 식염의 짠맛 등이 고추장의 품질을 결정하는 주요 요소가 된다.

(1) 정의와 성분규격

식품 공전상의 고추장의 정의를 보면 고추장이라 함은 두류 또는 곡류 등을 제국한 후 여기에 덧밥, 고춧가루, 식염 등을 혼합하여 발효·숙성시킨 것이거나 제국한 후 덧밥 등과 함께 발효·숙성시킨 것에 고춧가루(6% 이상), 식염 등을 혼합하여 제품화한 것을 말하며 찹쌀, 쌀 또는 보리 고추장은 찹쌀, 쌀 또는 보리 함유량 등이 각각 15% 이상인 것을 말한다(제국 과정을 생략한 당화 고추장을 포함한다).

성분규격은 다음과 같다.

❶ 성상: 고유의 색택과 향미를 가지고 이미·이취가 없어야 하며 균질하여야 한다.

❷ 조단백질(%): 4.0 이상

❸ 타르색소: 검출되어서는 안 된다.

❹ 보존료: 소르빈산 또는 소르빈산 칼륨을 사용할 수 있으며 소르빈산으로서 제품 1kg당 1.0g 이하 사용하게끔 제한되어 있다.

(2) 재래식 고추장의 제조

재래식 고추장은 각 가정마다 사용하는 원료도 다르고 혼합 비율 등도 다른 경우가 많아 풍미가 다양하다. 자극성이 강하고 저장성도 있으나 감칠맛이 적어 현대인들에게는 기호성이 떨어지는 편이나, 육개장 등의 탕류에는 개량식 고추장보다 더 조화가 잘된다.

❶ 원료 및 처리

가. 찹쌀: 찹쌀을 잘 세척해서 침지시킨 후 분쇄하여 증자하거나 밥을 지어 사용한다.

나. 고춧가루: 색상이 좋은 고추장을 제조할 때에는 씨를 제거하고 곱게 빻은 고춧가루를 이용하지만, 씨를 제거하지 않고 빻은 고춧가루를 사용하면 맛과 영양이 더욱 좋다.

다. 엿기름 액: 물을 끓였다가 따뜻한 정도로 식힌 후 엿기름가루를 풀어 체로 걸러 엿기름액을 만들고 정치하여 침전물을 제거한다.

라. 메줏가루: 고추장용 메주를 별도로 사용하는 경우도 있으나, 대개는 재래식 간장 메주를 부수어 사용한다.

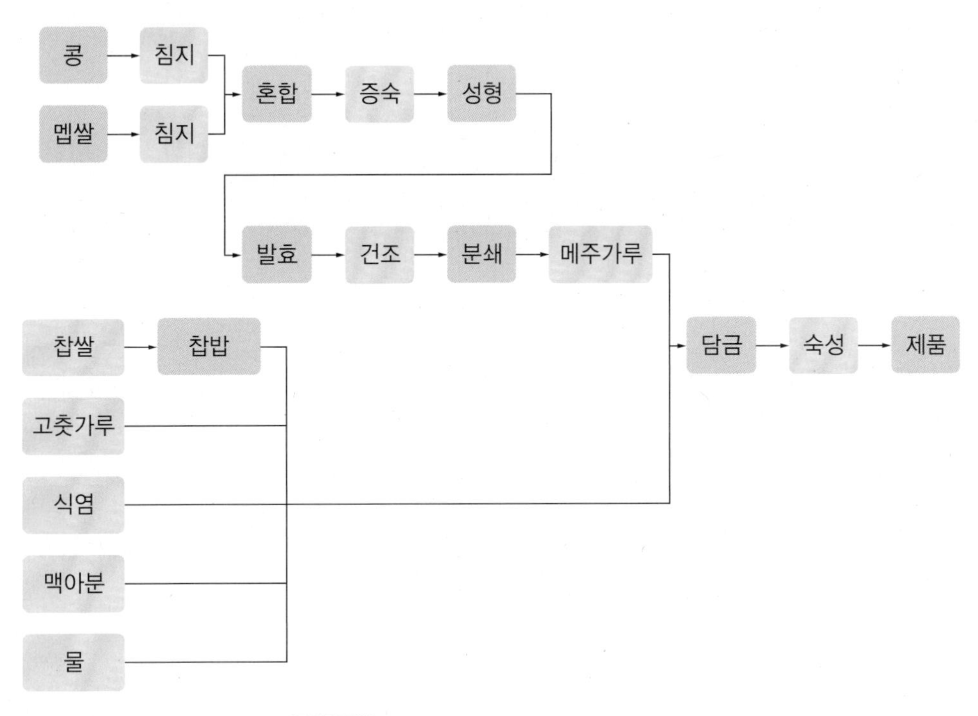

그림 16-6 재래식 찹쌀 고추장의 제조공정

❷ 담금 및 숙성

가. 찹쌀밥 또는 증자한 찹쌀가루를 따끈한 엿기름물에 섞어 두어 찹쌀밥이 삭아서 묽어지면, 가열하여 끓이고 약 30분 동안 약한 불로 졸여서 넓은 용기에 옮겨 냉각시킨다.

나. 식은 찹쌀풀에 메줏가루를 섞고, 식염으로 간을 맞춘 다음 몇 시간 동안 방치했다가 마지막으로 고춧가루를 고루 섞고, 독에 담아 표면에 식염을 뿌려 숙성시킨다. 고추장의 저장시에는 표면적을 좁게 하는 것이 좋은데, 고추장의 표면에서는 갈변 현상으로 색이 검어지고 풍미도 나빠지며, 산막 효모(흔히 이것을 곱이라고도 함)가 끼어 품질이 나빠지기 때문이다.

다. 담금 시의 수분함량은 40~50% 정도가 좋은데, 수분이 과다하면 숙성 과정에서 이상 발효를 일으킬 위험성이 있을 뿐만 아니라 저장성에도 지장이 있고 너무 적으면 숙성이 잘 되지 않는다.

라. 산막 효모를 막기 위해서 옛날에는 맑은 날에 뚜껑을 열어 햇볕을 쪼였으나 지금은 두꺼운 PE필름으로 고추장 표면을 빈틈없이 밀착시켜 덮는다.

(3) 개량식 고추장의 제조

현재 국내의 대부분 식품 공장에서 이용하는 고추장 양조 방식은 전분질 원료의 분해에 엿기름 대신에 황국균(*Aspergillus oryzae*)의 국자(koji)를 사용하는데 이러한 양조 방식으로 생산되는 고추장이 개량식 고추장이다.

개량식 고추장은 재래식 고추장에 비해 단맛과 구수한 맛은 많으나 식염 함량이 낮아 변질 우려가 있기에 보존료를 첨가하는 경우가 많다.

❶ 원료와 처리

국자를 제외하고는 재래식 고추장의 원료와 같은 종류를 사용하며, 전분질 원료는 분쇄하여 곡분의 상태로 사용한다. 국자는 별도로 만들기도 하지만, 개량식 간장용 국자를 빻아서 사용하는 경우가 많다.

❷ 담금 및 숙성

가. 먼저 전분질 원료를 물에 묽게 풀어 눌지 않도록 잘 저으면서 가열 · 호화시킨다. 호화가 완전히 일어나면 70~75℃ 정도로 냉각하고, 여기에 국자 분말을 잘 섞은 다음, 60~65℃로 3~5시간 동안 보온하여 국자 중의 아밀라아제(amylase)와 프로테아제(protease) 등 효소의 작용을 촉진시킨다. 만약 온도가 50℃ 이하가 되면 젖산균의 번식으로 시어질 우려가 있다.

나. 호화된 전분질이 적당히 삭으면(액화 및 당화되면) 식염, 고춧가루 등과 같은 부재료를 잘 섞고, 숙성시킨다. 숙성 중에 전분질의 가수분해로 생성되는 감미 성분, 세균의 단백질 분해 작용으로 생성되는 정미 성분, 고춧가루의 매운맛과 식염의 짠맛 등이 더욱 잘 조화를 이룬다.

4) 청국장

청국장은 콩발효 식품류 중 가장 짧은 기일(2~3일)에 완성할 수 있으면서 그 풍미가 특이하고 또 영양적으로나 경제적으로 '가장 효과적으로 콩을 먹는 방법'으로 인정되고 있는 우리 전통 식품이다.

일본에도 청국장과 거의 같은 낫토(natto, 納豆)라는 발효 식품이 있는데 제법이나 균학적인 것은 우리의 청국장과 거의 비슷하나 식용 방법에서는 차이가 크다.

흔히 청국장균이라 하는 것은 *Bacillus subtilis*(고초균)라는 균으로 알려져 있으며, 일본 낫토 식품의 낫토균은 고초균과 거의 같으나 바이오틴(biotin) 요구성이 있어서 바이오틴이 없으면 발육이나 발아를 하지 못하는 *Bacillus subtilis natto*균인 것으로 알려져 있다.

청국장의 특징으로는 냄새가 자극적이기는 하나 고단백질 식품으로서 점성과 부드러운 촉감 외에도 함유되어 있는 여러 가지 종류의 효소(trypsin, pepsin, amylase, invertase, catalase, protease 등)에 의해 소화성이 좋고, 또 비타민 B_2와 B_{12} 등이 많이 함유되어 있으며, 발효균인 *B. subtilis*는 정장 효과와 영양 성분의 흡수 촉진 작용 및 혈중 콜레스테롤(cholesterol)을 감소시키는 작용 등을 가지므로 청국장은 일종의 건강식품이라 할 수 있다.

청국장의 독특한 냄새는 여러 가지 휘발성 물질의 혼합 물질로 알려져 있으며 그 주요한 것은 이소발레르산(isovaleric acid), 암모니아, 유기산류, 지방산류, 디아세틸(diacetyl) 등인 것으로 알려지고 있으며, 점질물은 글루탐산(glutamic acid)이 중합된 폴리펩티드(polypeptide)와 과당(fructose)이 중합된 프락탄(fructane)의 혼합물로 구성되어 있다.

(1) 정의와 성분규격

식품 공전상의 정의에서 '청국장이라 함은 두류를 주원료로 하여 바실러스(*Bacillus*)속균으로 발효시켜 제조한 것이거나, 이를 향신 식물 등으로 조미한 것**[대두(증자대두) 55% 이상이어야 한다]**을 말한다' 라고 정의하고 있다. 성분규격은 수분이 10.0% 이하(단, 건조제품에 한함)이고, 조단백질은 10.0% 이상, 타르색소는 검출되어서는 안 되며 보존료는(비건조제품에만 사용할 수 있음) 소르빈산 또는 소르빈산 칼륨을 소르빈산으로서 제품 kg당 1g 이하만 사용할 수 있다.

(2) 청국장 제조공정

❶ 원료 대두는 알이 고른 황색종 콩을 사용하며, 선별 · 세척한 후 침지하여 충분히 불려 무르게 푹 삶는다.

❷ 삶은 콩은 볏짚으로 싸서 발효균의 발육 최적온도인 42℃ 전후로 보온하여 두면, 1.5~3일이면 발효가 끝난다. 개량식(공장 제조)의 경우에는 볏짚을 사용하지 않고 순수 배양한 종균을 직접 삶은 콩에 접종하여 발효시킨다.

❸ 발효가 끝나면 식염, 고춧가루, 마늘 등을 섞고 적당히 마쇄한 후 냉장조건으로 저장하는데, 저온 저장시설이 없던 옛날에는 식염을 다량으로 첨가했다.

2 김치류(kimchis)

김치는 옛날부터 우리나라의 가장 중요한 부식 중의 하나이며, 풍미의 독특함이 다른 나라에서 찾아볼 수 없는 한국 고유의 식품 중 대표적인 것의 하나이다.

김치는 배추에 여러 가지 원료를 첨가하여 식염 존재하에 젖산 발효를 일으킨 산발효채소(acid fermented vegetables)의 일종이다. 김치는 젖산균이 주동적으로 작용해서 젖산 발효가 일어난 발효식품이다. 살아 있는 젖산균은 정장작용(整腸作用)이 있는 것으로 알려져 있으며, 알맞은 산미(酸味)와 부원료로 사용되는 고춧가루, 식염, 마늘, 생강 등의 알맞은 자극성과 역시 부원료로 사용한 젓갈의 감칠맛에 의한 식욕 증진 효과가 있다. 최근에 관심거리로 대두한 식이 섬유(dietary fiber)의 급원으로서 가치를 가지며, 비타민 등 영양학적 가치를 지닌 그야말로 세계적으로 자랑할 수 있는 식품이다.

1) 배추김치

(1) 김치의 종류

김치는 크게 보통 김치와 김장 김치로 나눌 수 있다. 보통 김치는 오래 저장하지 않고 비교적 손쉽게 담가 먹는 것으로 나박김치, 오이소박이, 열무김치, 갓김치, 파김치, 양배추김치, 굴깍두기 등이다.

김장 김치는 겨울철의 채소 공급원을 준비하는 것으로서 오랫동안 저장해 두고 먹는 김치이다. 통배추 김치, 보쌈김치, 동치미, 고들빼기김치, 섞박지 등이 있다. 또한 김치는 지방 · 풍습 · 기호 · 계절에 따라 재료와 양념(부재료), 담그는 방법 등이 각각 다르고 맛도 차이가 있다.

최근에는 가장 김치가 맛있을 때 그 김치 중에서 우점을 차지하고 있는 유산균(젖산균)을 순수 분리하여, 김치 발효의 스타터(starter)로 사용해서 조기 발효시킨 김치도 출시되고 있다.

(2) 배추김치의 제조방법

❶ 배추 절이기

김치의 주재료는 배추이며 부재료는 무, 파, 마늘, 생강, 고춧가루, 식염, 미나리 등이 있다. 주재료인 배추의 품종으로는 결구 배추, 반결구 배추, 불결구 배추가 있는데 보통 결구 배추를 많이 사용한다.

배추는 2등분 또는 4등분 하여 식염에 절인다. 절이는 방법은 마른 식염을 사용하는 방법(건염법)과 식염수를 사용하는 방법(습염법)이 있다. 건염법은 배춧잎의 사이사이에 마른 식염을 뿌려서 차곡차곡 쌓아 놓는 방법으로서, 이때 식염의 사용량은 배추 무게의 10~15%로 한다. 습염법은 식염수 속에 배추를 담그는 방법인데 배추 중의 최종 식염 농도가 3% 정도 되게 절인다. 상온에서 배추 중에 3% 정도의 염 농도를 갖게 하는 데는 5~7%의 식염수에서 12시간, 15%의 식염수에서 6시간, 20%의 식염수에서 3시간 정도가 소요된다. 옛날에는 바닷물(염 농도 3%)로 절이는 경우도 있었는데 24시간 정도 소요된다.

배추를 절이는 주목적은 알맞은 간이 배게 하고, 배추 속의 수분을 탈수시켜 부드럽게 해서 양념 투입이 쉽게 하며, 또 세포의 기능을 정지시키기 위해서이다. 생육 중인 배추 세포의 세포질 삼투압이 5~10기압이므로 절임 시 배추 세포의 탈수 및 원형질(세포질) 분리가 일어나게 하기 위해서는 소금물의 삼투압이 최소한 이보다 높아야 한다. 2% 식염수의 삼투압이 15기압이고, 10% 식염수의 삼투압은 70기압 정도이다.

절임 후 절임 배추의 염 농도가 3% 이하이면 김치의 빛깔은 좋으나 쉽게 시어지고 물러지는 연부 현상이 일어나며 너무 높으면 잘 익지 않고 색깔과 맛이 나빠지며, 김치가 질겨진다.

❷ 부재료

부재료의 종류와 사용량은 지역에 따라 계절에 따라 아주 다양하다. 담금 재료의 사용 비율은 일반적으로 주재료인 배추가 73~85%이고 부재료인 무 10~18%, 고춧가루 2~3%, 마늘 1~2%, 생강 0.2~0.7%, 파 0.4~4%, 젓갈 2~5%이다. 최종 식염 농도는 2.5~3.0%가 적합하다.

❸ 담금

절여서 물기를 뺀 배추에 준비된 부재료를 배추 한 잎 한 잎 사이에 깊숙이 끼워 넣고 배추의 겉잎으로 싸서 김칫독에 차곡차곡 다져 넣는다. 호기성 미생물들의 생육을 억제하기 위하여 배추 사이에 공간이 없도록 해야 한다.

❹ 숙성

담금이 끝난 김치는 서늘한 곳에서 숙성시킨다. 김치 숙성의 진행은 발효 온도와 식염 농도에 크게 영향을 받으며, 또 부재료의 종류나 배합 비율과도 관계가 있다. [표 16-4]에서 보는 바와 같이 숙성 온도가 낮을수록 또 식염 농도가 높을수록 숙성기일이 많이 소요된다. 또한 부재료 중 마늘, 고추, 멸치젓은 숙성을 촉진한다.

표 16-4 배추김치의 최적숙성온도와 숙성기간(일수)

숙성온도(℃)	소금 농도(%)			
	2.3	3.5	5.0	7.0
30	1~2	1~2	2	2
20	2~3	2~3	3~5	10~16
14	5~10	5~12	10~18	13~22
5	35~180	55~180	90~180	–

❺ 김치발효 중 미생물상의 변화

김치류를 담가서 발효가 일어나는 기간 중에는 재료에 야생적으로 존재하는 여러 가지 미생물 중에서 식염 농도, 숙성 온도, pH, 공기의 존재 여부, 재료의 화학 성분과 같은 물리·화학적 환경 조건에 따라 이에 적합한 미생물만이 생육하게 된다.

담금 직후 김치에 가장 많은 미생물은 그람음성인 호기성 세균들이다. 이들의 대표적인 균종은 *Pseudomonas, Flavobacterium, Alcaligenes* 등인데 이들은 채소와 물에서 유래된 것이다. 이 호기성 균들이 증식하면서 김치의 내부는 산소가 부족하게 되고 식염이 존재하므로 위 세균들의 생육 조건에 적합하지 않게 되며, 또 마늘과 같은 부재료도 이들 호기성 세균들의 증식을 강력히 억제한다.

이러한 환경에서 *Leuconostoc*속의 젖산균들이 가장 신속히 증식하여 초기의 최우점 미생물이 된다.

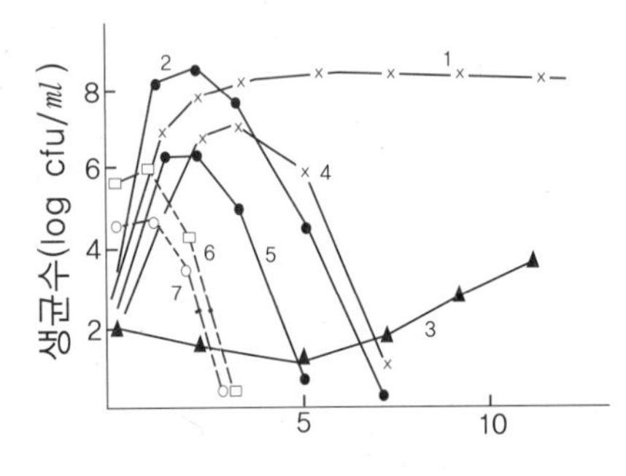

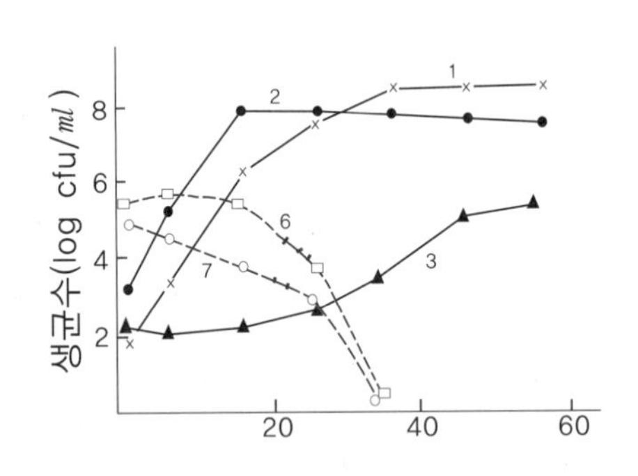

1: *Lactobacillus* 2: *Leuconostoc* 3: yeast 4: *Pediococcus* 5: *Streptococcus* 6: 그람음성균 7: 대장균군

그림 16-7 김치 발효과정 중 미생물상의 변화

초기에 많이 번식하는 젖산균 중에 *Leuconostoc mesenteroides*가 가장 많은데 이 젖산균이 만드는 젖산과 탄산가스가 김치를 산성화하고 혐기 상태로 만들어 줌으로써 호기성균의 생육을 억제하는 주요한 역할을 한다.

*Leuconostoc*속의 뒤를 이어 *Lactobacillus*속의 젖산균이 증식하여 중기 이후의 최우점 미생물이 되어 한동안 높은 균수를 유지하게 되며, 이와 때를 같이 하여 *Leuconostoc*속의 젖산균들은 사멸된다.

*Streptococcus*속과 *Pediococcus*속도 김치 발효 초기에 약간 증식하지만 이들은 김치 발효에서 중요한 젖산균이 되지 못한다.

김치 발효 과정 중 가장 우세한 젖산균은 *Leuconostoc*속과 *Lactobacillus*속이다. 발효 온도가 낮을수록 상대적으로 *Leuconostoc*속의 증식이 왕성하고, 식염 농도가 높을수록 상대적으로 *Lactobacillus*와 *Pediococcus*의 증식에 유리하다.

*Leuconostoc*속 중에서 가장 주된 균종은 *Leuconostoc mesenteroides subsp. mesenteroides*이다. 그러나 *Lactobacillus*의 주된 균종은 발효 온도에 따라 차이가 크다. 5~10℃의 저온에서 발효시키면 *Lac. bavaricus, Lac. homohiochii, Lac. sake* 등이 많고, 20~30℃의 중온에서 발효시키면 *Lac. plantarum*과 *Lac. brevis*가 주 균종이다. 저온 발효 시에 우세하게 나타나는 *Lactobacillus*들은 산 생성 능력이 낮아 젖산으로 0.6~0.8% 정도이다. 그러나, 중온 발효 김치에서 우세균으로 나타나는 *Lactobacillus*들은 산 생성 능력이 높아 1.0~1.6%까지 산을 생성한다. 특히 *Lac. plantarum*은 산 생성 능력이 높아 발효 중기 이후에 가장 우세한 미생물이므로 김치의 산패균으로 평가되고 있다.

김치가 풍미를 갖기 위해서는 이상 젖산 발효로 생산되는 초산, 에탄올, 탄산가스 등을 함유해야 한다. *Leuconostoc*은 이상 젖산 발효를 하고 산을 0.6~0.8%까지 생산하므로 김치에서 가장 중요한 미생물인 것으로 평가되고 있다.

효모도 알코올 발효를 하여 김치의 풍미에 크게 기여한다. 발효 온도가 낮고 식염 농도가 높을수록 상대적으로 효모의 증식에 유리하다.

발효 말기에 김치 표면에 피막을 형성하는 유해 효모는 *Hansenula*속, *Candida*속, *Pichia*속 등이며 이들은 알코올 생산 능력이 없고, 젖산을 소비하며 김치 조직의 연부 현상을 초래한다.

❻ 김치 발효 중의 성분변화

김치 발효 중 화학 성분의 변화로서 가장 중요한 것은 산도(酸度)의 변화이다. 김치의 유기산 함량과 pH는 김치의 맛에 결정적 영향을 미치는 요소들인데 일반적으로는 총산 0.6~0.8%, pH 4.0 내외 정도에서 가장 알맞은 맛을 내는 것으로 여겨지고 있다.

김치 중 유기산이나 pH의 변화는 숙성 온도 및 염도와 밀접한 관계가 있다. **[그림 16-8]**에서 보면 10℃에서 숙성한 경우 15일째에 산도는 약 0.8%, pH는 4.0 내외가 되어 알맞은 정도의 숙성이 됨을 알 수 있다.

김치 중의 유기산은 젖산(lactic acid) 외에도 구연산(citric acid), 수산(oxalic acid), 식초산(acetic acid), 개미산(formic acid), 피루브산(pyruvic acid), 푸말산(fumaric acid), 사과산(malic acid) 등이 검출되고 있다.

비타민 B_1, B_2는 김치 담근 직후에 약간 감소되었다가 그 후 점차적으로 증가하며, 맛이 좋은 시기에서는 처음의 약 2배로 되었다가 다시 감소되어 산패 시에는 당초 함량만큼 잔존하게 된다.

비타민 C는 초기에 일단 감소했다가 약간 증가 후 다시 감소하는바 이런 증가는 배추 성분인 펙틴이 분해되어 비타민 C가 합성되는 것이 아닌가 추정되고 있다.

카로틴(carotene)은 김치 숙성과 더불어 점차 감소하여 산패 시는 담금 초기의 반만 남게 된다. 그러나 말기에 있어서 감소율은 오히려 다른 비타민에 비해 완만하다.

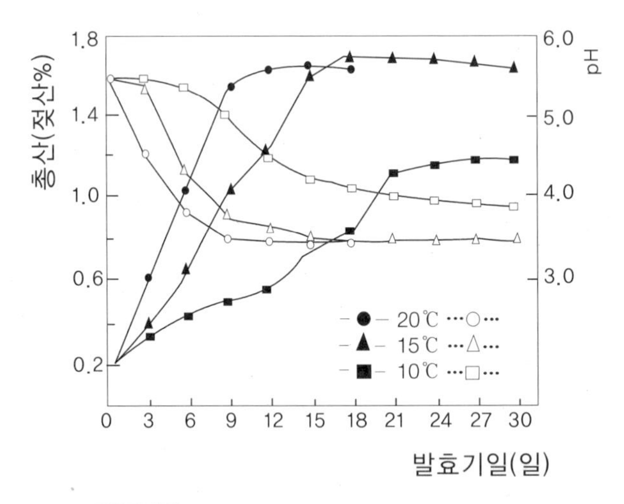

그림 16-8 김치숙성과정의 총산 및 pH의 변화

❼ 김치의 정의 및 규격

식품 공전상의 김치류의 정의를 보면 '김치류라 함은 배추 등 채소류를 주원료로 하여 다듬기, 절단, 절임, 양념혼합 공정을 거쳐 발효시킨 배추김치, 기타 김치 또는 이를 가공한 것을 말한다'로 되어 있다. 규격을 보면 타르색소, 보존료는 검출되어서는 아니 되고, 살균 포장 제품일 경우에는 대장균군이 음성이어야 한다. 사카린 나트륨을 첨가할 시에는 제품 kg당 0.2g 이하 사용해야 한다.

우리나라는 김치를 국제 식품화하기 위해서 김치 국제규격을 정해 국제식품규격위원회(CAC)에 제출하여 일본의 기무치(KIMUCHI)와 경쟁 끝에 2000년에 우리나라의 김치(KIMCHI) 규격으로 결정되었다.

규격의 주요 내용을 보면 다음과 같다.

가. 제품명: 김치(KIMCHI)

나. 정의: 주원료인 절임 배추에 여러 가지 양념류(고춧가루, 마늘, 생강, 파, 및 무 등)를 혼합하여 젖산 생성에 의한 적절한 숙성과 보존성이 확보되도록 포장 전후에 저온에서 발효된 제품

다. 품질 기준: 김치 고유의 특성을 가지며 정상적인 향, 냄새 및 색을 가져야 함.

- 색: 제품은 고추에서 유래한 붉은색을 지녀야 함.
- 맛: 제품은 맵고 짠맛을 지녀야 하며 신맛을 가져야 함.
- 조직감: 제품은 적당히 단단하고 아삭아삭하고 씹는 맛이 있어야 함.

라. 주요 식품 첨가물

- 산도 조절제: 젖산, 구연산, 초산
- 호료: 카라기난, 잔탄검
- 조직 증진제: 솔비톨

마. 기타

- 총산도(젖산으로서): 1.0% 이하
- 염(염화나트륨) 함량: 1.0~4.0%
- 광물성 이물: 0.03% 이하

우리의 김치 규격이 CODEX 규격으로 확정됨으로써 다음과 같은 의의를 갖게 되었다.

- 우리나라가 김치 종주국임이 확인됨
- 우리 전통 김치의 특성을 최대한 확보하는 것이 가능해짐
- 김치에 대한 세계적 인지도를 높이는 계기가 됨
- 김치의 세계 식품화 조기 실현이 가능해짐
- 김치의 수입국 비관세 무역 장벽 해소가 가능해짐

2) 피클류(pickles)

피클류(pickles)는 구미 각국에서 널리 애용되는 채소 발효식품으로 채소 또는 과일류를 식염, 식초, 향신료 등을 가하여 절인 것을 총칭하는 것으로, 주로 오이, 양파, 미숙 토마토, 올리브, 무화과 등이 재료로 이용되나 오이를 원료로 한 오이 피클(cucumber pickle)이 가장 대표적이다. 그러므로 일반적으로 피클이라고 하면 오이 피클을 지칭하는 말이 된다.

오이 피클은 오이를 식염수 속에서 장기간에 걸쳐서 젖산 발효시켜서 발효성 당을 소모시키고 젖산과 식염에 의한 천연적인 방부효과를 갖게 한 것이다. 발효가 끝난 오이는 물로 씻어서 과잉의 소금과 젖산을 일부 제거하고 조미·가공한 후 저온살균하여 제품화하고 있다. 오이 피클의 숙성은 담금 초기에는 호기성 세균이 가장 많고 그 다음이 대장균군이며, 젖산균은 매우 적은 수이다. 오이에 오염된 호기성 세균은 *Pseudomonas, Flavobacterium, Alcaligenes, Bacillus, Enterobacter* 등이며 오이를 식염수 속에 담그면 식염의 세균 억제 작용과 산소 부족으로 이들의 증식은 초기부터 억제된다.

다음에는 이상젖산발효균(heterofermentative lactic acid bacteria)인 *Leuconostoc mesenteroides*가 그 후 번식하여 탄산가스를 생성하여 혐기 조건을 만드므로 젖산균들이 번식하게 된다. 이들 균에는 *Leuco. mesenteroides*외에도 *Enterococcus faecalis, Pediococcus damnosus, Lactobacillus brevis* 및 *Lac. plantarum* 등이 있다.

효모는 원료 오이 중에는 그 수가 낮지만 높은 소금 농도와 유기산하에서는 잘 증식한다. 따라서 3.1~3.2의 낮은 pH에서 젖산균의 증식이 정지된 후에도 효모는 계속 증식하여 피클액 중의 당분을 이용하고 표면에 피막을 형성한다. 초기의 소금 농도가 너무 높아서 젖산균이 당을 산으로 충분히 전환하지 못할 경우에는 효모에 의한 이러한 문제가 더욱 심각하게 나타난다.

오이 발효 과정 중에 나타나는 산막 효모 중 빈도가 높은 것은 *Brettanomyces, Hansenula, Candida, Saccharomyces* 등이다. 산막 효모는 탱크의 식염수 표면에 피막을 만들어서 왕성하게 증식하지만 직사광선을 쬐어주면 효과적으로 억제된다. 산막 효모가 왕성하게 자라게 되면 곰팡이와 부패 세균들의 증식에도 유리하게 된다. 그 결과 피클은 냄새가 나빠지고 비위생적이고 부패된다. 오이 피클에서 분리된 효모들에는 *Debaryomyces hansenii, Pichia ohmeri, Zygosaccharomyces rouxii, Candida krusei* 등이 있으며, 이 중에서 *Debaryomyces hansenii*가 가장 대표적이다.

3) 사워크라우트(sauerkraut)

사워크라우트라는 말은 원래 독일어에서 유래되었으며 영어로는 산미 양배추(acid cabbage)를 뜻하며 약하여 크라우트라고도 한다.

사워크라우트는 보통 백색의 양배추를 잘게 썰어 2~3%의 식염하에서 젖산 발효를 행하여 산미와 특유의 향을 갖게 한 발효 식품이다. 양배추는 단단하게 결구된 것을 원료로 사용하며 바깥쪽의 잎 2~3매 또는 손상된 부분은 제거하고 중심 부분을 수세한 다음에 양배추의 줄기를 제거하고 나서 잘게 썰어 원료에 대하여 2.5% 정도의 식염을 균일하게 넣고 탱크에 담아 표면을 눌러 놓는다. 18℃ 정도가 적정 발효 온도이다.

담금 후 2~3일부터 발효가 시작하여 3~4주간에서 발효가 끝나 적정 산도에 달하면 열처리(80℃)하거나 저온으로 냉각시켜 발효를 정지시킨다.

주요 미생물은 *Aerobacter, Pseudomonas, Achromobacter Flavobacterium* 속이며 호기성 세균의 포자도 있다. 절단 부위에는 수액이 나오므로 *Leuconostoc, Lactobacillus*와 *Pediococcus*속이 많다. 담근 후 바로 발효가 시작되는데 최초의 *Leuconostoc mesenteroides*가 발효를 유도하는 것으로 알려지고 있다. 발효 과정에서 젖산, 에틸알코올과 탄산가스를 생성하여 pH를 저하시키는데 이로 인해 유해 미생물과 효소의 작용을 억제한다고 한다. 탄산가스는 공기를 축출하고 혐기적 상태를 유지하여 아스코르브산의 산화와 양배추의 변색을 방지할 뿐만 아니라 다른 종류의 젖산균의 증식을 도와주며 이 균들은 생육 능력이 약한 다른 균들을 위한 증식 인자를 제공하여 준다. 발효가 진행되면 산도가 증가되어 1.0% 정도에서 *Leuc. mesenteroides*는 증식이 중지되고 *Lactobacillus*속과 *Lac. plantarum*이 발효에 관여한다. *Pediococcus cerevisiae*도 나타나는 경우가 있어 발효 최종 산물인 젖산, 에틸알코올, 초산 그리고 탄산가스를 생성하는데, 산도는 1.5% 이상이 된다.

완전히 발효된 사워크라우트의 산도는 1.8~2.2%이고, 0.25% 알코올과 mannitol, dextran 등도 함유되어 있고 때로는 산도가 2.5~3.0%가 되는 것도 있다.

❸ 발효유류(fermented milks)

1) 정의

발효유류라 함은 원유 또는 유가공품을 유산균, 효모로 발효시킨 것을 말한다.

2) 주원료 성분배합기준

(1) 용어의 정의

❶ 발효유, 농후발효유, 크림발효유, 농후크림발효유: 원유 또는 유가공품을 발효시킨 것을 말한다.

❷ 발효버터유: 버터유 또는 탈지유를 발효시킨 것을 말한다.

❸ 냉동발효유: 발효유류를 냉동한 것을 말한다.

(2) 성분배합기준

❶ 발효유: 원유 또는 유가공품을 발효시킨 것(무지유고형분 3% 이상)

❷ 농후발효유: 원유 또는 유가공품을 발효시킨 것(무지유고형분 8% 이상)

❸ 발효버터유: 버터유 또는 탈지유을 발효시킨 것(무지유고형분 8% 이상)

❹ 크림발효유: 원유 또는 유가공품을 발효시킨 것(무지유고형분 3% 이상, 유지방분 8% 이상)

❺ 농후크림 발효유: 원유 또는 유가공품을 발효시킨 것(무지유고형분 8% 이상, 유지방분 8% 이상)

표 16-5 발효유류 성분규격

항목 \ 유형	발효유	농후발효유	크림발효유	농후 크림발효유	발효버터유
(1) 성상	고유의 색택과 향미를 가진 액상으로서 이미 · 이취가 없어야 한다.				
(2) 무지유 고형분(%)	3.0 이상	8.0 이상	3.0 이상	8.0 이상	8.0 이상
(3) 조지방(%)			8.0 이상	8.0 이상	1.5 이하
(4) 유산균 수 또는 효모수	1mL당 10,000,000 이상	1mL당 100,000,000 이상 (단, 냉동제품은 10,000,000 이상)	1mL당 10,000,000 이상	1mL당 100,000,000 이상 (단, 냉동제품은 10,000,000 이상)	1mL당 10,000,000 이상
(5) 대장균군	음성이어야 한다.				

발효유의 형태는 원료, 고형분, 미생물, 지역 등에 따라 대단히 많으나, 발효의 근본인 최종 발효 산물의 종류에 따라 분류하여 보면 크게 2가지로 나눌 수가 있다. 모든 발효유는 젖산 발효가 주축이며, 순수하게 젖산 발효에 의해서 만들어진 젖산 발효유(lactic acid fermented milk)와 젖산균과 유당을 발효하는 효모에 의해 부분적으로 알코올 발효를 일으켜 만들어지는 젖산 알코올 발효유(lactic acid alcohol fermented milk) 등으로 구분될 수 있으며, 이들에는 [표 16-6]에서 보는 바와 같이 여러 형태가 있다.

표 16-6 발효유의 종류와 사용되는 미생물

발효방법	발효유 이름	원료	사용 미생물	종류
젖산 발효유	Bulgarian buttermilk	전유	*Lactobacillus bulgaricus*	불가리아버터밀크
	Acidophilus milk	탈지유 부분탈지유	*Lactobacillus acidophilus*	아시도필러스밀크
	Yogurt	전유 · 탈지유	*Lactobacillus bulgaricus* *Streptococcus thermophilus* *Lactobacillus casei*	요구르트 과일요구르트 냉동요구르트 액상요구르트
	Cultured buttermilk	탈지유	*Streptococcus lactis*	발효버터밀크
	Cultured cream	크림	*Streptococcus cremoris* *S. diacctilactis* *Leuconostoc citroucrum*	발효크림 발효저지방크림
젖산알코올 발효유	Kefir	전유	*Lactic bacteria*, yeast	케피어
	Koumiss	말젖 · 탈지유	*Lactic bacteria*, yeast	쿠미스

3) 요구르트(yogurt)

(1) 요구르트 종류와 성질

요구르트의 일반적인 분류(법적 분류가 아님)는 다음과 같다.

❶ 일반 요구르트(plain yogurt)

*Lactobacillus bulgaricus*와 *Streptococcus thermophillus*를 사용하여 요구르트 배지를 발효시켜 만든 것으로 감미료나 과일이 첨가되지 않은 깨끗한 커드(curd)형 요구르트이다.

❷ 과실 요구르트(fruit yogurt 또는 flavored yogurt)

과실이나 꿀 등을 요구르트와 섞어 먹는 것은 전 세계적으로 인기가 있으며, 모든 과실 요구르트는 언제나 일반 요구르트를 가지고 만드는 것이다. 과실 요구르트는 과실 첨가방법에 따라 두 가지가 있다.

전통적인 정치형(set 또는 sundae style) 요구르트는 과실 퓌레나 시럽을 용기 바닥에 넣고 위에 접종된 요구르트 믹스를 넣어 용기를 닫은(접착) 후 배양시켜 만든 것이며, 먹을 때에는 수저로 섞어서 먹게 되어 있다. 또 다른 형태인 교반형(swiss style, stirred style 또는 continental style) 요구르트는 미리 배양 제조된 일반 요구르트와 과실 퓌레를 충진 전에 바로 혼합해서 용기에 담은 요구르트이다.

❸ 냉동 과실 요구르트(frozen flavored yogurt)

과실 요구르트를 아이스크림과 같이 냉동시킨 것으로서 cone type 또는 bar type이 있으며 유산균이 살아 있다.

❹ 애시도필러스 요구르트(acidophilus yogurt)

일반 요구르트 발효에 사용되는 *Lactobacillus bulgaricus* 대신에 *L. acidophilus*를 사용하여 이 박테리아의 정장 효과를 목적으로 하는 요구르트이다.

❺ 저유당 요구르트(law lactose yogurt)

유당 소화 장애(lactose intolerance)를 일으키는 사람들을 위해서 우유를 미생물에서 제조된 유당 분해 효소로 처리하여 우유 내의 유당을 포도당과 galactose로 분해시켜서 제조되는 요구르트이다.

❻ 액상 요구르트(fluid yogurt 또는 liquid yogurt)

일본 및 우리나라에서 많이 제조되는 제품으로서 향료와 감미료 등이 첨가되고 유성분이 상당히 낮은 우리나라 법상 '발효유'에 해당되는 제품이다. 그러나 한편으론 형태적 측면에서 액상인 요구르트를 일컫기도 한다.

(2) 요구르트 제조방법

요구르트 제조방법은 [그림 16-9]와 같다.

요구르트의 종류가 많은 것과 같이 제조원료와 방법도 다양한 편이다. 원료로서는 전유(全乳), 탈지유, 연유, 탈지분유 등을 이용하여 요구르트 원료 배합을 하고 있다.

요구르트의 성질에 관여하는 요인은 원료 배합의 성분, 배합된 요구르트 믹스(yogurt milk라고도 함)의 열처리, 젖산균 스타터(starter)인 *Lactobacillus bulgaricus*와 *Streptococcus thermophilus*의 비율, 배양 온도와 시간, 냉각 방법 · 시간 · 냉각 · 온도, 균질 정도 등이며 이 중에서 특히 열처리와 젖산균의 성질은 매우 중요한 요인이다.

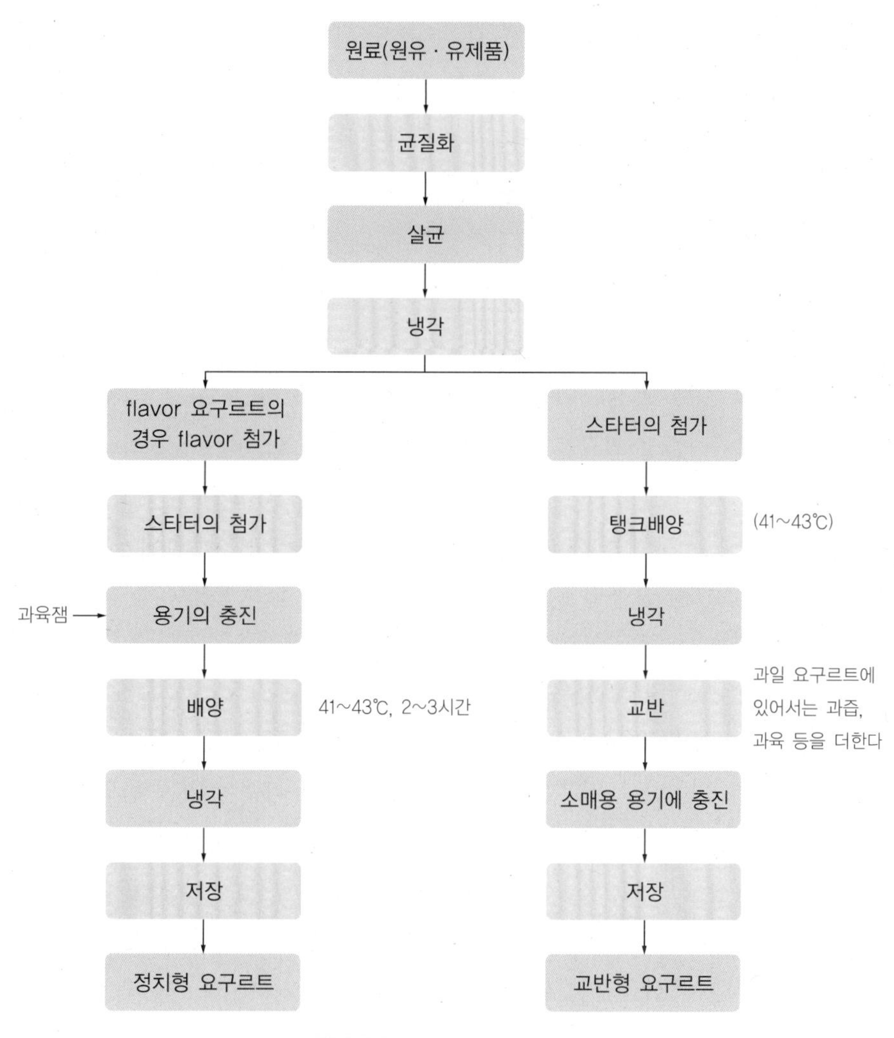

그림 16-9 요구르트 제조공정

요구르트 믹스의 열처리는 요구르트 제조에 있어서 매우 중요하며, 유해균의 살균 외에도 열처리에 따라 유청 분리(whey seperation)가 좌우되고 유리 아미노산양에 영향을 주어 젖산균 성장에 영향을 주게 된다. 즉 열처리가 적당하면 유리 아미노산의 증가로 *L. bulgaricus*의 성장이 촉진되고, *L. bulgaricus*에 의한 단백질 분해가 촉진되며 *S. thermophilus*의 성장이 촉진되어 응고 시간이 짧아진다. 우리나라에서 요구르트 제조에 사용되는 유산균은 위의 두 균주 외에도 *Bifidobacterium*속 등이 있다.

교반형 요구르트 제조공정은 원유, 탈지분유(또는 탈지 농축유), 설탕, 펙틴 등을 가온 용해한 후 균질을 살균한다. 살균이 끝나면 배양온도로 냉각시킨 후 스타터를 접종한다. 스타터 접종 방법은 냉동 · 건조된 것을 직접 탱크에 접종하는 방법과 벌크 스타터(bulk starter)를 만들어 접종하는 방법이 있다.

접종 후 3~4시간이 지나면 산도가 0.6~0.7% 정도 되며, 커드의 굳기가 좋게 된다. 그러면 즉시 냉각시켜 산 생성을 정지시키고 유청 분리가 일어나지 않도록 해야 한다. 발효가 끝난 요구르트는 별도로 제조된 과일 시럽과 혼합해서 용기에 충전하여 냉장 보관한다.

4) 유산균 음료

일반적 의미에서 유산균 음료는 유산균을 함유하고 유고형분 함량이 매우 적은 음료를 말하며 일본이나 우리나라에서 많이 생산되고 있다.

우리나라에서 식품 공전상 '유산균 음료'는 '발효유류'가 아닌 '음료류'에 해당되며, 정의는 '유가공품 또는 식물성 원료를 유산균으로 발효시켜 가공(살균을 포함한다)한 것을 말한다.'로 되어 있다. 유산균 음료의 규격은 유산균 수 또는 효모 수가 1mL당 1,000,000 이상이고 살균 제품일 경우에는 세균 수가 1mL당 100 이하여야 하고 대장균군은 음성이어야 한다. 만약 보존료를 사용할 경우에는 소르빈산 또는 소르빈산 칼륨을 사용할 수 있으며 소르빈산은 제품 kg당 0.05g 이하 사용해야 한다. 또한 안식향산을 보존료로 사용할 때도 제품 kg당 0.05g 이하 사용해야 한다.

발효유류 제품에는 보존료를 사용할 수 없는 반면에 유산균 음료는 보존료를 사용할 수 있는 점과, 발효유류 제품은 무지유 고형분 등 유고형분의 기준이 있는 반면 유산균 음료는 유고형분 기준이 없다는 점에서 차이가 있다.

유산균 음료용 유산균으로는 *Lactobacillus acidophilus, Lactobacillus bulgaricus, Lactobacillus casei, Lactobacillus helveticus, Streptococcus lactis* 등 생산성 능력이 좋고 발효취가 적은 유산균들이 사용되고 있다.

5) 치즈(cheese)

치즈란 전유·탈지유·크림·버터밀크 등을 원료로 하여 여기에 젖산균·렌넷 또는 기타 적합한 단백질 분해효소·산 등을 첨가하여 카세인(casein)을 응고시키고, 유청(whey)을 제거한 다음 가열·가압 등의 처리에 의해서 만들어진 신선한 응고물 또는 발효·숙성 식품을 말한다.

(1) 분류

치즈는 자연 치즈(natural cheese)와 가공 치즈(process cheese)로 나뉘는데, 자연 치즈는 굳기에 따라 연질 치즈(soft cheese)와 경질 치즈(hard cheese)로 나눈다.

표 16-7 치즈의 분류

연질 치즈 (Soft cheese)	• 숙성시키지 않은 것: Cottage, Bakers, Cream, Neufchatel(미국) 등 • 박테리아, 효모 또는 곰팡이로 숙성시킨 것: Romadur, Bel Paese, Camembert, Brie, Feta, Domiati, Teleme, Neufchatel(프랑스) 등
반연질 치즈 (Semi-soft chesse)	• 주로 박테리아로 숙성시킨 것: Brick, Mnster, Tilsiter 등 • 표면에 생육한 박테리아로 숙성시킨 것: Limburger, Port du Salut, Trappist 등 • 주로 내부의 blue mold로 숙성시킨 것: Blue, Roquefort, Stilton, Gorgonzola 등
경질 치즈 (Hard cheese)	• 발효가스 구멍이 없는 것: Cheddar, Colby, Cheshire 등 • 발효가스 구멍이 있는 것: Swiss 또는 Emmental, Gruyere 등
기타 치즈	• 초경질 치즈(Very hard cheese)–박테리아로 숙성시킨 것: Parmesan, Romano, Asiago 등 • Pasta Filata 또는 플라스틱커드 치즈: Provolone, Mozzarella, Cacciocavallo 등 • 탈지유 또는 저지방 치즈: Sapsago, Euda 등 • 유청 치즈(Whey cheese): Ricotta, Mysost, Primost 등 • 가공 치즈(Process cheese): 살균가공치즈, 가공치즈 푸드(Process cheese food), 가공치즈 스프레드(Process cheese spread)

(2) 치즈의 일반 제조공정

❶ 원료처리

제품의 품질을 일정하게 하고 잡균에 의한 오염을 막고 보존성을 좋게 하기 위해 고온단시간 살균(HTST. 75℃, 15초)을 하는 것이 표준이며, 저온 장시간 살균(63℃, 30분)을 할 수도 있다. 살균이 끝난 원유는 치즈 배트(cheese vat)에서 21~32℃로 냉각시킨다.

❷ Starter와 Rennet 첨가

스타터로는 *Streptococcus lactis*와 *Str. cremoris*를 배양한 스타터를 원유량의 약 1~2%를 첨가하고, 산도가 0.18~0.22%가 되면 렌넷을 첨가한다. 렌넷의 응고적온은 40~41℃, 최적 pH는 4.8이다. 첨가 후 3~5분 계속 저어서 골고루 퍼지게 한 다음 정치해서 응고되기를 기다린다.

❸ 커드의 절단(cutting the curd)

커드의 굳기가 적당해지면 커드 칼(curd knife)로 절단하여 커드 내부의 유청을 배출시킨다. 일반적으로 수분 함량이 높은 연질 치즈는 크게 절단하고, 경질 치즈일수록 커드는 작게 절단한다. 절단된 커드는 교동기(agitator)로 저으면서 커드 입자가 서로 엉기는 것을 방지해야 한다.

❹ 커드의 가온(cooking the curd)

가온 방법에는 커드를 저어 주면서 온수를 조금씩 넣어 주는 방법과 치즈배트를 온수 또는 증기로 가온하는 재킷(jacket) 가온 방법 등이 있다. 가온 온도는 연질 치즈는 31℃ 전후이고 경질 치즈는 38℃ 전후까지 올리는데 4~5분에 1℃씩 상승시킨다.

❺ 유청 빼기(draining whey, whey off)

치즈 배트 배수구를 통해 유청을 빼내는데, 빼는 시기는 유청 산도가 적당히 상승하고 커드의 수축이 잘됐을 때를 택한다.

❻ 틀에 넣기 및 압착(moulding 및 pressing)

틀(mould) 안쪽에 살균된 깨끗한 천(cheese cloth)을 펴서 이 속에 커드를 넣어서 유청 배출이 잘되게 한다. 틀에 넣은 치즈는 압착기로 가압해서 조직을 치밀하게 하고 치즈 특유의 모양을 형성한다.

❼ 가염(salting)

치즈에 가염하는 것은 풍미(flavor)를 좋게 할 뿐만 아니라 수분 함량 조절, 과도한 젖산발효 억제, 잡균 번식에 의한 이상발효 억제 등에 그 목적이 있다.

❽ 숙성(ripening, aging)

치즈의 숙성은 유용한 미생물과 효소들이 잘 작용해서 숙성이 순조롭게 이루어지게 하는 것과 숙성 중에 치즈의 중량 손실 억제와 유해 미생물의 오염을 방지하는 것이 중요하다. 숙성은 저온 숙성이 좋다는 의견이 많고 숙성실의 상대 습도가 높으면 치즈의 수분 증발이 적고 또 숙성이 빠르나, 치즈 표면에 곰팡이가 자라기 쉽다.

(3) 가공 치즈(process cheese)

가공 치즈의 제조공정은 숙성 기간이 다른 2개 이상의 자연 치즈를 절단 분쇄하여 유화솥에 넣고, 색소(paprika 색소), 유화제(구연산염, 인산염), 보존료(dehydroacetic acid) 등을 첨가, 혼합한 후 85℃에서 살균한다. 이것을 형을 만들어 필름에 넣고 포장하여 상품화한다.

6) 버터(butter)

우유에서 분리한 크림을 천천히 교동하면 유지방구가 파괴되어 지방만이 유출되어 뭉쳐서 좁쌀과 같은 크기의 버터 입자가 되는데, 이것을 모아 짓이겨서 유화 상태로 만든 것을 버터라 하며, 유지방이 80% 이상 되어 상온에서 고형(固型)으로 된다.

버터의 제조공정은 크림의 전처리(크림분리와 중화, 살균, 발효)→교동→세척→가염과 연합→포장 순으로 이루어지며 현재는 회분식(batch system)이 아닌 연속 버터 제조기를 사용하고 있다. 버터의 스타터(starter) 균주로는 *Streptococcus lactis*, *Streptococcus cremoris*, *Streptococcus citrovorum* 등이 사용된다. 일반적인 버터 제조공정은 [그림 16-10]과 같다.

(1) 크림의 전처리

신선한 생유에서 분리된 크림의 지방함량은 33~38% 정도인데 지방이 적으면 교동(churning)에 시간이 많이 걸리고 너무 많으면 교동기 벽에 지방이 붙어 수율이 낮아진다. 크림의 산도는 0.15~0.2%가 되도록 조절한다. 크림의 산도가 너무 높으면 중화제를 사용한다. 산도가 조절된 크림은 75~85℃에서 15초간 살균해서 8~10℃로 냉각하고 12시간 이상 숙성시켜 산도가 0.3%(pH는 4.8~5.2)가 되도록 한다. 크림의 발효는 교동을 쉽게 하기 위함이다.

(2) 교동(churning)

발효가 끝난 크림은 교동기에 넣고 8~14℃ 정도로 온도를 조절한 후 교동하여 크림에 있는 지방구에 충격을 가해 지방구막을 파손시켜 유지방 성분을 유출되게 한다. 이때 빠져나온 지방은 뭉쳐서 좁쌀 크기의 버터 입자가 된다. 교동 온도가 너무 높으면 조직이 연약하게 된다. 교동이 끝나면 버터 입자는 위로 떠오르고 버터 밀크(butter milk)는 밑으로 배출 제거된다. 그 후 버터 입자는 버터 밀크와 같은 양의 물로 수세한다.

(3) 연압(working)

연압은 수세 후 필요량의 색소와 2% 정도의 식염을 넣고 혼합 후 덩어리진 버터 입자를 짓이기는 작업인데 이 과정을 통해 버터 입자의 지방구는 깨어지고 액상유지가 흘러나오면서 버터의 수분함량이 조절되고 수분의 유화와 분산, 소금, 색소의 균일한 분산, 버터 조직의 치밀성, 조직 내 기포제거 등이 이루어진다. 연압이 끝나면 공기가 들어가지 못하도록 성형하고 셀로판지, 양피지(parchment) 등으로 싸서 상자에 넣는다.

버터의 성분규격은 수분 18% 이하, 조지방 80% 이상, 산가 2.8 이하, 지방의 낙산가 20.0±2, 타르색소는 검출되어서는 안 되고, 대장균군 음성이어야 한다. 산화 방지제나 보존료를 사용할 수 있다.

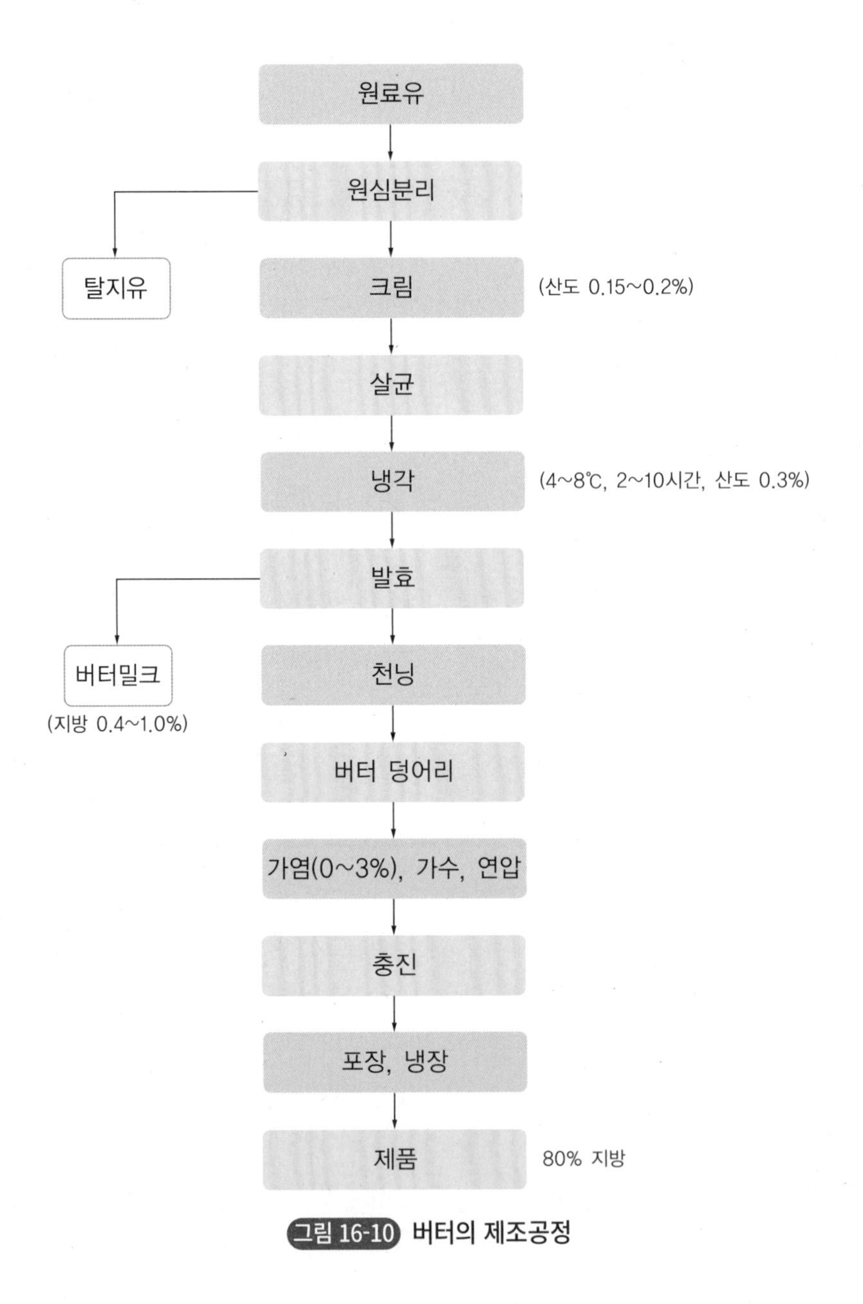

그림 16-10 버터의 제조공정

7) 케피어(kefir)

케피어는 케피어 입자(kefir grain)를 스타터로 이용해서 제조한다. 케피어 입자에는 젖산균과 효모가 함께 존재한다.

전지유를 80℃로 30분 살균하고 22℃까지 냉각한 후 케피어 입자를 넣고 하룻밤 배양한다. 다음날 아침에 부드러운 커드가 생기면 케피어 입자를 건져내서 다음 제조를 위해서 건조 보관하고 액은 2~3일 동안 더 발효시킨다.

케피어는 코카서스 지방에서 만들어지고 우유, 산양유, 양유 등을 원료로 사용한다. 케피어 입자에는 *Streptococcus lactis, Str. bulgaricus*와 젖당 발효성의 효모 *Saccharomyces kefir*가 들어 있다. 15~16℃의 비교적 저온으로 발효하므로 발생된 탄산가스는 상당량 용존하게 되고 이것을 잘 보존하기 위해서는 냉장저장이 바람직하다.

8) 쿠미스(koumiss)

중앙아시아나 남부 시베리아에서 제조되는 말젖을 원료로 한 발포주이다. 쿠미스는 케피어와 비슷한 제품인데 알코올 함량이 특히 많고 청량미와 정장 효과가 있다. 쿠미스에 관계하는 스타터는 *Lactobacillus bulgaricus*와 *Torula* 효모이다.

4 제빵

빵은 밀가루, 유지, 설탕 등의 주원료에 빵효모, 우유, 소금, 계란, 물 등을 가하여 반죽(dough)하고 가열하여 구워낸 것이다.

빵의 종류에는 발효빵과 무발효빵이 있는데, 발효빵은 효모를 반죽 속에 넣어 발효로 생기는 탄산가스로 부풀게 한 것으로 식빵류, 증기빵류(호빵), danish pastry 등이 있다. 무발효빵에는 각종 케이크류, 생과자류, 케이크도너츠류 등이 있다. 식품 공전상에는 빵류를 식빵, 케이크류, 빵, 도넛 등으로 분류하고 있는데 빵은 '밀가루 또는 기타 곡분을 주원료로 하여 이에 식품 또는 식품첨가물 등을 가하여 발효시키거나 발효하지 아니하고 냉동한 것, 구운 것 또는 증숙한 것으로서 식빵 및 케이크류에 해당되지 아니하는 것을 말한다.' 라고 정의하고 있다.

반죽 발효에 이용되는 대표적인 빵효모는 *Saccharomyces cerevisiae*이며, 흑빵에 풍미를 좋게 하기 위해 *Candida utilis*가 이용되기도 한다. 이들 빵효모는 밀가루 반죽에 함유된 당을 발효하여 에탄올과 탄산가스를 생성하며, 밀가루 속의 β-amylase는 전분을 분해하여 maltose를 생성한다. 반죽 중의 *Lactobacillus, Streptococcus, Pediococcus, Leuconostoc* 등의 야생 유산균은 휘발성 에스테르류, 유기산, 케톤, 알데히드류를 생성함으로써 빵효모에 의해 생성된 알코올과 더불어 빵에 독특한 풍미를 부여한다. 효모의 중요한 기능은 발효 시 탄산가스 생성에 있다. 효모의 발효과정에서 부산물로 나오는 알코올과 산 등은 굽기 과정에서 대부분 소멸되고 극소량만이 남게 되는데 이 소량의 부산물들이 굽기 과정의 높은 온도에서 반응을 일으켜 새로운 향기를 만들게 된다.

CHAPTER

17

미생물의 효소

효소는 동물·식물성 식품 및 미생물 등에 존재하면서 생물체의 생명유지에 매우 중요한 역할을 담당하며 또한 생물의 생육 조건을 적절히 조절해 대량 생산하여 이용할 수 있다. 효소는 일반적으로 상온·상압에서 촉매작용을 하여 특이한 생물 분자를 합성 또는 분해할 수 있다.

효소는 생물에 의해서 생산되는 유기촉매이며 단순단백질 또는 단백질과 보결분자단(prosthetic group)이 결합한 분자량이 큰 복합단백질이다. 보결분자단에는 주로 저분자의 유기화합물과 금속이온들이 있다.

holoenzyme	=	apoenzyme(주효소)	+	coenzyme(조효소)
(복합효소)		(단백질)		(비단백질)

효소 생성 특징에 따라서 균체 내에 존재하는 효소를 균체내 효소라고 하며 균체 밖으로 분비된 효소를 균체외 효소라고 한다. 또한 어떤 특정 물질을 첨가하였을 때만 생성되는 효소를 적응효소(유도효소)라고 하며 외적 조건의 영향을 받지 않고 생성되는 효소를 구성효소라고 한다. 그리고 같은 반응을 촉매하지만 여러 가지 성질이 다른 효소를 동위효소(isoenzyme)이라 부른다.

1 효소의 생산, 추출 및 정제

1) 효소의 생산

공업적인 규모로 효소의 생산에 이용되는 미생물은 세균, 방선균, 곰팡이, 효모 등 광범위하다. 효소를 생산하는 미생물 중 세균이나 효모는 생육속도가 비교적 빨라서 균체 생산에 적합하고 곰팡이, 효모, 클로렐라 등은 균체가 커서 분리가 용이하다. 또 생성된 효소 중 세포 외 효소는 세포 내 효소보다 분리, 정제가 용이한 점 등은 효소 생산을 위해서 유리한 조건이라 할 수 있다. 미생물의 종류와 배양조건에 따라 효소의 활성과 성질은 결정된다. 배양조건으로서 배지조성, 온도, 습도, pH, 산소공급량 이외에 특히 배양 시간이 중요하다. 일반적으로 미생물 효소는 일정 시간 후 최대 활성에 도달하고 그 후 감소하게 되므로 각종 배양조건의 검토는 최대 활성 부근에서 이루어지는 것이 보통이다. 미생물 효소의 생산방식은 액체배양과 고체배양으로 나누어진다. 액체배양에는 통기교반에 의한 액

내배양법과 정치배양법이 있고, 고체배양에는 국개식과 여러 가지 기계화된 배양방식들이 있다. 액체배양은 잡균오염이 적고 배양조건의 조절이 용이할 뿐 아니라 소요면적이나 인력이 비교적 적게 들고 대량생산이 용이한 장점이 있다. 반면 고체배양은 잡균오염이 흔하고 많은 인력이 필요하며 발효열이 잘 발산되지 않아 온도관리가 어려운 점 등의 결점도 있으나 효소가 고농도로 생성되어 회수가 용이하며 glucoamylase처럼 고체 배양에서만 생산되는 효소가 있는 등 이점도 많다.

2) 효소의 추출

균체 외 효소의 경우에는 배양액의 균체를 분리 제거하여 효소를 정제하며 균체내 효소는 균체를 파괴하여 효소를 추출하여야 한다. 추출 및 정제의 조작은 효소의 실활, 변질을 막기 위해 일반적으로 저온에서 실시한다.

(1) 자기소화법

균체에 ethyl acetate나 toluol 등을 첨가하여 20~30℃에서 자기소화시키면 균체 내의 효소는 균체 밖으로 용출된다. 이때 균체 내의 단백질 분해 효소가 작용하기 시작하므로 비교적 안정된 효소의 추출에만 응용한다.

(2) Lysozyme 처리법

달걀흰자의 lysozyme으로 세포벽을 용해하여 효소를 추출한다.

(3) 동결융해법

Dry ice로 균체를 동결한 후 다시 융해시키는 조작을 반복하면 세포가 파괴된다. 이렇게 처리한 액을 냉각원심분리기로 원심분리하여 세포의 조각을 제거한다. 이때 얻어진 상징액을 세포추출액이라 하고 이 용액 중에서 효소를 정제한다.

(4) 초음파 파쇄법

초음파 파쇄장치에 의해 10~600kHz의 초음파를 발생시켜 균체를 파쇄하는 방법이다. 이때 열이 발생하므로 냉각시켜야 한다.

(5) 기계적 마쇄법

균체를 완충액과 함께 mortar, ball mill 등으로 마쇄한다. 곰팡이나 효모는 세척한 모래나 알루미나 분말을 혼합하여 마쇄한다.

3) 효소의 정제

(1) 염석 및 투석

효소가 들어 있는 용액에 염류를 용해시켜 효소단백질을 석출시키는 것을 염석이라 하며 정제방법으로 가장 많이 이용되는 방법이다. 저온에서 용해도가 큰 황산암모늄을 주로 사용하며 황산암모늄의 농도를 달리하면서 효소단백질을 분별 침전시킬 수 있다. 염석 후에 효소단백질을 반투막에 넣은 후 흐르는 물에서 염류를 제거하는데 이 방법을 투석이라 한다.

(2) Gel 여과법

Gel을 채운 column으로 단백질의 분자량 차이를 이용해 분리하는 방법으로 주로 dextran gel이 사용된다.

(3) 흡착 chromatography

인산칼슘 젤인 hydroxyapatite 등의 효소 단백질에 대한 흡착력 차이를 이용하여 분리하는 방법이다.

(4) 이온교환 chromatography

이온교환의 column chromatography에 의해 분리하는 방법으로 효소 단백질의 경우는 cellulose나 dextran 유도체가 주로 이용된다.

(5) 유기용매에 의한 침전법

효소용액에 냉각한 알코올이나 아세톤 등을 일정 비율로 첨가하여 효소단백질을 분별 침전시킨다.

(6) 핵산제거 처리

무세포 추출액에는 핵산이 함유되어 있으므로 핵산 침전제로서 protamine 등을 가하여 제거한다.

(7) 결정화

고도로 정제된 진한 효소용액에 황산암모늄 또는 아세톤을 혼탁이 조금 생길 정도로 가하여 냉각 방치한다. 얻어진 결정은 재결정 과정을 되풀이하여 효소의 순도를 높여준다.

② 효소의 분류

국제 생화학연합 효소위원회(EC)에서는 효소가 촉매하는 화학반응의 형식에 따라서 다음과 같이 6군(group)으로 분류한다.

EC 1군: 산화환원반응을 촉매하는 효소(oxidoreductases)
EC 2군: 작용기의 전이를 촉매하는 효소(transferases)
EC 3군: 가수분해반응을 촉매하는 효소(hydrolases)
EC 4군: 이탈반응과 부가반응을 촉매하는 효소(lyases)
EC 5군: 이성화반응을 촉매하는 효소(isomerases)
EC 6군: ATP 등의 가수분해와 공역하여 2개의 저분자를 결합시키는 합성반응을 촉매하는 효소(ligase)

1) 산화환원효소

Oxidoreductase는 산화효소, 환원효소, 탈수소효소, 산소첨가효소 등으로 분류된다. 반응에는 보효소, 금속 등의 보결분자단이 직접적으로 관여한다.

2) 전이효소

일반적으로 전이효소(transferase)는 한 기질에서 다른 기질로 전이기 또는 원자단을 옮기는 반응을 촉매한다. 이 군에 속하는 효소로는 transacylase, transmethylase, trans fermylase, transminase, mutase, ATP의 말단인산기를 다른 물질로 전이하는 데 관여하는 kinase 등이 있다.

3) 가수분해효소

가수분해효소(hydrolase)에는 esterase, glycosidase, peptidase, amidase, pyrophosp hatase 등이 있으며, 특히 기질 특이성이 약한 효소가 많다.

4) 분해효소

분해효소(lyase)는 가수분해나 산화 등의 방법으로 기질로부터 C-C, C-O, C-N 결합 등을 절단하고 이산화탄소, 알데히드, 물, 암모니아 등을 제거한 후 이중결합을 남기거나 이중결합에 특징의 기를 부가하는 효소로 aldolase, decarboxylase, dehydratase 등이 있다. 특히 부가반응이 중요한 경우를 생성효소라 하며 citrate synthase, malate synthase, anthranilate synthase 등이 있다.

5) 이성질화효소

이성질화효소(isomerase)는 어떤 화합물의 분자 내 상호변화를 일으켜 이성질체로 바꾸는 반응을 촉매하는 데 관여하는 효소로 epimerase, mutase, racemase 등이 포함되며 기질을 분해하거나 산화하지는 않는다.

6) 연결효소

연결효소(ligase)는 ATP 또는 고에너지 인산결합을 가수분해할 때 유리되는 자유에너지를 이용하여 두 개의 분자를 결합시키는 반응을 촉매하는 데 관여하는 효소이다.

3 식품관련 중요 효소

1) 탄수화물 분해효소(carbohydrolases)

Carbohydrolase들은 다당류와 소당류 등의 배당체결합을 가수분해하는 데 관여한다. 아밀라아제(amylases), 셀룰라아제(cellulase), 락타아제(lactase), 전화당 효소(invertase), 헤미셀룰라아제(hemeicellulase), 펙틴 효소(pectic enzymes) 등이 있다.

(1) 아밀라아제(amylases)

α-아밀라아제(α-amylase)는 아밀로스와 아밀로펙틴의 α-1, 4결합을 무작위적인 방법으로 가수분해하지만 아밀로펙틴의 α-1, 6결합을 분해하지는 못한다. 그리고 β-아밀라아제(β-amylase)는 전분의 α-1, 4결합을 비환원성 말단으로부터 규칙적으로 맥아당(maltose) 단위를 절단함으로써 가수분해하며 아밀로스는 맥아당 단위로 완벽하게 분해하지만 α-1, 6 결합이 있는 아밀로펙틴 포도당 부위에서 효소의 활성은 정지된다.

α-아밀라아제의 작용으로 전분의 점도는 급격하게 저하되므로 액화형 아밀라아제라고도 불린다. 전분은 dextrin으로 빨리 분해되므로 환원력은 크게 증가하지 않으면서 반응액의 요오드 반응은 청색, 보라색, 적색을 거쳐 무색으로 된다. α-아밀라아제는 동물,

식물, 미생물 등 모든 생물에 존재하는 효소이며 공업적으로는 돼지의 췌장, 맥아 또는 *Bacillus subtilis, Bacillus amyloliquefaciens, Bacillus stearothermophilus* 등의 세균과 *Aspergillus oryzae, Asp. niger* 곰팡이에서 생산된다. 반면에 β-아밀라아제는 대량의 maltose와 함께 상당히 분자량이 큰 dextrin을 생성하므로 환원당은 증가하나 점도는 잘 저하되지 않고 요오드 반응도 적갈색으로 나타난다.

제과 및 제빵 시에 밀가루 중의 아밀라아제가 부족하면 색깔, 부피, 조직감이 열악해진다. 맥주 제조 시 α-와 β-아밀라아제가 효모 발효에 필요하다. 미생물에서 얻은 β-아밀라아제가 보리에서 생성된 효소보다 내열성이 더 강하다. 박테리아 α-아밀라아제가 가장 높은 최적활성상태(pH 7, 75℃)를 보이며, 사상균 α-아밀라아제의 최적활성상태(pH 5.1, 49~54℃) 그리고 α-아밀라아제의 최적활성상태(pH 4.7~5.4, 50~55℃)를 나타낸다.

(2) 전분 가공 효소

전분으로부터 포도당 시럽의 생산에 이용되는 효소는 α-아밀라아제와 glucoamylase이다. 이 α-아밀라아제는 *Bacillus subtilus*에서 얻어지며 높은 온도(82.2℃)에서 내열성이 매우 크다. *Glucoamylase*는 *Aspergillus niger*로부터 수확하여 얻어지는데, 전분의 α-1, 4 결합을 비환원성 말단으로부터 차례로 glucose 단위로 절단하는 당화형 아밀라아제로 전분분자의 분지점인 α-1, 6 결합도 절단할 수 있는 효소이다.

(3) 맥아당 시럽 생산 효소

전분의 α-1, 6 결합을 가수분해하여 아밀로펙틴의 측쇄를 절단하는 효소들로서 pullulanase와 isoamylase가 있다. Pullulanase는 공업적으로 *Klebsiella pneumoniae*에 의해 생산되며 효소의 유도를 위하여 아밀로펙틴 함량이 높은 전분이 탄소원으로 이용된다.

전통적으로 맥아당의 생산에는 곡류의 β-아밀라아제가 이용되는데, α-1, 6분지점 결합에 도달될 때까지 전분의 외 사슬로부터 맥아당 단위를 절단하고 제한된 덱스트린을 남긴다. 이 효소를 사용하여 전분으로부터 맥아당 생산은 최대한 60%까지 할 수 있다. α-아밀라아제, β-아밀라아제 그리고 glucoamylase(debranching enzyme)를 적절한 비율로 다양하게 조합하여 활용하면 고농도 맥아당 시럽을 생산할 수 있을 것으로 예상된다. 또한 맥아당은 혈당치를 상승시키지 않으므로 정맥 주사 및 식이요법 등에 이용될 수 있다.

(4) 전화당 효소(invertase)

전화당 효소에는 두 가지 분류가 있는데, α-D-glucoside glucohydrolase는 산소 배당

체 고리의 포도당 쪽으로부터 설탕 분자를 공격하여 분해하며 다른 하나는 β-D-fructofuranoside fructohydrolase로 과당 말단으로부터 분자를 절단하여 포도당과 과당을 생산한다[그림 17-1].

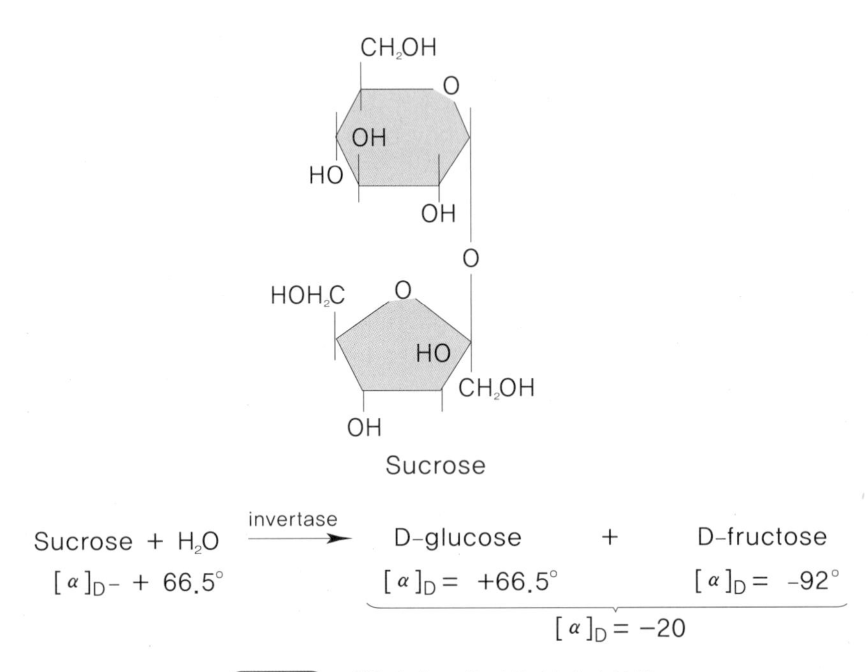

그림 17-1 전화당 효소에 의한 설탕의 분해

식품에 이용되는 효모의 invertase는 후자에 속한다. 생산균으로 *Saccharomyces cerevisiae*가 이용되며 맥주효모 또는 빵효모도 효소원으로 직접 이용할 수 있으나 선택된 균주를 $(NH_4)_2SO_4$, KH_2PO_4, $MgSO_4$ 등이 함유된 2% sucrose 배지에서 배양하면 다량의 세포 내 효소를 얻을 수 있다. 전화당 효소는 크림, 캔디, 전화당 시럽, 인공꿀 등의 제조에 이용된다.

(5) 락타아제(lactase)

락타아제는 광범위한 종류의 곰팡이, 효모, 세균에 의해 생산되며, 효모와 세균에 의해서는 균체 내 효소로 얻어지고 곰팡이에 의해서는 균체 외 효소로 얻어진다. 중성 락타아제는 주로 *Saccharomyces lactis*에서 생산되며 산성 락타아제는 *Aspergillus niger*로부터 생산하여 사용한다. 중성 락타아제의 최적 pH는 6.6~6.8이고 산성 락타아제의 최적 pH는 3.5~4.5로 알려져 있다.

Lactase(β-D-galactosidase)는 우유와 유제품 중에 함유되어 있는 유당의 양을 감소시키도록 작용하는데, lactase 결손으로 인한 유당불내증(lactose intolerance)인 사람을 위해서 함량이 낮은 우유를 제조하는 목적으로 사용되며, 유당은 용해도가 낮기 때문에 아이스크림, 농축유, 농축 whey 중에서 결정으로 석출되므로 lactase로 분해시킴으로써 석출을 방지하고 단맛도 증가시킬 수 있다.

(6) 펙틴 효소(pectic enzymes)

Pectin은 고등식물의 과실, 야채에 널리 분포하는데, 식물조직의 것은 냉수에 불용성인 protopectin으로 존재하고, 묽은 산 또는 더운 물로 추출한 것이 pectin이다. Pectin의 기본 구조는 galacturonic acid가 α-1, 4 결합을 한 poly galacturonic acid이며 카르복실기의 60~95%가 methyl ester로 되어 있다.

Pectinase는 pectin질의 가수분해에 관여하는 효소군의 총칭으로 기질인 pectin질의 종류, 효소의 분해형식에 따라서 protopectinase, pectin esterase, polygalacturonase 등으로 대별된다.

Pectinase는 과즙의 청징력도 강하기 때문에 투명한 과즙이나 과실주 제조에 이용되며 또한 포도, 사과 등의 착즙 시에 첨가하면 착즙 및 여과가 용이하고 과즙 수득량도 증가한다. Pectinase 생산에 이용되는 미생물에는 *Aspergillus niger, Aspergillus wentii, Aspergillus saitoi, Sclerotinia libertiana* 등이 있다.

(7) 셀룰라아제(cellulase)

Cellulase는 β-glucose의 복합체인 cellulose를 분해하는 데 관여하며 종류로는 불용성 셀룰로오스를 가용성 셀룰로오스로 가수분해하는 1, 4-D-glucan cellobiohydrolase, 가용성 셀룰로오스를 cellibiose로 분해하는 1, 4-β-glucan 4-glucanohydrolase 및 cellibiose를 포도당으로 분해하는 β-glucosidase로 구성되어 있다.

이 세 가지 효소가 서로 상승효과를 나타내는 복합효소계이며 이들을 cellulase complex라고 부르기도 한다. *Mycothecium verrucaria, Irpex lacteus, Trichoderma viride, Aspergillus niger* 등이 대표적인 생산균이다.

(8) Hesperidinase

Hesperidin은 밀감류에 함유되어 있고 과즙제품이나 통조림을 제조했을 때 백탁의 원인이 되기도 한다. *Aspergillus niger var. niger*가 생산하는 hesperidinase는 hesperidin의 α-1,6 결합을 가수분해하여 용해도를 높이므로 백탁을 방지한다.

(9) Anthocyanase

Anthocyan은 꽃, 과실의 적색, 청색, 보라색의 색소로서 그중 일부는 Anthocyanase에 의해 분해되어 anthocyanidin을 생성하고 이는 계속 분해되어 무색으로 바뀐다. 과실 통조림 등에서 색상을 조절하여 상품가치를 높이는 목적으로 사용한다. *Aspergillus niger, Aspergillus oryzae, Aspergillus parasticus* 등에 의해서 생산된다.

2) 단백질 분해효소(protease)

단백질 분해효소들은 펩타이드 결합의 가수분해에 관여하여 단백질을 분해시키며 다양한 단백질 특이성을 가진다. 따라서 단일 단백질 분해효소가 단백질 분자의 모든 펩타이드 결합을 가수분해하는 데는 관여하지는 못한다. 식품공업에 이용되는 단백질 분해효소로서는 파파인(papain)이 널리 쓰이며 그 밖에 trypsin, chymotrypsin, pepsin 등이 있다.

단백질 분해효소는 세균, 곰팡이, 방선균 등에 의해서 생산된다. 세균 protease는 주로 *Bacillus*속 세균에 의해서 생산되며 최적 pH가 7.0인 중성 protease와 최적 pH가 10.5 이상인 알칼리성 protease가 있다. 알칼리성 protease는 subtilisin이라 불리며 주로 세제용으로 이용되고 있고 공업용 효소 생산에서 큰 비중을 차지하고 있다. *Bacillus subtilis, Bacillus licheniformis, Bacillus amyloliquefaciens* 등이 세균 protease 생산에 이용된다.

한편 곰팡이 protease는 배양하는 배지의 pH에 따라서 산성, 중성, 알칼리성 protease 등으로 나누어지며 주로 제빵공업, 청주, 주류의 혼탁방지 및 간장의 발효기간 단축, 식육의 연화, 치즈의 숙성 등에 사용된다. 대표적인 곰팡이 protease 생산균으로는 *Aspergillus oryzae, Aspergillus niger, Aspergillus saitoi, Aspergillus awamori, Penicillium*속 등이 있다.

제빵 및 제과에 이용되는 단백질 분해효소는 주로 *Aspergillus oryzae*와 *Bacillus subtilus*에서 얻어진다. 또한 *Aspergillus niger*에서 획득한 단백질 분해효소를 참깨 씨에 첨가하면 기름의 추출 수율을 향상시킨다.

치즈 제조 시 우유를 응고시키기 위하여 응유 효소(rennin)을 첨가하는데 이 효소는 송아지(제4위), 양, 염소의 위에서 추출한 것으로 분말 혹은 액상상태인 렌넷(rennet)으로 시판되고 있다. 요즘에는 송아지에서 유래되는 렌넷 외에 미생물 응유효소가 생산되고 있는데, rennin 생산균으로는 고체배양에서 *Rhizomucor pusillus*가, 액체배양에는 *Cryphonecia parasiticus* 또는 *Rhyzomucor miehei*가 이용된다.

3) 에스테라아제(esterase)

이 효소군은 에스테르 결합이 가수분해되는 데 관여하며 일반적으로 다음과 같은 반응에 관여한다.

$$RCO{-}OR_1 + H_2O \rightarrow RCOOH + R_1{-}OH$$

에스테라아제는 에스테르, 산 그리고 알코올에 특이성을 갖는다.

(1) 리파아제(lipases)

Glycerol ester hydrolase로도 불리는 리파아제는 동식물 및 미생물 등에 일반적으로 널리 분포해 있고 불용성 지방질을 가수분해한다. 리파아제에는 긴사슬 지방산의 methanol ester를 분해하는 것도 많으며 methyl acetate, glycerophospholipid 등을 가수분해하는 것도 있다. 이들은 일반적으로 균체 외 효소이며, *Aspergillus niger, Aspergillus luchuensis, Aspergillus flavus*와 *Penicillium oxalicum, Penicillium notatum, Penicillium roqueforti, Rhizopus oryzae, Candida lipolytica, Candida cylindracea* 등에서 주로 많이 획득할 수 있다.

리파아제는 유지방을 가수분해해서 지방산과 탄화수소 물질을 생성함으로써 여러 가지 치즈의 숙성에 관여하여 독특한 향미를 부여하는 동시에 지방질을 가수분해하여 유리 지방산들을 생산하여 불쾌취를 발생시키기도 한다. 또한 저장된 곡류, 밀가루, 귀리, 콩 등에서도 자체 내에 존재하는 리파아제에 의해 산패가 일어날 수 있다.

(2) 포스파타아제(phosphatases)

포스파타아제는 주로 5'-mononucleotide, guanosine-5'-monophosphate(GMP) 및 inosine-5'-monophosphate(IMP)의 상업적 생산에 이용되고 있다. 이들은 ribonucleic acid(RNA)에서 얻어지며 식품의 향미 상승제로 중요하게 사용된다. 이 효소들은 *Bacillus subtilis*에서 생산된다.

포스파타아제는 우유를 살균 처리하였을 경우, 살균이 충분한지 여부를 확인하는 시험에 사용되며 열처리된 우유에서 포스파타아제가 검출되지 않으면 충분한 열처리가 이루어져서 병원성 미생물이 완전 사멸되었다고 판정할 수 있는 것이다.

(3) Penicillinase

Penicillinase는 penicillin의 β-lactam ring의 peptide 결합을 가수분해하여 항균성을 상실하게 하는 효소로서 식품공업에서는 penicillin 처리를 한 젖소의 경우 우유에 penicillin이 잔존하여 치즈 제조 시 젖산균 발육을 저해하게 되므로 사용한다. *Bacillus cereus, Bacillus subtilis* 등에 의해서 생산된다.

4) 산화환원효소(oxidoreductases)

Oxidoreductases는 산화·환원 반응들을 촉진시키며 식품에 많이 사용되지는 않으나 포도당 산화효소, 카탈라아제(catalase) 및 리폭시게나아제(lipoxygenase) 등이 주로 이용되고 있다.

$$R-R_1 + H_2O \rightarrow ROH + R_1H$$

(1) 포도당 산화효소(glucose oxidase)

포도당 산화효소는 β-D-glucose의 산화를 산소와 촉진하여 D-gluconic acid를 생성하며 [그림 17-2]와 같이 나타날 수 있다.

이 포도당 산화 효소는 β-D-glucose에 높은 특이성을 나타내므로 생물체 중의 포도당을 분석·측정하는 데 사용된다. 이 효소는 *Aspergillus niger, Penicillium notatum, Penicillium chrysogenum* 등에서 수확할 수 있다.

$$\text{glucose} + 2H_2O + 2O_2 \xrightarrow{\text{glucose oxidase}} \text{glucose acid} + 2H_2O_2$$

그림 17-2 산화 효소에 의한 포도당의 gluconic acid의 생성

포도당 산화효소는 식품으로부터 포도당을 제거하여 Maillard reaction을 저지하는 효과가 있다. 포도당을 산화하는 과정에서 산화효소로 인해 산소가 제거되므로 맥주, 포도주, 과일 주스, 마요네즈 등으로부터 산소를 제거하기 위해 쓰이는데, 이것은 효소적 갈변 또는 산화적 산패에 야기되는 제품의 열화현상을 감소시킨다.

(2) 카탈라아제(catalase)

카탈라아제는 보결원자단으로서 헴(heme)을 함유하며 과산화물의 분해를 촉진하여 물과 산소를 생성하며 다음과 같이 표기할 수 있다.

$$H_2O_2 \xrightarrow{catalase} H_2O + \frac{1}{2}O_2$$

카탈라아제는 축산업에서 우유를 저장할 때 과산화수소를 분해 및 제거하는 목적으로 사용된다. 우유의 과산화수소를 카탈라아제로 처리하면 가열·살균을 조절하는 데에 유익하며 병원성 미생물만 사멸하고 내재하는 유산균 형성 미생물과 우유에 분비된 많은 효소들을 잔존시키는 데 도움이 된다. *Aspergillus niger, Micrococcus lysodeiktius* 등에서 생산된다.

5) 이성화 효소(Isomerase)

Isomerase는 기질 분자의 분해, 전위 및 산화·환원 반응 없이 이성체를 가진 화합물이 한쪽의 이성체에서 다른 이성체로 전환시키는 반응을 촉매한다. 예를 들면, 포도당 이성화 효소(glucose isomerase)는 단맛 시럽의 대규모 생산에 이용된다.

Glucose isomerase는 D-xylose를 D-xylulose로 이성화하는 효소이나 D-glucose가 기질일 때는 D-fructose로 이성화한다. *Bacillus coagulans, Streptomyces albus, Streptomyces bobiliae* 등에 의해서 glucose isomerase가 생산되며 제과·제빵, 통조림용 시럽 등에 이 효소가 사용된다.

6) 고정화 효소(immobilized enzymes)

고정화 효소(결합 효소)는 물리적 또는 화학적으로 효소가 불용성 지지체에 결합되도록 조제된 효소를 의미하며 고정화 효소의 응용측면은 회분식 공정에 사용될 수 있고 더 사용하기 위해 여과 또는 원심분리로 재생될 수 있다. 고정화 효소는 특별히 고안된 반응조에서 연속적인 공정으로 사용되고 있는데 가장 많이 쓰이고 있는 반응조는 연속 혼합 탱크, 포장상 반응조, 액상 반응조 등이 있다.

고정화 효소는 용해성 효소보다 열에 안정하며 실온에서도 활성의 손실 없이 저장될 수 있고 수개월간 사용할 수 있다. 식품 공업에 많이 쓰이고 있는 고정화 효소들은 L-amino acylase, 포도당 이성화 효소, 락타아제, glucoamylase, 단백질 분해효소 등이다.

4 효소작용에 영향을 미치는 요인

1) 온도

화학반응과 같이 일정한 온도의 상승까지는 효소의 반응속도도 증가하지만, 단백질의 일종인 효소는 적정온도보다 상승하면 변성이 유발되어 오히려 반응속도가 감소 및 불활성화되게 된다. 따라서 효소들의 종류별로 효소의 최고의 활성을 나타내는 온도의 범위를 가지는데, 이를 최적온도라고 하며 대체로 30~40℃ 범위가 많다. 대부분의 효소들은 50℃ 또는 그 이상의 온도에서는 활성을 잃는데, 일부는 60~80℃에서도 활성이 남아 있는 경우가 있다.

효소의 최적온도는 효소의 농도, pH, 반응시간 등에 의하여 크게 영향을 받는다. [그림 17-3]은 효소의 반응속도와 온도의 관계를 나타내고 있다.

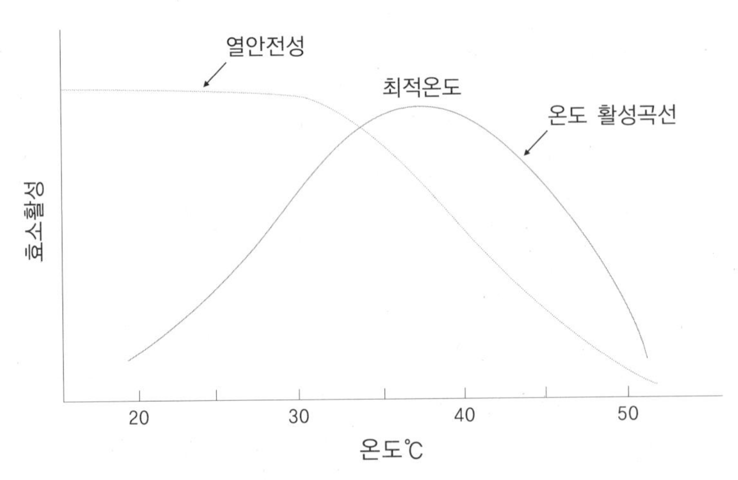

그림 17-3 효소활성에 미치는 온도의 영향

2) pH(수소이온농도)

효소의 활성은 온도와 마찬가지로 수소이온농도에 크게 영향을 받는다. 효소는 일정한 pH의 범위 내에서 최고의 활성도를 나타내는데, 이를 효소의 최적 pH라고 한다. **[그림 17-4]**에서 보는 바와 같이 효소의 활성과 pH와의 관계를 보면 종형곡선을 나타내며, 효소의 종류에 따라서 최적 pH의 값이 다르다. 또한 같은 종류의 효소일지라도 추출한 급원에 따라 차이를 나타내는 특징을 갖고 있다.

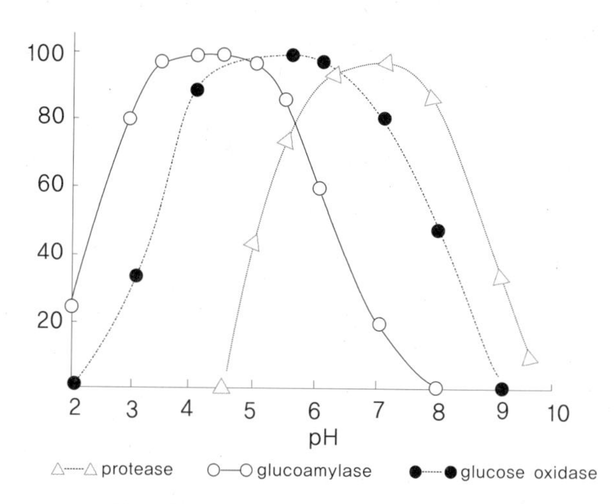

그림 17-4 효소활성에 미치는 pH 영향 값

3) 기질 및 효소의 농도

일정한 온도 및 pH의 조건하에서 반응속도는 기질이 충분할 때는 효소의 농도에 비례한다. 반대로 효소량이 일정하고 기질의 농도가 증가할 때, 초기에는 반응속도가 증가하지만 일정 기질농도 이상에서는 일정하게 된다. 즉, 모든 반응조건을 최적상태로 유지하고 효소의 농도를 고정한 다음 기질의 농도를 점차적으로 증가시키면서 효소반응의 초기속도를 측정하면 **[그림 17-5]**에서와 같이 기질의 농도가 낮은 경우 반응속도가 기질의 농도에 비례하여 반응속도가 급속히 빨라지고, 기질의 농도가 점점 증가하여 효소가 기질에 포화되면 반응속도가 일정해진다.

반응용액 중에 존재하는 대개의 효소 분자가 완전히 고유의 촉매작용을 발휘할 때 얻어지는 반응속도를 최대속도라 하고 V 또는 Vmax로 나타낸다. 이때는 반응계의 모든 효소가 기질에 의해 포화되어 효소-기질 복합체를 형성하고 있다.

효소(E)와 기질(S)의 반응은 다음과 같이 간략하게 나타낼 수 있다.

$$E + S \leftrightarrow ES \rightarrow E + \text{생산물질}$$

효소반응이 일어나려면 우선적으로 효소와 기질이 복합체(ES)를 형성해야 하고 반응속도는 ES의 양과 관계가 있으므로 효소의 농도는 기질의 농도와 마찬가지로 반응속도에 영향을 미친다.

기질의 농도를 일정하게 하고 효소의 농도를 증가시키면 반응속도가 어느 단계까지 증가하고, 그 다음에는 일정하게 된다. 효소는 고분자화합물로서 용해도가 한정되어 있기 때문에 기질과 같이 농도를 크게 높일 수 없다.

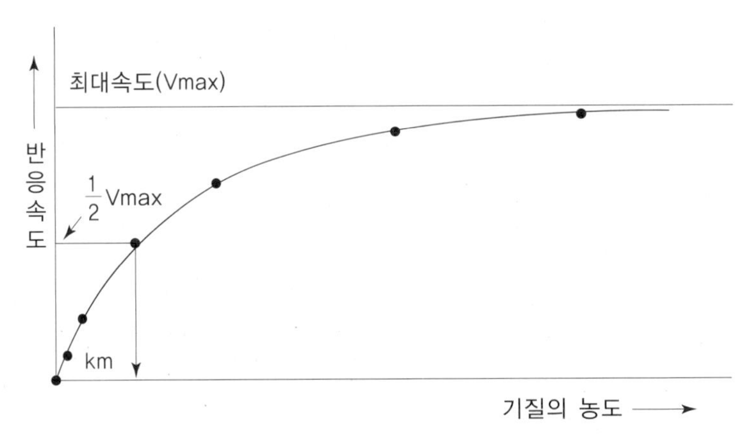

그림 17-5 효소 반응속도에 미치는 기질의 농도

4) 보조효소

효소가 반응을 촉매할 때 기질과 효소단백질 외에 반응에 필수적인 다른 물질이 필요한 경우가 있다. 이 물질들을 보조효소(coenzyme)라 하며 주요한 물질로 NAD, FAD, CoA 등이 있다.

(1) NAD 및 NADP

NAD(nicotinamide adenine dinucleotide)와 NAPD(nicotinamide adenine dinucleotide phosphate)는 수소원자의 이동에 관여하는 수소이탈효소의 보조효소이다. 생체 내의 산화는 대부분 수소이탈 효소에 의해 수행되며 산화반응으로 생성된 $NADH_2$는 다시 산화하여

NAD가 된다. NAD와 NADP는 관여하는 효소의 종류가 다를 뿐 같은 작용을 한다.

(2) FAD 및 FMN

FAD(flavin adenin dinucleotide)와 FMN(flavin monoucleotide)는 산화효소군의 보결분자족으로 효소단백질과 결합하여 flavinprotein으로 불린다.

(3) PLP(pyridoxal phosphate)

아미노기 전달반응을 촉매하는 transaminase 등의 보조효소이다.

(4) TPP(thiamine pyrophoshate)

Pyruvic acid로부터 CO_2를 이탈하여 acetaldehyde를 만드는 carboxylase의 보조효소이며 비타민 B_2의 인산화합물이다.

(5) Coenzyme A

Acetyl기의 이동이나 기타의 생합성에 관여하는 효소의 보조효소이며 pantothenic acid를 함유한다.

5) 부활제(activator)

효소 반응에 어떤 물질을 첨가하면 반응이 촉진되는데 이 물질을 부활제라 한다. 일반적으로 Ca^{2+}, Mg^{2+}, Mn^{2+} 등의 금속이 여기에 속한다. 또한 활성 물질은 아니지만 어떤 물질을 첨가했을 때 효소의 변성을 방지해 주는 것도 있는데 이 물질을 보호물질이라 한다. Amylase와 trypsin에는 Ca^{2+} 등이 보호제 역할을 한다.

6) 억제제(inhibitor)

효소의 특정부위에 결합하여 반응속도를 저하시키는 물질을 억제제라고 한다. 억제에는 그 물질을 제거하였을 때 정상적인 효소활성이 회복되는 가역적 억제와 다시 회복되지 않는 비가역적 억제가 있다. 가역적 억제제는 효소단백질과 기질의 결합 또는 보조효소와의 결합을 방해하게 된다.

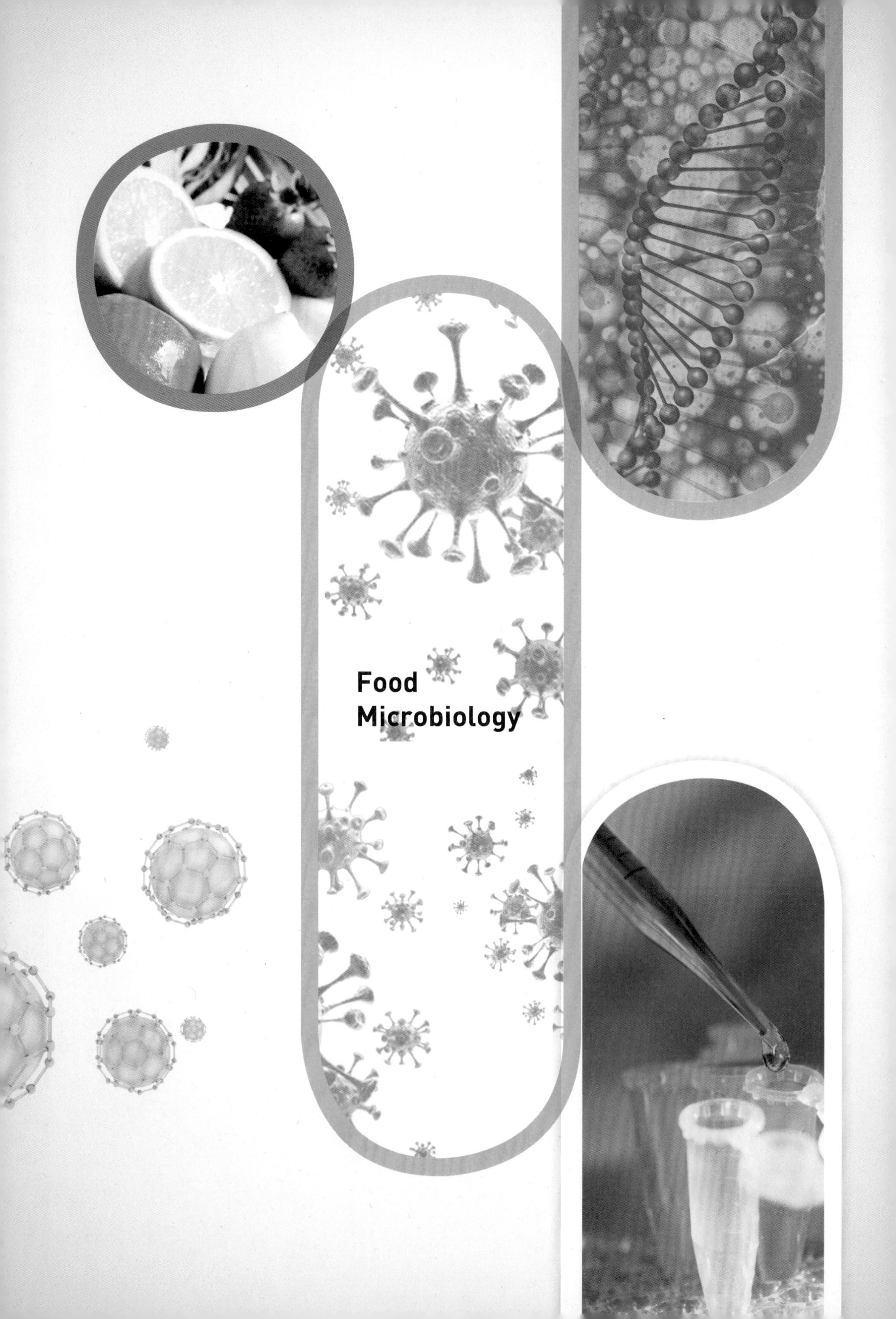

Food Microbiology

CHAPTER

18

미생물의 대사생성물

동식물과 마찬가지로 미생물도 외부에서 영양물질을 세포 내로 받아들여 효소의 작용으로 분해하고 이때 생성되는 에너지를 이용해서 생활한다.

① 아미노산 발효

아미노산의 제조법은 대두, 소맥 등의 단백질 원료를 염산 등으로 가수분해한 후 분리·정제하는 방법, 화학합성에 의하여 만든 DL-아미노산을 광학분할하는 방법 그리고 미생물을 이용하는 발효법 등이 있는데, 과거에는 주로 단백질의 가수분해법에 의해서 아미노산을 생산했으나 근래에는 미생물을 이용한 발효법이 많이 이용되고 있다.

1) 아미노산의 생합성 경로 및 생산방식

미생물의 아미노산 생합성은 당질 또는 탄수화물 원료가 TCA회로를 거치면서 분해되어 생성되는 pyruvic acid, α-ketoglutaric acid, oxaloacetic acid 등이 아미노산 생합성의 주 골격이 되고 이들이 amination 또는 transamination을 거쳐서 아미노산이 된다[그림 12-1, 12-2].

미생물을 이용한 아미노산 발효법은 다음과 같이 5가지가 있다.

❶ 야생균주에 의한 발효법

자연계에서 분리한 균이나 이미 보존하고 있는 균주를 이용하여 특정 아미노산을 생산, 축적시키는 방법이다.

❷ 영양요구성 변이주에 의한 발효법

야생균주에 자외선을 조사하거나 nitrosoguanidine 등으로 처리하여 영양요구성 변이주를 만든 후 아미노산을 생산, 축적시키는 방법이다.

❸ Analog 내성변이주에 의한 발효법

5-Methyl tryptophan 등의 아미노산 동족체(analog, 구조유사체)를 배지 중에 첨가하면 일반적으로 미생물의 발육이 억제되지만 이것에 내성을 가지는 변이주는 배지 중에 아미노산을 생성, 축적한다.

❹ 전구물질 첨가에 의한 발효법

화학적으로 합성한 아미노산 생합성의 중간물질 또는 이에 가까운 화합물을 배지에 첨가한 후 미생물을 배양하여 목적하는 아미노산으로 변화시키는 방법이다.

❺ 효소법에 의한 아미노산의 생산

한 단계의 미생물 효소반응에 의해 아미노산을 만드는 방법이다. 즉, aspartase에 의해 fumaric acid로부터 aspartic acid를 만들거나 또는 tyrosine phenol lyase에 의해 pyruvic acid와 pyrocatechol로부터 DOPA(3,4-dihydroxyphenylalanine)등을 생산한다.

2) Glutamic acid 발효

다시마 국물의 감칠맛 성분이 mono sodium glutamate(MSG)임이 1908년에 밝혀진 후 여러 가지 생산법이 개발되었으나, 1957년 Kinoshita 등이 세균을 이용한 발효법을 개발하여 현재에는 대부분 발효법에 의해서 glutamic acid를 제조하고 있다. 발효법의 특징은 미생물 증식에 의한 단백질 생합성의 대사중간체를 균체 밖에 대량 축적시키는 것이다.

(1) 생합성 경로

당으로부터 glutamic acid의 생합성 경로는 [그림 18-1]과 같다.

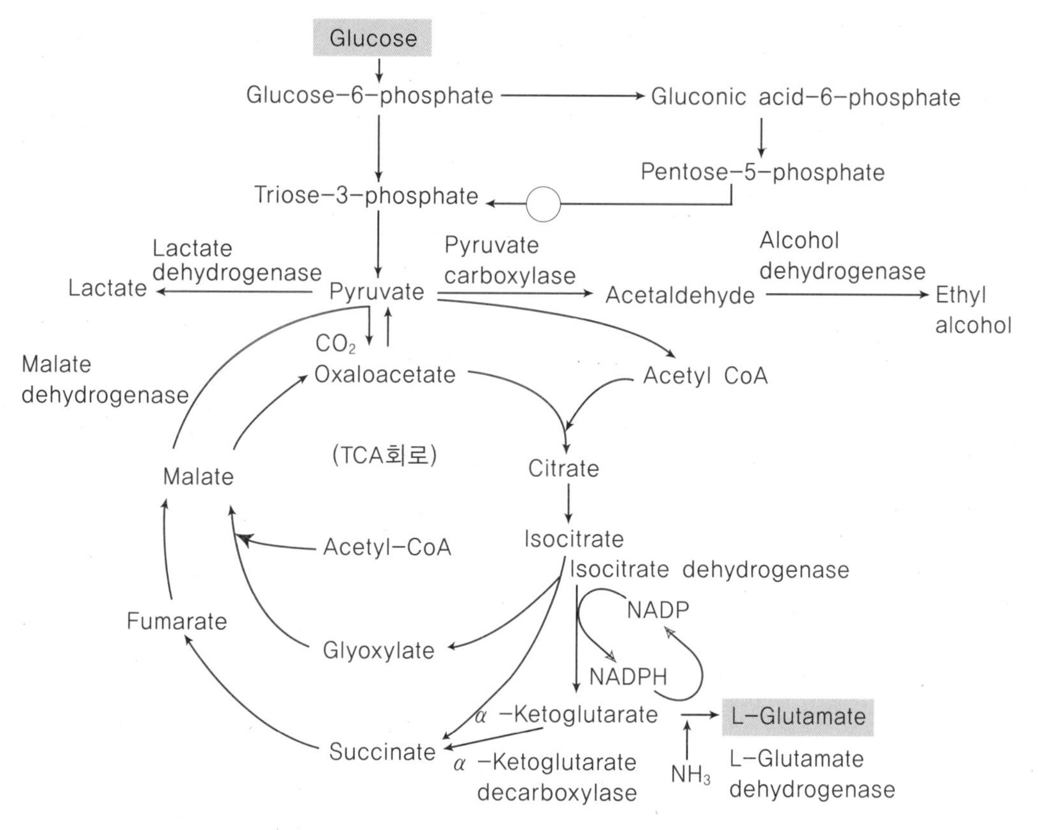

그림 18-1 Glutamic acid의 생합성 경로

즉 포도당은 주로 EMP 경로를 거쳐서 대사하나 일부는 HMP 경로를 거쳐서 2분자의 pyruvic acid를 생성한다. 이 중 1분자는 CO_2를 고정하여 oxaloacetic acid를 생성하고 또 다른 1분자는 acetyl CoA로 되고 이것은 oxaloacetic acid와 축합하여 citric acid가 된다. Citric acid는 TCA회로를 거쳐 α-ketoglutaric acid와 succinate로 되는 산화대사경로는 약하나 isocitric acid dehydrogenase와 공액하고 있는 glutamic acid dehydrogenase로 인하여 α-ketoglutaric acid의 환원적 아미노화가 능률적으로 진행되어 glutamic acid가 생성된다.

(2) 사용균주

Glutamic acid 발효에 사용되는 균으로는 *Corynebacterium glutamicum(Micrococcus glutamicus), Brevibacterium flavum, Brev. lactofermentum, Brev. divaricatum, Microbacterium ammoniaphilum* 등이 있다. 이 균들은 호기성이며, Gram양성으로 포자를 형성하지 않고 생육인자로서 biotin을 요구한다.

3) Lysine 발효

Lysine은 쌀이나 밀 등과 같은 곡류에 부족한 필수아미노산으로 의약품이나 식·사료의 영양강화제로 많이 이용되고 있다. Lysine의 발효생산방법은 5가지로 나눌 수 있다.

❶ 야생주를 이용한 직접법
❷ 생합성 전구물질을 가하여 대사시키는 방법
❸ 변이주를 이용한 2단 발효법
❹ 변이주를 이용한 직접법
❺ DL-lysine이나 그 전구체를 화학적인 방법으로 합성하고 이것을 효소를 이용하여 L-lysine으로 만드는 방법

위 방법 중 공업적인 생산에 이용되는 것은 주로 ❹번의 변이주를 이용한 직접법이다.

(1) 야생주를 이용한 직접법

야생주를 이용한 직접법에는 *Ustilago maydis, Bacillus megaterium, Achromobacter delmarvae* 등이 이용된다.

(2) 생합성 전구물질을 가하여 대사시키는 방법

Lysine 생합성 전구물질인 α-aminoadipic acid와 α-ketoadipic acid를 배지에 첨가

하여 효모를 배양하면 L-lysine이 생성된다.

(3) 변이주를 이용한 2단법

Escherichia coli의 lysine 요구성 변이주가 lysine 생합성 전구체인 diaminopimelic acid를 생성하고 이 diaminopimelic acid에 *Aerobacter aerogenes*의 균체와 미량의 toluene을 가하여 두면 diaminopimelate decarboxylase의 작용으로 전량이 L-lysine으로 전환된다.

(4) 변이주를 이용한 직접법

탄소원과 질소원을 함유한 배지에 어떤 균을 배양할 때 lysine을 직접 생성하고 축적하는 것을 직접법이라 한다. 이 직접법에 사용하는 균은 3종류가 있다. 즉 영양요구성 변이주(homoserine 요구성 변이주와 threonine 요구성 변이주), threonine · methionine 감수성 변이주, lysine analog 내성 변이주 등이다.

❶ 영양요구성 변이주

Glutamic acid의 생산균인 *Corynebacterium glutamicum*과 *Brevibacterium flavum*의 *homoserine* 요구성 변이주에 의해 lysine을 생산한다.

❷ Threonine · methionine 감수성 변이주

*Brevibacterium flavum*의 변이주 중에는 최소배지에서 원래 균주와 마찬가지로 왕성하게 생육하나 여기에 threonine이나 methionine을 소량 첨가하면 생육이 저해되는 것이 있다. 이와 같은 변이주를 감수성 변이주라 부르며 이들 균 중에는 최소배지에서 포도당에 대해 L-lysine-HCl을 생산하는 것이 있다.

❸ Lysine analog 내성 변이주

Lysine analog인 S-(2-aminoethyl)-L-cysteine에 내성을 가지는 *Brevibacterium flavum*의 변이주가 포도당에 대해서 lysine을 생성한다.

(5) 효소에 의한 lysine 제조

Caprolactam dihydropyran 등을 원료로 하여 DL-lysine을 합성할 수 있으나 생리활성이 있는 것은 L-lysine이므로 DL-lysine을 광학적 분할을 하여야 한다. 광학적 분할을 하는 방법 중의 하나가 DL-lysine을 acetyl화시켜 e-benzoyl-α-acetyl-DL-lysine으

로 하고 여기에 Aspergillus가 생성하는 acylase를 작용시켜 L형만을 가수분해시켜 L-lysine을 얻는 방법이다.

4) Aspartic acid 발효

Aspartic acid는 피로회복, 심장치료, 간질환, 변비치료 등에 이용되며 aspartame의 원료 및 화장품의 원료로도 이용된다. Aspartic acid의 생산은 *Escherichia coli, Bacillus megaterium, Pseudomonas fluorescens* 등이 생산하는 aspartase를 이용해서 fumaric acid와 암모니아염으로부터 L-aspartic acid를 공업적으로 제조한다. 최근에는 효소나 균체를 고정화하여 연속효소반응 시키는 방법도 있다.

$$\text{Fumaric acid} + NH_3 \underset{\text{aspartase}}{\rightleftarrows} \text{L-aspartic acid}$$

5) Phenylalanine 발효

Phenylalanine 생산방법에는 화학적으로 합성된 phenylpyruvic acid를 기질로 하고 여기에 *Alcaligenes*속, *Pseudomonas*속, *Escherichia*속 등의 세균이 생성하는 phenylalanine transaminase를 이용하여 phenylalanine을 생산하는 법과 glucose를 탄소원으로 하여 *Brevibacterium lactofermentum*의 변이주와 *Corynebacterium glutamicum*과 *Escherichia coli*의 형질전환주를 배양하여 L-phenylalanine을 생성, 축적하는 방법이 있다.

6) Threonine 발효

Threonine의 대량생산은 일반적으로 미생물을 이용한 발효법을 사용한다. 발효법은 전구체인 homoserine을 첨가하여 생산하는 방법과 당과 암모늄염을 첨가한 배지에 적당한 변이주를 배양하여 직접 생산하는 방법이 있다.

Homoserine을 첨가하여 threonine을 생산하는 방법에는 *Bacillus subtilis, Proteus rettgerii, Xanhomonas citri* 등의 균주가 사용된다. 그리고 직접발효에는 *Escherichia coli*의 아미노산 요구주와 *Corynebacterium, Brevibacterium* 내성변이주 등이 사용된다.

❷ 유기산 발효

유기산의 생산은 미생물에 의한 발효법과 화학적 합성법으로 제조되고 있다. 미생물에 의한 발효법은 당대사의 경로에 의하여 생산되는 것이 많다.

당류의 대사경로는 효모에 의한 알코올 발효와 곰팡이에 의한 유기산 발효 등이 관련되어 있다. 이 해당과정은 EMP(Embden-Meyerhof-Parnas)경로이며, 이 EMP경로를 거쳐서 TCA회로로 들어가는 경로는 일반적으로 호기적인 조건하에서 볼 수 있으나 glucose 또는 frucose로부터 ethanol에 도달하는 알코올 발효 경로는 혐기적 조건하에서 진행된다 [그림 12-1, 12-2].

각종 미생물에 의한 유기산 발효, 아미노산 발효 등에서는 TCA회로가 관계하고 있다. 이상의 해당계 및 TCA회로에 관련된 유기산 발효 외에 탄수화물, 알코올류, 탄화수소 등의 직접산화에 의하여 생성되는 유기산 발효도 있다. 이 형의 발효는 생성경로가 비교적 단순하고 이러한 발효를 하는 미생물은 주로 산화세균으로 불리는 *Acetobacter, Gluconobacter, Pseudomonas* 등에 속하는 세균이며 *Penicillium, Aspergillus* 등의 곰팡이 중에도 같은 작용을 하는 것이 있다.

1) 초산발효

식초는 4~5%의 초산을 주성분으로 하는 산성조미료로 초산 이외에 여러 가지 유기산류, 당류, 아미노산류, ester류를 함유하고 있다.

(1) 생합성 경로

주정을 산화하여 초산을 만드는 경우에는 호기적인 경우와 혐기적인 경우가 있다. 초산균에 의한 알코올로부터 초산의 생성은 단순한 경로이다. 즉 ethyl alcohol이 alcohol dehydrogenase에 의해 산화되어 acetaldehyde로 되고 동시에 이 acetaldehyde는 수화(hydration)된 후 수화 aldehyde(acetaldehyde hydrate)가 된다. 이 수화 aldehyde는 aldehyde dehydrogenase에 의해 탈수됨과 동시에 산화되어 초산이 생성된다.

$$CH_3CH_2OH + O \rightarrow CH_3CHO + H_2O \rightleftarrows H_3C-\overset{H}{\underset{OH}{C}}-OH$$

ethyl alchol　　acetaldehyde　　acetaldehyde hydrate

$$H_3C-\overset{H}{\underset{OH}{C}}-OH + O \rightarrow H_3C-\overset{O}{\overset{\|}{\underset{OH}{C}}}-H_2O$$

acetaldehyde hydrate　　acetic acid

$$CH_3-\overset{H}{\underset{OH}{C}}-OH + CH_3-\overset{O}{\overset{\|}{C}}-H \rightarrow CH_3-\overset{O}{\overset{\|}{\underset{OH}{C}}} + CH_3-\overset{OH}{\underset{H}{C}}-H$$

acetaldehyde hydrate　　acetaldehyde　　acetic acid　　ethyl alcohol

호기적 조건하에서 최종적인 수소수용체는 산소이며 혐기적 조건하에서는 acetaldehyde가 수소수용체로 되고 다음과 같은 dismutation에 의해서 초산과 ethyl alcohol이 생성된다.

(2) 초산균

주로 알코올을 산화하여 초산을 생성하는 호기성세균을 총칭해서 초산균이라 한다. Acetobacter속의 세균이 여기에 속하며 대표적인 균주로서는 Acetobacter aceti가 있으며 초산균에는 초산을 산화하지 않는 것과 초산을 산화하여 물과 탄산가스를 만드는 것이 있다. 초산균은 맥주, 포도주, 청주 또는 희석주정(약 5%)을 첨가한 맥아즙 및 국즙에서 잘 발육한다.

각종 식초 제조에 사용하는 균종은 다음과 같다. 포도주초 양조에 응용되는 것으로는 *Bacterium orleanense, B. vini acetati, B. xylinoides* 등이, 맥주초용으로는 *Acetobacter acetosum, Ac. rancens* 그리고 쌀초 제조용으로 주로 *Acetobacter aceti, Ac. ox* ydans이지만 또한 *Ac. rancens, Bacterium vini acetati* 등도 관여한다. 주정(알코올)초에는 *Acetobacter aceti, Ac. acetosum, Ac. viniaceti*, 그리고 속초용으로는 *Bacterium schuetzenbachii, B. curvum, B. acetogenum* 등이 알려져 있다. 그러나 초산균 중에는 초산을 산화하지 않는 균류와 불쾌한 냄새를 가진 ester를 생성하며 생성된 초산을 한 번 더 산화분해하여 식초 양조에 해를 주는 것이 있는데 이들은 *Acetobacter kutzingianus, Ac. ascendans, Ac. xylinum* 등이다.

2) 젖산발효

젖산은 일반적으로 젖산세균과 *Rhizopus*속 곰팡이에 의하여 생성되는데 젖산균에 의한 발효는 혐기적으로 진행되는 데 비해 *Rhizopus*속 곰팡이에 의한 발효는 호기적으로 진행된다. 젖산세균에 의해 생성된 젖산에는 광학적 활성이 다른 L, D 및 DL형이 있는데 곰팡이에 의해 생산된 젖산은 모두가 L-형으로 근육에서 생성된 젖산과 같다.

(1) 생합성 경로

젖산세균에 의한 당으로부터 젖산생성경로에는 젖산만을 생성하는 정상 젖산발효(homo형 젖산발효)와 젖산 외에 CO_2, ethanol, acetic acid 등 다른 물질도 함유하는 이상 젖산발효(hetro형 젖산발효)가 있다.

공업적인 젖산 제조에는 정상 젖산발효 형식을 이용하고, 발효식품 제조에는 정상 젖산발효나 이상 젖산발효 형식을 이용한다.

젖산균에 의해 젖산을 생산할 경우 원료는 탄수화물을 주로 사용하게 되는데 이때 가급적 정제탄수화물을 사용하는 것이 편리하다.

*Rhizopus oryzae*에 의한 젖산의 생성은 $CaCO_3$의 존재하에서 생산된다.

(2) 젖산균

젖산을 생성하는 능력을 가진 미생물은 많으나 일부 젖산균과 *Rhizopus*속의 균들이 공업적 생산에 사용된다.

젖산균은 형태적으로 보아 homo형의 간균에는 *Lactobacillus bulgaricus, L. delbreuckii, L. lactis, L. casei, L. acidophilus, L. plantarum* 등도 있고 hetero형에는 *L. brevis, L. fermentum, L. buchneri* 등이 있다. 또 *Streptococcus*속, *Pediococcus*속은 homo형이고 *Leuconostoc*속은 hetero형이다.

젖산균을 사용하여 젖산을 생산할 경우 잡균의 침입을 방지하기 위하여 고온발효균을 선발하며 또한 원료에 따라 균주가 다르다.

당 및 전분당화액을 기질로 사용할 때는 *L. delbreuckii, L. leichmannii*를, 우유 및 유청(whey)을 발효기질로 사용할 때는 *L. bulgaricus, L. casei*를, 감자로 젖산발효를 할 때는 *L. pentosus*를 사용한다.

3) 구연산 발효

구연산은 레몬 등의 감귤류와 파인애플 등에서 추출하여 사용하여 왔으나 곰팡이가 당에서 구연산을 생성하는 것이 알려지면서 공업적 생산이 활발하게 이루어져 왔다.

(1) 생합성 경로

미생물에 의한 포도당으로부터 구연산의 생산은 TCA회로의 pyruvic acid를 거쳐서 생성된 acetyl CoA와 oxaloacetic acid의 축합에 의해서 생성된다.

Glucose → Pyruvic acid → Acetyl CoA → Citric acid
→ Oxaloacetic acid ↗

한편 n-paraffin 등의 탄화수소를 원료로 하면 당질을 원료로 할 때에 비해서 수율이 상당히 증가하는 것이 알려지고 있다. n-Paraffin을 원료로 할 경우 terminal oxidation과 β-oxidation에 의하여 acetyl CoA가 된 다음 glyoxylate회로에서 구연산이 생성된다. 당류와 탄화수소를 원료로 하였을 때 구연산 발효의 반응식은 다음과 같다.

$$C_6H_{12}O_6 + 3/2O_2 \rightarrow C_6H_8O_7 + 2H_2O$$
$$6CH_2 + 9/2O_2 \rightarrow C_6H_8O_7 + 2H_2O$$

(2) 생산균

당질을 원료로 할 때 구연산 생산균은 거의 곰팡이로 *Aspergillus*속과 *Penicillium*속에 속하는 것이 대부분이다. 이들 곰팡이는 구연산 이외에 수산이나 gluconic acid를 부생하는 경우가 많으므로 산생성량이나 부산물 등을 고려하여 균을 선발하는데, 일반적으로 *Aspergillus. niger*를 가장 많이 이용하며 이 외에 *Asp. awamori, Asp. saitoi* 등이 사용된다. 한편 탄화수소인 n-paraffin으로부터 구연산을 생산할 때는 *Arthrobacter*속의 세균, *Candida*속의 효모, *Penicillium*속의 곰팡이가 사용되는데 이 중 *Candida lipolytica*에서 구연산의 수율이 가장 높다[표 18-1].

표 18-1 구연산 생산균

기질	생산균
탄수화물	*Aspergillus niger, Asp. awamori, Asp. saitoi, Asp. wentii, Asp. usamii. Asp. fonsecaeus, Penicillium luteum, Pen. citrinum, Mucor piriformis, Tricoderma viride*
탄화수소	*Candida lipolytica, C. tropicalis, C. zeylanoides, Arthrobacter parafineus, Penicillium janthinellum, Pen. echinulonalgiovense*

4) Gluconic acid 발효

Gluconic acid는 산뜻한 산미를 주므로 청량음료 등의 식품공업에 이용하며 또한 Na, Ca 또는 Fe-gluconate로 의약품으로도 이용되는데 sodium gluconate는 격리제(隔離劑)로, calcium gluconate는 어린아이 및 임신부의 치료용 칼슘 급원으로, Fe-gluconate는 빈혈치료제로 이용된다.

미생물에 의한 gluconic acid의 생성은 glucose oxidase 또는 glucose dehydrogenase에 의하여 D-glucono-d-lactone이 생성되고 다시 비효소적으로 D-gluconic acid가 된다.

Gluconic acid의 생성에 사용되는 미생물은 곰팡이, 세균 등 비교적 많은 종류가 있다. 즉 *Aspergillus niger, Asp. fumigatus, Penicillium notatum, Pen. chrysogenum* 등의 곰팡이와 *Acetobacter gluconicum(Gluconobacter oxydans subsp. suboxydans), Ac. suboxydans(Gluconobacter oxydans subsp. suboxydans), Pseudomonas fluorescens* 등의 세균이 있는데 공업적으로는 *Asp. niger*와 *Ac. suboxydans* 등이 많이 이용된다.

5) 2-Ketogluconic acid 발효

2-Ketogluconic acid는 glucose로부터 D-gluconic acid를 거쳐서 gluconic acid dehydrogenase의 작용으로 생성된다. Pseudomnas fluorescens, Serratia marcescens 등의 세균에 의해서 glucose로부터 2-ketogluconic acid가 높은 수득률로 생성된다.

6) 5-Ketogluconic acid 발효

Acetobacter suboxydans와 Ac. gluconicum과 같은 균은 glucose의 산화가 gluconic acid의 생성에 그치지 않고 계속 산화가 진행되어 5-ketogluconic acid가 생성된다.

③ 핵산 발효

가다랭이(kazuobushi)와 표고버섯 등의 지미의 주성분은 5'-inosinic acid (inosine-5'-monophosphate, 5'-IMP)와 5'-guanylic acid(guanosine-5'-monophosphate, 5'-GMP) 등의 5'-nucleotide인데 이들을 정미성(呈味性) nucleotide라고 한다.

핵산관련물질들이 정미성을 가지기 위해서는 다음과 같은 화학구조의 조건을 가져야 한다.

❶ 고분자 nucleotide, nucleoside 및 염기 중에서 mononucleotide에만 정미성이 있는 것이 존재한다.

❷ 염기가 purine계의 것만이 정미성이 있고 pyrimidine계의 것에는 정미성이 없다.

❸ Purine환의 6위치에 -OH기가 있어야 한다.

❹ Ribose의 5' 위치에 인산기가 있어야 한다.

❺ Nucleotide의 당은 ribose나 deoxyribose 어느 것이라도 좋다.

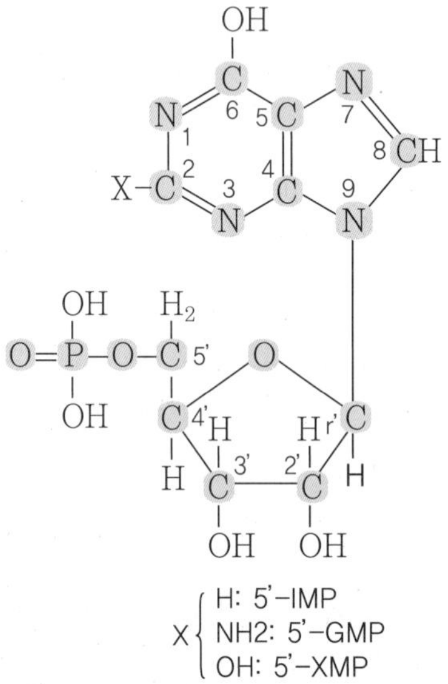

X { H: 5'-IMP / NH2: 5'-GMP / OH: 5'-XMP

그림 18-2 정미성 purine nucleotide의 구조

이와 같은 조건을 갖춘 것이 5'-guanylic acid(5'-GMP), 5'-inosinic acid(5-IMP) 그리고 5'-xanthylic acid(5'-XMP)이며 GMP>IMP>XMP 순으로 정미성이 강하다.

Nucleotide류의 정미성은 MSG(monosodium glutamate)와 혼합했을 때가 단독으로 했을 때보다 훨씬 강한 맛이 느껴진다[그림 18-3].

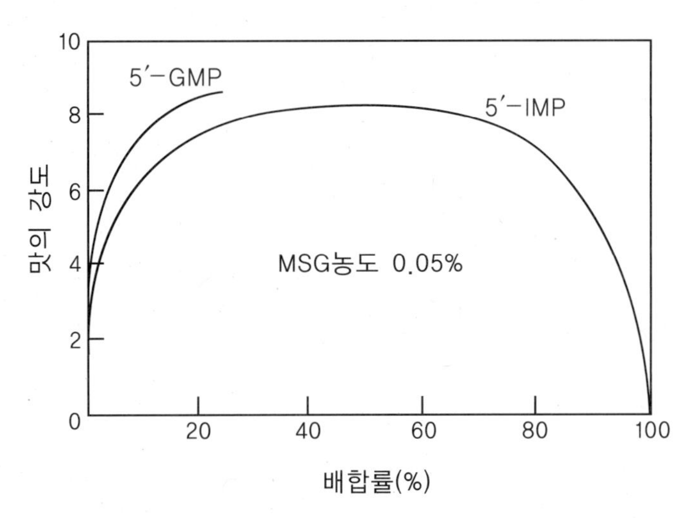

그림 18-3 MSG와 IMP 또는 GMP의 배합에 의한 강도변화

1) 정미성 nucleotide의 제조

정미성 nucleotide의 공업적 생산은 초기에 어류 등과 같은 천연물에서 추출·분리하여 생산하였으나 요즈음은 다음과 같은 3가지 방법으로 생산한다.

❶ RNA를 미생물이 생성하는 효소나 화학적으로 분해하는 RNA분해법

❷ Purine nucleotide 합성의 중간체를 배양액 중에 축적시킨 후 화학적으로 인산화하여 nucleotide를 합성하는 발효와 합성의 결합법

❸ 생화학적 변이주를 이용하여 당에서 직접 nucleotide를 생산하는 de novo합성법

2) RNA 분해법

RNA 분해법은 효모균체에서 추출한 RNA를 미생물이 생산한 효소로 분해하여 5'-nucleotide를 얻는 방법이다. 이 방법은 ① 효모배양 ② RNA 추출 ③ 5'-phosphodiesterase에 의한 RNA 분해 ④ 분해액으로부터 5'-nucleotide류의 분리·정제 순으로 진행된다.

RNA는 모든 미생물에 존재하지만 일반적으로 효모의 RNA가 이용되고 있다. 그 이유

는 RNA의 함량이 비교적 높고, DNA가 RNA에 비해서 적으며, 균체의 분리 및 회수가 쉽고 또한 아황산펄프폐액, 당밀, 석유계물질 등 비교적 저렴한 탄소원을 이용할 수 있기 때문이다. 현재 공업적 생산에는 아황산펄프폐액을 탄소원으로 하여 배양되는 Candida utilis가 많이 이용된다.

3) 발효와 합성의 결합법

(1) IMP 생산

X선이나 자외선 등으로 변이처리하여 adenine과 아미노산 요구성이 있는 영양요구성 변이주를 얻고 이 중 inosine 생산력이 강하면서도 inosine 분해능을 거의 가지지 않는 균주를 선택하여 inosine을 생성한다. 여기에는 *Bacillus subtilis, Brevibacterium ammoniagens* 등의 변이주가 사용된다. Inosine의 인산화에는 효소적 방법과 합성화학적 방법이 있으나 요즈음은 합성화학적 방법을 많이 사용한다.

(2) GMP 생산

GMP의 생산법은 guanosine을 생산하고 이것을 인산화하여 GMP를 얻거나 AICAR(5-amino-4-imidazole-carboxyamide ribotide)를 생성한 다음 화학합성에 의하여 guanosine을 얻고 인산화하여 GMP를 생산하는 방법이 있다. 이때 사용되는 균주로는 guanosine 생산균은 *Bacillus subtilis* 변이주가 사용되며, AICAR발효에는 *Bacillus megaterium* 또는 *Bacillus pumilus* 등의 변이주가 이용된다.

4) 직접 발효법

(1) IMP 생산

Nucleotide 발효에 있어서 IMP나 GMP를 직접 축적하는 변이주를 얻었다고 하더라도 배지 중에 실제 축적되는 것은 이들이 아닌 inosine이나 guanosine과 같은 nucleotide이거나 아니면 더 분해된 hypoxanthine이거나 guanine이다. 그 이유는 세포 내에 존재하는 phosphatase에 의해 생성된 nucleotide가 분해되기 때문이다. 따라서 직접 많은 양의 IMP를 축적하려면 IMP를 분해하는 효소작용이 약한 균주를 사용하면 되는데 *Corynebacterium glutamicum*과 *Brevibacterium ammoniagenes*의 변이주가 사용된다.

(2) GMP 생산

*Brevibacterium ammoniagenes*의 5'-IMP 생산주에서 유도된 5'-XMP 생산균주(adenine, guanine 요구성변이주)와 5'-XMP를 5'-GMP로 전환시키는 균주(5'-nucleotide 분해능이 약한 균주로부터 유도된 변이주)를 혼합배양하여 GMP를 직접 축적시킨다.

4 항생물질(antibiotics) 발효

Fleming이 penicillin을 발견한 이래로 tetracyclin, chloramphenycol, erythromycine, kanamycine 등 여러 가지 항생물질(antibiotics)이 발견되었다.

항생물질은 미량으로서 미생물에 현저한 저해작용을 나타내는 물질이지만 미생물은 다양한 물질을 생산하며 저해작용 및 촉진작용 등의 여러 가지 활성을 나타내는 때도 있다.

따라서 항생물질은 미생물에 의해 병원균에 강한 저해작용을 갖고 인간이나 동물에 비교적 독성이 낮으며 효소나 체액에 의해서 불활성화되지 않는 물질이다. 항생물질은 인체약용, 농약용, 동물 사료용 및 동물의 질환 치료약 등 다양하게 이용되고 있다.

1) 주요 항생물질 생산

주요 항균성 항생물질은 [표 18-2]와 같다.

표 18-2 주요 항생물질

항생물질	작용범위	생산균	기본구조
Penicillin	G⊕	*Penicillium chrysogenum*	S-Lactam
Cephalosporin C	G⊕, G⊖	*Cephalosporium acremonium*	
Cephamycin C	G⊕, G⊖	*Streptomyces clavuligerus*	
Nocardicin A	G⊕, G⊖	*Nocardia uniformis*	
Clavulanic acid	G⊕, G⊖	*S.clavuligerus*	
Thienamycin	G⊕, G⊖	*S.olivaccus and others*	
Streptomycin	G⊕G⊕, My	*S.griseus*	Aminoglycoside
Neomycin	G⊕, G⊖	*S.fradiae*	
Kanamycin A	G⊕, G⊖, My	*S.kanamyceticus*	
Paromomycin	G⊕, G⊖	*S.rimosus*	
Kanamycin B	G⊕, G⊖	*S.kanamyceticus*	
Gentamicin	G⊕, G⊖	*Micromonospora purpurea*	
Tobramycin\	G⊕, G⊖	*S.tenebrarius*	

항생물질	작용범위	생산균	기본구조
Ribostamycin	G⊕, G⊖	*M.ribosidificus*	
Sisomicin	G⊕, G⊖	*M.inyecnsis*	
Lividomycin	G⊕, G⊖, My	*S.lividus*	
Sagamicin	G⊕, G⊖	*M.sagamiensis*	Aminoglycoside
Seldomycin factor 5	G⊕, G⊖	*S.hofunensis*	
Fortimicin A	G⊕, G⊖	*M.olivoasterospora*	
Sorbistins	G⊕, G⊖	*Pseudomonas sorbicinii*	
Chloramphenicol	G⊕, G⊖	*S.venezuelae*	Chloramphenicol
Corynecin	G⊕, G⊖	*Corynebacterium sp.*	
Chlorotetracycline	G⊕, G⊖	*S.aureofaciens*	
Oxytetracycline	G⊕, G⊖	*S.rimosus*	Tetracycline
Tetracycline	G⊕, G⊖	*S.aureofaciens*	
Carbomycin	G⊕	*S.halstedii*	
Erythromycin	G⊕	*S.erythreus*	Macrolide
Spiramycin	G⊕	*S.ambofaciens*	
Leucomycin	G⊕	*S.kitasatoensis*	
Oleandomycin	G⊕	*S.antibiotics*	
Tylosin	G⊕	*S.fradiae*	
Josamycin	G⊕	*S.narboensis var. josamyceticus*	
Mydecamycin	G⊕	*S.mycarofaciens*	
Maridomycin	G⊕	*S.hygroscopicus*	
Viomycin	My	*S.puniceus*	
Capreomycin	My	*S.capreolus*	
Tuberactinomycin	My	*S.griseoverticilatus*	
Gramicidin S	G⊕	*B.brevis*	Peptide
Bacitracin	G⊕	*B.subtilis*	
Polymyxin B	G⊖	*B.polymyxa*	
Colistin	G⊖	*B.colistinus*	
Rifamycin	G⊕, My	*N.mediterranei*	Ansamacrolide

*G⊕: Gram 양성균, G⊖: Gram 음성균, My: 결핵균

2) Penicillin 발효

(1) 사용균주

최초로 확인된 항생물질인 Penicillin은 Fleming(1928)이 *Staphylococcus aureus*의 한천배양에 혼입된 곰팡이가 *Staphylococcus aureus*의 생육을 억제하는 데서 발견되었으며 발견된 곰팡이는 *Penicillium notatum*으로 동정되었다. 이 균주는 penicillin 생산성이 매우 낮으며 *Pen. chrysogenum* 계통이 생산성이 우수하여 현재 이용되고 있는 균주다.

(2) Penicillin의 합성

푸른곰팡이가 생산하는 천연의 penicillin에는 **[그림 18-4]**에서 보는 바와 같이 G, X, K, F의 4종류가 밝혀져 있으며 모두 β-hydroxyvaline과 cysteine이 축합된 주요구조를 가지고 있다.

Penicillin G는 싼값으로 제조되고 안정성이 크며, 임상적으로 효과가 좋으므로 많이 생산되고 있다. Penicillin은 산성(pH 2~3, 실온)에서 불안정하여 곧 생물화학적으로 불활성인 penicilloic acid로 전환된다. 또한 알칼리성(pH 12, 실온)에서도 불안정하여 penicilloic acid로 분해된다. 이때 Zn, Cu 같은 중금속 이온이 존재하면 반응은 더욱 촉진되며 penicillinase에 의하면서도 같은 분해를 받는다. 그러나 생물합성 또는 화학합성법에 의하여 산에 안정한 penicillin V(phenoxymethyl penicillin)가 생성되고 있다.

또 발효에서 얻어진 penicillin에 penicillin amidase를 작용하면 6-amino penicillanic acid가 생성되는데 생성된 6-amino penicillanic acid의 6위치 amino기에 여러 가지 측쇄를 가진 부분합성 penicillin이 제조되고 있다. 대표적인 예로서 penicillinase로 분해되지 않고 penicillin 내성균에 효과가 있는 methicillin과 gram 음성의 이질균에 효과가 있는 ampicillin이 있다.

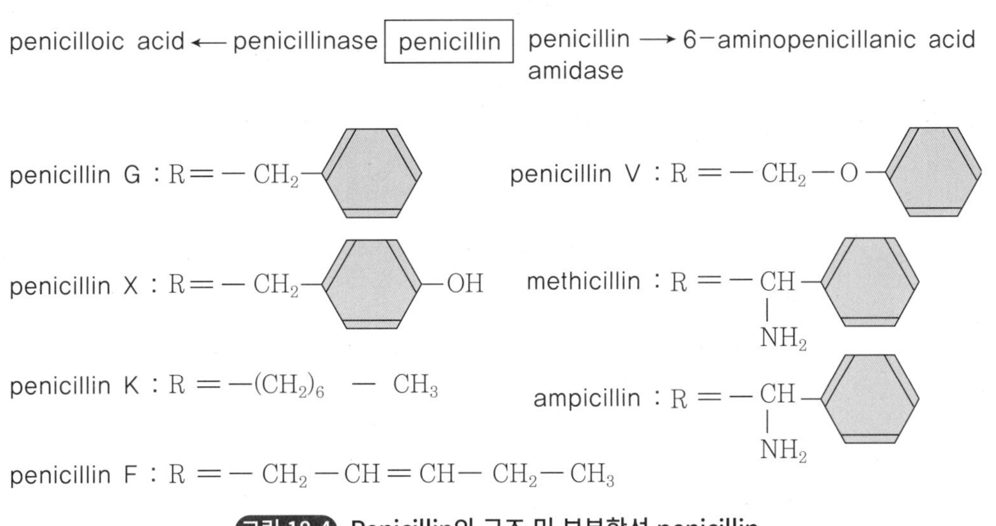

그림 18-4 Penicillin의 구조 및 부분합성 penicillin

3) Streptomycin 발효

(1) 사용균주

Streptomycin은 *Streptomyces griseus*의 대사산물로서 gram 음성균과 결핵균인 *Mycobacterium tuberculosis*에 활성이 있고 또한 다른 gram 양성균에도 활성이 있으며, penicillin 저항균의 치료요법으로 사용된다. *Str. humidus*에 dihydrostreptomycin, *Str. griseocarneus*에 의한 hydrostreptomycin, *Str. griseus*에 의한 manosidostreptomycin 등의 생성이 알려졌다. Dihydrostreptomycin은 신경독반응을 감소시키고 독성이 낮으므로 많이 생산하여 이용되고 있다.

(2) Streptomycin의 합성

Streptomycin과 dihydrostreptomycin이 기본 화합물이며 구조는 [그림 18-5]와 같이 streptidine, L-streptose 및 N-methyl glucosamine으로 되어 있다. Sterptomycin 이용성은 $CHNO_3HCl$, CaCl과 정제 HCl의 이중결합, 인산, 황이며 dihydrostreptmycin의 이용성은 HCl 또는 황이다.

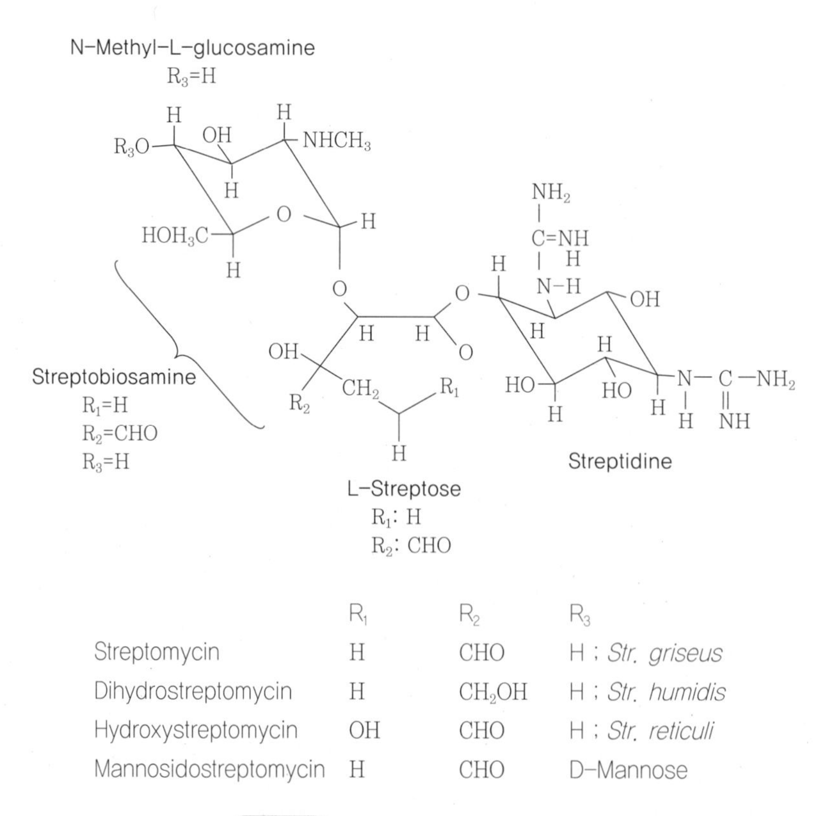

	R_1	R_2	R_3
Streptomycin	H	CHO	H : *Str. griseus*
Dihydrostreptomycin	H	CH_2OH	H : *Str. humidis*
Hydroxystreptomycin	OH	CHO	H : *Str. reticuli*
Mannosidostreptomycin	H	CHO	D-Mannose

그림 18-5 Streptomycin류의 구조

4) Chloramphenicol 발효

Chloramphenicol의 생성균주로서는 방선균 *Streptomyces venezuela* 등이 있다. 이 질균 기타 gram양성, 음성균을 비롯하여 발진티푸스 병원체인 rickettsia에도 효과가 있는 중요한 항생물질이며 tetracyciline군과 함께 광범위항생물질(broad spectrum antibiotics)로 불린다.

5) Kanamycin

*Streptomyces kanamyceticus*의 생산물로서 발견된 것으로 Streptomycin과 유사한 효력을 가진 아미노배당체 항생물질이며, A, B, C 3종류가 있으며 A가 주성분이다. Streptomycin 내성균에도 효과를 나타내는 것으로 널리 사용된다.

6) Tetracyclin

Tetracyclin를 생성하는 균주는 *Streptomyces aureofaciens* 및 *Str. rimosus* 등이 알려져 있으며 aureomycin은 chlortetracycline, terramycin은 hydroxytetracycline으로 불리게 되었다. Tetracyclin은 chlortetracycline의 수소 첨가에 의해 생성되고 *Str. aureofaciens* 기타 방성균에 의해서도 만들어지며 강한 항균력을 가지고 있다. Tetracyclin류의 구조는 [그림 18-6]과 같다.

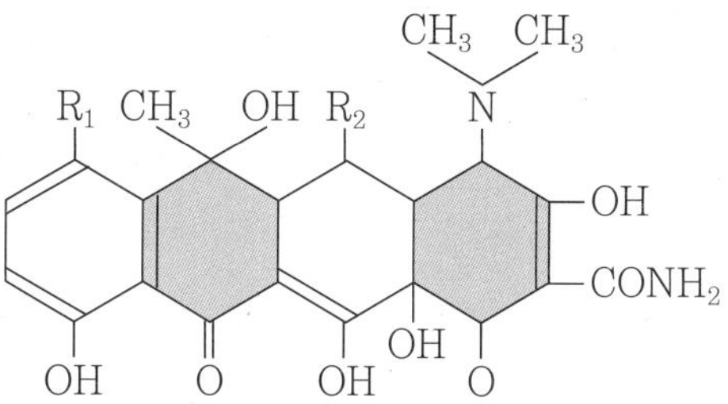

CH_3 CH_3
R_1 CH_3 OH R_2 N
OH
$CONH_2$
OH O OH OH O

Trtracycline : $R_1=R_2=H$
Chlortetracycline : $R_1=Cl$, $R_2=H$

그림 18-6 Chloramphenicol 및 Tetracyclin류의 구조

5 생리활성물질의 발효

생리활성물질은 생체대사에 직접 이용되는 영양성분으로 작용하기보다는 생물체가 생명활동대사를 유지하기 위한 생리작용을 원활하게 조장하며 또한 미량으로서 현저한 작용을 나타내는 물질을 총칭한다. 사람이나 고등동식물에서 하등의 미생물에 이르기까지 여러 가지 생물에 대하여 미량으로 현저한 작용을 나타내는 물질에는 정신작용 물질, 향신경작용물질, 면역촉진물질, 항알레르기물질, 호르몬작용물질, 항암물질, 항균물질, 항바이러스물질, 효소저해물질 등 작용을 나타내는 물질이 생물유래 및 인공합성물질에도 존재한다. 이 가운데서 특히 생물 유래의 물질을 생물활성 물질이라고 부르는 경우가 많다.

1) 비타민

*Blakesles trispor*나 *Neurospora sitophila* 등에 의한 β-carotene, *Eremothecium ashbyii*나 *Ashbya gossypii*에 의한 비타민 B_2, *Streptomyces*속, *Nocardia*속이나 *Propionibacterium*속에 의한 비타민 B_{12}, *Penicillium membranaefaciens*에 의한 folic acid, *Penicillium notatum*에 의한 D-araboascorbic acid(isovitamin C), *Saccharomyces*속이나 *Penicillium*속에 의한 ergosterol(provitamin D) 등의 비타민류가 생산되지만 대부분의 비타민류는 발효법보다는 합성법에 의하여 주로 생산되고 있다.

(1) 비타민 B_2(riboflavin)

우유의 유청에서 최초로 분리된 비타민 B_2는 유리된 상태로 존재하지만 간, 심장, 신장, 난세포, 식품에서는 보결분자단이 FMN(flavin momnonucleotide) 및 FAD (flavin adenine dinucleotide)를 가지고 있는 엽단백질의 일부분으로 존재한다.

비타민 B_2를 생산하는 대표적인 균주는 *Eremothecium ashbyii*, *Ashbya gossypii*이며 *Candida flareri, Mycocandida riboflavina* 등의 순서로 비타민 B_2의 생산균주로 알려져 있다.

❶ *Eremothecium ashbyii*

*Eremothecium ashbyii*는 배양 중 균사 내에 비타민 B_2의 황색결정이 석출된다. 공업적으로 당밀, 어분, 활성오니 등을 혼합하여 원료배지로 사용하고 있다. 발효조작은 먼저 살균한 배지에 종균을 접종하고 30℃에서 약 36시간 배양하여 종료배양을 만들고 이것을 본 배양의 원료배지에 약 1%의 비율로 첨가하여 통기 교반하면서 배양한다. 약 20시간 후

부터 비타민 B_2의 생산이 왕성하여지고 약 80시간 배양으로 최고 생산량에 달한다.

❷ *Clostridium acetobutylicum*

본래 acetone과 butanol 생산균주이지만 $CaCO_3$ 첨가로 비타민 B_2의 생산량이 증가한다. 발효가 끝난 배양액은 수증기를 통하여 균체 내의 비타민 B_2를 추출하고 액 중에 석출된 결정은 용해하여 원심분리해서 균체를 제거한 다음, 용액은 hydrosulfite를 첨가하여 침강시켜 여과 분리한다.

탄화수소를 원료로 하는 비타민 B_2 생산에 관하여 효모는 *Pichia* 속과 *Candida flarer ii*, 세균은 *Corynebacterium*속과 *Pseudomonas*속, 곰팡이는 *Eremothecium ashbyii* 등의 연구가 진행되고 있지만 아직 당질원료에 비하면 수득량이 낮다.

(2) 비타민 B_6

Pyridoxine, pyridoxamine 및 pyridoxal을 말하며 *Klebsiella*속, *Candida*속, *Flavo bacterium*속의 균들이 생성하는 것으로 알려져 있다.

(3) 비타민 B_{12}

발효공정의 대부분은 탄소원으로서 포도당을 사용하고 있으며 균주는 *Bacillus megat erium, Butyribacterium rettgeri, Streptomyces olivaceus, Micromonospra sp, Kl ebsiella pneumoniae, Propionibacterium shermanii, Propionibacterium freudenr eichii* 등이 있으며 당밀을 탄소원으로 하는 발효에는 *Pseudomonus denitrificaos* 등이 있지만 대표적인 비타민 B_{12} 생산균주는 *Propionibacterium shermani*와 *Streptomyc es olivaceus* 및 *Pseudomonus denitrificaos* 등이 있다.

(4) 비타민 C

비타민 C는 의약품, 영양강화제, 식품의 산화방지제 등으로 사용한다. 그리고 isovitam in C(D-araboascorbic acid, erythoric acid, isoascorbic acid)는 항괴혈병(抗壞血病) 작용이 비타민 C의 1/20에 지나지 않으며 비타민 C를 생성하는 세균으로는 *Acetobacter suboxyda ns, Gluconobacter roseus* 등이 있다.

Pseudomonas fluorescens, Serratia marcescens 등의 세균을 사용하는 발효법에 의해 glucose로부터 α-ketogluconic acid를 생산한 다음 methyl ester를 경유하여 isovit amin C를 생산하며, *Penicillium notatum*은 glucose로부터 직접 isovitamin C를 얻을 수 있다.

(5) Ergosterol

Ergosterol은 자외선 조사에 의하여 쉽게 비타민 D_2로 변하므로 provitamin D라고 한다. 이것은 지용성으로서 미생물 특히 *Saccharomyces cerevisiae* 등의 효모에 많이 함유되어 있어 건조균체 중 많이 함유되어 있으며 그 밖에 *Aspergillus*속이나 *Penicillium*속 등의 곰팡이가 생산할 수 있다.

(6) β-Carotene

β-Carotene을 비롯한 많은 carotinoids는 provitamin A로서 또는 식용착색제로서 유용한 물질이며 곰팡이, 세균, 효모를 사용하여 발효생산이 시도되고 있다.

그러나 β-carotene을 대량 생산하는 미생물 수는 적고 *Blakeslea trispora, Nocardia sp. Mycobacterium smegmatis, Brevibacterium sp. Rhodotorulla sp.* 등이며 이 밖에 *Neurospora sitophila, Choanephora*속 등의 곰팡이, *Micrococcus*속의 세균 등에 의하여 생성된다.

2) Alkaloid

(1) Ephedrine

의약품으로 중요한 alkaloid 일종이며 마황(麻黃)에서 얻을 수 있는 ephedrine은 4개의 광학성 활성이성체와 2개의 racemi성 이성체가 있는데 이 중 D(-)이성체가 최대 활성을 가지며 이것이 약리적으로 이용된다.

Benzaldehyde를 첨가한 glucose배지에 *Saccharomyces cerevisiae*를 배양하면 acetyl benzylcarbinol로 전환되고 이것을 다시 화학적으로 monomethylamine과 접촉 환원시킴으로써 D(-)-ephedrine을 생산할 수 있다.

(2) Nicotine

Nicotine 생산에 관여하는 미생물은 토양균 중에 많고 *Pseudomonas nicotinophaga, Pseudomonas nicotiana, Pseudomonas censomonas, Achromobacter denitificans* 등이다.

(3) Gibberellin

Gibberellin이란 식물세포의 분열 혹은 신장을 촉진할 수 있는 생리활성 물질로 메탄올, 에탄올, 아세톤, 중탄산나트륨 용액에 쉽게 녹으나 물과 에테르에 녹기 어렵다.

gibberellin A_1, A_2, A_3 등 30여 종이 있고, 생산에는 *Gibberella fujikuroi*가 사용된다.

(4) Dextran

Dextran은 혈장증량제로 사용되며 혈액 세포의 침전을 일으키지 않아 임상적으로 반복 주사를 하여도 장애를 일으키지 않고 오줌으로 배설되는 특징을 갖고 있다. 또한 정제한 dextran 6%를 0.9% 식염수에 녹여 병에 넣고 120℃에서 30분간 살균하여 주사액으로 사용한다.

Dextran은 수용성으로 안정제 및 유화제로서 아이스크림, 젤리, 시럽 등에 사용된다. Dextran 생산에 사용하는 균주로는 *Leucomostoc mesenteroides, Acetobacter capsu ltatum* 등이 있다.

(5) Steroid

Steroid는 동식물체에 널리 분포된 생체성분의 하나로 그 중에서도 성 호르몬이나 부신피질 호르몬과 같은 steroid 호르몬은 생명 유지상 아주 중요한 물질이며 의학적으로도 응용면이 많다. 미생물에 의한 steroid의 전환형식을 대별하면 단반응(simple reaction), 혼합반응(mixed reaction)과 잡다반응(miscellaneous reaction)으로 구분되며, 미생물 종류별로 살펴보면 곰팡이는 수산기 도입을 잘하고 세균은 수소첨가능이 현저하며 방사선균은 10a 수소 첨가의 특이성이 있다.

부신피질 호르몬의 한 종류인 cortisone는 관절류마티스 치료에 특효가 있으며 담즙에서 얻어지는 deoxycholic acid를 원료로 하여 37단계에의 공정을 거쳐 합성할 수 있다. Cortisone보다도 강력한 hydrocortisone(cortisol), predonisone, predonisolone, triam cinolone 등이 실용화되고 있는데 이들의 제조는 합성법과 미생물에 의한 방법을 결합시켜서 이루어지고 있다. 일반적으로 의약품 공업에 있어서 미생물을 이용하는 경우는 미생물의 대사산물이 화학합성의 원료로 사용되는 경우(예: inosine으로부터 5'-inosine acid 합성)와 미생물이 지닌 생화학적 활성을 특정의 합성에 특이적인 화학적 전환을 일으키는 데 사용하는 경우(예: *Saccharomyces cerevisiae*에 의한 D-ephedrine의 중간체 합성) 등이다.

또한 *Rhizopus nigricans* 등의 곰팡이를 사용하여 progesterone에서 hydroxy-progesterone의 전환에 이용할 수 있다.

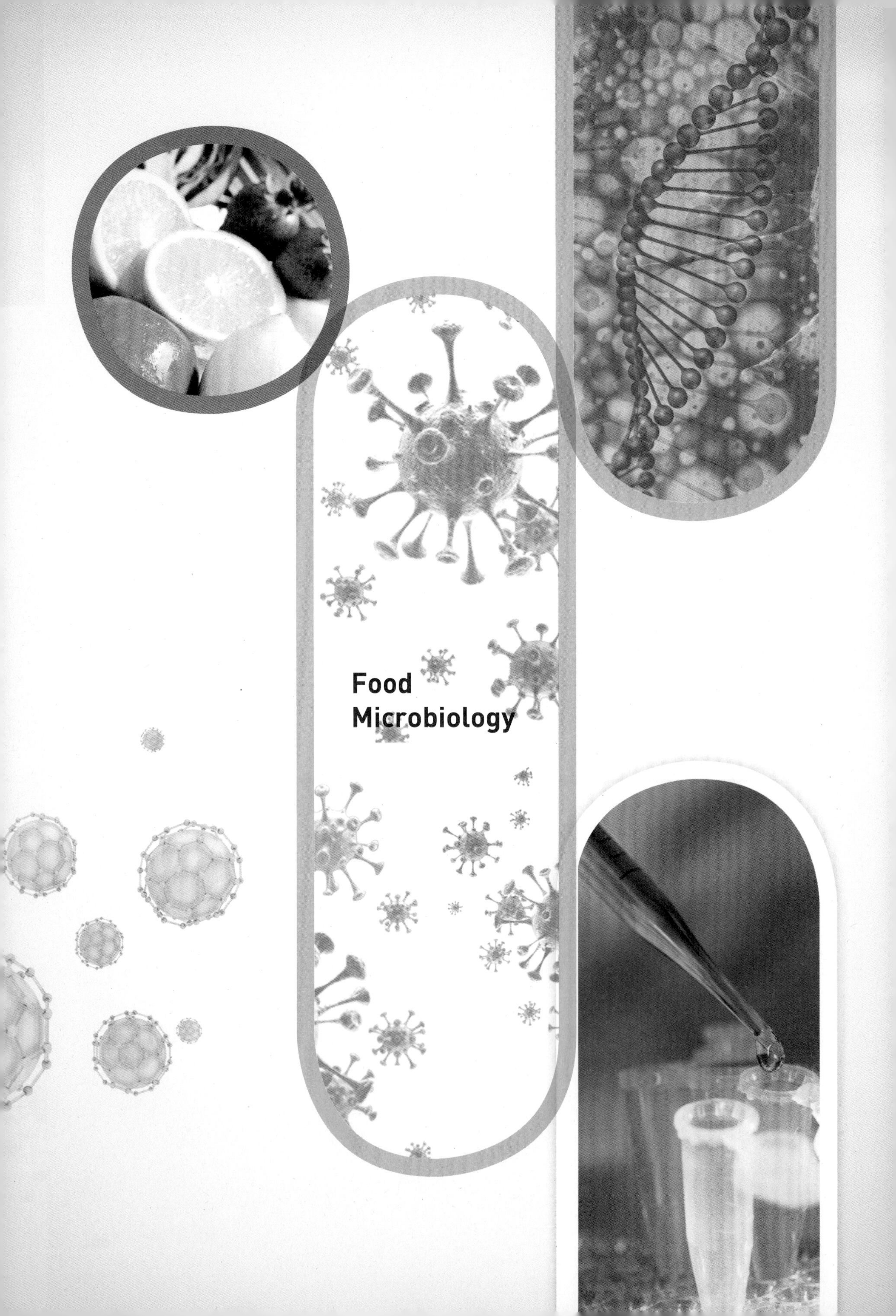
Food
Microbiology

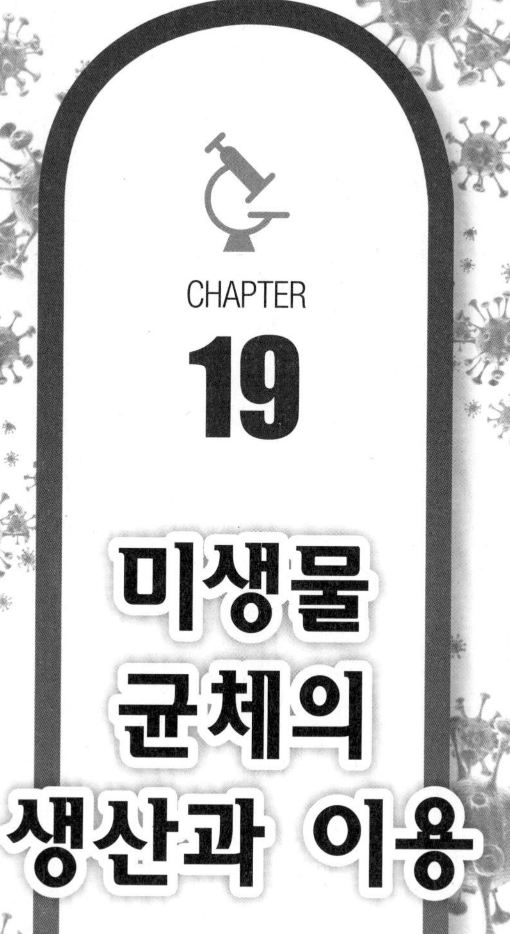

CHAPTER

19

미생물 균체의 생산과 이용

단백질 자원으로 이용할 수 있는 미생물은 클로렐라, 효모, 세균, 곰팡이 등이며 균체 단백질의 생산에 사용되는 기질의 종류에 따라 적합한 균주가 선정되어야 한다. 그리고 원료나 균주에 따라 적합한 배양장치가 이용되고 배양 및 회수공정이 확립되어 있어야 하고, 안정성에 대한 충분한 검토가 필요하다.

미생물 균체에는 70~80%의 수분이 함유되어 있고 건조물에는 단백질, 지질, 탄수화물, 핵산, 회분, 비타민 등이 함유되어 있다. 균체의 성분은 배지조성, 배양조건, 생육시기 등에 따라서도 달라진다.

1 효모 균체의 이용

1) 식용 · 사료용 효모

건조 균체로부터 순수 분리한 단백질을 단세포 단백질(single cell protein, SCP)이라 하며 식용 · 사료용으로 사용되고 있다. 식용 혹은 사료 효모로는 *Endomyces, Hansenula, Saccharomyces, Candida, Torulopsis, Oidium*속 효모가 이용되고 있으며 사료용 효모로는 *Candida ulitis, Torulopsis utilis* 혹은 *Torula utilis*를 사용하고 있다.

원료가 되는 탄소원으로 폐당밀, 아황산펄프(pulp) 폐액, 목재당화액, 낙농폐액 등이 있는데, 아황산펄프 폐액은 흑갈색의 점성이 있는 액체로 약 3%의 발효성 당을 함유하고 있으므로 효모제조 원료로 활용됨과 동시에 생화학적 산소요구량(biochemical oxygen demand, BOD)을 저하시키므로 폐액 처리의 목적도 달성할 수 있다. 아황산펄프 폐액에는 6탄당 외에도 5탄당이 다량 함유되어 있으므로 이들을 동시에 자화할 수 있는 *Candida utilis, Candida tropicalis, Mycotorula japhnica* 등도 이용된다.

2) 빵효모

빵 제조 시 첨가되는 빵효모는 알코올 발효를 하여 CO_2를 생성하는 알코올 발효력이 강한 효모이며, 주로 *Saccharomyces cevevisiae*에 속하는 균주를 사용한다.

배양한 효모를 분리 압착하여 그대로 정형한 압착효모와 건조하여 저장과 수용이 편리하게 한 건조효모의 두 형태가 있다. 압착효모의 수분함량은 66~68%이므로 저장에 어려움이 있어서 건조효모를 많이 이용하고 있다. 압착효모를 잘게 부수어 30~40℃의 건조공기를 불어넣어 12~15시간 건조시키면 수분함량 8%로 건조된 건조 빵효모를 얻는다.

이런 빵효모는 발효빵 제조 시 빵의 팽창제로 이용되며 밀가루에 대하여 효모의 사용량은 압착효모의 경우는 2% 정도로 혼합하여 반죽하여 발효시킨다.

효모는 혐기적 상태에서는 알코올 발효가 주로 일어나지만 충분한 산소를 공급하면 호흡을 하게 되고 증식 속도가 빨라진다. 효모는 증식하면서 호흡열이 발생하므로 대량배양에 있어서는 배양탱크에 냉각장치가 필요하다.

효모는 배양액 중에 당 농도가 높으면 호기적 조건에서도 알코올 발효를 하게 되고 그 결과 균체의 대당 수득률이 낮아진다. 반대로 당이 부족하면 자기소화가 일어나서 제품의 품질이 나빠진다. 그러므로 당 농도는 적당하게 유지되어야 하며 그 농도가 0.1% 선이다.

표 19-1 건조 효모의 구성성분

일반성분(%)	수분 회분 조단백질	5.85 9.07 47.43	조지방 조섬유 탄수화물	1.01 0.82 35.82
Vitamin(γ/g)	Thiamin Riboflavine Pyridoxine Pantothenic acid	5.8 45.0 33.4 37.2	Biotin Niacin Folic acid	2.3 417.3 21.5
Amino acid(%)	Leucine Iso-leucine Lysine Methionine	3.67 3.75 4.14 0.84	Phenylalanine Threonine Tryptophane Valine	2.41 2.58 0.66 2.98

3) 석유효모

탄화수소를 탄소원으로 하여 증식할 수 있는 미생물은 곰팡이, 효모, 세균 등이 알려져 있으나 단백질 함량이 많고 균체의 분리가 용이한 효모가 공업적 생산에 많이 이용된다[표 19-2]. 대표적인 효모로는 *Candida lipolytica, Candida tropicalis*가 있다. 미생물의 배양에 사용되는 기질에는 경유와 n-paraffin이 있다. n-Paraffin 중에는 탄소수 C_{15}~C_{18}의 것이 가장 잘 자화되므로 균체의 생산이 목적일 경우 순도가 높은 n-paraffin을 원료로 하는 것이 편리하고 비교적 안전하다.

탄화수소는 물에 불용성이므로 배양탱크에 미세한 에멀젼을 형성시키기 위해 효율이 높은 통기와 교반이 가능한 장치가 필요하다. 당질을 이용하는 경우에 비해서 산소가 많이 필요하며 발효율이 높기 때문에 냉각을 위한 장치가 필요하다.

표 19-2 탄화수소 자화성의 식용균류

효모	*Candida lipolytica* *Candida tropicalis* *Candida intermedia* *Candida petrophilum* *Torulopsis petrophilum* *Brettanomyces petrophilum*
세균	*Pseudomonas aeruginosa* *Pseudomonas desmolytica* *Micrococcus cerificans* *Corynebacterium petrophilum* *Pseudomonas methanica* *Methanomonas methanica*
곰팡이	*Rhizopus*속의 약간의 균주 *Aspergillus*속의 약간의 균주 *Penicillium*속의 약간의 균주

4) 균의 배양과 영양

균체의 증식에는 대규모로는 배양탱크를 이용한다. 독일에서 개발된 Waldhof형 발효탱크는 내부의 축이 회전하면서 공기를 뿜어내고 이 공기는 공기압축기와 발효탱크 사이에 있는 공기여과기를 거쳐 완전한 무균 공기를 공급해야 한다. 균이 배양되면 발효액에 의한 온도상승은 탱크 내부의 사관에 냉수를 흘러내려 내부온도를 조절하게 된다. 배양이 끝난 배양액은 원심분리하여 균체와 액을 분리하고 균체는 압착, 탈수하여 건조시킨다.

아황산펄프 폐액으로부터 제조한 효모는 영양적으로도 가치가 높고 단백질 함유량은 *Saccharomyces cerevisiae*는 42.0~53.1%이며, *Torulopsis utilis*는 50% 정도이다. 단백질을 구성하는 아미노산 종류도 그 폭이 넓어 여러 가지 종류를 함유하며 특히 lysine 함량이 높다는 특징이 있다.

*Candida*속 효모를 이용할 시는 pH를 미산성으로 하고 *Pseudomonas*속 세균을 사용할 때는 pH를 중성 내지는 미알칼리성으로 조절해야 한다. 석유효모는 단백질 함량이 많고 다른 자연계 식품에 비하여 단백질, 탄수화물, 지방 등을 고르게 함유하여 식품으로서의 영양학적 가치가 대단히 높다.

❷ Chlorella

1) 사용균주

Chlorella는 녹조류에 속하는 미생물이며, 식물성 plankton이라고도 하는 하등 담수성 동물이다. 미생물 중 특이하게 chlorophyll을 가져서 간단한 무기염의 액체배양액에서 광합성을 하므로 탄수화물을 생합성할 수 있는 광합성균이다.

Chlorella의 광합성 능력은 식물에 비해 태양 에너지 이용률이 1~2%에 불과하고 증식 속도는 식물재배의 10~15배나 빠르다. 더욱이 단위면적당 연간 단백질 생산량을 비교하면 콩의 약 70배에 해당한다. 연중 내내 배양이 가능하고 단백질 함량이 건량 기준으로 50% 정도 되며, 1g당 약 5.5kcal의 열량을 가지고 있으므로 좋은 단백원이 될 수 있다.

그 일반성분을 주요 식품과 비교하면 [표 19-3]과 같다.

표 19-3 chlorella와 주요 식품의 일반성분(%)

식품	단백질	지방	탄수화물	회분
chlorella	40~50	10~30	10~25	6~10
쌀	7	1	91	1
소맥	11	2	85	2
대두	39	17~19	36	6

Chlorella 단백질의 주요 아미노산 조성과 비타민 함량은 [표 19-4]와 같으며 특히 비타민 A와 C가 많다. 기타 엽록소의 함량은 많을 경우 4~5%가 되어 보통 식물이 0.6~2%인 데 비하여 훨씬 높다.

표 19-4 chlorella 단백질의 주요 아미노산 조성과 비타민 함량

주요 아미노산 조성(%)				비타민 함량(γ/1g)	
arginine	7.8	phenylalanine	4.1	A	1,000~3,000
leucine	7.7	tyrosine	2.7	B_1	4~24
lysine	5.7	methionine	1.5	B_2	21~58
isoleucine	5.5	histidine	1.2	B_6	9~23
valine	4.9	tryptophan	1.1	niacin	120~240
threonine	4.3	cystine	0.9	C	2,000~5,000

세균에 비해 넓은 장소가 필요하며 증식률이 낮고 광선과 CO_2의 효율이 좋은 공급방법을 고려해야 한다. 또한 소화율이 식용효모보다 낮으며 특이한 냄새를 제거하기 어렵다는 단점이 있다. 사용 균주로는 *Chlorella ellipsoidea, Chlorella pyrenoidosa, Chlorella vulgaris, Scendesmus opiligues* 등이 사용된다.

2) 균의 배양과 영양

경제적인 배양법으로는 천연못을 이용하는 방법, 인공배양지를 이용하는 등의 각 종류가 연구되고 있으나 천연못을 이용할 경우 돼지오줌, 퇴비, 고기찌꺼기, 닭똥 등을 발효시켜 살균한 것을 배양액에 대하여 8~10% 첨가한다. CO_2를 공급하기 위해서는 4~5회 교반하고 햇볕을 많이 쬐게 한다. 온도에 따라서 증식속도가 다르나 대개 1주일이면 진한 녹색으로 되어 3cm 깊이 이하가 보이지 않게 되면 수확을 한다. 수확방법은 먼저 0.05% 명반을 넣어 정치해 두면 chlorella가 침전하므로 균체인 침전물을 원심분리기로 분리 · 건조시킨다.

영양적으로 chlorella는 필수지방산을 고르게 모두 함유하며 tryptophan, methionine의 함량은 약간 낮은 반면 그 이외의 아미노산은 모두 높은 함량을 가져서 대단히 양호한 식품이라 할 수 있다. 또한 높은 비타민 함량과 많은 종류의 비타민을 가져서 의약용으로 사용되며 가축의 영양제뿐만 아니라 젖산균에 대한 어떤 종류의 생장촉진 효과를 나타내는 미지의 물질을 가져서 유산균 음료의 발효공업에 혹은 가축의 사료 보조제로서 사용하고 있다.

더욱이 우주여행을 할 때 우주식품으로서의 가능성를 검토하고 있다. 또한 chlorella와 호기성 세균의 공생을 이용하여 폐수처리에 이용하고자 한다. 즉 chlorella와 호기성 세균을 동시에 배양하면 폐수 중의 유기물을 분해하여 폐수를 정화시킨다. 그때에 생산되는 인산질소 혹은 그 이외의 무기영양분 등과 CO_2를 chlorella가 이용하여 증식한다. Chlorella가 광합성에 의해서 발생한 산소를 수중에 확산시켜 산소와 함께 호기성 세균에 이용되어 세균이 증식한다. 이러한 방법에 의하여 저렴한 토지가 확보되면 비교적 소규모의 폐수 처리법으로써 BOD를 85~90% 저하시킬 수 있다고 한다.

❸ 유지생성 균주

1) 유지생성 균주

일반 미생물의 세포에는 유지함량이 약 2~3%이지만 일부 미생물은 배양조건에 따라 건조균체의 60% 이상 유지를 축적할 때도 있다. 효모, 세균, 곰팡이, 불완전균류, 단세포 조류 등에는 유지 축적 능력이 큰 것들이 알려져 있다.

유지는 세포 구성성분으로서 미생물의 생육에 필요불가결한 것이며 다량 축적된 것은 에너지 저장물질로서의 역할을 담당하고 있다. 유지는 유지 생산미생물의 세포 내에 다량의 지질을 지방구로 축적하고 있다. 유지 생성에 영향을 주는 요인은 일반적으로 세포 수를 증가시키는 것이다.

미생물의 유지생산량은 배양온도, 배양액의 pH, 통기량, 배양액 중의 C/N비 등 생리적인 조건에 커다란 영향을 받는다.

(1) 질소농도 및 탄소농도의 비(C/N)

C/N비는 균주에 따라 대단히 다르므로 일률적으로 설명하기는 대단히 어렵다. 즉, *Trichosporon*(*Endomyces*)는 7.5% 당농도와 0.0233% 질소농도, *Fusarium*은 13% 당농도와 10.11% pepton을, *Rhodotorula gracilis*는 100g당/0.5g 질소의 C/N비를 나타낸다. 첨가하는 당류는 일반적으로 포도당 등으로 6탄당을 이용하나 폐당밀 등을 이용하기도 한다.

그리고 유지의 축적에는 각 균주가 요구하는 질소원의 종류에 따라서도 영향을 받는다. 일반적으로 탄소원 농도가 높고 질소원이 결핍이면 유지가 축적되지만 질소원이 결핍이면 세포증식이 잘 되지 않는다. 그러므로 초기에는 질소원을 충분히 첨가하여 증식시킨 후에 질소원 농도를 낮은 조건으로 바꾸는 것도 좋은 방법이 될 수 있다. 유지의 축적에는 충분한 산소공급이 필요하며 유지함량은 대수증식기에 있는 균체에는 적고 정상기의 초기부터 사멸기 후기 사이에 있는 균체에서 최대가 된다.

*Cryptococcus terricolus*는 질소원의 종류와 당에 의하여 영향을 받지 않는 대표적인 균주이다. n-Paraffin을 기질로 한 *Nocardia*속의 유지축적은 탄화수소량과 접종균량과의 비에 의해서도 커다란 영향을 받는다. 그 비가 7:1의 경우에는 균이 잘 생육하지만, 20:1에서는 전혀 생육하지 않는다.

(2) 산소

유지를 생성하기 위해서는 충분한 산소공급이 절대적으로 필요하다. 반면 유지 생산 미생물을 혐기적으로 배양하면 유지의 축적은 기대할 수 없다.

(3) 온도

유지 생성적온은 일반적으로 미생물의 생육 최적온도와 일치하는 25℃ 전후의 균주가 대부분이다.

(4) pH

유지 생성최적 pH는 균의 종류에 따라 다르다. *Nocardia*는 중성, 효모균은 pH 3.5~6.0, 곰팡이는 중성 혹은 미산성에서 양호하다.

(5) 무기질

무기질은 균의 종류에 따라 그 요구성이 다르다. *Aspergillus nidulans*는 Na, K, Mg, SO_4, PO_4 등의 ion양의 비를 조절하면 유지함유량 25~26%, 유지생성률 6.7~7.9이던 것을 유지함유량 51%, 유지생성률 17.2까지 증대시킬 수 있다.

*Lipomyces starkeyi*는 Fe 농도를 증가시키면 대사생산물인 유지생산이 현저히 증가되어 0.5mg/L의 Fe 농도가 유지생성에 최적농도를 보여 주나, 균체 증식량에는 이와 같은 농도의 Fe에서는 아무런 영향을 미치지 않는다는 보고도 있다.

당밀은 ion 교환법에 의하여 염류를 제거한 후 *Penicillium spinulosum*을 배양하면 유지함유량과 유지생성률이 현저히 증가된다는 보고도 있다.

2) 미생물 유지의 성분

미생물이 생성한 유지의 성분은 자연계에 존재하는 식물성 유지의 성분과 비슷하고, 중요한 구성성분은 중성지방산, 유리지방산, 인지질과 불검화물로 되어 있다.

구성 지방산은 일반 동물성 유지와 같이 대부분은 탄소수가 짝수인 지방산, 즉 palmitic acid, stearic acid, oleic acid, linoleic acid가 특히 많다. 불포화도가 높은 linolenic acid는 그다지 많지 않지만, chlorella가 생성한 유지에는 다량 존재하여 총지방산의 34%를 함유하고 있다.

유리지방산도 균류에 따라 다르다. 불검화물은 stearin, 고급알코올, 탄화수소 등인데 주로 stearin류이고 ergostearin이 다량 함유되어 있다.

표 19-5 유지 생산 균주

	균명	원료	유지함량 (건조균제중량당%)	유지생성률(%)
세균	*Nocardia*	n-paraffin	78	57
	Pseudomonas aeruginosa	n-paraffin	-	5.3
효모	*Endomyces vernalis*	당밀, 아황산 pulp 폐액	31~45	10~12
	Candida reukajii	포도당, 당밀	8~25	1~15
	Lipomyces lipofera	포도당, 당밀	18	15
	Lipomyces starkeyi	포도당	50~63	12~13
	Rhodotorula gracilis	포도당	61~74	15~21
	Cryptococcus terricolus	포도당	71	23
	Candida sp.	n-paraffin	20~28	24.0
불완전 균류	*Oidium lactis*	불명	25~45	12~19
	Fusarium lini	아황산 pulp 폐액	50	12~15
	Fusarium bulbigenum	포도당	25~50	8~15
곰팡이	*Penicillium lilacinum*	불명	56	16.9
	Penicillium soppi	설탕	35~40	11.4~12.5
	Penicillium spinulosum	설탕, 당밀	63.8	16.1
	Aspergillus nidulans	포도당, 설탕	51	17.2
	Mucor circinelloides	포도당	46~65	10~14
녹조류	*Chlorella pyrenoidosa*	CO_2 gas	85	-

4 미생물 변이 균체의 이용

1) 변이 균체 이용

식품미생물을 공업적으로 직접 사용하는 방법을 크게 나누면 야생균주를 사용하는 법과 야생균주를 훈양하거나, 혹은 물리적, 화학적 처리로 생리적 성질을 변화시켜 사용하는 경우가 있다. 후자의 경우는 미생물을 미생물공업에 이용할 수 있는 효모, 곰팡이 및 세균을 더욱 좋은 성질을 갖는 것으로 개량하고자 하는 방법이다.

구체적인 방법으로는 훈양 교잡 및 돌연변이주를 만드는 것들이다. 훈양하는 방법으로는 포도주 양조에 있어서 야생균주인 *Saccharomyces cerevisiae var. ellipsoideus*를 높은 농도의 아황산에 생육이 양호하도록, 즉 아황산 내성주를 만들어 보다 안전한 포도주 발효를 하도록 하고 있다.

교잡하는 방법은 앞에서 설명한 바와 같이 각각 다른 성질을 가진 균을 교잡하므로 두 가지 성질을 동시에 가지는 균주를 탄생시키기도 하고, 물질 생산량을 높이기도 한다. 구연산을 생산하는 *Aspergillus niger*는 2배체, 3배체, 4배체를 육종하므로 우수한 구연산의 생산주를 인위적으로 얻을 수 있다. 또한 빵효모인 *Saccharomyces cerevisiae*를 교배시켜 3배체, 4배체를 만들어 세포의 형태가 크고 발효력이 강한 효모균주가 빵효모의 공업적 제조에 이용되고 있다.

돌연변이주는 가장 많이 사용되는 방법 중의 하나로 penicillin 생산이 대표적인 방법이다. 1929년 영국의 Fleming이 우연한 기회에 *Penicillium notatum*이 penicillin을 생산한다는 것을 발견했을 당시는 배양액 1mL에 대하여 겨우 0.2~2.0unit의 penicillin을 생산했으나, 1944년 미국에서 다른 균주인 *Penicillium chrysogenum*이 1mL 중 250unit의 penicillin을 생성한다는 사실을 알게 되어서, 이 균을 원주로 하여 X-선 및 자외선 조사에 의하여 인공돌연변이주를 다수 만들어 그중에서 1mL 중에 900unit를 생산하는 Q176 균주도 만들 수가 있었다.

그 이후 일본에서 다시 자외선 조사를 하여 Q176의 인공변이주를 다수 만들어 그중에서 황색색소를 생성하지 않고 10,000unit의 고단위 생산주를 분리하는 데 성공하여 penicillin 공업에 사용하고 있다. 또한 간장, 된장의 양조에 사용되는 *Aspergillus oryzae*는 X-선 조사에 의하여 단백질 분해효소력이 원주의 2배에 달하는 변이주를 얻어서 공업적으로 사용하여 생산능률을 높이고 있다.

공업적으로 우수한 변이주를 언제나 보유하기 위하여 우량변이주의 분리를 계속하여 행하지 않으면 안 된다. 이상과 같이 미생물 유전학, 유전 생화학 및 분자생물학의 발전과 함께 앞으로 응용미생물 공업은 더욱 새로운 분야가 개척되며, 더욱 커다란 발전이 기대되는 학문분야이다.

2) 적응(adaptation)

효소의 기질이 되는 물질을 배지에 가하였을 때 생세포 내의 그 기질에 작용하는 효소계가 적응적으로 형성되는 소위 유도효소가 이 적응의 예로서 잘 알려져 있다. 이 적응효소(adaptive enzyme)에 대하여 세포 내에 원래부터 존재하는 효소를 구성효소라고 한다.

효모의 galactose나 maltose의 발효는 이들 당을 함유하는 배지에서 배양하므로 비로소 이들을 발효하는 효소계가 발달된다. *Klebsiella pneumonia*의 유당발효와 자화성도 유당배지에 계대 배양하여 순화시킴으로써 더욱 높아진다. Tryptophan, tyrosine, phenylalanine 또는 안식향산 등과 같은 benzene 핵을 가지는 화합물의 분해효소도 적응적으로 방향족 화합물을 산화대사시켰을 때 인정되며 pectin질 분해효소도 pectin질의 존재하에서 적응적으로 생성되는 경우가 많다.

또한 특성물질에 대한 생리적 적응의 예로 *Saccharomyces ellipsoideus*의 아황산 내성의 강화나 구리에 대한 내성 혹은 내염성의 획득 등에서 볼 수 있다. 특히 내염성에서는 비교적 내염성이 강한 *Saccharomyces rouxii*에서도 환경조건으로 내염성이 가역적이 되며 또 그 내성의 안정성이 약한 것은 내염성의 성격은 생리적 적응 또는 훈화의 과정이 있기 때문이다.

그러므로 *Saccharomyces rouxii*의 무염하에서 배양한 균체를 식염이 있는 배지로 옮기면 세포는 손상을 받아 생균수의 감소, 유도기의 연장 등이 보이지만 배양 후기에는 식염에 대한 생리적 적응이 생겨서 생육은 무염하에서보다 오히려 좋아지게 된다. 대장균도 식염의 유무로 내염성의 여부가 있는 등 식염에 대한 생리적 적응이 인정된다.

3) 유전 공학적 기대

1944년 Avery와 Mcleod, McCarty 등에 의하여 포도상구균의 S형 균 DNA를 R형 균에 넣으면 S형 균의 협막다당류를 만들게 되는 형질전환 현상이 발견되고 Watson과 Crick에 의하여 DNA의 2중나선 구조모형이 밝혀짐으로써 분자생물학의 시대가 열리게 되었다.

분자생물학은 오늘날 생명과학의 기본적인 분야로 되고 이 지구상의 모든 생물의 생명현상을 분자수준에서 해명하려는 것이다. 이러한 연구의 기본적 실험대상이 고등생물이 아닌 세균, 효모, 곰팡이, 바이러스와 같은 미생물을 이용함으로써 보다 용이하게 발전될 것으로 믿고 있다.

Cohen과 Boyer(1973)는 특정 유전자를 가진 DNA 단편을 결합시킨 plasmid DNA를 이용하여 세포의 형질전환에 성공함으로써 유전자조작기술의 새로운 계기를 맞이하게 되어 생물의 종에 관계없이 동물과 식물과 미생물 간에 DNA 결합을 할 수 있게 되고 그 기능을 발현시킬 수 있다는 가능성을 가지게 되었다.

인슐린, 인터페론, 사람의 성장호르몬 등이 유전자 조작기술에 의하여 대장균 내에서 생산이 가능하기에 이르고 있는 것이다. 이러한 유전자 조작기술은 앞으로 발전되어 미생물체 내에서 여러 가지 유용 유기물질의 생산을 가능하게 할 것이며, 질소고정균의 유전자를 식물체에 넣어 질소비료가 필요 없는 농작물 등의 출현을 보게 될 것이다. 또한 많은 새로운 발효공업 등을 기대할 수 있을 것으로 믿고 있다. 그러나 최근 유전자 조작식품의 안전성에 대한 논란은 끊이지 않고 계속되고 있다.

최신 **식품미생물학**

Food Microbiology

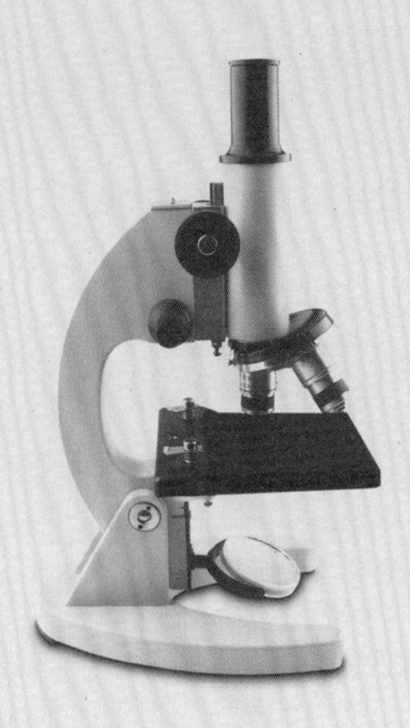

찾아보기

ㄷ

ㄹ

ㅁ

ㅂ

ㅅ

ㅇ

ㅈ

ㅊ

ㅋ

ㅌ

ㅍ

ㅎ

A

B

C

D

E

F

G

H

K

M

N

R

T

W

Z

1 2 3

참고문헌

- 강성태 · 윤재영, 식품미생물학, 형설출판사, 2002
- 강춘기 · 김영지 · 박상기 · 조갑연 · 조덕봉 · 조석금 · 채기수, 식품미생물학, 지구문화사, 2001
- 김병각 · 김양섭 외 5인, 버섯건강요법, 가림출판사, 1996
- 김성호 · 강창수 · 김경수 · 김덕진 · 김영성 · 이경행 · 이진만 · 정낙현 · 최경호, 식품위생학 실험, 광문각, 2005
- 김찬조 · 장지현, 신고 식품미생물학, 수학사, 1995
- 김창한 · 이재동 · 강국희 · 조동욱 · 정기철 · 이승배, 일반미생물학, 유한문화사, 2000
- 김철경, 클로렐라, 들꽃누리, 2002
- 노완섭 · 김왕준 · 남진식 · 배지현 · 유춘발 · 정승원 · 조갑연 · 조덕봉 · 조석금 · 채기수, New 식품미생물학, 지구문화사, 2007
- 류근태 · 박미연 · 배정설 · 조남철, 식품미생물학, 삼광출판사, 1999
- 민경찬 · 전정일 · 박상기 · 조남철 · 정수현 · 유현주, 필수 식품미생물학, 광문각, 2004
- 민경찬 · 정희종 · 김도영 · 정수열 · 손규목, 식품미생물학, 광문각, 1992
- 박신인 · 남은숙, 식품미생물학 실험서, 도서출판 효일, 2004
- 박헌국 · 방병호 · 소명환 · 손흥수 · 이재우 · 정수현, 식품미생물학, 문운당, 2002
- 서정훈 외 공저, 최신 미생물학, 형설출판사, 1999
- 손규목 · 김성영 · 조정일 · 김재근 · 백병학 · 이별나, 식품미생물학, 도서출판 효일, 2003
- 심우만 · 심창환 · 서현창 · 박헌국, 식품미생물학, 문운당, 2009
- 유대식, 식품미생물학개론, 학문사, 1992
- 유대식, 식품미생물학 개론, 학문사, 1990
- 유주현 · 변유량 외, 식품미생물학, 도서출판 효일, 2007
- 유주현 · 변유량 외, 응용 미생물학실험, 도서출판 효일, 2007
- 유태종 · 심우만 · 조상준, 신편 식품미생물학, 문운당, 1990
- 유태종 · 홍재준 · 김영배 · 가 호 · 김영애 · 황한준 · 소명환 · 이효구, 식품미생물학, 문운당, 1999
- 이갑상, 미생물학사전, 도서출판 효일, 2001

- 이갑상 · 신용서, 응용미생물학개론, 도서출판 세진사, 1997
- 이종근 · 박형숙 외 3인, 식품미생물학, 탐구당, 1993
- 이한창 · 임종필, 식품미생물학, 수학사, 1991
- 이한창 · 임종필 · 조좌형 · 신중엽, 식품미생물학, 수학사, 1993
- 하덕모, 최신 식품미생물학, 신광출판사, 1991
- 하덕모, 최신 식품미생물학, 신광출판사, 1997
- 한국소비자연맹 정광모 · 일본자손기금 고와까 준이치, 유전자조작식품의 정체, 정우사, 2001
- 허윤행 · 방병호 · 송리라 · 김재근 · 강병태 · 박인숙 · 이응수, 식품미생물학, 지구문화사, 2003
- 홍희태 · 오현근 · 하상철 · 현재석 · 홍강희, 현대 식품미생물학 및 실험, 지구문화사, 2000
- 홍희태 · 김재근 · 오현근 · 하상철 · 현재석 · 홍강희, 현대 식품미생물학 및 실험, 지구문화사, 2005
- 황규찬 · 심우만 · 박인숙, 신정 식품미생물학, 교문사, 1990
- Davis · Dulbecco · Eisen · Ginsberg, Microbiology, Harper & Row, 1982

저자소개

김성영

• 안동과학대학교 식품영양과 교수

손규목

• 창원문성대학교 식품영양과 교수

조석금

• 연성대학교 식품영양과 교수

조정일

• 조선이공대학교 식품영양조리과학과 교수

최신 식품미생물학

발 행 일	2010년 9월 8일 초판 발행 2018년 2월 26일 개정판 발행
지 은 이	김성영 · 손규목 · 조석금 · 조정일
발 행 인	김홍용
펴 낸 곳	도서출판 **효일**
디 자 인	에스디엠
주 소	서울시 동대문구 용두동 102-201
전 화	02-460-9339
팩 스	02-460-9340
홈페이지	www.hyoilbooks.com
Email	hyoilbooks@hyoilbooks.com
등 록	1987년 11월 18일 제6-0045호
정 가	22,000원
ISBN	978-89-8489-452-5